面向对象高可信 SAR 数据处理（上册）
——理论与方法

张继贤　黄国满　李平湘　李　震　陈尔学　等　著

科学出版社

北　京

内 容 简 介

本书以国家高技术研究发展计划（863 计划）"十二五"主题项目"面向对象的高可信 SAR 处理系统"为背景，针对合成孔径雷达数据在地貌地物、森林植被等方面的处理与解译难题，阐述利用多角度、多波段、多极化、极化干涉等多模式航空航天 SAR 数据，建立基于散射机理的地物特性知识库，构建地形辐射校正、极化干涉处理、立体测量、基于知识的地物解译等模型，开发高分辨率机载极化干涉 SAR 数据获取硬件系统与 SAR 影像高性能解译软件系统，实现以精度高、可靠性强、识别类型丰富为特征的 SAR 影像高可信处理与解译的原理、技术与方法，并对成果在测绘、林业等行业的应用示范效果进行了展示和分析。

本书包括上下两册，可供摄影测量、遥感、地形测绘、林业遥感、资源环境遥感监测等领域的科技工作者、高等院校师生和从事相关工作的技术人员参考。

图书在版编目 (CIP) 数据

面向对象高可信 SAR 数据处理. 上册，理论与方法 / 张继贤等著.
— 北京：科学出版社，2018.4
　ISBN 978-7-03-057109-0

Ⅰ. ①面⋯　Ⅱ. ①张⋯　Ⅲ. ①合成孔径雷达－图象处理　Ⅳ. ①TN958

中国版本图书馆 CIP 数据核字(2018)第 071052 号

责任编辑：王　哲　霍明亮 / 责任校对：郭瑞芝
责任印制：师艳茹 / 封面设计：迷底书装

科 学 出 版 社 出版
北京东黄城根北街 16 号
邮政编码：100717
http://www.sciencep.com

中国科学院印刷厂 印刷
科学出版社发行　各地新华书店经销
*

2018 年 4 月第　一　版　开本：720×1 000　1/16
2018 年 4 月第一次印刷　印张：20 1/2　插页：14
字数：410 000

定价：148.00 元
(如有印装质量问题，我社负责调换)

序 一

　　合成孔径雷达（Synthetic Aperture Radar，SAR）和光学系统是遥感对地观测系统的左膀右臂，因此 SAR 是对地观测领域不可或缺的重要组成部分。张继贤多年来带领团队潜心于 SAR 数据获取、处理及解译技术研究，"十一五"期间研制了我国首套机载多波段多极化干涉 SAR 测图系统，填补了我国在该领域的空白，总体达到了国际先进水平，多项关键技术国际领先。但是，与光学遥感数据的处理技术和手段相比，SAR 数据处理解译技术成熟度仍处于相对较低的水平，国内外 SAR 处理软件带有明显的专业针对性，还缺乏通用化的 SAR 数据处理软件，制约了 SAR 技术的普及与应用。2011 年，科技部批准了 863 计划"十二五"主题项目"面向对象的高可信 SAR 处理系统"的立项，张继贤带领他的团队踏上新的征程，开展了卓有成效的研究。

　　经过五年的攻关研究，项目组突破了 SAR 影像精准处理、高精度三维信息提取与面向对象地物解译等 SAR 影像处理与解译核心技术，研发了能处理国际国内主流航空航天 SAR 数据、功能全面、性能高效、具有 PB 级影像数据管理和并行处理解译能力的 SAR 影像处理解译系统，并在高精度信息提取、SAR 影像地物高可信解译、地形测绘及林业等领域具有独特的优势。该系统与我国 SAR 对地观测传感器一起构成了我国航空航天 SAR 数据获取、影像处理、解译与应用的完整技术体系，对于提高我国地理信息产业的技术水平，增强我国空间信息产业的国际竞争实力，提升国家科技自主创新能力，培育地理信息相关行业新的经济增长点，将起着非常重要的作用。

　　《面向对象高可信 SAR 数据处理（上册）——理论与方法》和《面向对象高可信 SAR 数据处理（下册）——系统与应用》是项目组近五年来在 SAR 数据高可信处理与解译方面的理论研究、技术攻关、软件开发和示范应用等系列成果的结晶。相信本书的出版，对于进一步提高我国 SAR 数据处理解译水平、推动 SAR 技术服务于国民经济建设和人民群众生活，能够起到积极作用。

中国科学院院士

中国工程院院士

李德仁

序 二

  SAR 在高精度地形测绘、地表形变监测、全天候资源环境监测等领域具有独特的优势。在传感器方面,我国已研发多套极化/干涉/极化干涉 SAR,实现了 SAR 传感器载荷与飞行平台的集成,掌握了航空航天 SAR 遥感数据获取关键技术。但是在 SAR 数据处理方面发展严重滞后,仍存在多项技术不足,例如,没有形成具有竞争力的产品化高可信 SAR 处理系统,数据处理自动化、集成化程度还较低;高性能计算和专用处理设备等快速实时处理技术应用于 SAR 数据还处于起步阶段;SAR 影像地物解译存在许多问题,尤其在复杂地形条件下,地物分类解译精度较低,亟须在定量分析的基础上建立针对多模态 SAR 的面向对象解译方法;SAR 目标检测与识别技术有待进一步提高。

  先进的 SAR 处理技术是目前国际上科技竞争的战略制高点,是国家核心竞争力的重要组成部分。生态文明建设、资源可持续利用、"一带一路"建设等国家重大战略对精确、快速和高可信的 SAR 处理技术也提出了迫切需求。在国外涌现出新一代高分辨率、高性能 SAR 获取与处理系统的背景下,大力发展我国 SAR 数据高可信处理核心技术,开展 SAR 遥感数据高可信处理关键技术攻关与平台研制,是提升我国应急响应水平、实现可持续发展的重要技术保障。因此,以突破高端 SAR 关键技术、提升国家核心竞争力为目标开展相关研究具有紧迫性和必要性。863 对地观测与导航领域战略规划将 SAR 地物解译技术与系统研究列为"十二五"重点任务,并优先启动了"面向对象的高可信 SAR 处理系统"重点项目。

  项目组深入开展 SAR 数据处理和地物解译的理论研究和关键技术攻关,通过近五年的努力,构建了具有自主知识产权的高性能 SAR 地物解译系统与平台,打破了 SAR 处理系统长期依赖国外进口的局面。《面向对象高可信 SAR 数据处理(上册)——理论与方法》和《面向对象高可信 SAR 数据处理(下册)——系统与应用》系统阐述了项目组近五年在 SAR 高可信处理与解译的理论研究、关键技术攻关和软件研制方面的科研成果,是作者多年来辛勤工作的结晶。希望本书的出版能够有力促进我国遥感与地理信息战略性新兴产业的发展和繁荣。

中国工程院院士

前　　言

当前，高空间分辨率、高时间分辨率、多波段、多极化及多角度的多模态航空航天 SAR 数据获取已经成为国际遥感领域的主流发展方向，大量丰富的 SAR 数据的出现为对地观测领域提供了重要数据源。由于缺乏对 SAR 成像机理的深刻认识，缺乏定量化的处理手段，缺乏快速并行处理系统，简单借用光学影像处理的思路处理 SAR 影像等原因，SAR 影像处理与解译几何精度低、可判别的类别少、解译可信度低、处理效率低，SAR 影像数据的应用受到极大限制。在此背景下，2010 年起，中国测绘科学研究院联合中国林业科学研究院资源信息研究所、武汉大学、中国科学院对地观测与数字地球科学中心、中国科学院电子学研究所、中国电子科技集团公司第三十八研究所、中国科学院遥感与数字地球研究所、上海交通大学、北京大学等科研院所和高校，开展了国家高技术研究发展计划（863 计划）"十二五"主题项目"面向对象的高可信 SAR 处理系统"研究。

通过五年的协作攻关，针对 SAR 数据在地形地物、森林植被等方面的处理与解译难题，利用多角度、多波段、多极化、极化干涉等多模式航空航天 SAR 数据，建立了基于散射机理的地物特性知识库，突破了地形辐射校正、极化干涉处理、立体测量、基于知识的解译等核心技术；形成了多项创新性成果，如稀少控制点 SAR 影像严密定位通用模型、复杂地形条件下的全极化 SAR 地形辐射校正方法、基于多源知识的复杂电磁散射模型优化方法、模型和知识库支持下的高可信地物解译技术、大范围低相干地区的高精度地形反演技术、X 波段 InSAR 植被垂直结构信息提取技术、大容量 SAR 数据快速处理等关键技术；形成了双天线多模式全极化干涉 SAR 数据获取硬件系统、面向对象的高可信解译软件系统等重要成果；实现了以精度高、可靠性强、识别类型丰富为特征的 SAR 影像高可信处理与解译，构建了行业重大应用示范系统，在地形测绘、植被覆盖监测等领域得到示范应用。

本书以该项目的研究内容为基础，对相关成果进行了较系统的阐述。

高分辨率 SAR 影像精确处理技术：包括全极化 SAR 数据幅度相位地形补偿技术，SAR 影像自适应相位保持滤波与高精度配准方法，SAR 影像高精度定位技术。

高精度三维信息提取技术：包括多模式 SAR 干涉提取 DEM（Digital Elevation Model）技术，大范围地表低相干地区的 DInSAR 形变反演技术，SAR 立体及立体、干涉联合提取三维信息技术，森林垂直结构参数反演模型和方法。

地物散射模型与知识库：包括典型地物目标散射机理和模型库；典型地物类别后向散射特性测量规范，典型目标后向散射实测库；典型地物目标航空航天 SAR 影像特征库；基于模型的目标特性扩展技术，典型地物综合判别工具。

　　面向对象 SAR 影像地物高可信解译技术：包括基于知识的 SAR 影像地物高可信解译技术，SAR 影像高精度土地覆盖分类与森林类型识别方法，SAR 影像地物高可信变化检测技术。

　　SAR 影像高性能处理解译系统：包括 SAR 影像处理算法加速单元及系统运行平台开发技术，系统集成技术，SAR 影像高性能处理解译系统构建技术。

　　SAR 遥感综合试验与应用示范：包括航空极化干涉 SAR 数据获取集成系统构建；综合试验区航空航天 SAR 数据获取，对以上模型、方法和系统的精度、性能验证，高精度地形测绘、土地利用与植被覆盖信息提取应用示范。

　　本书包括《面向对象高可信 SAR 数据处理（上册）——理论与方法》和《面向对象高可信 SAR 数据处理（下册）——系统与应用》，全书由张继贤拟定大纲，组织撰写。各章主要执笔人为：第 1 章张继贤、黄国满、王志勇、范洪冬、王开志等；第 2 章张继贤、黄国满、张永红、赵争、杨书成、卢丽君、吴宏安；第 3 章张继贤、黄国满、杨书成、程春泉；第 4 章李震、陈权、陈尔学；第 5 章杨杰、吴涛、郭明、王超、陈尔学；第 6 章吴涛、王超、杨杰、李平湘；第 7 章李平湘、杨杰、陈尔学；第 8 章张继贤、黄国满、王亚超、赵争；第 9 章张继贤、黄国满、卢丽君、杨景辉、赵争、韩颜顺；第 10 章陈尔学、李平湘、李震、焦健；第 11 章张继贤、黄国满、程春泉、杨书成、赵争、王萍；第 12 章陈尔学、李震、李平湘。全书由张继贤、黄国满、程春泉统稿，由张继贤审定。

　　本书由国家高技术研究发展计划（863 计划）"十二五"主题项目"面向对象的高可信 SAR 处理系统"（2011AA120400）资助。项目开展期间得到了国内相关单位和同行的无私帮助，作者在此表示衷心感谢。由于水平有限，书中难免有不足之处，恳请读者提出宝贵意见。

作　者
2017 年 7 月

目　　录

彩图

第 1 章　SAR 数据处理基础知识

合成孔径雷达（Synthetic Aperture Radar, SAR）是目前航空航天遥感的重要传感器之一，具有全天候、全天时的影像获取能力。不同于光学影像的中心投影成像，SAR是侧视距离成像，形成了独特的几何特征。SAR 具有干涉和立体两种测量方式，广泛应用于三维信息和形变信息的提取。同时，SAR 能够发射和接收具有不同极化方式的电磁波，电磁波的极化状态对地物目标的形状、大小、结构、取向和介电常数都十分敏感，极化 SAR 可广泛应用于对地物目标的解译。本章对高可信 SAR 数据处理解译涉及的基础性原理和相关知识进行介绍，是本书后面章节对 SAR 数据进行深入研究和处理的基础。

1.1　SAR 成像基本原理

1.1.1　侧视雷达成像

微波遥感具有全天候、全天时的工作能力，能够实现实时动态监测，对一些物体及地表具有一定的穿透能力，这些优点使其在军事和民用上都发挥了重要作用，微波遥感已成为当今世界上遥感界研究开发应用的重点。微波遥感按照传感器的工作原理可分为主动式和被动式两类。雷达就是一种主动式的微波遥感传感器，它有侧视雷达和全景雷达两种形式，其中在地学领域主要使用侧视雷达。侧视雷达是向遥感平台行进的垂直方向的一侧或两侧发射微波，再接收由目标反射或散射回来的微波的雷达。通过观测这些微波信号的振幅、相位、极化以及往返时间，就可以测定目标的距离和特性。按天线的结构不同，侧视雷达又分为真实孔径侧视雷达和合成孔径侧视雷达。

1. 真实孔径侧视雷达成像

真实孔径侧视雷达向平台行进方向（称为方位向）的侧方（称为距离向）发射宽度很窄的脉冲电波波束，然后接收从目标返回的后向散射波。按照反射波返回的时间排列可以进行距离向扫描，而通过平台的行进，扫描面在地表上移动，可以进行方位向扫描。因此，在方位向，真实孔径侧视雷达遥感影像与光学线阵遥感影像的成像方法是类似的。

雷达影像的空间分辨率包括两个方面：距离分辨率和方位分辨率。距离分辨率是指雷达所能识别的同一方位向上的两个目标之间的最小距离，它由脉冲宽度 τ 和光速 c 来计算。距离分辨率包括斜距分辨率和地距分辨率，其中斜距分辨率为

$$R_R = c\tau / 2 \qquad (1.1)$$

地距分辨率与俯角 θ 有关，为

$$R_r = c\tau \sec\theta / 2 \qquad (1.2)$$

方位分辨率为波瓣角 β 与到达目标的距离 R 之积，而波瓣角与电磁波长 λ 成正比，与天线孔径尺寸 D 成反比，所以方位分辨率为

$$R_s = \lambda R / D \qquad (1.3)$$

由此可知，为提高真实孔径雷达的距离分辨率，必须降低脉冲宽度。然而脉冲宽度过小则反射功率下降，反射脉冲的信噪比降低。为解决这一矛盾，实际采用脉冲压缩技术。要提高方位分辨率，就必须增大天线的孔径。然而，在飞机上或卫星上搭载的天线尺寸是有限的。因此，要通过增大天线孔径来提高方位分辨率很难实现。为此，通常采用合成孔径雷达的方法。图 1.1 为真实孔径雷达和合成孔径雷达成像示意图。

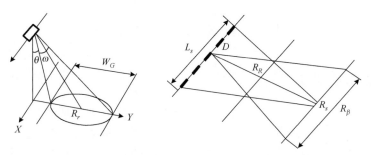

图 1.1　真实孔径雷达和合成孔径雷达成像示意图

2. 合成孔径侧视雷达成像

合成孔径侧视雷达成像的方向与平台的飞行速度方向正交，它一般生成两维影像。其中的一维称为作用距离，它是雷达到目标的"视距"距离。在这一点上，合成孔径雷达与大多数其他工作方式的雷达相似，作用距离由精确测量来自目标的雷达回波脉冲的传输时间来确定。在最简单的合成孔径雷达中，作用距离分辨率由发射脉冲的宽度决定，即脉冲越窄，测得的距离精度越高。另一维称作方位，它与作用距离正交。方位维能使合成孔径雷达获得不同于其他雷达的相对精确的方位分辨率。合成孔径原理的基本思想是用一个小天线作为单个辐射单元（孔径为 D），将此单元沿一直线不断移动，在移动中选择若干个位置，在每个位置上发射一个信号，接收相应发射位置的回波信号，并将回波信号的幅度连同相位一起储存下来。当辐射单元移动一段距离后，把所有不同时刻接收到的回波信号消除因时间和距离不同引起的相位差，修正到同时接收的情况。即利用雷达与目标的相对运动，把雷达在不同位置接收到的目标回波信号进行相干处理，可以使小孔径天线起到大孔径天线的作用，得到与天线阵列

相同的效果。因此，SAR 成像在距离向与真实孔径雷达相同，采用脉冲压缩来实现高分辨率，在方位向上则通过合成孔径原理来实现。

合成孔径雷达技术是干涉合成孔径雷达（Interferometric Synthetic Aperture Radar，InSAR）技术和差分干涉合成孔径雷达（Differential Interferometric Synthetic Aperture Radar，DInSAR）技术的基础。InSAR 是以同一地区的两张 SAR 影像为基本处理数据，通过求取两幅 SAR 影像的相位差，获取干涉影像，然后从干涉条纹中获取地形高程数据的空间对地观测新技术。DInSAR 是指利用同一地区的两幅干涉图差分处理来获取地表微量形变的测量技术。其中一幅是通过形变事件前的两幅 SAR 影像获取的干涉影像，另一幅是通过形变事件后两幅 SAR 影像获取的干涉影像。因此，干涉雷达技术和差分干涉雷达技术是合成孔径雷达技术的应用延伸与扩展。

1.1.2　SAR 成像方法

本节将简单介绍一下 SAR 的成像几何关系、基本成像方法以及存在的缺点和不足。首先介绍 SAR 成像中目标与平台的几何模型以及几个重要的参数（Cumming，2008）。

距离向（range）：构成最终 SAR 影像的一个维度，如图 1.2 所示，又称快时间方向，因为该方向一般会发射非常高带宽的电磁波，造成采样率非常高。相邻采样点之间的距离称为一个距离门。图中相关参数的意义为：T_a 表示慢时间，R_o 表示斜距，θ_{sq} 表示侧视角，H 表示航高。

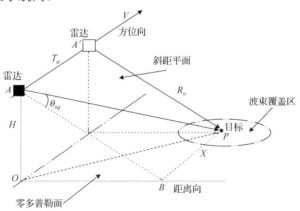

图 1.2　机载 SAR 参数图

方位向（azimuth）：一般认为是飞行方向，构成最终 SAR 影像的另一个维度。又称慢时间方向。与方位向比较接近的一个概念是距离横向（cross-range），指与雷达发射波中心（图 1.2 中 AP 方向）垂直的方向。显然只有发射波中心线与方位向垂直时，距离横向才与方位向重合。

波束中心穿越时刻：对于一个特定的目标，从开始照射到结束照射过程中，波束中心照射到目标时那个方位时刻，一般用 η_c 表示，有时也称为波束中心偏移时间。

　　方位向合成孔径时间：对于某一个目标点从开始照射到结束照射之间的时间长度。

　　成像处理主要有距离-多普勒算法、Chirp-Scaling 算法、ωk 算法等，本书介绍具有典型代表性的 Chirp-Scaling 算法。

　　Chirp-Scaling 算法根据 Papoulis 提出的 Scaling 原理，通过对 Chirp 信号进行频率调制，实现零频率位置的左右平移，这就可以在距离压缩后所有距离门上的点都有相同的距离徙动曲线，极大地方便了徙动矫正操作，同时可以用频域相位补偿代替时域插值，大大地提高了效率与精确度，所以在成像处理领域 Chirp-Scaling 算法被誉为一座重要的里程碑（Wang et al., 2009）。

　　Chirp-Scaling 算法的处理流程如图 1.3 所示，全部完成对原始数据的处理需要四次傅里叶变换和三次相位相乘。

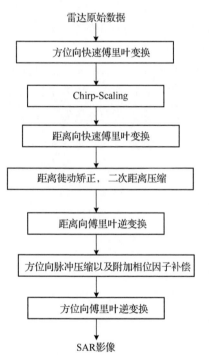

图 1.3　Chirp-Scaling 算法的处理流程

　　（1）先进行方位向快速傅里叶变换从而变换到距离多普勒域，这是第一次傅里叶变换。

　　（2）构造 Scaling 因子，通过按行对（1）中变换后的数据进行相位相乘以实现 Chirp-Scaling 操作，完成相乘之后所有的距离徙动曲线都与参考距离门处的目标一致。这是第一次相位相乘。

　　（3）对完成第（2）步之后的矩阵数据每行做傅里叶变换，使之变成二维频域。这是第二次傅里叶变换。

　　（4）构造频域匹配滤波器，在二维频域完成距离向脉冲压缩、二次距离压缩和一致距离徙动矫正，到这里是第二次相位相乘。

　　（5）变回距离多普勒域，这是第三次傅里叶变换。

　　（6）由于方位向调频斜率是关于距离的函数，所以需要构造各个距离门的方位匹配滤波器，完成所有距离门的方位压缩。

　　（7）因为以上 Scaling 操作会引入附加相位因子，所以需要再次进行相位相乘来抵消这个多余的相位。对方位进行傅里叶逆变换回到二维时域，完成所有的处理操作，这是最后一次傅里叶变换。

　　从上面可以看出 Chirp-Scaling 算法与 Range-Doppler 算法有着很大的区别。Chirp-Scaling 算法根据线性调频信号的特殊性从而避免了 Range-Doppler 算法中的 sinc 插值操作。而 Range-Doppler 算法效率低下的根本原因就是进行距离徙动改正时插值操作，显然无论是从效率还是精度，Chirp-Scaling 算法都优于 Range-Doppler 算法。

在正侧视的条件下五个点目标的 Chirp-Scaling 算法成像仿真如图 1.4 所示。

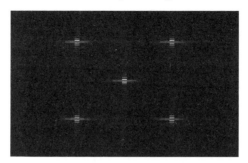

图 1.4　正侧视点目标的 Chirp-Scaling 算法成像

1.2　SAR 影像成像几何

1.2.1　距离−多普勒几何模型

R-D（Range-Doppler）模型作为目前 SAR 几何处理主流的构像模型，可用影像所提供的辅助信息对影像像素进行定位。R-D 模型定位精度主要取决于传感器状态矢量数据的准确性、地球模型的有效性以及斜距和多普勒信息的测量精度。通过提高这些参量的测量精度，定位精度将会有进一步提高。

R-D 模型依据 SAR 影像成像原理，描述了传感器和目标点在地理坐标系下的物理几何关系，由 Brown 于 1981 年首先提出。SAR 影像投影方式为距离投影，符合距离方程；SAR 根据多普勒频移进行成像，而且成像点和飞行平台之间符合多普勒方程；地物点在地心直角坐标系中同时应满足地球椭球方程。图 1.5 为地心坐标系下，在某时刻 SAR 传感器对地观测的示意图，其中 S 为传感器位置，T 为地面目标点。

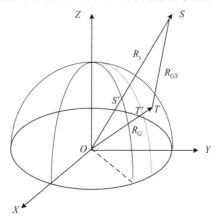

图 1.5　SAR 成像示意图

1．距离方程

如图 1.5 所示，传感器的位置与速度向量分别为 $\boldsymbol{R}_S = (X_S, Y_S, Z_S)$ 和 $\boldsymbol{V}_S = (V_X, V_Y, V_Z)$，对应影像点 (i, j) 的地物目标点 T，地理坐标为 $\boldsymbol{R}_T = (X, Y, Z)$，其斜距 R 可根据式（1.4）计算：

$$R = \left| \boldsymbol{R}_S - \boldsymbol{R}_T \right| = \left| (X_S, Y_S, Z_S)^{\mathrm{T}} - (X, Y, Z)^{\mathrm{T}} \right|$$
$$= \sqrt{(X_S - X)^2 + (Y_S - Y)^2 + (Z_S - Z)^2} = R_0 + m_j \times j \tag{1.4}$$

式中，R 为斜距；R_0 为初始斜距；m_j 为距离向像元大小；j 为距离向像元坐标。

2．多普勒方程

图 1.6（舒宁，2003）表示了因雷达天线和目标的相对运动所形成的回波与飞行方向不垂直的情况，雷达在 D 处朝飞行方向一侧发射波束，照射到地面的宽度为 L（图 1.6 中为夸张显示），它与 x_0 处目标的距离为 R_{x_0}，x_0 处的目标的后向散射回波由雷达天线在 C 处接收，C 点与目标之间的距离为 R。若 C 点处的坐标（在飞行方向）为 x，则 R 可表达为

$$R^2 = R_{x_0}^2 + (x - x_0)^2 \tag{1.5}$$

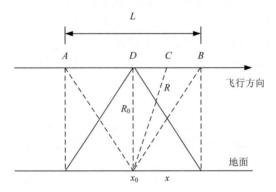

图 1.6　雷达波束发射与地物回波示意图

式（1.5）对时间求导，得

$$2R \frac{\mathrm{d}R}{\mathrm{d}t} = 2(x - x_0) \frac{\mathrm{d}x}{\mathrm{d}t} \tag{1.6}$$

$$\frac{\mathrm{d}R}{\mathrm{d}t} = \frac{(x - x_0)}{R} \frac{\mathrm{d}x}{\mathrm{d}t} = \frac{(x - x_0)v}{R} \tag{1.7}$$

这里将 R_0 作为常量，又由于回波的相位函数一般表示为

$$\varphi(t) = 2\pi f_0 \left(t - \frac{2R}{S} \right) \tag{1.8}$$

式中，f_0 为雷达波束频率；S 为雷达波速度。于是回波频率就可以写为

$$f = \frac{1}{2\pi} \frac{\mathrm{d}\varphi}{\mathrm{d}t} = f_0 - \frac{2f_0}{S} \frac{\mathrm{d}R}{\mathrm{d}t} \tag{1.9}$$

式（1.9）第二项即多普勒频率偏移，用 f_d 表示，则

$$f_d = -\frac{2f_0}{S} \frac{\mathrm{d}R}{\mathrm{d}t} = -\frac{2}{\lambda} \frac{\mathrm{d}R}{\mathrm{d}t} = -\frac{2}{\lambda} \frac{(x - x_0)v}{R} \tag{1.10}$$

式（1.10）与通常所说的多普勒频移是一致的，当天线处于 A 点和 D 点之间的位置时，接收由 x_0 处的回波频移为正值；当天线在 D 点与 B 点之间时，回波频移为负值。式（1.10）为多普勒方程。

由式（1.4）得

$$\frac{\mathrm{d}R}{\mathrm{d}t} = -\frac{X \frac{\mathrm{d}X}{\mathrm{d}t} + Y \frac{\mathrm{d}Y}{\mathrm{d}t} + Z \frac{\mathrm{d}Z}{\mathrm{d}t}}{\sqrt{X^2 + Y^2 + Z^2}} \tag{1.11}$$

由于 $\left[\dfrac{\mathrm{d}X}{\mathrm{d}t}, \dfrac{\mathrm{d}Y}{\mathrm{d}t}, \dfrac{\mathrm{d}Z}{\mathrm{d}t}\right]^{\mathrm{T}} = \boldsymbol{V}_S - \boldsymbol{V}_T$，式（1.10）可表示为

$$f_d = -\frac{2}{\lambda R} (\boldsymbol{R}_S - \boldsymbol{R}_T)(\boldsymbol{V}_S - \boldsymbol{V}_T) \tag{1.12}$$

因为地物点在椭球上，在地固坐标系中 $\boldsymbol{V}_T = (0,0,0)$，式（1.12）可转换为

$$V_X(X_S - X) + V_Y(Y_S - Y) + V_Z(Z_S - Z) = -f_d \cdot \lambda R / 2 = -\frac{1}{2} f_d \cdot \lambda R \tag{1.13}$$

经典的 R-D 模型反映了雷达影像的成像机理，构像几何严密。但从数据处理的角度来说，仍存在一些明显不足，本书将在下面进行重点描述。

1.2.2　SAR 成像几何形变特点

SAR 主动、合成孔径距离成像的基本属性，决定了 SAR 具有其独特的优点，如全天候工作性能、分辨率高、覆盖面积大、提供信息快、不易受干扰、具有分辨地面固定和活动目标的能力等。

SAR 影像上地物目标的位置由该目标到雷达的距离决定，影像上两地物点间的距离与其斜距之差成正比，与其相应的正射影像相比，其比例尺是变化的，造成影像失真，且与光学影像的形变方向相反，影像近距离端比例尺比远距离端比例尺小（图 1.7(a)）。

因为侧视雷达是斜着照射地表的，所以如果地形有起伏，同一扫描行上不同地点的地物因高程差异会导致相应像点之间的距离更近或更远，或同一平面点上因高程差异而导致不同成像点，即在影像上出现透视收缩、顶底位移等现象，还因有些地形被遮挡而不能成像，产生雷达阴影，从而使影像失真（图 1.7(b)）。

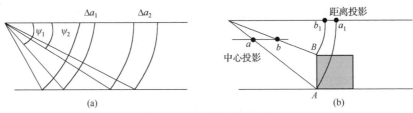

图 1.7　雷达成像几何特征

1.3　InSAR 基本原理

SAR 平台可以通过两副天线同时观测（在一个搭载平台上安装两副雷达天线）或不同时间的重复轨道观测来实现从不同视角对同一地区的观测，利用两者之间的相位差获取地面高程信息的测量方法称为 SAR 干涉测量（Interferometric SAR，InSAR）。星载 SAR 卫星，如 ERS-1、ERS-2 和 ENVISAT 基本都是采用后一种方法来实现的，机载 SAR 平台，如 AIRSAR，国产 CASMSAR 则是采用前一种方式实现的。

InSAR 具体的实现形式包括交叉轨道干涉测量（Cross-Track Interferometry, XTI）、顺轨干涉测量（Along-Track Interferometry, ATI）和重复轨道干涉测量（Repeat-Track Interferometry, RTI）。

交叉轨道干涉测量是在飞行平台上安装两副天线，两天线间的连线即基线，与飞行方向正交。此系统一次飞行即可获得干涉影像对，大部分机载 InSAR 系统和 STRM 计划中使用的两组 SIR(Spaceborne Imaging Radar)-C/X-SAR 雷达都属于此类系统（Gabriel and Goldstein, 1988）。

顺轨干涉测量也是在同一飞行平台上安装两副天线，但是干涉基线方向与飞行方向平行。这种干涉模式可以用来精确测定物体的运动，如运动物体的变化检测、海洋洋流的速度场等。

重复轨道干涉测量是用单天线平台在不同时间、不同轨道上获取干涉影像对，即用相邻轨道上两次对同一地区获取的影像来形成干涉。ERS-1/2 Tandem 模式就采用这种方法。交叉轨道干涉测量与此类方式较为相似，最大的区别在于干涉影像对在获取时是否同步；DEM（Digital Elevation Model）的生成主要是采用这两种方式。

1.3.1　InSAR 测量原理

1. InSAR 平面几何模型

以星载 SAR 为例，InSAR 测高的平面几何模型如图 1.8 所示。假设卫星两次观测地面点 P，h 是 P 点相对于参考椭球的高程。传感器的位置由卫星轨道参数可以获得，分别为 S_1 和 S_2，它们到 P 点的距离分别为 R_1 和 R_2，它们之间的连线称为基线 B，α 为基线与水平面的夹角。由于传感器的位置是已知的，所以 S_1 到参考椭球的垂直高度也是已知的，记为 H。从图中的几何关系可以看出，求得 P 点高程的关键是 S_1 对 P 的入射角 θ。干涉测量的本质在于两次回波信号的高度相干性，信号两次传播的路径差可以由它们之间的相位差 φ 得到，即

$$\varphi = \varphi_1 - \varphi_2 = -\frac{4\pi}{\lambda}(R_1 - R_2) \tag{1.14}$$

式中，λ 为雷达信号波长。根据三角形 $\triangle S_1PS_2$ 与 θ、α 之间的角度关系并利用余弦定理可得

$$\sin(\theta - \alpha) = \frac{R_1^2 - R_2^2 + B^2}{2R_1B} = \frac{(R_1 + R_2)(R_1 - R_2)}{2R_1B} + \frac{B}{2R_1} \tag{1.15}$$

因为 $R_1 \gg B$ 且 $R_1 \gg R_1 - R_2$，可将式（1.15）改写为

$$\sin(\theta - \alpha) \approx \frac{R_1 - R_2}{B} = -\frac{\lambda\varphi}{4\pi B} \tag{1.16}$$

这样，如果我们只需要已知 $\varphi, \alpha, B, \lambda, H$ 就可以得到 P 点的高程值 h，即

$$\theta = \alpha - \arcsin\left(\frac{\lambda\varphi}{4\pi B}\right) \tag{1.17}$$

$$h = H - R_1\cos\theta \tag{1.18}$$

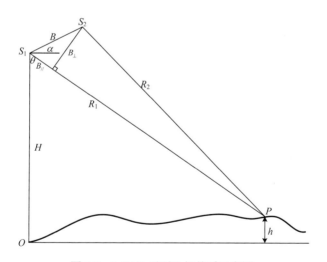

图 1.8　InSAR 平面几何关系示意图

2. 干涉相位

在 InSAR 技术中，干涉相位指两幅复数影像精确配准以后将对应像素值共轭相乘得到的复数幅角值。

复数影像 1 和 2 分别用式（1.19）和式（1.20）表示：

$$u_1 = |u_1| e^{j\varphi_1} \tag{1.19}$$

$$u_2 = |u_2| e^{j\varphi_2} \tag{1.20}$$

两幅影像做共轭相乘后得

$$u = u_1 u_2^* = |u_1||u_2| e^{j(\varphi_1 - \varphi_2)} \tag{1.21}$$

则干涉相位为

$$\varphi_{\text{intf}} = \varphi_1 - \varphi_2 = \arctan\left(\frac{\text{Im}(u)}{\text{Re}(u)}\right) \tag{1.22}$$

由反正切函数的值域可知，干涉图中的相位值 φ_{intf} 只能在 $\left(-\frac{\pi}{2}, +\frac{\pi}{2}\right)$ 取值，式（1.14）中的 φ 通常含有上百个整周的相位。

3. 相位解缠和 DEM 生成

因为干涉条纹存在 2π 的周期性循环，干涉相位图上两点的相位差，去掉高度模糊的整周期数（相当于 2π），得到的就是真实的地面高程差。这个对干涉条纹进行的 2π 周期相位的改正过程就称为相位解缠。通过相位解缠技术可以恢复干涉图中各像素间的相对关系得到缠绕的整周相位 φ_{unwp}，但是，还需要通过地面控制点来确定绝对相位偏移量 φ_{abs}（Madsen and Zebker, 1992）。所以式（1.14）中的 φ 也可以写成下面的形式：

$$\varphi = \varphi_{\text{intf}} + \varphi_{\text{unwp}} + \varphi_{\text{abs}} = \varphi_{\text{intf}} + 2\pi(k_{\text{unwp}} + k_{\text{abs}}), \quad k \in \mathbf{Z} \tag{1.23}$$

从理论上来说，得到解缠相位后，根据传感器轨道参数，可以按照式（1.17）和式（1.18）由相位值反演地面高程值。但是，在实际的计算中，获取所有的参数是很困难的。一方面解缠后的干涉相位只是一个相对值，要想求得地面点的高程值还需知道绝对相位 φ_{abs} 的值；另一方面传感器高度和基线 B 等的误差也会对高程值的计算带来很大的影响。所以，在实际计算中通过迭代计算的手段逐步求解，高程模糊度方法是其中常用的方法。

1.3.2　雷达差分干涉测量原理

合成孔径雷达差分干涉测量（Differential InSAR，DInSAR）技术是在 InSAR 技术的基础之上发展起来的利用同一地区两幅干涉影像（其中一幅是形变前的干涉影像，另一幅是形变后获取的干涉影像）通过差分处理来获取地表形变的测量技术，可以获得厘米级甚至毫米级的地表形变。

下面介绍 DInSAR 的原理。如图 1.9 所示，假设 S_2 成像时发生了形变，P 点移到 P' 位置，其视线向的形变位移量为 $\delta\rho$，则根据几何关系 P 点对应的斜距变为 $R_2 + \delta\rho$。

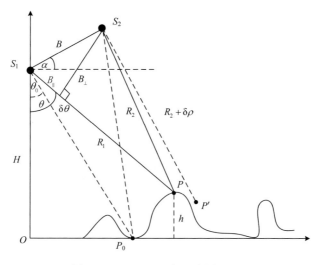

图 1.9　DInSAR 几何示意图

将形变前 S_1 获取的影像与形变后 S_2 获取的影像经配准后进行干涉处理，得到地表发生形变后的干涉相位表达式为

$$\phi'_{int} = -\frac{4\pi}{\lambda}[R_1 - (R_2 + \delta\rho)] = -\frac{4\pi}{\lambda}(R_1 - R_2) + \frac{4\pi}{\lambda}\delta\rho \qquad (1.24)$$

式（1.24）右侧第一项正是 P 点形变前的干涉相位 ϕ_{int}（包括平地相位和地形相位），后侧第二项则是发生的地表形变使地面点发生位移而产生的相位，称为形变相位，用 ϕ_{def} 表示，则有

$$\phi_{def} = \frac{4\pi}{\lambda}\delta\rho \Rightarrow \delta\rho = \frac{\lambda}{4\pi}\phi_{def} \qquad (1.25)$$

从式（1.25）可以看出，当形变相位 ϕ_{def} 变化一个 2π 周期时，对应的地表位移量为

$$\delta\rho = \frac{\lambda}{2} \qquad (1.26)$$

即 DInSAR 对形变测量的敏感度为雷达波长的一半。如对于 TerraSAR 影像（波长为 3.1cm）来说，形变测量敏感度为 1.55cm，可见 InSAR 系统对地表形变的敏感度远远高于对地形的敏感度。

要从包含形变信息的干涉相位中获取地表形变量，需要从干涉相位中去除平地相位和地形相位的影响，平地相位一般可利用轨道数据、干涉几何和成像参数通过多项式拟合得以去除，对于地形相位，需要利用已有的 DEM 或多余的 SAR 观测数据，通过二次差分处理消除。地形相位的去除是差分干涉测量的核心，根据消除方法的不同，通常可以将 DInSAR 技术分为两轨法（DEM 支持情况下）、三轨法（三次观测）。

两轨法是 Massonnet 等于 1993 年提出的，利用监测区的已有 DEM 数据，根据成像参数生成地形的模拟干涉相位，从真实干涉图中减去模拟地形相位，就能获得监测区的地表形变信息（Massonnet et al., 1993）。三轨法是由 Zebker 等于 1994 年提出的，利用同一地区的三幅影像，将形变前的某一幅作为公共主影像，其余两幅作为从影像，生成两幅干涉图，一幅反映地形信息（一般时间基线较短而垂直基线较长），另一幅反映地表形变信息（一般时间间隔较长而垂直基线较短），分别进行相位解缠，最后对解缠后的两幅干涉图进行差分，即可获得地表形变信息（Zebker et al., 1994）。

1.4　立体 SAR 测量基本原理

立体观察法是获取三维信息最为直观的方法，该方法是利用不同位置传感器上的距离投影变换特性实现的，这里的传感器可以是人眼，也可以是人造的成像传感器（方勇等，2006）。SAR 影像也可以用于进行立体观察的重建。与光学影像的立体摄影测量（图 1.10）相似，SAR 立体（摄影）测量（图 1.11）就是利用 SAR 影像来重建三维地形的技术之一，但是在成像方式和模型分析方面存在很多不同（舒宁，2003）。

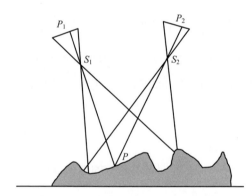
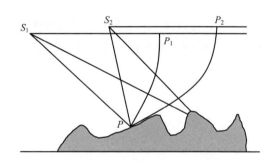

图 1.10　基于光束投影的光学立体观测　　　　图 1.11　基于测距投影的雷达立体观测

立体测量重构三维地形的基本步骤包括：首先，将观测传感器系统置于两个不同位置，并对同一目标区域进行成像，观测成像时同时记录传感器的位置和方位信息。进行重构时，参照人眼视觉，摄影测量中将两幅影像分别称为"左影像（左片）"和"右影像（右片）"；然后，针对左右影像，建立关于影像坐标和地理坐标（或称为制图坐标）之间的几何变换关系，这一变换关系即摄影测量中的几何定位模型；接着在左右影像上获取同名像点，每一对同名像点都对应一个地面目标点，获取同名像点的方式可以是手动的人工量测也可以是利用计算机视觉的方法自动获取，自动获取的过程称为匹配；最后利用前面建立的几何定位模型，结合左右影像的观测信息，计算所有同名像点的三维地理坐标（张祖勋和张剑清，1996）。

立体测量作为一种非常有效的三维重建手段，很早就在 SAR 影像上得到应用。雷达立体测量的理论可追溯到 20 世纪 50 年代初，但 SAR 立体影像处理的数学模型是由 Resenfield 于 1968 年提出的，并由 Gracie 等于 1972 年将其数学模型用于处理 SAR 影像，并产生了一台相当独特和专门的 SAR 立体测图仪器。1972 年，Norvelle 首先在 AS-IIA 解析测图仪上为 SAR 立体测图编制了程序，从而开创了雷达摄影测量的新篇章(Leberl, 1990)。近年来，Toutin 等先后利用 RADARSAT-1 和 RADARSAT-2 立体数据，进行了大量立体 SAR 处理试验，取得了不错的精度结果（Toutin, 2002；2010）。

SAR 立体测量技术主要应用在两个方面：一是利用立体测量技术提取 DEM，即立体 SAR 自动提取 DEM，属于自动匹配进行三维重建；二是利用 SAR 立体数据构建三维观测环境进行地形要素的测绘，即 SAR 立体测绘，属于人工量测进行三维重建。

利用 SAR 数据提取 DEM，有立体 SAR 和干涉 SAR 两种方法，理论上 SAR 干涉测量能够获得高精度的地面目标高程信息。但是 SAR 干涉测量技术对数据获取的时间间隔和系统参数要求十分严格，获取理想干涉对相对比较困难。同时由于类似于我国西部横断山脉等复杂地形测区有一定的植被覆盖，地形陡峭，在一定的时间间隔下，SAR 干涉测量失相干严重，难以得到理想的结果，需要利用雷达立体测量技术完成这些区域的测图任务。

SAR 立体测绘是在基于 SAR 数据构建的立体观测环境下，进行地物目标的量测，提取地貌和地物信息（方勇等，2006）。一方面，利用立体、干涉等手段自动生成的 DEM 在局部区域可能存在较大误差，需要通过在立体观测环境下进行检查和编辑，这不仅需要形成立体观察，还需要具有三维的量测功能。另一方面，在地形测图应用中，数字线划图（Digital Line Graphic，DLG）作为主要产品之一，包括地貌信息和地物信息，其中的核心要素就是等高线，目前由 DEM 自动内插生成的等高线并不能满足制作线划图的要求，特别在地形起伏相对较大的地区，测图生产中需要采取人工采集的方法提取地貌要素（包括等高线、高程注记点、地形特征线等）。对于地物地貌要素（如道路、房屋、河流等）的采集，一些高程信息在二维环境下具有难以勾绘的要素，则需要在立体环境进行判绘采集。因此，SAR 立体测绘技术在目前的 SAR 地形测绘应用中不可或缺。

由于 SAR 影像的成像方式和影像特点，相比于光学立体测量，SAR 立体测量处理面临以下一些困难和问题。

（1）"侧视"成像会导致 SAR 立体测量出现一些困难（近距离压缩，远距离拉伸），而这些困难在一般的光学影像上不会出现。

（2）雷达影像以几何编码为基础，"飞行时间"引入了特定的几何关系，这些关系有时影响核线几何路径的确定，尤其会影响三维重建。

（3）雷达影像的构成在很大程度上反映了地表相对发射器的方位特性，这样就引入了一些误差（叠掩、阴影），或者说引入了在光学影像处理上没有的局限。

（4）相干斑会严重妨碍匹配的实施。

当利用 SAR 立体测量技术进行三维地形重建时，应该充分考虑以上问题，设计相应的处理方法，实现三维地形信息的高精度提取。

1.5　极化 SAR 基础知识

1.5.1　电磁波的极化及其表征

雷达通过发射电磁波和接收散射回波来获取目标信息。然而，雷达所发射和接收的电磁波并不是任意的，而是一种均匀平面波，即在与波的传播方向垂直的无限大平面内，电磁场的方向和相位保持不变的平面波。均匀平面波是横电磁（Transverse Electric and Magnetic, TEM）波，极化是 TEM 波特有的性质，是描述垂直于波传播方向的振动面内振动矢量方向性的一个物理量。纵波只沿着波的传播方向振动，因此不存在极化。

电磁波在时空中的传播方式服从麦克斯韦方程组：

$$
\begin{cases}
\nabla \cdot \boldsymbol{D}(\boldsymbol{r},t) = \rho_f(\boldsymbol{r},t) \\
\nabla \cdot \boldsymbol{B}(\boldsymbol{r},t) = 0 \\
\nabla \times \boldsymbol{E}(\boldsymbol{r},t) = -\dfrac{\partial \boldsymbol{B}(\boldsymbol{r},t)}{\partial t} \\
\nabla \times \boldsymbol{H}(\boldsymbol{r},t) = \boldsymbol{J}_f(\boldsymbol{r},t) + \dfrac{\partial \boldsymbol{D}(\boldsymbol{r},t)}{\partial t}
\end{cases}
\tag{1.27}
$$

式中，$\nabla\cdot$ 表示向量场的散度；$\nabla\times$ 表示向量场的旋度；$\boldsymbol{D}(\boldsymbol{r},t)$ 表示电位移；$\boldsymbol{B}(\boldsymbol{r},t)$ 表示磁感应强度；$\boldsymbol{E}(\boldsymbol{r},t)$ 表示电场；$\boldsymbol{H}(\boldsymbol{r},t)$ 表示磁场；$\rho_f(\boldsymbol{r},t)$ 表示自由电荷密度；$\boldsymbol{J}_f(\boldsymbol{r},t)$ 表示自由电流密度；$\dfrac{\partial}{\partial t}$ 表示对时间的偏导数。

从麦克斯韦方程组可以看出，电磁波的电场矢量和磁场矢量之间不是相互独立的，仅用电场矢量就可以完整表示一个自由空间的电磁波。极化描述的就是电磁波电场矢量的端点在垂直于传播方向的平面内随时间变化的形状和轨迹。

$\boldsymbol{D}(\boldsymbol{r},t)$、$\boldsymbol{B}(\boldsymbol{r},t)$、$\boldsymbol{E}(\boldsymbol{r},t)$、$\boldsymbol{H}(\boldsymbol{r},t)$ 之间的关系可以表示为如下形式：

$$
\begin{cases}
\boldsymbol{D}(\boldsymbol{r},t) = \varepsilon \boldsymbol{E}(\boldsymbol{r},t) + \boldsymbol{P}(\boldsymbol{r},t) \\
\boldsymbol{B}(\boldsymbol{r},t) = \mu[\boldsymbol{H}(\boldsymbol{r},t) + \boldsymbol{M}(\boldsymbol{r},t)]
\end{cases}
\tag{1.28}
$$

式中，$\boldsymbol{P}(\boldsymbol{r},t)$ 表示电极化强度矢量；$\boldsymbol{M}(\boldsymbol{r},t)$ 表示磁强度矢量；ε、μ 分别表示介质的电容率和磁导率。

当电磁波在无源线性介质中传播时，若不考虑磁饱和现象和磁滞现象，则有

$P(r,t) = M(r,t) = 0$ 及 $J_f(r,t) = 0$。考虑矢量公式 $\nabla \times [\nabla \times E(r,t)] = \nabla[\nabla \cdot E(r,t)] - \Delta E(r,t)$，可以得到电磁波传播方程为

$$\Delta E(r,t) - \mu\varepsilon \frac{\partial^2 E(r,t)}{\partial t^2} - \mu\sigma \frac{\partial E(r,t)}{\partial t} = -\frac{1}{\varepsilon} \frac{\partial \nabla \rho(r,t)}{\partial t} \tag{1.29}$$

当分析电磁波的极化特性时通常考虑单色平面波。单色平面波是式（1.27）的一个特殊解，其频率和幅度都是恒定的，并且假设介质内没有自由移动的电荷。因此，式（1.29）转化为

$$\Delta E(r) + \omega^2 \mu\varepsilon \left(1 - \mathrm{j}\frac{\sigma}{\varepsilon\omega}\right) E(r) = \Delta E(r) + k^2 E(r) = 0 \tag{1.30}$$

式中，k 为波数。

通常情况下，幅度为复常量 E_0、波矢量传播方向为 $\hat{k}$ 的单色平面波可表示为如下形式：

$$E(r) = E_0 \mathrm{e}^{-\mathrm{j}\hat{k}r}, \quad 且有 E(r) \cdot \hat{k} = 0 \tag{1.31}$$

不失一般性，电场矢量可以在正交基 $(\hat{x}, \hat{y}, \hat{z})$ 下表示，此时，令 $\hat{k} = \hat{z}$，则式（1.31）变为

$$E(z) = E_0 \mathrm{e}^{-\alpha z} \mathrm{e}^{-\mathrm{j}\beta z}, \quad 且有 E_{0z} = 0 \tag{1.32}$$

式中，β 相当于时间域内的波数；α 为对应的衰减因子。由于衰减因子在电场强度各分量上是相同的，与极化特性无关，所以，为简便起见，仅考虑 $\alpha = 0$ 的情况，于是得到矢量形式的电场强度为

$$E(z,t) = \begin{bmatrix} E_{0x} \cos(\omega t - kz + \delta_x) \\ E_{0y} \cos(\omega t - kz + \delta_y) \\ 0 \end{bmatrix} \tag{1.33}$$

由式（1.33）可知，在特定时刻 $t = t_0$，单色平面波的电场矢量由两个正交方向上不同起始幅度、不同起始相位的正弦波所构成。

在垂直于电场传播方向 z 的任意一个平面内观察电场矢量末端的轨迹，可以观察到三种极化状态。

（1）当 $\delta = \delta_y - \delta_x = k\pi$ 时，电场矢量末端在一个平行于 z 轴的平面内振荡，称为线极化。

（2）当 $\delta = \delta_y - \delta_x = k\pi + \pi/2$ 且 $E_{0x} = E_{0y}$ 时，电场矢量末端在一个垂直于 z 轴的平面内绕 z 轴做圆周运动，称为圆极化。

（3）其他情况下，电场矢量末端在一个垂直于 z 轴的平面内绕 z 轴做椭圆运动，称为椭圆极化。

　　由于线极化、圆极化可以视作椭圆极化的特例，所以，下面主要针对椭圆极化进行极化理论的探讨。

1. 极化椭圆

单色平面波的瞬时轨迹特性可以用 $E(z_0,t)$ 的不同分量表示：

$$\left[\frac{E_x(z_0,t)}{E_{0x}}\right]^2 - 2\frac{E_x(z_0,t)E_y(z_0,t)}{E_{0x}E_{0y}}\cos(\delta_y-\delta_x)+\left[\frac{E_y(z_0,t)}{E_{0y}}\right]^2 = \sin(\delta_y-\delta_x) \quad (1.34)$$

　　式（1.34）是一个椭圆方程，它表明简谐平面电磁波的电场矢量在垂直于传播方向的横平面内随时间的变化轨迹是一个具有旋转方向性的椭圆，该椭圆称为极化椭圆。极化椭圆所表示的平面电磁波的传播特性为电磁波的极化特性。根据式（1.34）绘制出的极化椭圆如图 1.12 所示。

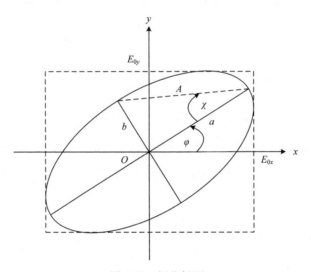

图 1.12　极化椭圆

　　根据电磁波极化旋向的定义，若电场矢量旋向与传播方向满足右手螺旋准则，则称为右旋极化；反之，则称为左旋极化。对于任意一个极化椭圆，可以用椭圆尺寸 A、椭圆率角 χ 和椭圆倾角 φ 三个几何参数来完全描述。

（1）椭圆尺寸：$A=\sqrt{E_{0x}^2+E_{0y}^2}=\sqrt{a^2+b^2}$。

（2）椭圆率角：$\sin 2\chi=\frac{2E_{0x}E_{0y}}{E_{0x}^2+E_{0y}^2}\sin(\delta_y-\delta_x)$，其中 $\chi\in[-\pi/4,\pi/4]$。当 $\chi=0$ 时，电场矢量为线极化；当 $-\pi/4\leqslant\chi<0$ 时，电场矢量为左旋极化；当 $0<\chi\leqslant\pi/4$ 时，电场矢量为右旋极化。

（3）椭圆倾角（又称为极化方位角）：$\tan 2\varphi = \dfrac{2E_{0x}E_{0y}}{E_{0x}^2 - E_{0y}^2}\cos(\delta_y - \delta_x)$，其中 $\varphi \in (-\pi/2,$ $\pi/2)$。

2．Jones 矢量

平面电磁波除了可以用极化椭圆进行描述，还可以采用 Jones 矢量的形式描述。由复电场强度矢量 $\boldsymbol{E}(z)$ 定义的 Jones 矢量 $\boldsymbol{E}$ 可以表示为

$$\boldsymbol{E} = \boldsymbol{E}(z)\big|_{z=0} = \begin{bmatrix} E_x \\ E_y \end{bmatrix} = \begin{bmatrix} E_{0x}\mathrm{e}^{\mathrm{i}\delta_x} \\ E_{0y}\mathrm{e}^{\mathrm{i}\delta_y} \end{bmatrix} = A\begin{bmatrix} \cos\alpha \\ \sin\alpha \cdot \mathrm{e}^{\mathrm{i}\delta} \end{bmatrix} \tag{1.35}$$

式中，$A = \sqrt{E_{0x}^2 + E_{0y}^2}$；$\tan\alpha = E_{0y}/E_{0x}$；$\delta = \delta_y - \delta_x$。

Jones 矢量与椭圆参数之间可以进行等价描述：

$$\boldsymbol{E} = A\mathrm{e}^{+\mathrm{j}\alpha}\begin{bmatrix} \cos\varphi & -\sin\varphi \\ \sin\varphi & \cos\varphi \end{bmatrix}\begin{bmatrix} \cos\chi \\ \mathrm{j}\sin\chi \end{bmatrix} \tag{1.36}$$

3．Stokes 矢量

与 Jones 矢量描述的是相参雷达系统的完整复矢量不同，Stokes 矢量最初用来描述非相参雷达系统的散射能量。Jones 矢量与其自身共轭转置的外积为一 2×2 的哈密顿矩阵：

$$\boldsymbol{E} \cdot \boldsymbol{E}^{*\mathrm{T}} = \begin{bmatrix} E_x E_x^* & E_x E_y^* \\ E_y E_x^* & E_y E_y^* \end{bmatrix} \tag{1.37}$$

将式（1.37）分解为如下形式：

$$\begin{bmatrix} E_x E_x^* & E_x E_y^* \\ E_y E_x^* & E_y E_y^* \end{bmatrix} = \frac{1}{2}\begin{bmatrix} g_0 + g_1 & g_2 - \mathrm{j}g_3 \\ g_2 + \mathrm{j}g_3 & g_0 - g_1 \end{bmatrix} \tag{1.38}$$

式中，参数 $\{g_0, g_1, g_2, g_3\}$ 称为 Stokes 参数。由 Stokes 参数，可以构建 Stokes 矢量：

$$\boldsymbol{J} = \begin{bmatrix} g_0 \\ g_1 \\ g_2 \\ g_3 \end{bmatrix} = \begin{bmatrix} E_x E_x^* + E_y E_y^* \\ E_x E_x^* - E_y E_y^* \\ E_x E_y^* + E_y E_x^* \\ \mathrm{j}(E_x E_y^* - E_y E_x^*) \end{bmatrix} = \begin{bmatrix} |E_x|^2 + |E_y|^2 \\ |E_x|^2 - |E_y|^2 \\ 2\,\mathrm{Re}(E_x E_y^*) \\ -2\,\mathrm{Im}(E_x E_y^*) \end{bmatrix} \tag{1.39}$$

从式（1.39）可以看出，四个 Stokes 参数中只有三个独立，其关系式为

$$g_0^2 = g_1^2 + g_2^2 + g_3^2 \tag{1.40}$$

对于部分极化波，其 Stokes 参数需要用若干波矢量的统计平均来估计：

$$J = \begin{bmatrix} g_0 \\ g_1 \\ g_2 \\ g_3 \end{bmatrix} = \begin{bmatrix} \left\langle |E_x|^2 \right\rangle + \left\langle |E_y|^2 \right\rangle \\ \left\langle |E_x|^2 \right\rangle - \left\langle |E_y|^2 \right\rangle \\ \left\langle 2|E_x||E_y|\cos\delta \right\rangle \\ \left\langle -2|E_x||E_y|\sin\delta \right\rangle \end{bmatrix} \qquad (1.41)$$

根据式（1.41）可推出四个 Stokes 参数之间有如下关系：

$$g_0^2 \geqslant g_1^2 + g_2^2 + g_3^2 \qquad (1.42)$$

式（1.42）取等号时表示完全极化波。

Stokes 矢量与极化椭圆参数、Jones 矢量间的关系为

$$J = A^2 \begin{bmatrix} 1 \\ \cos 2\chi \cos 2\varphi \\ \cos 2\chi \sin 2\varphi \\ \sin 2\chi \end{bmatrix} = A^2 \begin{bmatrix} 1 \\ \cos 2\alpha \\ \sin 2\alpha \cos\delta \\ \sin 2\alpha \sin\delta \end{bmatrix} \qquad (1.43)$$

4. Poincare 极化球

从式（1.42）和式（1.43）可以看出，g_1、g_2 和 g_3 可以看作半径为 g_0 的球面上的一点 p 的笛卡儿坐标，如图 1.13 所示。图中，2φ 为矢量 $\boldsymbol{op}$ 在 xoy 平面上的投影与 x 轴的夹角，其符号以由 x 轴正方向朝 y 轴正方向旋转为正，2χ 为矢量 $\boldsymbol{op}$ 与 xoy 平面的夹角。Stokes 参数的几何解释由 Poincare 首次引入，因此该球称为 Poincare 极化球。球面上任意一点均对应一种极化状态，球内的点表示非完全极化状态。北半球的点代表左旋极化，南半球的点代表右旋极化。

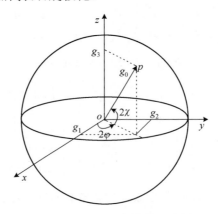

图 1.13　Poincare 极化球示意图

1.5.2　极化 SAR 数据的矩阵描述

1.　Sinclair 矩阵与散射矢量

与单极化 SAR 相比，极化 SAR（又称全极化 SAR，PolSAR）的优势在于可以探测目标的极化散射特性。当电磁波照射目标时，目标散射回波的极化特征不仅取决于入射电磁波的极化状态，而且与目标的材质、形状、尺寸、结构、姿态等物理特性有关，这就是目标的去极化效应。与单极化 SAR 所测量的雷达有效散射截面积不同，全极化 SAR 测量的是目标的散射矩阵。极化散射矩阵通常也称为 Sinclair 散射矩阵，它将目标散射的能量特性、相位特性和极化特性统一起来，完整描述了雷达目标的电磁散射特性。

在后向散射坐标系（Backward Scattering Alignment, BSA）中，设入射波（incident wave）和散射波（scattered wave）的 Jones 矢量分别为 $\boldsymbol{E}_t$ 与 $\boldsymbol{E}_s$，则目标对电磁波的散射过程可以表示为如下形式：

$$\boldsymbol{E}_s = G(r)\boldsymbol{S}\boldsymbol{E}_t = G(r)\begin{bmatrix} S_{HH} & S_{HV} \\ S_{VH} & S_{VV} \end{bmatrix}\boldsymbol{E}_t \tag{1.44}$$

式中，$G(r)$ 为球面波传播因子；矩阵 $\boldsymbol{S}$ 称为极化散射矩阵；S_{VH} 表示垂直（V）线性极化方式发射、水平（H）线性极化方式接收目标时的复后向散射系数，其他同理。矩阵 $\boldsymbol{S}$ 的对角线元素称为同极化项，非对角线元素称为交叉极化项。

一般情况下，极化散射矩阵具有复数的形式，它不但与目标本身的材质、形状、尺寸、结构等物理因素有关，同时也与目标和收发测量系统之间的相对姿态取向、空间几何位置关系、雷达工作频率等条件有关。在 BSA 坐标系下，发射天线和接收天线可以互换，根据散射互易性质，散射矩阵此时满足互易定理：$S_{HV} = S_{VH}$，此时目标的散射矩阵变为对称矩阵。

极化 SAR 数据的分析过程中，为了能提取出足够多的物理信息，常常需要将目标的极化散射矩阵矢量化，得到散射矢量，并进一步得到目标的极化协方差矩阵和极化散射相关矩阵。极化协方差矩阵和极化散射相关矩阵中包含了雷达测量得到的全部极化信息，是进行极化 SAR 数据分析和处理的基础。

极化雷达系统中目标散射总功率定义为水平和垂直极化波散射功率之和：

$$\text{Span} = \text{Tr}(\boldsymbol{S}\boldsymbol{S}^{*T}) = |S_{HH}|^2 + |S_{HV}|^2 + |S_{VH}|^2 + |S_{VV}|^2 \tag{1.45}$$

式中，$\text{Tr}(\cdot)$ 表示求矩阵的迹。

散射矩阵 $\boldsymbol{S}$ 的矢量化用算子 $V(\cdot)$ 表示，令目标矢量为 $\boldsymbol{k}$，则矢量化过程可以表示为

$$\boldsymbol{S} = \begin{bmatrix} S_{HH} & S_{HV} \\ S_{VH} & S_{VV} \end{bmatrix} \Rightarrow \boldsymbol{k} = V(\boldsymbol{S}) = \frac{1}{2}\text{Tr}(\boldsymbol{S}\boldsymbol{\Psi}) \tag{1.46}$$

式中，$\boldsymbol{\Psi}$ 是一组由 2×2 的复矩阵组成的完备正交基。

常用的正交矩阵基主要有两种，一种为 Lexicographic 矩阵基（Lexicographic matrix basis）：

$$\boldsymbol{\Psi}_L = \left\{ 2\begin{bmatrix} 1 & 0 \\ 0 & 0 \end{bmatrix} \quad 2\begin{bmatrix} 0 & 1 \\ 0 & 0 \end{bmatrix} \quad 2\begin{bmatrix} 0 & 0 \\ 1 & 0 \end{bmatrix} \quad 2\begin{bmatrix} 0 & 0 \\ 0 & 1 \end{bmatrix} \right\} \tag{1.47}$$

该基对应的散射矢量为

$$\boldsymbol{k}_L = \begin{bmatrix} S_{HH} & S_{HV} & S_{VH} & S_{VV} \end{bmatrix}^T \tag{1.48}$$

在互易条件下，有 $S_{HV}=S_{VH}$。散射矢量简化为

$$\boldsymbol{k}_L = \begin{bmatrix} S_{HH} & \sqrt{2}S_{HV} & S_{VV} \end{bmatrix}^T \tag{1.49}$$

从式（1.48）和式（1.49）可以看出，散射矢量 $\boldsymbol{k}_L$ 可以直接提供散射矩阵 $\boldsymbol{S}$ 各元素的信息。

另一种为 Pauli 自旋矩阵基（Pauli spin matrix basis），简称 Pauli 基：

$$\boldsymbol{\Psi}_P = \left\{ \sqrt{2}\begin{bmatrix} 1 & 0 \\ 0 & 1 \end{bmatrix} \quad \sqrt{2}\begin{bmatrix} 1 & 0 \\ 0 & -1 \end{bmatrix} \quad \sqrt{2}\begin{bmatrix} 0 & 1 \\ 1 & 0 \end{bmatrix} \quad \sqrt{2}\begin{bmatrix} 0 & -j \\ j & 0 \end{bmatrix} \right\} \tag{1.50}$$

该基对应的散射矢量为

$$\boldsymbol{k}_P = \frac{1}{\sqrt{2}}\begin{bmatrix} S_{HH} + S_{VV} & S_{HH} - S_{VV} & S_{HV} + S_{VH} & \mathrm{i}(S_{HV} - S_{VH}) \end{bmatrix}^T \tag{1.51}$$

互易情况下式(1.51)写为

$$\boldsymbol{k}_P = \frac{1}{\sqrt{2}}\begin{bmatrix} S_{HH} + S_{VV} & S_{HH} - S_{VV} & 2S_{HV} \end{bmatrix}^T \tag{1.52}$$

Pauli 基对应的散射矢量各元素分别对应表面散射、二面角散射和体散射，因此便于进行散射机理的分析，在实际使用中比 Lexicographic 基矢量的应用更加广泛。

2. 协方差矩阵与相干矩阵

极化散射矩阵给出了入射波的 Jones 矢量和散射波的 Jones 矢量之间的关系。对于一个确定性的目标，当以完全极化的单色平面波照射时，其电磁散射特性可以由一个极化散射矩阵进行完全的表征。但在实际的雷达测量中，对于复杂的目标（如目标的散射特性是时变的或者目标本身是由多个独立的子散射体所构成的分布式目标），雷达回波是时变的或者不相干的，目标的散射特性表现出一定的随机性，因此必须采用统计的方法研究目标的电磁散射特性；同时，由于全极化 SAR 是相干系统，散射矩阵 $\boldsymbol{S}$ 的各分量受到相干斑噪声影响较大，为了抑制噪声对观测信息的干扰，也需要采用统计方法对观测数据进行多视处理。为了能采用统计方法进行分析，必须使用二阶统计量。常用的二阶统计量有协方差矩阵 $\boldsymbol{C}$ 和相干矩阵 $\boldsymbol{T}$，它们的定义分别为

$$\boldsymbol{C} = \boldsymbol{k}_L \cdot \boldsymbol{k}_L^{*T} \tag{1.53}$$

$$T = k_P \cdot k_P^{*\mathrm{T}} \tag{1.54}$$

由于常用的极化 SAR 系统均为单基系统,因此满足互易定理,由式(1.49)和式(1.53)可得到 3×3 协方差矩阵的形式为

$$C_3 = \begin{bmatrix} \langle |S_{\mathrm{HH}}|\rangle^2 & \sqrt{2}\langle S_{\mathrm{HH}}S_{\mathrm{HV}}^*\rangle & \langle S_{\mathrm{HH}}S_{\mathrm{VV}}^*\rangle \\ \sqrt{2}\langle S_{\mathrm{HV}}S_{\mathrm{HH}}^*\rangle & 2\langle |S_{\mathrm{HV}}|^2\rangle & \sqrt{2}\langle S_{\mathrm{HV}}S_{\mathrm{VV}}^*\rangle \\ \langle S_{\mathrm{VV}}S_{\mathrm{HH}}^*\rangle & \sqrt{2}\langle S_{\mathrm{VV}}S_{\mathrm{HV}}^*\rangle & \langle |S_{\mathrm{VV}}|^2\rangle \end{bmatrix} \tag{1.55}$$

由式(1.53)和式(1.54)可得到 3×3 相干矩阵的形式为

$$T_3 = \frac{1}{2}\begin{bmatrix} \langle |S_{\mathrm{HH}}+S_{\mathrm{VV}}|^2\rangle & \langle (S_{\mathrm{HH}}+S_{\mathrm{VV}})(S_{\mathrm{HH}}-S_{\mathrm{VV}})^*\rangle & 2\langle (S_{\mathrm{HH}}+S_{\mathrm{VV}})S_{\mathrm{HV}}^*\rangle \\ \langle (S_{\mathrm{HH}}-S_{\mathrm{VV}})(S_{\mathrm{HH}}+S_{\mathrm{VV}})^*\rangle & \langle |S_{\mathrm{HH}}-S_{\mathrm{VV}}|^2\rangle & 2\langle (S_{\mathrm{HH}}-S_{\mathrm{VV}})S_{\mathrm{HV}}^*\rangle \\ 2\langle S_{\mathrm{HV}}(S_{\mathrm{HH}}+S_{\mathrm{VV}})^*\rangle & 2\langle S_{\mathrm{HV}}(S_{\mathrm{HH}}-S_{\mathrm{VV}})^*\rangle & 4\langle |S_{\mathrm{HV}}|^2\rangle \end{bmatrix} \tag{1.56}$$

协方差矩阵 C_3 和相干矩阵 T_3 均为半正定的 Hermitian 矩阵,两者可以互相转换:

$$C_3 = U_3^{*\mathrm{T}}T_3 U_3 = U_3^{-1}T_3 U_3 \tag{1.57}$$

$$T_3 = U_3 C_3 U_3^{*\mathrm{T}} = U_3 C_3 U_3^{-1} \tag{1.58}$$

式中,U_3 为单位转换矩阵,其形式为

$$U_3 = \frac{1}{\sqrt{2}}\begin{bmatrix} 1 & 0 & 1 \\ 1 & 0 & -1 \\ 0 & \sqrt{2} & 0 \end{bmatrix} \tag{1.59}$$

并且满足:

$$|U_3| = 1, \quad U_3^{-1} = U_3^{*\mathrm{T}}$$

3. Mueller 矩阵与 Kennaugh 矩阵

除了协方差矩阵 C 和相干矩阵 T,另外两个描述分布式目标散射特性的矩阵是 Mueller 矩阵 M 和 Kennaugh 矩阵 K,其中,Kennaugh 矩阵又称为 Stokes 矩阵。

首先,根据 Jones 矢量 E 定义相干矢量:

$$C = E \otimes E^* = [E_1 E_1^* \quad E_1 E_2^* \quad E_2 E_1^* \quad E_2 E_2^*]^{\mathrm{T}} \tag{1.60}$$

式中,$\otimes$ 表示 Kronecker 直积,运算规则为将前一矩阵的 $m \times n$ 个元素分别与后一矩阵的 $p \times q$ 个元素相乘,然后将得到的 $m \times m$ 个 $p \times q$ 的矩阵置于前一矩阵对应元素的位置,从而构造出 $mp \times nq$ 的矩阵。

假设目标入射和散射电磁波的 Jones 矢量分别为 E_t 与 E_s,根据散射矩阵的定义,有

$$E_s = SE_t \tag{1.61}$$

结合式（1.60）和式（1.61），可得到目标入射和散射电磁波的相干矢量之间的关系为

$$C_s = E_s \otimes E_s^* = (SE_t) \otimes (SE_t)^* = (S \otimes S^*)(E_t \otimes E_t^*) = WC_t \tag{1.62}$$

式中，中间矩阵 W 的定义为

$$W = S \otimes S^* = \begin{bmatrix} S_{HH}S_{HH}^* & S_{HH}S_{HV}^* & S_{HV}S_{HH}^* & S_{HV}S_{HV}^* \\ S_{HH}S_{HV}^* & S_{HH}S_{VV}^* & S_{HV}S_{HV}^* & S_{HV}S_{VV}^* \\ S_{HV}S_{HH}^* & S_{HV}S_{HV}^* & S_{VV}S_{HH}^* & S_{VV}S_{HV}^* \\ S_{HV}S_{HV}^* & S_{HV}S_{VV}^* & S_{VV}S_{HV}^* & S_{VV}S_{VV}^* \end{bmatrix} \tag{1.63}$$

由 Stokes 矢量和相干矢量的定义，不难推导出它们之间的关系为

$$J = RC = \begin{bmatrix} 1 & 0 & 0 & 1 \\ 1 & 0 & 0 & -1 \\ 0 & 1 & 1 & 0 \\ 0 & i & -i & 0 \end{bmatrix} C \tag{1.64}$$

结合式（1.64）和式（1.60），可得到目标入射与散射电磁波的 Stokes 矢量 J_t 和 J_s 之间的关系为

$$J_s = RC_s = RWC_t = RWR^{-1}J_t \tag{1.65}$$

定义目标的 Mueller 矩阵为

$$M = RWR^{-1} \tag{1.66}$$

则入射波和散射波的 Stokes 矢量 J_t 和 J_s 之间的关系可用 Mueller 矩阵表示如下：

$$J_s = MJ_t \tag{1.67}$$

在分析中，常将 Mueller 矩阵写为如下形式：

$$M = \begin{bmatrix} A_0 + B_0 & C & H & F \\ C & A_0 + B & E & G \\ H & E & A_0 - B & D \\ F & G & D & A_0 - B_0 \end{bmatrix} \tag{1.68}$$

式中，A_0、B_0、B、C、D、E、F、G、H 称为 Huynen 9 参数。

Kennaugh 矩阵定义为

$$K = U_4 M \tag{1.69}$$

式中，U_4 为单位变换矩阵，其定义为

$$U_4 = \begin{bmatrix} 1 & & & \\ & 1 & & \\ & & 1 & \\ & & & -1 \end{bmatrix} \tag{1.70}$$

从式（1.69）可以看出，Kennaugh 矩阵与 Mueller 矩阵在形式上很相似，只有对角线上最后一个元素符号相反，但其物理意义与 Mueller 矩阵是不同的，Mueller 矩阵表示的是入射波和散射波 Stokes 矢量之间的关系，Kennaugh 矩阵表示的是接收功率与收发天线极化状态之间的关系。

在后向散射坐标系下，当目标散射电磁波 $\boldsymbol{E}_s$ 照射到雷达接收天线时，若接收天线的电场用 Jones 矢量表示为 $\boldsymbol{E}_r$，则天线的接收功率为

$$P = k(\lambda, \eta, \theta, \phi)\left|\boldsymbol{E}_r \cdot \boldsymbol{E}_s\right|^2 \tag{1.71}$$

式中，$k(\lambda, \eta, \theta, \phi) = f(\lambda, \eta) \cdot g(\theta, \phi)$ 是与波阻抗和天线增益有关的常数，为了表示方便，后面将仅用 k 表示。

对式（1.71）进行数学变换，得到

$$P = k\left|\boldsymbol{E}_r^{\mathrm{T}} \boldsymbol{E}_s\right|^2 = k(\boldsymbol{E}_r^{\mathrm{T}} \boldsymbol{E}_s)(\boldsymbol{E}_r^{\mathrm{T}} \boldsymbol{E}_s)^* = k(\boldsymbol{E}_r^{\mathrm{T}} \otimes \boldsymbol{E}_r^{*\mathrm{T}})(\boldsymbol{E}_s \otimes \boldsymbol{E}_s^*) \tag{1.72}$$

由相干矢量的定义式（1.54）及 Stokes 矢量与相干矢量间的关系式（1.62），可得

$$P = k\boldsymbol{C}_r^{\mathrm{T}}\boldsymbol{C}_s = k(\boldsymbol{R}^{-1}\boldsymbol{J}_r)^{\mathrm{T}}(\boldsymbol{R}^{-1}\boldsymbol{J}_s) = k\boldsymbol{J}_r^{\mathrm{T}}(\boldsymbol{R}\boldsymbol{R}^{\mathrm{T}})^{-1}\boldsymbol{J}_s = \frac{1}{2}k\boldsymbol{J}_r^{\mathrm{T}}\boldsymbol{U}_4\boldsymbol{J}_s \tag{1.73}$$

式中，$\boldsymbol{J}_r$ 为接收天线的 Stokes 矢量；$\boldsymbol{J}_s$ 为散射回波的 Stokes 矢量。

由式（1.67）、式（1.69）和式（1.73），可得

$$P = \frac{1}{2}k\boldsymbol{J}_r^{\mathrm{T}}\boldsymbol{U}_4\boldsymbol{M}\boldsymbol{J}_t = \frac{1}{2}k\boldsymbol{J}_r^{\mathrm{T}}\boldsymbol{K}\boldsymbol{J}_t \tag{1.74}$$

根据式（1.74），对于同一目标，其散射特性是固定的，因此矩阵 $\boldsymbol{K}$ 不变，此时若改变收发天线的极化状态，则目标的回波功率也会相应改变。

1.5.3 极化合成

1. 基本理论

根据极化 SAR 系统测得的四个通道的极化散射数据可以计算任意极化角度（极化椭圆倾角和椭圆率角）下的目标后向散射功率，这种技术称为极化合成。通过极化合成技术可以获得任意极化状态下的接收功率，相比于传统的单极化 SAR 系统，该技术可以发挥极化 SAR 系统所具有的巨大优势。

极化合成理论是在分析接收功率与收发天线极化状态之间的关系基础上提出来的，式（1.74）表达了两者间的关系。下面将进一步推导极化合成公式。

将式（1.74）中天线发射和接收电磁波的 Stokes 矢量归一化，并利用极化椭圆的两个几何参数 (φ, χ)，可得

$$P(\varphi_r, \chi_r, \varphi_t, \chi_t) = k(\lambda, \eta, \theta, \phi) \cdot \begin{vmatrix} 1 \\ \cos 2\chi_r \cos 2\varphi_r \\ \cos 2\chi_r \sin 2\varphi_r \\ \sin 2\chi_r \end{vmatrix}^{\mathrm{T}} \cdot K \cdot \begin{vmatrix} 1 \\ \cos 2\chi_t \cos 2\varphi_t \\ \cos 2\chi_t \sin 2\varphi_t \\ \sin 2\chi_t \end{vmatrix} \qquad (1.75)$$

式（1.75）为极化合成公式。根据此公式，可绘制目标的极化响应图。极化响应图是目标散射特性的一种描述：如果限定收发 Stokes 矢量有相同的极化状态，则可以将接收功率与天线的极化状态之间的关系绘制成目标的同极化响应图；如果限定收发 Stokes 矢量互相正交，则可以将接收功率与天线的极化状态之间的关系绘制成交叉极化响应图。在实际应用中，由于更多使用的是协方差矩阵 C 和相干矩阵 T，此时可以先根据 C 或 T 计算出 Huynen 9 参数，然后根据式（1.68）得到矩阵 M，再进一步根据式（1.69）计算出矩阵 K。在绘制极化响应图时，由于我们只关心接收功率的相对值，所以可以省略前面的系数。

2. 典型目标的极化响应

现实世界中地物的散射特性非常复杂，并且千差万别，因此难以直接进行分析。为了简化分析过程，通常将复杂地物分解为多个简单目标。典型的简单目标有导电球、平面、二面角、三面角、短细棒、螺旋体等。通过分析这些简单目标的极化散射特性，有助于更好地理解现实世界中的复杂地物的散射特性。下面分别对这些典型目标的极化响应进行介绍。

1）导电球、平面及三面角

导电球、平面及三面角的散射矩阵均可表示为如下形式：

$$S = k \begin{bmatrix} 1 & 0 \\ 0 & 1 \end{bmatrix} \qquad (1.76)$$

式中，k 为与目标尺寸、角度等有关的常数，由于我们只关心接收功率的相对值，所以前面的系数可不予考虑。

根据散射矩阵，利用极化合成公式，可绘制出导电球、平面及三面角的极化响应图，如图 1.14 所示。从图 1.14 中可以看到，导电球、平面及三面角的极化响应与极化方位角无关，而是仅随椭圆率角变化。其中，对于同极化，最大接收功率出现在线极化情况下；对于交叉极化，最大接收功率出现在圆极化情况下。

2）二面角

二面角的散射矩阵可表示为如下形式：

$$S = k \begin{bmatrix} \cos 2\alpha & \sin 2\alpha \\ \sin 2\alpha & -\cos 2\alpha \end{bmatrix} \qquad (1.77)$$

式中，α 为二面角反射器相对于雷达视线的偏转角。根据式（1.77）绘制出当 $\alpha = 0$ 时二面角的极化响应如图 1.15 所示。从图中可以看到，二面角的极化响应仅在极化方位角为 0°和 90°时与椭圆率角无关，此时，二面角的同极化响应一直是最大的，而交叉极化响应一直是最小的。当极化方位角为±45°时，同极化响应在线极化情况下最小，而交叉极化响应在线极化情况下最大。

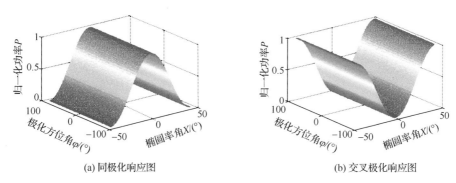

(a) 同极化响应图　　　　　　　　　　　　　　　(b) 交叉极化响应图

图 1.14　导电球、平面及三面角的极化响应图

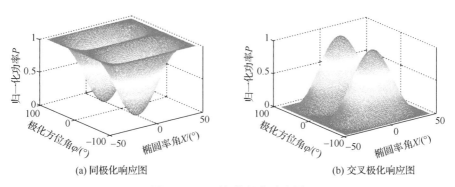

(a) 同极化响应图　　　　　　　　　　　　　　　(b) 交叉极化响应图

图 1.15　二面角的极化响应图

3）短细棒

短细棒（偶极子）的散射矩阵可表示为如下形式：

$$\boldsymbol{S} = k \begin{bmatrix} \cos^2 \alpha & \sin \alpha \cos \alpha \\ \sin \alpha \cos \alpha & \sin^2 \alpha \end{bmatrix} \tag{1.78}$$

式中，α 为短细棒轴线与水平面的夹角。当 $\alpha = 0$ 时短细棒的极化响应如图 1.16 所示。从图中可以看出，短细棒的同极化响应最大值出现在极化方位角为 0°时的线极化情况下，此时，电磁波的极化状态与短细棒形状一致；最小值出现在极化方位角为 90°时的线极化情况下，此时，电磁波的极化状态与短细棒形状垂直。交叉极化响应的最小值则发生在极化方位角为 0°及 90°的线极化情况下。

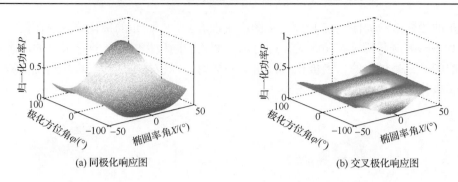

(a) 同极化响应图　　　　　　　　　　　(b) 交叉极化响应图

图 1.16　短细棒的极化响应图

4）左螺旋体

左螺旋体的散射矩阵表示为

$$\boldsymbol{S} = k \begin{bmatrix} 1 & j \\ j & -1 \end{bmatrix} \qquad (1.79)$$

左螺旋体的极化响应如图 1.17 所示。从图中可以看出，对于左螺旋体，其极化响应与极化方位角无关，而只与椭圆率角有关。同极化响应在左旋圆极化情况下取得最大值，在右旋圆极化下取得最小值；而交叉极化响应在线极化情况下取得最大值，在圆极化情况下取得最小值。

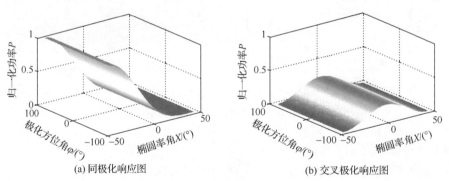

(a) 同极化响应图　　　　　　　　　　　(b) 交叉极化响应图

图 1.17　左螺旋体的极化响应图

5）右螺旋体

右螺旋体的散射矩阵表示为

$$\boldsymbol{S} = k \begin{bmatrix} -1 & j \\ j & 1 \end{bmatrix} \qquad (1.80)$$

右螺旋体的极化响应如图 1.18 所示。从图中可以看出，对于右螺旋体，其极化响应与极化方位角无关，而只与椭圆率角有关。同极化响应与左螺旋体相反，在右旋圆极化情况下取得最大值，在左旋圆极化下取得最小值；而交叉极化响应与左螺旋体相同，在线极化情况下取得最大值，在圆极化情况下取得最小值。

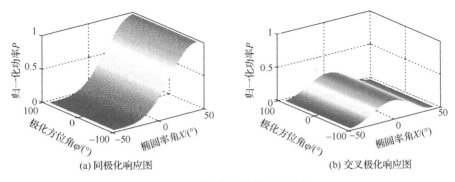

(a) 同极化响应图　　　　　　　　　　(b) 交叉极化响应图

图 1.18　右螺旋体的极化响应图

1.6　极化干涉 SAR 基本原理

相对于传统单极化影像的干涉，极化干涉 SAR（Polarimetric Synthetic Aperture Radar Interferometry, PolInSAR）系统最大的特点在于不同散射机理可以进行相互干涉。假设 N 次重复观测获取的 Sinclair 矩阵为 $\boldsymbol{S}_{n=1,\cdots,N}$，对应 Pauli 散射矢量为 $\boldsymbol{k}_{n=1,\cdots,N}$，构建多基线 Pauli 散射矢量 $\boldsymbol{k}_p = [k_1^{\mathrm{T}} \ \cdots \ k_N^{\mathrm{T}}]^{\mathrm{T}}$ 与极化相干矩阵 $\boldsymbol{T}_{\mathrm{MB}}$：

$$\boldsymbol{T}_{\mathrm{MB}} = E\left\{\boldsymbol{k}_p \boldsymbol{k}_p^{\mathrm{H}}\right\} \approx \left\langle \boldsymbol{k}_p \boldsymbol{k}_p^{\mathrm{H}} \right\rangle = \begin{bmatrix} \boldsymbol{T}_{11} & \cdots & \boldsymbol{X}_{1N} \\ \vdots & & \vdots \\ \boldsymbol{X}_{1N}^{\mathrm{H}} & \cdots & \boldsymbol{T}_{NN} \end{bmatrix} \tag{1.81}$$

式中，$\boldsymbol{T}_{nn}(n=1,2,\cdots,N)$ 矩阵只包含了单纯的极化信息，而 $\boldsymbol{X}_{mn}(m=1,2,\cdots,N;\ n=1,2,\cdots,N;\ m \neq n)$ 矩阵是极化与干涉信息的总和。

前面曾提到 Sinclair 矩阵中每个元素 S_{qp} 的相位均包含了目标到雷达距离信息，在双程往返的条件下有

$$S_{qp} = \left|s_{qp}\right| \exp(-\mathrm{i}\varphi_{qp}) \exp\left(-\mathrm{i}\frac{4\pi}{\lambda} r_{qp}\right) \tag{1.82}$$

S_{qp} 可以被分解为两个部分：①与地物散射特性相关的强度、相位成分 $\left|s_{qp}\right|\exp(-\mathrm{i}\varphi_{qp})$；②与等效散射中心到传感器距离相关的双程往返相位 $\exp\left(-\mathrm{i}\frac{4\pi}{\lambda} r_{qp}\right)$。其中，$r_{qp}$ 为 S_{qp} 对应散射机理的等效散射中心到传感器距离；λ 为载波波长；φ_{qp} 为 qp 散射机理引起的相位变化。由于传感器到等效散射中心的精确距离是未知的，所以没有办法直接估

计 r_{qp}。若对同一地物在相近的位置上有相同极化的两次重复观测 S_{qp1}、S_{qp2}，如果两次观测入射角差别不大，可以近似认为散射机理相位相等：$\varphi_{qp1} \approx \varphi_{qp2}$，则 S_{qp1} 与 S_{qp2} 共轭相乘后干涉相位为

$$\phi = \arg(S_{qp1}S_{qp2}^*) = -\frac{4\pi}{\lambda}(r_{qp1} - r_{qp2}) \tag{1.83}$$

式中，ϕ 为传统干涉测量的干涉相位。当极化方式不同时，ϕ 是干涉相位与极化相位差的总和，并记录在式（1.81）的矩阵 $\boldsymbol{X}$ 中。而通过对 $\boldsymbol{T}_{\mathrm{MB}}$ 在 Pauli 矢量上的投影，则可获得指定 Pauli 散射机理 ω_m 与 ω_n 上的复相干系数：

$$\gamma(\omega_m, \omega_n)_{mn} = \frac{\omega_m^{\mathrm{H}} X_{mn} \omega_n}{\sqrt{(\omega_m^{\mathrm{H}} T_{mm} \omega_m)(\omega_n^{\mathrm{H}} T_{nn} \omega_n)}} \tag{1.84}$$

1.7　SAR 影像幅度相位地形补偿

同单极化 SAR 影像相比，利用全极化数据进行分类及参数估计已经从单一利用幅度信息向同时利用四个极化通道的幅度与相位信息发展。全极化 SAR 地形补偿方法将利用自身获得的地形信息进行辐射补偿。其原理是利用反射对称原理估计地形信息矩阵，再将矩阵引入校正模型以补偿地形变化造成的极化信息变化。在进行极化 SAR 地形估计后再计算地形幅相补偿所需的观测参数及地表面元法向参数。

1.7.1　全极化 SAR 数据的幅度相位调制模型

电磁波在空间的传播过程可以用二维平面上的极化椭圆来描述。通过三个参数可以完全决定极化椭圆的形状，它们分别是极化椭圆的大小、椭圆率角 ε 以及极化方位角 φ，如图 1.19 所示。

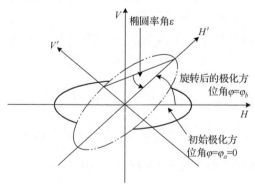

图 1.19　极化椭圆

其中与本章内容相关的是椭圆率角 ε 和极化方位角 φ。椭圆率角 ε 为极化椭圆短长

轴之比的反正切值，取值在 $\pm\pi/4$ 之间。极化方位角 φ 为极化椭圆长轴与 H 轴之间的夹角，取值在 $\pm\pi/2$ 之间。极化椭圆形象地描述了观测者面对纸面观察由纸面向外发射的电磁波的电场矢量运动情况，即极化状态。H 轴分量和 V 轴分量分别表示电场矢量的水平分量与垂直分量。

在图 1.20 中，X 轴代表雷达平台运动方向（即方位向，azimuth），Y 轴代表成像平面的地距方向（ground range），Z 轴代表天底方向，XY 平面代表地表平面，YZ 平面代表雷达入射平面（incidence plane），坐标原点处的灰色方形区域代表具有一定坡度值的散射单元，N 是它的表面法向量（surface normal），η 代表雷达入射角，I_1 与雷达入射方向相反。当地表散射单元与地表平面 XY 平行时（方位向、地距向坡度为 0），表面法向量 N 位于入射平面 YZ 内，此时可以设定极化椭圆的初始（极化）状态为图 1.19 中实线椭圆所示：极化方位角 $\varphi = \varphi_a = 0$。当表面散射单元具有一定的坡度值时（特别是方位向坡度），表面法向量 N 将不再在入射平面 YZ 中。与该散射单元发生作用的后向散射波将改变入射波的极化状态。此过程可以用图 1.19 中虚线极化椭圆的变化来表示。椭圆率角不变，但旋转后的极化方位角为 $\varphi = \varphi_b$（逆时针旋转表示正增长方向）。因此，极化方位角偏移 θ 可以通过式（1.85）计算得到：

$$\theta = \varphi_b - \varphi_a \tag{1.85}$$

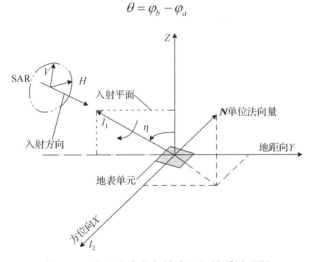

图 1.20　方位角变化与坡度几何关系说明图

该变化过程可以理解为变化的散射表面与不变的电磁波矢量之间的相对几何关系发生了变化，同样该过程也可以理解为不变的散射表面与变化的电磁波矢量之间的相对几何关系发生了变化。在数学关系上两者是等效过程，但后者可以通过极化合成理论与坐标变换来进行数值计算，从而反演出坡度值。在图 1.20 中，后一个过程表示为围绕雷达入射方向旋转入射平面 YZ，直到表面法向量 N 再度位于入射平面。在单站后向散射坐标系下，调制过程在数学上是两次坐标系旋转变换，满足互易条件时可

以表示为

$$\tilde{S} = \begin{bmatrix} \cos\theta & -\sin\theta \\ \sin\theta & \cos\theta \end{bmatrix} \cdot \begin{bmatrix} S_{HH} & S_{HV} \\ S_{VH} & S_{VV} \end{bmatrix} \cdot \begin{bmatrix} \cos\theta & \sin\theta \\ -\sin\theta & \cos\theta \end{bmatrix} = \begin{bmatrix} \tilde{S}_{HH} & \tilde{S}_{HV} \\ \tilde{S}_{VH} & \tilde{S}_{VV} \end{bmatrix}$$

$$= \begin{bmatrix} S_{HH}\cos^2\theta - S_{HV}\sin 2\theta + S_{VV}\sin^2\theta & S_{HV}\cos 2\theta + 0.5(S_{HH} - S_{VV})\sin 2\theta \\ S_{HV}\cos 2\theta + 0.5(S_{HH} - S_{VV})\sin 2\theta & S_{HH}\sin^2\theta + S_{HV}\sin 2\theta + S_{VV}\cos^2\theta \end{bmatrix} \quad (1.86)$$

式中，$\tilde{S}$ 代表经过调制后的散射矩阵；θ 代表极化方位角偏移的角度。表面法向量为

$$\hat{N} = n_1\hat{X} + n_2\hat{Y} + n_3\hat{Z} \quad (1.87)$$

　　坐标系共经历两次欧拉角旋转，第一次绕 X 轴旋转，旋转角度为入射角 φ；第二次绕经过第一次旋转后的 Z 轴旋转，旋转角度为方位角偏移 θ。A^{-1} 为过渡矩阵。

$$(I_2 \quad I_3 \quad I_1) = (\varepsilon_1 \quad \varepsilon_2 \quad \varepsilon_3) \cdot A^{-1} \quad (1.88)$$

$$A^{-1} = \begin{bmatrix} 1 & 0 & 0 \\ 0 & \cos\phi & -\sin\phi \\ 0 & \sin\phi & \cos\phi \end{bmatrix} \cdot \begin{bmatrix} \cos\theta & -\sin\theta & 0 \\ \sin\theta & \cos\theta & 0 \\ 0 & 0 & 1 \end{bmatrix} \quad (1.89)$$

$$A = \begin{bmatrix} \cos\theta & \sin\theta & 0 \\ -\sin\theta & \cos\theta & 0 \\ 0 & 0 & 1 \end{bmatrix} \cdot \begin{bmatrix} 1 & 0 & 0 \\ 0 & \cos\phi & \sin\phi \\ 0 & -\sin\phi & \cos\phi \end{bmatrix} = \begin{bmatrix} \cos\theta & \sin\theta\cos\phi & \sin\theta\sin\phi \\ -\sin\theta & \cos\theta\cos\phi & \cos\theta\sin\phi \\ 0 & -\sin\phi & \cos\phi \end{bmatrix} \quad (1.90)$$

因此在新坐标系下，式（1.87）的表面法向量坐标为

$$\begin{bmatrix} n_1' \\ n_2' \\ n_3' \end{bmatrix} = A \cdot \begin{bmatrix} n_1 \\ n_2 \\ n_3 \end{bmatrix} \quad (1.91)$$

由于表面元法向量在新坐标系中属于 (I_1, I_3) 平面，所以 n_1' 为 0，故有

$$n_1' = n_1\cos\theta + n_2\sin\theta\cos\phi + n_3\sin\theta\sin\phi = 0 \quad (1.92)$$

由此可得

$$\tan\theta = \frac{-n_1}{n_2\cos\phi + n_3\sin\phi} \quad (1.93)$$

$$\tan\omega = \frac{-n_1}{n_3}, \quad \tan\beta = \frac{-n_2}{n_3} \quad (1.94)$$

将式（1.94）代入式（1.93）可得

$$\tan\theta = \frac{\tan\omega}{\sin\phi - \cos\phi\tan\beta} \quad (1.95)$$

由式（1.95）可以建立方位角变化与散射单元坡度以及雷达视线方向三者之间的

几何关系（Lee et al., 2000; Schuler et al., 1998; Schuler et al., 1996; Frankot and Chellappa, 1990）。其中，θ 为方位角偏移，ϕ 为雷达入射角，ω 为方位向坡度，β 为距离向坡度。值得注意的是，式（1.95）所描述的极化方位角偏移和地形坡度之间的数学关系只有在雷达电磁波直接作用于地表或植被根部区域时才成立。Lee 等使用 P 波段机载全极化数据得到了茂密植被覆盖下的地形信息，而 L 波段数据仅对裸露地表或稀疏植被覆盖区域有效。

1.7.2　全极化 SAR 数据地形估计

在光学影像应用中，Lambertian 反射模型的作用是建立每个像素的强度和地表几何特性的数学关系，文献（Pritt, 1996）将原始模型修改为适合于雷达成像特征的形式且得到雷达接收回波强度 I 与朝向参数之间的关系为

$$I = K\sigma_0 \cos^2\omega \cdot \sin^2(\phi+\beta) \cdot A(\omega,\beta) = K\sigma_0 R_g R_a \frac{\cos\phi\sin^2(\phi+\beta)}{\cos(\phi+\beta)}\cos\omega \qquad （1.96）$$

式中，$K\sigma_0$ 只与平坦地表反射参数和雷达系统校准参数相关，其余部分则只与地表坡度及雷达入射角度相关。由式（1.86）可知，当方位角偏移为 0 时，可以等价于地表的方位向坡度 ω 为 0。此时式（1.96）变为

$$I(0,\beta) = K\sigma_0 R_g R_a \frac{\cos\phi\sin^2(\phi+\beta)}{\cos(\phi+\beta)} \qquad （1.97）$$

方位向坡度的取值在 ±90° 之间，因此极化补偿后的回波强度应该变大，且有

$$\cos\omega = I(\omega,\beta)/I(0,\beta) \qquad （1.98）$$

极化相干矩阵中的三个主对角元素分别代表三种极化组合的回波强度，它们的和为常数。文献（Pritt and Shipman, 1994）表明：极化补偿后 $|S_{HH}+S_{VV}|^2$ 不受影响，$|S_{HH}-S_{VV}|^2$ 将增加，$|S_{HV}|^2$ 则减小。因此，将补偿前后的 $|S_{HH}-S_{VV}|^2$ 代入式（1.98）即可估计出方位向坡度值的大小，其符号则假设与对应像素点处的极化方位角偏移一致。由式（1.95）可得

$$\tan\omega/\tan\theta = \sin(\phi-\beta)/\cos\beta \qquad （1.99）$$

该假设成立的条件为入射角 η 大于地距向坡度 β，因此本方法在处理雷达入射角度较小且迎面地距向坡度较大的区域时会产生错误。对于变化不是特别剧烈的地形以及一般的机载平台，这类情况发生的概率较低。在实际数据处理中发现，利用式（1.98）得到的方位向坡度估计往往比实际结果稍大。若继续计算地距向坡度则会产生较大的误差。校正方法为：将雷达入射角度和最大最小地距向坡度值代入式（1.99）可以估计出其合理值域范围；求取式（1.99）左边 $\tan\omega/\tan\theta$ 的实际值域范围；利用直方图指定方法确定值域映射函数；将 $\tan\omega/\tan\theta$ 值映射到预先计算的合理值域范围内。该方法可以在保持方位向坡度值分布近似不变的条件下限制其值域范围。当最大最小地距向坡度值未知时，可以假设为 ±45°。校正后，由式（1.95）可得地距向坡度的计算公式：

$$\beta = \arctan\left(\frac{\sin\phi - \tan\omega / \tan\theta}{\cos\phi}\right) \tag{1.100}$$

由地形的方位向坡度值与地距向坡度值生成高程图的过程近似为解诺伊曼（Neumann）边界条件的泊松方程，其源函数由正交坡度分量和网格尺寸决定。解泊松方程有直接法和迭代法。其中迭代法是数值解法，比较适合利用计算机编程实现。因为同样是解泊松方程，所以可以参考干涉测量中的相位展开方法。

1.7.3　全极化 SAR 数据地形辐射补偿

对于地形起伏造成的雷达影像叠掩和透视收缩现象，在地面坐标和斜距坐标的转换上体现为地面区域的迎坡面上多个像元对应到斜距面的一个像元，使得斜距成像亮度增加；而在背坡面由于雷达近距离压缩远距离拉伸现象，地面上单个像元转换到斜距成像面时拉伸为多个像元，背坡面亮度减弱；而在阴影区域，地面像元并没有在雷达斜距面上成像，使得影像为黑暗区域。利用成像区域的数字高程模型和基于 γ_0 的辐射校正算法可以对这种辐射失真进行补偿和校正。本书结合基于 γ_0 的辐射校正算法和全极化 SAR 生成的 DEM，提出了一种新的对于 SAR 影像的辐射补偿方法来抑制山区地形效应对影像的影响。

本节将使用 NASA/JPL AIRSAR 的 L 波段全极化数据（图 1.21）进行极化地形估计及地形辐射补偿。

地形估计结果如图 1.22 所示，地形地貌与成像区域的一致性较强，但在局部区域仍存在非均匀变化的现象。一方面，多重网格算法是基于全局最小二乘意义下的数值求解方法，因此地形估计在局部精度上受到限制；另一方面，场景中散射特征变化特别是植被覆盖区域对 L 波段的数据精度影响较大，这主要是来自于微波穿透深度的限制。

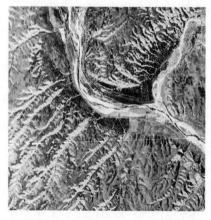

图 1.21　原始全极化 SAR 影像（见彩图）
红色：$|S_{HH} - S_{VV}|$；绿色：$|S_{HV}|$；蓝色：$|S_{HH} + S_{VV}|$

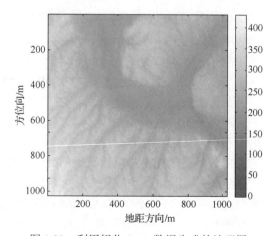

图 1.22　利用极化 SAR 数据生成的地形图

将近距离入射角及轨道平均高度等成像几何参数和此地形估计结果代入 γ_0 辐射校正算法,可以计算得到每一个像元的地形辐射补偿因子及补偿后的影像,如图 1.23 和图 1.24 所示。

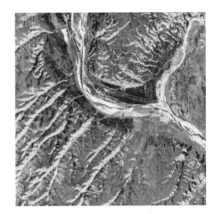

图 1.23 地形辐射补偿因子图

图 1.24 补偿后的全极化 SAR 影像(见彩图)
红色:$|S_{HH} - S_{VV}|$;绿色:$|S_{HV}|$;蓝色:$|S_{HH} + S_{VV}|$

参 考 文 献

方勇, 常本义, 胡海彦, 等. 2006. 星载 SAR 图像数字测图技术研究. 测绘通报, 8: 6-8.

舒宁. 2003. 微波遥感原理. 武汉: 武汉大学出版社.

张祖勋, 张剑清. 1996. 数字摄影测量学. 武汉: 武汉测绘科技大学出版社.

Cumming I G. 2008. 合成孔径雷达成像——算法与实现. 北京: 电子工业出版社.

Frankot R T, Chellappa R. 1990. Estimation of surface topography from SAR imagery using shape-from-shading techniques. Artificial Intelligence, 43: 271-310.

Gabriel A, Goldstein R. 1988. Crossed orbits interferometry: Theory and experimental results from SIR-B. International Journal on Remote Sensing, 9(5): 857-872.

Leberl F W. 1990. Radargrammetric Image Processing. Norwood: Artech House.

Lee J S, Schuler D L, Ainsworth T L. 2000. Polarimetric SAR data compensation for terrain azimuth slope variation. IEEE Transactions on Geoscience and Remote Sensing, 38(5): 2153-2163.

Madsen S N, Zebker H A. 1992. Automated absolute phase retrieval in across-track interferometry// Proceedings of International Geoscience and Remote Sensing Symposium, Houston: 1582-1584.

Massonnet D, Rossi M, Carmona C, et al. 1993. The displacement field of the landers earthquake mapped by radar interferometry. Nature, 364(6433): 138-142.

Pritt M D, Shipman J S. 1994. Least-squares two-dimensional phase unwrapping using FFT's. IEEE Transactions on Geoscience and Remote Sensing, 32(3): 706-708.

Pritt M D. 1996. Phase unwrapping by means of multigrid techniques for interferometric SAR. IEEE Transactions on Geoscience and Remote Sensing, 34(3): 728-738.

Pritt M D. 1997. Comparison of path-following and least-squares phase unwrapping algorithms// Proceedings of International Geoscience and Remote Sensing Symposium, Singapore: 872-874.

Schuler D L, Lee J S, Grandi G D. 1996. Measurement of topography using polarimetric SAR images. IEEE Transactions on Geoscience and Remote Sensing, 34(5): 1266-1277.

Schuler D L, Ainsworth T L, Lee J S. 1998. Topographic mapping using polarimetric SAR data. International Journal Remote Sensing, 19(1): 141-160.

Toutin T. 2002. Path processing and bundle adjustment with radarsat-1 SAR images// Proceedings of IEEE International Geoscience and Remote Sensing Symposium (IGARSS 2002), New York: 3432-3434.

Toutin T. 2010. Impact of radarsat-2 SAR ultrafine-mode parameters on stereo- radargrammetric DEMs. IEEE Transactions on Geoscience and Remote Sensing, 48(10): 3816-3823.

Wang K Z, Liu X Z, Yu W X. 2009. Progressive SAR imaging technology// Proceedings of International Geoscience and Remote Sensing Symposium, Honolulu: 4083-4086.

Zebker H A, Rosen P A, Goldstein R M, et al. 1994. On the derivation of coseismic displacement fields using differential radar interferometry: The landers earthquake. Journal of Geophysical Research, 99(B10): 19617-19634.

第2章　SAR 干涉测量

本章将重点介绍 SAR 干涉测量方面的研究成果，包括多模式 SAR 干涉处理、大范围地表低相干地区的 DInSAR 形变反演以及森林垂直结构参数反演与森林植被覆盖区 DEM 精确提取三方面研究内容。其中多模式 SAR 干涉处理方面，提出一种始于 SLC（Single Look Complex）影像的不同模式 SAR 干涉处理方法，重点开展了 burst 成像、配准、干涉非同步信号去除等研究；提出一种多基线 SAR 干涉结果融合技术，用于削弱重复轨道 SAR 干涉生成 DEM 中的各种误差。大范围地表低相干地区的 DInSAR 形变反演方面，基于 Kaiser 窗发展一种面向多源 SAR 数据的距离向频谱滤波器，可改善干涉相位质量，提高干涉图相干性；提出基于幅度与相位的稳定点目标多级探测法，该方法有利于在低相干地区甄别出高质量的点目标，从而能最大程度上保证地表形变的反演精度；介绍时间序列 InSAR 技术算法原理，并以太原市为例开展地表形变监测实验。森林垂直结构参数反演与森林植被覆盖区 DEM 精确提取方面，分析极化 SAR 森林垂直结构参数估测方法；介绍干涉/极化干涉 SAR 估测森林高度的基本原理和方法；提出基于极化干涉相干优化的森林植被覆盖区 DEM 提取方法，并以泰安地区的 ALOS PALSAR 极化干涉数据为例开展实验。

2.1　SAR 复影像干涉对和极化干涉对配准

SAR 影像配准是建立两幅或多幅 SAR 影像之间空间映射关系的方法，它在变化检测、多源数据融合以及 InSAR 测量等方面起着至关重要的作用。影像配准精度直接关系到后续各环节的处理精度和最终产品的质量，因此，有必要对 SAR 影像配准进行深入的研究。

目前，SAR 影像配准主要分为幅度影像配准和复影像配准两类，前者主要用于多源数据融合、变化检测、SAR 立体测图，后者则用于 InSAR 数据提取 DEM 和地表变形信息。复数影像配准方法首先利用星历/航迹数据及构像模型进行粗配准，然后利用幅度、相位等信息对影像进行像元级和亚像元级的精配准。

2.1.1　SAR 通用配准方法

SAR 系统的成像方式、极化模式、分辨率、平台、波长等不尽相同，加之地形、建（构）筑物规模、植被类型等复杂多样，造成 SAR 影像的几何及辐射畸变较大，在两幅或多幅 SAR 影像配准时亟需一种稳健的算法。

目前，SAR 影像的配准算法大多是基于区域进行的，但由于 SAR 影像的相干斑噪声强烈，灰度差异较大，仅采用灰度作为匹配测度难以保证精度。而影像的特征在不同成像环境下却能够表现出相似的性质，这为利用 SAR 影像特征进行配准提供了依据。1999 年 Lowe 提出了一种基于尺度空间的、对影像缩放、旋转甚至仿射变换保持不变性的影像局部特征描述算子——尺度不变特征变换（Scale Invariant Feature Transformation, SIFT），该算法在 2004 年被加以完善，并已经应用到了 SAR 影像间的配准研究之中（Schwind et al., 2010; Suri et al., 2010）。

SIFT 算法实现影像匹配主要分为三步（王佩军和徐亚明，2013）：①提取关键点；②对关键点附加详细的信息描述；③通过特征点进行匹配。

1. 提取关键点

当尺度空间理论最早出现于计算机视觉领域时，其目的是模拟影像数据的多尺度特征（王超等，2002）。一幅二维影像 $I(x, y)$ 在不同尺度下的尺度空间 $L(x, y, \sigma)$ 可由不同尺度的高斯函数 $G(x, y, \sigma)$ 与原影像卷积运算生成，公式如下：

$$L(x, y, \sigma) = G(x, y, \sigma) * I(x, y) \tag{2.1}$$

式中

$$G(x, y, \sigma) = \frac{1}{2\pi\sigma^2} e^{\frac{-(x^2+y^2)}{2\sigma^2}} \tag{2.2}$$

为了更有效地在尺度空间检测到稳定的特征点，引入高斯差分函数（Difference-Of-Gaussian，DOG）来逼近尺度归一化高斯-拉普拉斯算子 $\sigma^2 \nabla^2 G$：

$$D(x, y, \sigma) = [G(x, y, k\sigma) - G(x, y, \sigma)] * I(x, y) = L(x, y, k\sigma) - L(x, y, \sigma) \tag{2.3}$$

式中，k 为常数。

在实际计算时，使用高斯金字塔中相邻上下两层影像相减，得到高斯差分影像，进行极值检测。

在 DOG 空间检测极值时，需要把关键点与同一尺度的周围邻域 8 个像素和相邻尺度对应位置的周围邻域 9×2 个像素总共 26 个像素进行比较，以确保同时在尺度空间和二维影像空间检测局部极值。

为了提高关键点的稳定性和抗噪声能力，需要对尺度空间 DOG 函数进行曲线拟合，精确确定关键点的位置和尺度，同时去除低对比度的关键点和不稳定的边缘响应点。

对尺度空间函数 $D(x, y, \sigma)$ 进行泰勒展开，并求取函数极值来进行位置修正。$D(x, y, \sigma)$ 在局部极值点 (x_0, y_0, σ_0) 处的泰勒级数的二次展开式为

$$D(\boldsymbol{X}) = D(x_0, y_0, \sigma_0) + \frac{\partial D^{\mathrm{T}}}{\partial \boldsymbol{X}} \boldsymbol{X} + \frac{1}{2} \boldsymbol{X}^{\mathrm{T}} \frac{\partial^2 D}{\partial \boldsymbol{X}^2} \boldsymbol{X} \tag{2.4}$$

式中，$\boldsymbol{X} = (x, y, \sigma)^{\mathrm{T}}$ 表示极值点的修正向量。

对式（2.14）求导并令其为 0，可以得出精确的极值位置修正向量 $\boldsymbol{X}_{\max}$。

$$\boldsymbol{X}_{\max} = -\left(\frac{\partial^2 D}{\partial \boldsymbol{X}^2}\right)^{-1}\frac{\partial D}{\partial \boldsymbol{X}} \tag{2.5}$$

为了剔除不稳定的低对比度极值点，将式（2.15）代入式（2.14）可得

$$D(\boldsymbol{X}_{\max}) = D(x_0, y_0, \sigma_0) + \frac{1}{2}\frac{\partial D^{\mathrm{T}}}{\partial \boldsymbol{X}}\boldsymbol{X}_{\max} \tag{2.6}$$

将极值点向量代入式（2.16）并设定阈值 D_T，若 $|D(\boldsymbol{X}_{\max})| \geq D_T$，则保留该点，否则剔除该点。

为了消除由于边缘效应而造成的不稳定极值点，还需要进一步地处理以消除边缘效应。利用边缘点的两个方向主曲率差异较大而主曲率又与 Hessian 矩阵的特征值成正比的性质，可以借助 Hessian 特征值比值的方法来剔除边缘不稳定点。

对于 Hessian 矩阵 $\boldsymbol{H}$，令 α 为最大特征值，β 为最小特征值，且 $\alpha = r\beta$，则有

$$\boldsymbol{H} = \begin{bmatrix} D_{xx} & D_{xy} \\ D_{xy} & D_{yy} \end{bmatrix}, \begin{cases} \mathrm{tr}(\boldsymbol{H}) = D_{xx} + D_{yy} = \alpha + \beta \\ \det(\boldsymbol{H}) = D_{xx}D_{yy} - (D_{xy})^2 = \alpha\beta \end{cases} \tag{2.7}$$

$$\frac{\mathrm{tr}(\boldsymbol{H})^2}{\det(\boldsymbol{H})^2} = \frac{(\alpha + \beta)^2}{\alpha\beta} = \frac{(r\beta + \beta)^2}{r\beta^2} = \frac{(r+1)^2}{r} \tag{2.8}$$

在设定比值阈值 r 后，若 $\dfrac{\mathrm{tr}(\boldsymbol{H})^2}{\det(\boldsymbol{H})^2} \geq \dfrac{(r+1)^2}{r}$，则表示该特征点的两个方向主曲率差异较大，应该删除该边缘不稳定特征。在 Lowe 的文章中，取 $r = 10$。

为了使 SIFT 算子具有旋转不变性，需要确定特征点的最大梯度方向。对每个极值点，取对应阶段中与其尺度最为接近的高斯影像，按式（2.9）分别计算该点一定邻域范围的像素的梯度大小和方向：

$$\begin{cases} m(x, y) = \sqrt{(L(x+1, y) - L(x-1, y))^2 + (L(x, y+1) - L(x, y-1))^2} \\ \theta(x, y) = \arctan(L(x, y+1) - L(x, y-1)) / (L(x+1, y) - L(x-1, y)) \end{cases} \tag{2.9}$$

对特征点邻域像素进行梯度直方图的统计，并设定梯度直方图的范围为 $0° \sim 360°$，其中每隔 $10°$ 设 1 个柱，总共 36 柱。当进行直方图统计时，需按高斯加权的方法对梯度大小进行加权，离中心像素越远，权重越小。梯度方向直方图中，当存在另一个相当于主峰值 80% 幅值的峰值时，则将这个方向认为是该特征点的辅方向，即在该点位置存在两个不同方向的特征，这样可以提高匹配的稳健性。最后，对于所确定的梯度方向幅值最为接近的三个方向进行抛物线拟合，并取其顶点作为梯度方向，以提高梯度方向精度（王佩军和徐亚明，2013）。

2. SIFT 特征区域描述向量

为了提高特征点对光照和视点变化的不变性，需要为特征点建立一个区域描述向量。

首先将坐标轴旋转为关键点的方向，以确保旋转不变性。接下来以关键点为中心取 16×16 窗口，分割成 4×4 个子区域，在每个子区域上计算 8 个方向的梯度直方图，绘制每个梯度方向的累加值，即可形成一个种子点，因此，一共可以生成 16 个种子点，这样对于每个关键点就可以产生一个长度为 128 的数据，即形成一个长度为 128 的 SIFT 特征向量。此时 SIFT 特征向量已经去除了尺度变化、旋转等几何变形因素的影响，再继续将特征向量的长度归一化。

这种邻域方向性信息联合的思想增强了算法的抗噪声能力，同时对于含有定位误差的特征匹配也提供了较好的容错性。

3. SIFT 特征向量匹配

由于 SIFT 特征向量为高维向量，当进行匹配时，一般采用 k-d 树对参考影像的 SIFT 特征建立高维空间索引后，采用关键点特征向量的欧氏距离作为两幅影像中关键点的相似性判定度量，比较查找到的最近邻与次邻近点距离，若小于规定的阈值，则接受此匹配，否则剔除。

其次是消除错配。通过相似性度量得到潜在匹配对，其中不可避免会产生一些错误匹配，因此需要根据几何限制和其他附加约束消除错误匹配，提高稳定性。常用的去粗差方法是 RANSAC 随机抽样一致性算法。

利用 RANSAC 随机抽样一致性算法筛选 SIFT 特征匹配点对的主要流程如下。

（1）从样本集中随机抽选一个 RANSAC 样本，即 4 个匹配点对。

（2）根据这个匹配点对计算变换矩阵 M。

（3）根据样本集，变换矩阵和误差度量函数计算满足当前变换矩阵的一致集，并返回一致集中元素个数。

（4）根据当前一致集中元素个数判断是否为最优（最大）一致集，若是，则更新当前最优一致集。

（5）更新当前错误概率 p，若 p 仍大于允许的最小错误概率则重复步骤（1）～（4），直到当前错误概率 p 小于最小错误概率。

2.1.2　干涉 SAR 复影像配准

重复轨道合成孔径雷达干涉测量获取的两幅 SAR 影像，由于轨道间存在差异，成像位置及视角往往不一致，为获取高质量的干涉条纹，必须对两幅影像进行高精度配准。一般认为，只有当配准精度达到 1/8 个像元或更高时，配准误差才对相位测量精度没有明显影响（齐海宁和洪峻，2005）。目前经典的干涉图配准方法主要包括：相干系数、最大频谱和最小平均波动函数等。

合成孔径雷达复影像对的配准一般分为三步：①概略配准；②像元级粗配准；③亚像元级精配准。考虑时间效率问题，并不是对整幅影像所有像元进行配准，而是在整幅影像中均匀选择若干控制点进行配准，计算偏移量，然后使用二阶多项式来描述影像偏移。复影像配准示意图如图 2.1 所示。

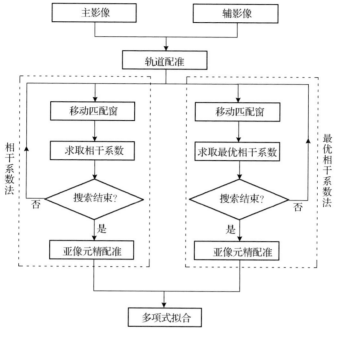

图 2.1　复影像配准示意图

影像配准一般采用滑动窗口自动配准技术，利用主辅影像在空间域进行配准。在主影像选择适当尺寸匹配窗，在辅影像选择尺寸比匹配窗大的搜索窗，使匹配窗在搜索窗内滑动，计算每次移动后评价指标的大小。

根据评价指标的不同，配准算法的工作效率不尽相同，其中，相干系数法是最常见的评价指标，它既包括幅度信息，也包括相位信息。利用相干系数作为配准评价指标，理论上，评价是最全面的。在实际处理中，选定一定大小的窗口，通过对窗口内样本的统计估计，来计算相干系数。其计算公式为

$$\gamma = \frac{\left| \sum_{i=0,j=0}^{m,n} S_1(i,j) \cdot S_2^*(i+u,j+v) \cdot \mathrm{e}^{-\mathrm{j}\phi} \right|}{\sqrt{\sum_{i=0,j=0}^{m,n} \left| S_1(i,j) \right| \sum_{i=0,j=0}^{m,n} \left| S_2(i+u,j+v) \right|}} \quad (2.10)$$

式中，$S_1(i,j)$、$S_2(i,j)$ 表示主辅影像对应像元值；ϕ 表示补偿相位，是为了消除地形相位。

最优相干系数法针对丰富植被地区散射中心高度差去相关问题，利用了全极化数据的配准方法（Schuler et al., 2000）。最优相干系数的计算公式为

$$T_6 = k_1 \cdot k_2^{*\mathrm{T}} = \begin{bmatrix} T_{11} & O_{12} \\ O_{12}^{*\mathrm{T}} & T_{22} \end{bmatrix} \tag{2.11}$$

$$\gamma' = \sqrt{rk(T_{11}^{-1} O_{12} T_{22}^{-1} O_{12}^{*\mathrm{T}})} \tag{2.12}$$

式中，γ' 表示最优相干系数；k_1、k_2 表示主辅影像对应点 Pauli 矢量；$rk(\cdot)$ 表示求秩运算。

实验表明，最优相干系数法，充分利用了全极化数据，获得的最优相干系数在部分地区能够比相干系数更优，但是由于涉及复数矩阵求逆、求秩等运算，故运行效率欠佳。在程序运行时，可以根据数据类型来选择具体的配准方法。

2.2　InSAR 自适应相位保持滤波

SAR 系统是基于相干原理成像的，这导致在雷达影像中相邻像素点的灰度值会由于相干性而产生一些随机的变化，并且这种随机变化是围绕着某一均值而进行的，这样就在 SAR 影像中产生了斑点噪声。斑点噪声一方面影响了 SAR 影像的解译及数据处理；另一方面，在 InSAR 数据处理中，相位值也会受到干扰，甚至会影响 InSAR 测量的精度，如何自适应地保持 InSAR 相位值是滤波算法研究中需要解决的一个重点。

理想状态下，InSAR 干涉相位具有连续性、周期性等特点（王志勇等，2004），但由于受到 SAR 传感器系统热噪声、雷达阴影、数据处理噪声、时间去相干、基线去相干等因素的影响，干涉图中会存在大量噪声。噪声的存在使干涉图的周期性不太明显、连续性受到影响、干涉条纹不明晰，进而会影响后续的相位解缠及 InSAR 测量精度，因此，必须在相位解缠之前进行相位滤波有效地去除噪声。

针对 InSAR 相位噪声，已经发展了多种滤波方法，如早期的圆周期均（中）值滤波（Lanari and Fornaro，1996）、基于局部坡度的自适应相位滤波方法（Lee et al.，1998）、Goldstein 频率域滤波器（Goldstein and Werner，1998）。Lanari 和 Fornaro 给出了一种圆周期中值相位条纹降噪滤波方法；Lee 等提出了一种基于局部坡度的自适应复相位方向滤波方法，该方法根据相位条纹方向放置不同方向的窗口滤波器。Goldstein 等提出一种频域干涉滤波器，该方法将分块后的干涉图频谱乘以其取某一幂次后的幅度平滑谱；Baran 等对 Goldstein 自适应滤波算法进行了改进，使得 Goldstein 滤波参数根据相干系数来自适应地确定；Li 等对 Goldstein 滤波参数的设置进行了改进。Martinez-Espla 提出了采用 Particle Filter 的方法对干涉图进行同时去噪及相位解缠处理。

在国内，对 InSAR 相位滤波算法进行了研究。廖明生等从干涉成像机理出发提出了一种复数空间自适应滤波方法：中值-自适应平滑滤波，避免了估计局部地形的复杂计算（廖明生等，2003）。刘利力根据干涉条纹图的连续性、圆周期性等主要特征，提

出了一种基于梯度加权的圆周期均值滤波（刘利力，2005）。尹宏杰等提出了一种能有
效保持干涉图条纹的边缘和细节信息的 InSAR 干涉图滤波算法——基于最优化融合
的自适应方向平滑算法（尹宏杰等，2009）；王耀南等针对干涉条纹图的各向异性特征，
提出一种基于条纹中心线的 InSAR 干涉图滤波算法（王耀南等，2009）；黄柏圣和许
家栋提出了一种基于局部频率估计的自适应干涉相位图滤波方法（黄柏圣和许家栋，
2009）；李佳等根据强噪声特点提出了等值线中值-Goldstein 二级滤波方法（李佳等，
2011）；易辉伟等提出了一种用于监测矿区地表形变的干涉图滤波方法——边缘保持
-Goldstein 组合滤波方法（易辉伟等，2012）。

　　这些方法均能在一定程度上对 InSAR 干涉图进行降噪，但还有一些不足，如滤波
参数的选取具有很大的随机性，每种滤波算法都具有一定针对性，自适应能力还不够，
现有的滤波算法在低相干区进行 InSAR 相位滤波时都存在着一些缺陷，不能很好地适
应复杂环境。在低相干区、低信噪比的情况下，合适的滤波算法对于 InSAR 沉降监测
的可靠性和精度起着至关重要的作用。因此，还需要进一步研究低相干区 InSAR 相位
滤波的问题。

2.2.1　Goldstein 滤波算法

　　1998 年，Goldstein 和 Werner 提出来频率域滤波器，Goldstein 滤波是 InSAR 相位
滤波中最经典、应用最广泛的滤波算法之一。

　　该方法首先采用傅里叶变换把干涉图转换到频率域，然后在频率域中对干涉图频
谱进行平滑，最后采用傅里叶逆变换把干涉图变回空间域，从而滤除干涉图中的相位
噪声。具体的方法是将干涉图分成相互重叠的小块，再对每一小块分别进行滤波。小
块的重叠率要达到 75%以上，以保证滤波后干涉图的连续性。

　　其滤波公式可表示为

$$Z'(u,v) = S\left\{\left|Z(u,v)\right|\right\}^{\alpha} \cdot Z(u,v) \qquad (2.13)$$

式中，α 为滤波参数，α 值越大，滤波效果就越弱；而 α 值越小，滤波就越强烈。

　　Goldstein 滤波在 InSAR 数据处理中已得到广泛应用，但该滤波算法强烈依赖于滤
波参数 α，α 的选取依经验而定，具有很大的随意性主观性。此外，由于在一幅干涉
图中，各个区域的噪声水平是不同的，用相同的 α 值对整个干涉图进行滤波，可能会
造成干涉质量好的地方过滤波或干涉质量差的地方欠滤波。

　　2003 年，Baran 等对 Goldstein 滤波算法进行了改进，使得滤波参数 α 的选取依赖
于滤波窗口内的相干系数的均值，其滤波公式表示为

$$H(u,v) = S\left\{\left|Z(u,v)\right|\right\}^{1-\bar{\gamma}} \cdot Z(u,v) \qquad (2.14)$$

式中，$\bar{\gamma}$ 为有效滤波窗口的相干系数的均值。

2.2.2　信噪比信息的自适应相位保持滤波算法

为防止 Goldstein 滤波算法在某些区域过滤波或某些区域欠滤波的情况，实现滤波算法的自适应性，需要对 α 参数的选取方法进行改进，可考虑采用相干系数或采用干涉图信噪比的方法进行自适应计算。

相干系数的绝对大小反映了各像元上干涉相位的质量。在相干图中，越亮的区域，其相干性越高，相位噪声越小，干涉相位数据越可靠，干涉测量精度就越高；而干涉图中那些暗的区域，其相干性较差，相位的噪声大，导致干涉测量精度和可靠性的降低，甚至导致干涉测量完全失败。

信噪比（Signal Noise Ratio，SNR）也是衡量噪声程度的一个定量指标，可以用于 InSAR 相位滤波中，具体可以采用信号与噪声的方差之比来估计影像信噪比。

首先计算影像的局部方差，将局部方差的最大值认为是信号方差，最小值认为是噪声方差，求出它们的比值，再转成 dB 数。因为 SNR 的值过于集中，所以对其进行取对数运算。

$$\text{SNR} = 10\lg \frac{\sigma_{\phi,\max}^2}{\sigma_{\phi,\min}^2} \tag{2.15}$$

为了使 SNR 值分布相对均匀，采用其指数函数作为滤波参数并进行归一化处理，由此构造的滤波参数模型为

$$\alpha' = 1 - \left(\frac{e^{\text{SNR}}}{\max(e^{\text{SNR}})} \right) \tag{2.16}$$

计算信噪比 SNR 时选取的窗口一般为 5×5 或 7×7，改进的 Goldstein 自适应滤波算法的具体步骤如下。

（1）把整幅干涉图分成若干小块，各相邻小块之间有一定的重叠。

（2）在小块中对原始干涉图进行离散傅里叶变换：

$$Z(u,v) = F(z(r,\alpha)) \tag{2.17}$$

（3）针对不同的局部区域，采用式（2.16）计算滤波参数 α'。

（4）采用滤波参数 α' 对取出部分的干涉图的频谱 $Z(u,v)$ 进行平滑处理。

（5）对滤波后的影像进行傅里叶逆变换，得到滤波后的干涉相位图。

图 2.2 选取了 2008 年 1 月 8 日～2008 年 2 月 23 日和 2009 年 1 月 10 日～2009 年 2 月 25 日两个时期的 ALOS PALSAR 干涉对生成的两个区域的差分干涉图进行了对比实验，图 2.2(a)、(c)是原始的差分干涉图，从图中可以看出原始差分干涉条纹边缘受到相位噪声的影响十分模糊，条纹边界很难分清；而图 2.2(b)、(d)是进行滤波后的结果，相位噪声大大减少，条纹边缘相对较清晰。从以上滤波实验可以看出，改进后的 Goldstein 滤波算法,实现了滤波算法的自适应性,不仅能很好地去除 InSAR 相位噪声，还能很好地保留边缘信息。

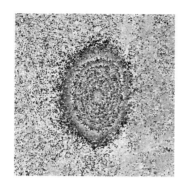

(a) 2008 年 1 月 8 日～2008 年 2 月 23 日干涉对原始差分干涉图

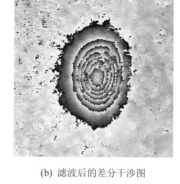

(b) 滤波后的差分干涉图

(c) 2009 年 1 月 10 日～2009 年 2 月 25 日干涉对原始差分干涉图

(d) 滤波后的差分干涉图

图 2.2　自适应相位保持滤波实验对比

2.2.3　多尺度多方向的自适应中值滤波

在分析 InSAR 干涉条纹图特点的基础上，提出了一种能够有效抑制 InSAR 干涉图相位噪声的自适应多窗口改进中值滤波方法，为在去除噪声的同时又尽量保持干涉条纹图的边缘及其细节信息，采用了多尺度多方向的滤波窗口，根据干涉条纹的方向和密度，自适应地选择窗口进行加权中值滤波处理（刘长安和王志勇，2012）。

多尺度多方向自适应中值滤波算法的具体实现如下。

（1）取干涉图的实部、虚部或分别求取相位图的正余弦，然后对两部分分别进行后续的滤波处理以避免相位跳跃的影响。

（2）用 3×3 的小窗口对所得数据进行均值预滤波，以减小较大的噪声对方差估计的影响。

（3）在 7×7 的滤波窗口中，分别计算 8 个一维线性方向窗口（图 2.3）和两个以窗口中心像元为中心的 2 个二维正方形窗口（大小分别为 3×3 和 5×5）的方差和加权中值。

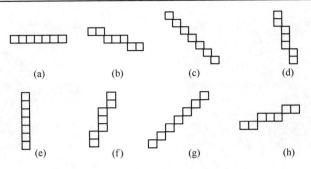

图 2.3　不同方向条纹示意图

（4）首先确定灰度方差最小的窗口的位置，然后判断最小方差和 5×5 正方形窗口的方差的差值是否在指定阈值范围内。如果是，则以 5×5 正方形窗口为平滑窗口，如果否，接着判断最小方差和 3×3 正方形窗口的方差的差值是否在指定阈值范围内。如果是，则以 3×3 正方形窗口为平滑窗口，如果否，则取最小方差对应的窗口为平滑窗口。

（5）以平滑窗口内像元灰度的加权中值替代中心像素的灰度值。

在处理窗口中第 (i,j) 个像素点时，首先要求出该窗口内 N 个像素点的灰度中值 $M(i,j)$。然后对窗口内的每一点按式（2.18）计算其相应的加权系数 $r(n)$：

$$\text{sum} = \sum_{n=1}^{N}[1/(1+(I(n)-M(i,j))^2)] \tag{2.18}$$

$$r(n) = \frac{1/(1+(I(n)-M(i,j))^2)}{\text{sum}} \tag{2.19}$$

式中，$I(n)$ 为某一窗口内第 n 个像素点的灰度值。可以看出，$I(n)$ 和 $M(i,j)$ 相差越大，相对应的 $r(n)$ 就越小；反之 $I(n)$ 和 $M(i,j)$ 相差越小，相对应的权值就越大；而当 $I(n)$ 和 $M(i,j)$ 相等时 $r(n)$ 最大，此时中值被赋予最大的权值。

窗口区域内的每一点的灰度值 $I(n)$ 与相应的 $r(n)$ 相乘，记为 $d(n)$，将 $\sum_{n=1}^{N} d(n)$ 作为所处理点的滤波输出。

（6）对影像中每个像素都进行相同的操作，重复以上步骤，最后利用滤波后的两部分结果计算得到滤波后的干涉相位图。

图 2.4 列出了几种相位滤波的实验结果对比，从目视效果看，所提出的基于多尺度多方向的 InSAR 自适应相位滤波降噪效果显著，且能较好地保持干涉图的条纹边缘信息，所得的结果影像也有良好的视觉效果。

图 2.5 依次为原始含噪干涉图、传统中值滤波（3×3 窗口）、圆周期中值滤波（3×3 窗口）、圆周期均值滤波（3×3 窗口）、Goldstein 滤波与新方法滤波后干涉图第 68 行的剖面图，从中可以看出滤波的效果。

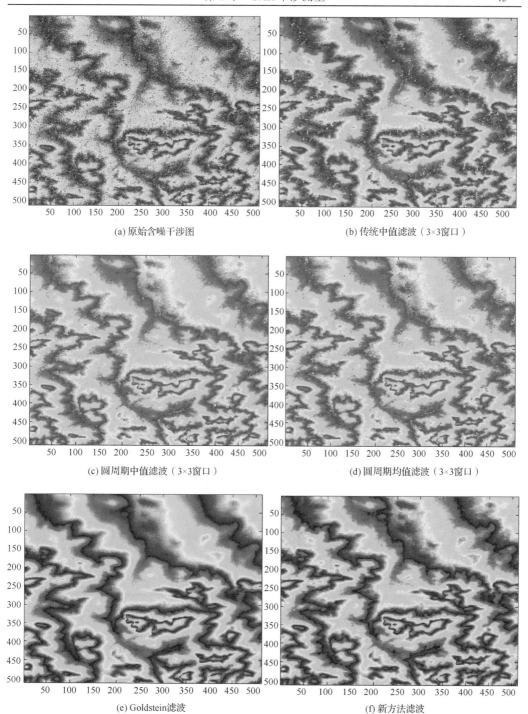

(a) 原始含噪干涉图　　　　　　　　　　　　　(b) 传统中值滤波（3×3窗口）

(c) 圆周期中值滤波（3×3窗口）　　　　　　　　(d) 圆周期均值滤波（3×3窗口）

(e) Goldstein滤波　　　　　　　　　　　　　　(f) 新方法滤波

图 2.4　各滤波方法对比实验结果（见彩图）

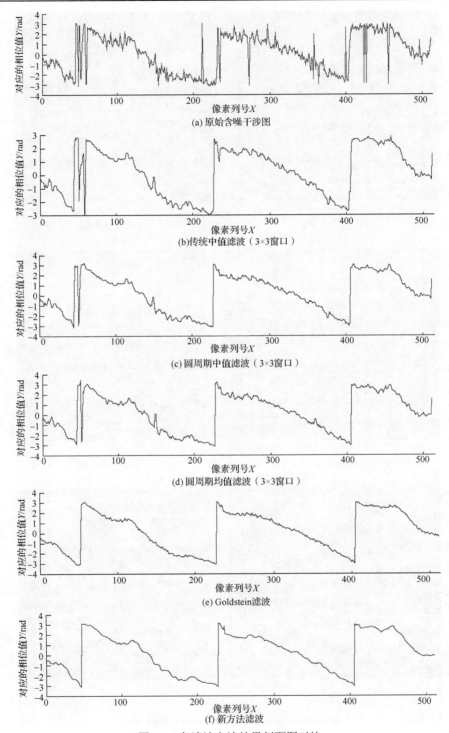

(a) 原始含噪干涉图

(b)传统中值滤波（3×3窗口）

(c) 圆周期中值滤波（3×3窗口）

(d) 圆周期均值滤波（3×3窗口）

(e) Goldstein滤波

(f) 新方法滤波

图 2.5　各滤波方法结果剖面图对比

2.3　多模式 InSAR 处理

2.3.1　始于 SLC 影像的不同模式 SAR 干涉处理

1. 概述

合成孔径雷达最初以条带模式获取数据。为满足不同应用需求，后来逐渐出现了多种其他的数据获取模式，如高分辨率的聚束模式、宽幅的 ScanSAR（Scanning Synthetic Aperture Radar，ScanSAR）模式（Tomiyasu，1981），这些新模式主要通过改变 SAR 方位向数据获取方式来满足不同的应用需求。

其中使用 burst 技术的各种模式，在星载 SAR 系统中得到了广泛应用，其数据获取量比较可观，具有重要应用价值和前景。而其他新数据获取模式的数据获取量非常有限，不利于干涉处理。目前这类模式主要有 ScanSAR 模式和交替极化（Alternating Polarisation，AP）模式（Desnos et al.，2000），它与常规条带模式之间的对比如图 2.6 所示。本书中，多模式 SAR 干涉就是常规条带模式、ScanSAR 模式和交替极化模式数据之间的干涉处理，干涉中的具体模式组合包括 ScanSAR 模式-ScanSAR 模式、AP 模式-AP 模式、ScanSAR 模式-条带模式、AP 模式-条带模式[①]。其中前两种是 burst 模式之间的干涉处理，后两种是 burst 模式与条带模式之间的干涉处理。

burst 技术在 1981 年由 Tomiyasu 和 Moore 分别提出，其初衷是利用该技术在相邻的几个条带上进行观测，以扩大 SAR 的距离向观测范围，这种观测方式即 ScanSAR 模式，目前 ScanSAR 模式已经用在了几乎所有的民用星载 SAR 系统中。1990 年，burst 技术在实际中首次用于 Magellan 探测金星的任务中，其主要目的是减少耗电量和数据传输量。1994 年，美国国家航空航天局（National Aeronautics and Space Administration，NASA）领导的航天飞机成像雷达 C（Spaceborne Imaging Radar-C，SIR-C）计划首次运用了 ScanSAR 模式来获取数据（Huneycutt，1989）。自 1995 年 RADARSAT-1 发射以来，所有的民用星载 SAR 系统都采用了 ScanSAR 模式作为其数据获取模式之一。值得指出的是，我国发射的 HJ-1C 卫星也可获取 ScanSAR 数据。

对于 burst 模式数据，在成像时也可保留其相位，自然可将其用于干涉处理。1994 年，Guarnieri 等首次提出了 ScanSAR 干涉处理（Guarnieri et al.，1994），并进行了实验（Guarnieri and Prati，1996）。后来，德国宇航中心的研究组也对 burst 干涉处理做了全面的研究（Holzner and Bamler，2002）。以上两个研究组是该方向最初的主要研究者。近年来，北京大学遥感与地理信息系统研究所曾琪明领导的研究团队也对多模式 SAR 干涉进行了全面研究，在软件开发、新处理技术、新理论方法等方面均取得

---

① 由于条带模式-条带模式之间的干涉处理是常规的干涉处理，这里不再赘述。

了相关成果。其他相关研究者的工作多针对该研究方向某一具体问题进行研究，如成像、配准等。

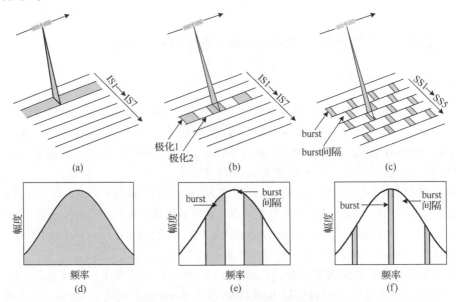

图 2.6　ENVISAT ASAR 的三种数据获取模式及其方位向频谱特征
(a) 常规条带模式；(b) AP 模式；(c) ScanSAR 模式；(d)～(f)分别为(a)～(c)的方位向频谱。(a)～(c)中的灰色区域为 SAR
波束中心扫过的区域，(d)～(f)分别为其中一种极化或者一个条带的频谱。IS 表示条带模式和 AP 模式的条带号，
SS 表示 ScanSAR 模式的子条带号。SS1～SS5 分别对应 IS2～IS6

多模式 SAR 是为克服常规条带模式的一些缺点，满足不同应用需求而发展起来的，与只用条带模式数据进行干涉处理相比，用多模式数据进行干涉处理具有许多优势，这些优势主要包括：观测范围大、干涉结果丰富、重访周期短等。当然，多模式 SAR 干涉也有一些缺点，如体散射失相干严重等。

2. 多模式 SAR 干涉处理技术

在生成整幅干涉图之前，多模式 SAR 干涉处理技术与条带模式 SAR 干涉处理技术有很大不同，其中涉及的问题主要包括：burst 成像、配准、干涉非同步信号去除等。生成整幅干涉图之后，与条带模式 SAR 干涉一样，多模式 SAR 干涉结果可用于测量地表形变、生成 DEM 等。

burst 模式数据是由一个个 burst 组成的，其方位向信号特点与条带模式的方向信号特点有较大不同，因此其成像方法也与条带模式的成像方法不同，这些不同主要体现在方位向。最简单的 burst 成像算法是全孔径算法（Bamler and Eineder, 1996），它将 burst 间隔补零后用条带模式成像程序成像。该算法可节省大量开发验证时间，而且也方便了后续干涉处理，但计算量和存储量较大、成像结果中有毛刺。为避免这些毛刺，Wong 等提出了短快速傅里叶逆变换算法，该算法与全孔径算法的不同点是，在进行最后的方位向 IFFT（Inverse Fast Fourier Transform）时其使用一系列较短的 IFFT 代替全孔径算法中的长 IFFT。Guarnieri 和 Prati 在研究 ScanSAR 干涉处理时也提出了一种 burst 成像算法（Guarnieri and Prati，1996）。这三种算法的主要优点是，已有高精度条带模式成像程序可用于 burst 模式数据的处理，而无须做太多改动。处理效率较高的是 SPECAN（SPECtral Analysis）算法，但 SPECAN 算法成像结果中有扇形扭曲，为解决这个问题，提出了 ECS（Extended Chirp Scaling）算法（Moreira et al.，1996）和用 chirp-z 变换改进的 SPECAN 算法。此外，burst 一般较短，也可直接在时域进行卷积对 burst 成像。

在各种 burst 成像算法中，全孔径算法的成像结果是一幅连续的影像，就像条带模式数据一样；而其他五种算法的成像结果是一个个的单个 burst 影像。尽管如此，所有成像结果在幅度峰值处都是相位保留的，也就是说它们都可用于干涉处理。一般情况下采用单 burst 成像算法，这时成像结果的存储方式如图 2.7 所示。

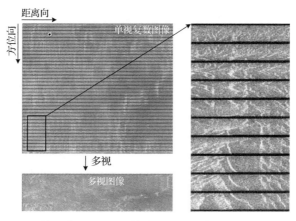

图 2.7　使用单 burst 成像算法生成的成像结果的存储方式
左下角的影像为将 burst 拼接后的多视结果

由于一个 burst 中多数点目标的频谱中心不为零，时域的 burst 成像结果中存在着一个线性相位项。对于 burst 边缘的目标，其频谱中心可能比较大，所以线性相位项的斜率也可能较大，即使有较小的方位向配准误差，也可能会导致严重的干涉相位误差。所以 burst 模式数据的方位向配准精度要求远高于条带模式数据（Scheiber and Moreira，2000）。图 2.8 清楚地展示了 burst 模式数据对方位向配准精度的要求。

较好的配准策略是先利用外部 DEM，根据 SAR 成像几何关系对两幅影像进行配准（Sansosti et al.，2006），这样配准之后两幅影像间一般还会存在一个常数项偏移，然后用 Spectral Diversity 方法估计这个常数项偏移（Scheiber and Moreira，2000）。

在 burst 模式下，SAR 通过周期性地获取 burst 来获取数据。对于主辅影像的对应 burst，SAR 在不同位置获取的回波数据代表着不重叠的频谱，这些信号对干涉图的分辨率没有贡献，相反还会造成噪声，所以需要将这些信号去除。一个 burst 中重叠回波所占的百分比称为 burst 同步性（Guccione, 2006）。对于目前的星载重复轨道干涉，burst 同步性是数据获取中的一个主要问题。

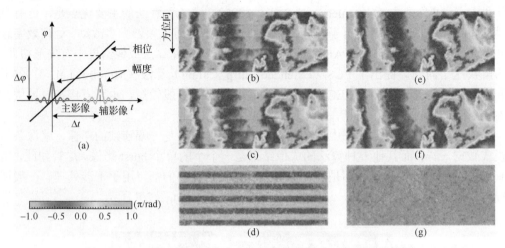

图 2.8　burst 模式数据对方位向配准精度的要求示意图（见彩图）

(a)为主影像和辅影像中的同名点目标，函数形状代表幅度值，图中还画出了主影像的线性相位项。(b)~(g)为对来自4 视 ScanSAR 系统的 burst 数据进行处理的结果。(b)~(d)为方位向配准误差为的结果，该配准误差约为 0.01 个 ScanSAR 方位向分别单元。(b)、(c)分别为第一和第三视的干涉图，(d)为(b)~(c)的结果。(e)~(g)为对应的消除方位向配准误差后的结果

要想去除非同步的信号，首先需要计算 burst 同步性，目前共有两类方法对于轨道数据不精确的数据（如 RADARSAT-1），可通过配准的方法计算 burst 同步性。对于轨道数据精确的数据（如 ENVISAT ASAR），可用轨道数据来计算 burst 同步性。利用同步性计算结果，非同步信号去除可在成像前、成像中和成像后进行。

图 2.9 展示了在成像过程中去除非同步信号的一个结果。

(a)　未去除非同步信号的干涉图　　　　　　(b)　去除非同步信号的干涉图

图 2.9　同步性为 70%的 burst 模式干涉图

3. 多模式 SAR 干涉处理流程

多模式 SAR 干涉处理可以归结为两类：burst 模式之间的干涉处理和 burst 模式与

条带模式之间的干涉处理。结合上述关键处理技术，这两类干涉处理都有两类基本干涉处理流程：全孔径干涉处理流程和逐个 burst 干涉处理流程。其中 burst 模式之间的干涉处理流程如图 2.10 所示。需要指出的是，在进行成像后的非同步信号去除时，为节省计算量，辅影像的非同步信号去除可以结合方位向配准重采样进行。

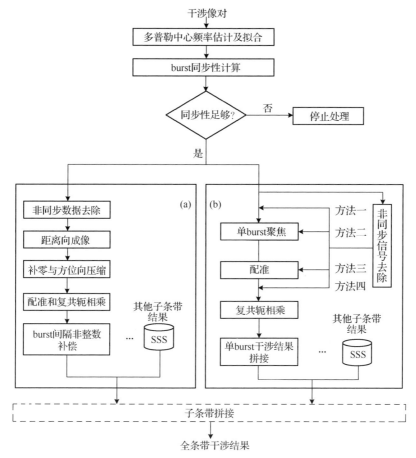

图 2.10　burst 模式之间的干涉处理

(a) 全孔径干涉处理流程；(b) 逐个 burst 干涉处理流程

对于 burst 模式与条带模式之间的干涉处理，其全孔径干涉处理流程与 burst 模式之间干涉处理的全孔径干涉处理流程基本相同，不同之处在于对条带模式数据进行全孔径成像时，是将条带模式数据对应于 burst 间隔的数据行替换成零回波。burst 模式与条带模式之间干涉处理的逐个 burst 干涉处理如图 2.11 所示，该处理流程相当灵活，其灵活性主要体现在对条带模式数据的处理上。此时条带模式数据共有三种处理方法：第一种方法在成像前提取 burst；第二种方法在成像后提取 burst；第三种方法对第二种方法进行了改进，即在提取 burst 之前，先对成像后的条带模式数据进行空间上变化的解调处理，以提高干涉对之间的相干性，但其只能用于生成差分干涉图（Guarnieri and Rocca，1999）。

　　近年来，越来越多的 SAR 卫星不再提供原始数据，而只提供单视复数图像及更高级别的产品。如果从 SLC 进行多模式 SAR 干涉处理，那么对于 burst 模式之间的干涉处理，只能使用图中的逐个 burst 干涉处理流程；对于 burst 模式与条带模式之间的干涉处理，只能采用图 2.11 中的方法二和方法三。如果从原始数据开始处理，则没有这些限制。

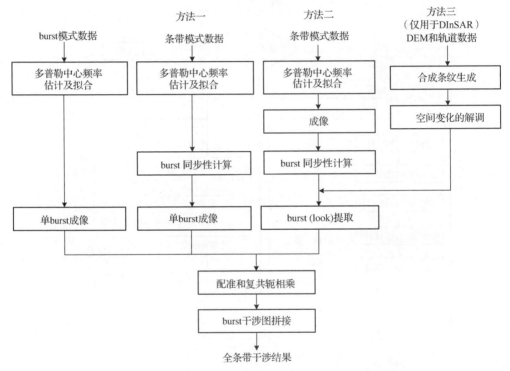

图 2.11　burst 模式与条带模式之间的干涉处理：逐个 burst 干涉处理流程

4. 多模式 SAR 干涉处理实例

　　目前最适合多模式 SAR 干涉处理的数据是 ENVISAT ASAR 获取的数据。

　　图 2.12 展示了使用 ENVISAT ASAR 多模式数据进行干涉处理得到的 2003 年 12 月 26 日伊朗 Bam MW 6.6 地震造成的地表形变，展示结果为差分干涉图。为清楚展示干涉结果质量，未对差分干涉图进行滤波，所采用的像元平均数为差分干涉处理中最常用的平均数，即经过像元平均后，距离向和方位向像元大小约为条带模式数据经过 4×20（距离向×方位向）的平均后的像元大小。为展示干涉结果的覆盖地区，使用了 90m 分辨率的 SRTM（Shuttle Radar Topography Mission）DEM 对差分干涉结果进行了

地理编码。因为经过像元平均后的差分干涉影像元大小与 SRTM DEM 的 90m 像元大小差别不大，所以经过地理编码采样后的差分干涉图还可较准确地反映出干涉结果质量。最后再将地理编码结果变换到 Mercator 坐标下，可得图中所示结果。从图 2.12 中可以看出 ScanSAR 干涉在大范围测量中的优势。图 2.13 展示了使用 ENVISAT ASAR 条带模式数据和 AP 模式数据处理得到的干涉图。图 2.13(a)的覆盖地区为中国内蒙古自治区与蒙古国接壤的地区，图 2.13(b)的覆盖地区为甘肃省张掖市。干涉图上部条纹密集的地方仅去除了轨道条纹，以显示该地区的地形。图 2.13(a)方框中的部分展示了该地区的小山。

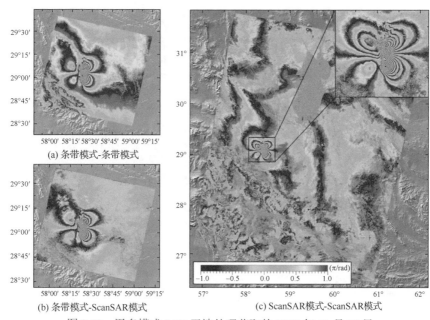

(a) 条带模式-条带模式

(b) 条带模式-ScanSAR模式

(c) ScanSAR模式-ScanSAR模式

图 2.12　用多模式 SAR 干涉处理获取的 2003 年 12 月 26 日
伊朗 Bam MW 6.6 地震造成的地表形变（见彩图）

除相干性、分辨率等差别，从这些干涉结果可看出，它们与条带模式干涉结果的特点一样，干涉图仍受轨道误差、大气延迟等带来的残余条纹的影响，在干涉基线较大时，特别是在地形陡峭的地区，DEM 误差在差分干涉图中较明显。总的来说，与条带模式干涉相比，多模式干涉一样能够以雷达波长为尺度，对雷达 LOS（Light of Sight）方向的形变进行监测，从这个意义上说，其测量精度与条带模式干涉无区别，但是许多情况下其相干性低一些，分辨率粗一些。

5. 小结

受应用需求驱动，以多模式获取数据是 SAR 的一个发展方向。多模式 SAR 数据也可用于干涉处理，以测量地表形变或者生成 DEM，而且多模式 SAR 干涉具有许多优势，但在生成整幅干涉图之前，其处理技术与常规条带模式干涉的处理技术不同。

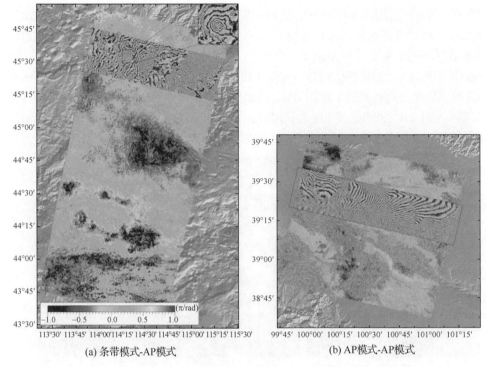

(a) 条带模式-AP模式　　　　　　　　　　(b) AP模式-AP模式

图 2.13　多模式 SAR 干涉图（见彩图）

在多模式中，burst 模式主要用于获取 ScanSAR 数据，其未来的一个发展方向是 TOPS（Terrain Observation by Progressive Scans）模式，该模式可克服 ScanSAR burst 影像的信噪比随方位向变化的缺点，其将作为 ESA 近期发射的 Sentinel-1 卫星的主要数据获取模式，在未来的干涉数据中将占有重要地位。当前多模式 SAR 干涉数据的一个主要问题是 burst 同步性没有得到很好的控制，Sentinel-1 和即将发射的 ALOS-2 都计划加强对 burst 同步性的控制，所以未来获取的干涉数据在 burst 同步性方面预计会有较大改进。总体来看，与过去相比，在未来获取的 SAR 数据中，burst 模式数据的比例将有很大提高，因此对多模式 SAR 干涉处理的研究具有重要意义。

2.3.2　多基线、多波段、多模式 SAR 干涉结果融合提取 DEM

1. 概述

目前的 SAR 数据以星载 SAR 数据为主，这些数据可用于重复轨道干涉处理。利用重复轨道干涉处理生成 DEM 有一些问题。首先，大气中的一些成分会对 SAR 信号的相位造成延迟，这种相位延迟甚至可达数个，一个对应的高程一般为几十米到几百米，因此大气延迟可对 InSAR 高程获取产生严重影响。其次，InSAR 处理过程中需要进行解缠，解缠是一个极容易出错的步骤，解缠错误最终会导致 DEM 错误。

　　削弱上述问题带来的影响的一个办法是利用多幅干涉图进行 DEM 重建。多幅干涉图需要覆盖同一区域，其来源可以是：不同基线的多幅干涉图、不同波段的干涉图和不同模式的干涉图，通过对多基线、多波段或者多模式的 SAR 干涉结果进行融合处理，以获取更高质量的 DEM。目前研究得较多的是对多基线干涉结果进行融合处理以获取 DEM，有关用多波段干涉结果融合以生成 DEM 方面的研究较少，而涉及多模式干涉结果融合以生成 DEM 方面的研究尚未见诸文献。本书的介绍也以多基线干涉结果的融合为主。

　　目前初步形成体系的多基线干涉生成 DEM 的思路是，利用多基线干涉图相位的概率密度函数（Probability Density Function，PDF）生成 DEM，与传统解缠相比，这是一种全新的思路。其采用的主要方法有最大似然法（Maximum Likelihood，ML）、最大后验概率法（Maximum a Posteriori，MAP）等。另外一些方法散见于文献，并未形成体系。其他的一些研究如解决叠掩区雷达后向散射值，主要停留在理论阶段，目前很少用于实际生成 DEM 的处理中。随着具体方法的不同，用于生成高分辨率、高精度 DEM 的数据不限于多基线 SAR 数据，一些其他的外部粗 DEM 可以在 DEM 重建过程中起辅助作用，特别是在目前已经有全球 DEM 的情况下（如 SRTM DEM）。甚至不同轨道、不同轨道方向（升降轨）的数据也可参与其中，以最大化利用当前数据，提高重建精度。

　　理论上，ML、MAP 等方法不失为解决 DEM 重建问题的好方法，但在实际应用中，这些方法并不能很好地适应复杂的实际问题。与模拟实验结果相比，实际数据实验结果往往很差。

　　2. 一种多基线 SAR 干涉结果融合技术

　　重复轨道 SAR 干涉图易受大气、轨道条纹等带来的缓变误差的影响，但其分辨率相对高；与之相反，目前可用的全球 DEM 一般不受空间缓变的误差的影响，但是其分辨率一般较低，如 SRTM DEM 的空间分辨率为 90m。所以，重复轨道 InSAR 和全球粗分辨率 DEM 可以优势互补，同时利用 InSAR 局部相位变化和粗 DEM 可以生成更高质量的 DEM，而利用多基线 InSAR 局部相位变化可以进一步抑制大气效应、轨道误差和失相干噪声。

　　假设用多基线干涉图的局部相位变化和粗 DEM 重建像元 1 的高程，则需计算像元 1 和其周围像元间的高程差。周围像元的选择应考虑如下两点：首先，这些像元不能离像元 1 太远，否则大气效应的影响将加重；其次，这些像元也不能离像元 1 太近，否则相对粗分辨率 DEM，改进不大。首先考虑使用单幅干涉图的情况，假设共有 m 个像元参与像元 1 的高程重建，像元 2–m 是周围像元，m 个像元的主要高程值可以由粗 DEM 提供。那么可利用的高程信息可用如下矩阵表示：

$$
\begin{bmatrix} s_1 \\ s_2 \\ \vdots \\ s_m \\ s_{m+1} \\ s_{m+2} \\ \vdots \\ s_{2m-1} \end{bmatrix} = \begin{bmatrix} 1 & 0 & 0 & 0 & \cdots & 0 \\ 0 & 1 & 0 & 0 & \cdots & 0 \\ \vdots & \vdots & \vdots & \vdots & & \vdots \\ 0 & 0 & 0 & 0 & \cdots & 1 \\ -1 & 1 & 0 & 0 & \cdots & 0 \\ -1 & 0 & 1 & 0 & \cdots & 0 \\ \vdots & \vdots & \vdots & \vdots & & \vdots \\ -1 & 0 & 0 & 0 & \cdots & 1 \end{bmatrix} \begin{bmatrix} h_1 \\ h_2 \\ \vdots \\ h_m \end{bmatrix} \qquad (2.20)
$$

式中，前 m 个方程对应于粗 DEM 提供的高程值，后 $m-1$ 个方程对应于来自于干涉图的高程差。每增加一幅干涉图，就增加 $m-1$ 个方程，可将这些方程放在上述方程之后。用最小二乘对该线性方程组求解，可计算像元 1 的高程值。干涉图数目越多，约束信息就越多，得到的高程值的精度也越高。

该融合方法既可用于多基线干涉结果的融合，也可用于多波段和多模式干涉结果的融合。

3. 多基线 SAR 干涉融合

这里展示使用上述多基线干涉结果融合方法对 8 对 ERS Tandem 干涉数据和 90m 分辨率的 SRTM DEM 进行处理的结果，其中 SRTM DEM 用作粗 DEM。数据覆盖法国的 Montaigne Sainte Victoire (MSV)山区。为展示大气效应造成的相位延迟，8 对 ERS Tandem 干涉对的差分干涉图如图 2.14 所示，这些额外相位可造成严重的 DEM 误差。

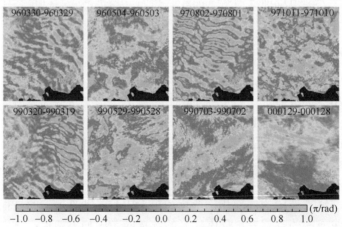

图 2.14　ERS Tandem 差分干涉图（见彩图）

SRTM DEM 和融合 DEM 之间的对比如图 2.15 所示，该图的覆盖区域仅为图中的部分地区。从该图可看出，与 SRTM DEM 相比，融合 DEM 的分辨率有较明显的提高，特别是在地形陡峭的地区。用该方法生成的 DEM 较适合用于差分干涉处理。图 2.16

展示了用 SRTM DEM 和融合 DEM 进行差分干涉处理得到的差分干涉图，该图展示的
结果与图 2.15 中的结果一致。用 SRTM DEM 进行差分干涉处理时，由于 DEM 分辨
率相对粗，在地形陡峭的地区，差分干涉图中残余的地形相位较明显；用融合 DEM
进行差分干涉处理时，差分干涉图中没有明显的残余地形相位，除了相位噪声，残余
相位在空间上是缓变的，很可能是由大气和轨道误差造成的。

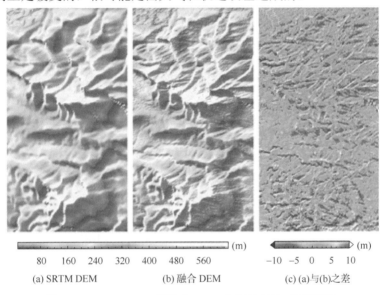

(a) SRTM DEM　　　　　(b) 融合 DEM　　　　　(c) (a)与(b)之差

图 2.15　SRTM DEM 和融合 DEM 之间的对比（见彩图）

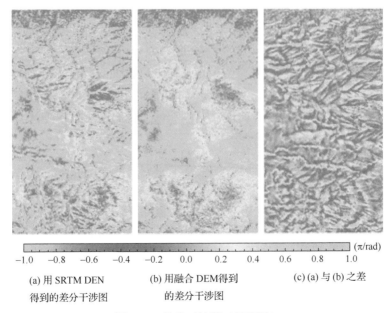

(a) 用 SRTM DEN　　　　(b) 用融合 DEM得到　　　　(c) (a)与(b)之差
　得到的差分干涉图　　　　　的差分干涉图

图 2.16　差分干涉图（见彩图）

4. 小结

为削弱重复轨道 SAR 干涉生成 DEM 中的各种误差，可对多基线、多波段、多模式干涉结果进行融合处理。但总体来看，目前尚没有非常有效的方法对这些数据进行融合。ML、MAP 等方法理论依据充足，但相关研究多停留在理想的模拟实验阶段；其他方法更多地从实际问题出发，更实用，对结果 DEM 的精度有改进，但改进不大。前面介绍的融合方法也还有较大改进空间，但其生成的 DEM 非常适合用于差分干涉处理，这可作为其应用之一。

2.4　大范围地表低相干地区的 InSAR 形变反演

2.4.1　SAR 距离向频谱滤波

1. 概述

干涉测量中主辅影像受多种去相干因素影响使干涉条纹图中引入相位噪声，导致干涉条纹图质量降低。尽管这些噪声对于干涉图的影响类似，但不同相位噪声的产生机理不一样，对应去除各种噪声的方法也应有所不同，为此将噪声滤波分为前置滤波和后置滤波（Hanssen，2001）。前置滤波是指干涉图形成之前对单视复数影像进行滤波处理，后置滤波则是对干涉条纹图进行滤波处理。前置滤波根据单视复数影像对的频谱特征，即在频率域进行滤波处理，分为距离向滤波和方位向滤波，可有效地减少由于几何失相干和多普勒质心失相干引入的相位噪声。由于目前的干涉影像对来源于同一传感器，而且新近发射卫星的姿态可以得到良好控制，影像之间的多普勒中心频率相差不大，因此本书不考虑方位向频谱滤波。国内外距离向频谱滤波算法研究都是从 ERS SAR 影像开始的，主要采用基于矩形窗函数、Hamming 窗函数实现频谱滤波（吴涛等，2005；王冬红，2005；Swart，2000；Schwäbisch and Geudtner，1995）。对于其他传感器的 SAR 数据，距离向频谱滤波算法研究甚少，本书基于 Kaiser 窗发展一种面向多源 SAR 数据的距离向频谱滤波器，改善干涉相位质量，提高干涉图相干性，以更好地服务于后续 InSAR 处理（仲伟凡，2012）。

2. 滤波器设计原理与方法

由于主辅影像在成像时对应同一目标的入射角不同，引起两次回波信号在地距方向发生频谱偏移，频谱中的非公共部分使干涉图中引入噪声。频谱滤波技术可以去除频谱中的非公共部分，保留公共部分，从而提高干涉图质量。假设主影像距离频谱的右侧和辅影像距离频谱的左侧为频谱公共部分，地距向频谱偏移如图 2.17 所示。

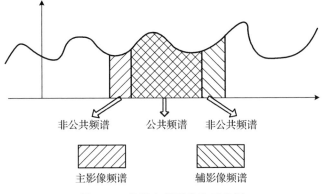

图 2.17　地距向频谱偏移示意图

　　距离向频率滤波的一般流程为：首先对主辅 SLC 影像对进行高精度配准，为保证后续干涉处理，配准精度应达到 1/8 个像元（王超等，2002）；然后分析精配准的主辅影像距离向频谱特征，计算主辅影像距离向频谱频移量，包括基于轨道参数的计算方法和基于干涉图频谱的计算方法（Swart，2000），本书采用基于轨道参数的计算方法；接着根据频谱偏移量，构建频谱滤波器，对主辅影像进行频谱滤波；最后统计相干系数、残差点（即干涉图中噪声引起的相位不连续点）个数评价滤波效果。

　　1）基于轨道参数计算频谱偏移量

　　设 f_0 为雷达载频，由于频谱偏移量是由入射角不同而引起的，可根据成像几何关系确定频谱偏移量：

$$\frac{\Delta f_r}{\Delta \theta} = -\frac{f_0}{\tan \theta} \tag{2.21}$$

式中，θ 为主辅影像入射角的平均值。由干涉 SAR 系统的几何关系，可知视角差与垂直基线 $B_\perp$ 之间存在近似关系：

$$\Delta \theta \approx \frac{B_\perp}{r_0} \tag{2.22}$$

式中，r_0 为斜距。因此距离向频谱偏移量为

$$\Delta f_r = -f_0 \frac{\Delta \theta}{\tan \theta} = -f_0 \frac{B_\perp}{r_0 \tan \theta} \tag{2.23}$$

　　2）基于 Kaiser 窗的频谱滤波器设计

　　Kaiser 窗函数由 Kaiser 提出，它定义一组可调的由零阶贝塞尔函数构成的窗函数，是一种适应性很强的函数。定义为（吴镇扬，2004）

$$w_0(i) = \frac{I_0\left(\beta\sqrt{1-\left(\frac{2i}{N}\right)^2}\right)}{I_0(\beta)}, \quad -\frac{N}{2} \leqslant i \leqslant \frac{N}{2} \tag{2.24}$$

式中，I_0 为修正过的零阶贝塞尔函数；N 为函数的阶数，即采样点个数；参数 β 用来调整窗形状，β 越大，$w_0(i)$ 越窄。

在设计滤波器时，N 必须为奇数，一般设置为 65。Kaiser 滤波器是一个具有零延迟的 N 阶样点的脉冲响应。设距离向的傅里叶变换长度为 N_{rfft}，则滤波器的周期为 N_{rfft}。滤波器的设计采用相对公共频谱带宽和相对中心频率：

$$B_{r\_\text{com}} = 0.85 \times 2\pi \times \left(B_r - |\Delta f_r|\right)/f_s \tag{2.25}$$

$$cf_m = 2\pi \times \frac{\Delta f_r}{2f_s}, \quad cf_s = -2\pi \times \frac{\Delta f_r}{2f_s} \tag{2.26}$$

式中，f_s 为距离向采样频率。令 $sc_m(i) = \exp(\text{j}(i \times cf_m))$，$sc_s(i) = \exp(\text{j}(i \times cf_s))$（其中 j 为虚数单位），则主影像的滤波器为

$$f_m(i) = \begin{cases} B_{r\_\text{com}}/2\pi, & i = 1 \\ sc_m(i) \times cv(i), & i \in [2, N/2+1] \\ sc_m(i-N_{\text{rfft}}) \times cv(i-N_{\text{rfft}}), & i \in [N_{\text{rfft}} - N/2+1, N_{\text{rfft}}] \end{cases} \tag{2.27}$$

辅影像的滤波器为

$$f_s(i) = \begin{cases} B_{r\_\text{com}}/2\pi, & i = 1 \\ sc_s(i) \times cv(i), & i \in [2, N/2+1] \\ sc_s(i-N_{\text{rfft}}) \times cv(i-N_{\text{rfft}}), & i \in [N_{\text{rfft}} - N/2+1, N_{\text{rfft}}] \end{cases} \tag{2.28}$$

式中，$cv(i) = \dfrac{w_0(i)\sin(i \times B_{r\_\text{com}}/2)}{i \times \pi}$ 为滤波器系数。

将主辅影像及主辅影像距离向频谱滤波器进行傅里叶变换，变换后主辅影像与滤波器对应点相乘，然后进行傅里叶逆变换就得到只含有公共频谱的主辅影像。

3. 实验结果与分析

1）实验 1：ERS 数据

本实验对 ERS 串行轨道数据处理，选取 1996 年 4 月 15 日和 1996 年 4 月 16 日西藏地区两景影像，其垂直基线距为 −99.7m，实验结果如图 2.18、图 2.19 和表 2.1 所示。

(a) 原始影像的相干图　　　　　　　　　(b) 矩形窗滤波后的相干图

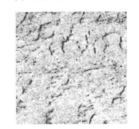

(c) Hamming 窗滤波后的相干图　　　　　(d) Kaiser 窗滤波后的相干图

图 2.18　ERS 数据滤波前后相干图对比

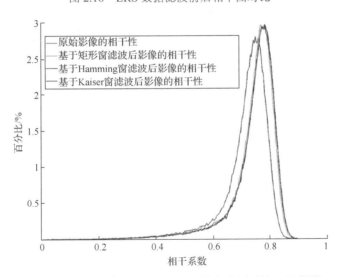

图 2.19　ERS 数据滤波前后影像相干性直方图对比（见彩图）

表 2.1　ERS 数据滤波前后相干性与残差点比较

	未滤波	矩形窗滤波	Hamming 窗滤波	Kaiser 窗滤波
最小值	0.021	0.038	0.035	0.039
最大值	0.882	0.894	0.893	0.896
平均值	0.713	0.737	0.741	0.740
残差点	17389	16157	15805	15755

2）实验 2：ALOS PALSAR 数据

本实验对 L 波段的 ALOS PALSAR 数据进行处理，选取 2008 年 7 月 5 日和 2008 年 8 月 20 日天津地区两景影像，其垂直基线距约为–2728m，实验结果如图 2.20、图 2.21 和表 2.2 所示。

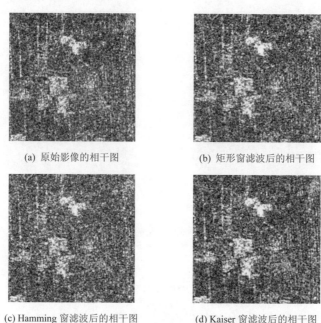

(a) 原始影像的相干图　　(b) 矩形窗滤波后的相干图

(c) Hamming 窗滤波后的相干图　　(d) Kaiser 窗滤波后的相干图

图 2.20　ALOS PALSAR 数据滤波前后相干图对比

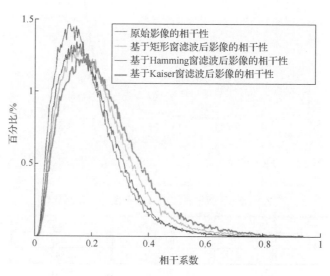

图 2.21　ALOS PALSAR 数据滤波前后影像相干性直方图对比（见彩图）

表 2.2　ALOS PALSAR 数据滤波前后相干性与残差点比较

	未滤波	矩形窗滤波	Hamming 窗滤波	Kaiser 窗滤波
最小值	0.007	0.007	0.008	0.010
最大值	0.841	0.888	0.818	0.938
平均值	0.185	0.218	0.197	0.242
残差点	79744	77339	78716	78484

3）实验 3：COSMO-SkyMed 数据

本实验对 X 波段 COSMO-SkyMed 数据进行处理，选取嘉兴地区 2011 年 8 月 23 日和 2011 年 9 月 9 日两景影像，其垂直基线距约为 1197.8m，实验结果如图 2.22、图 2.23 和表 2.3 所示。

(a) 原始影像的相干图

(b) 矩形窗滤波后的相干图

(c) Hamming 窗滤波后的相干图

(d) Kaiser 窗滤波后的相干图

图 2.22　COSMO-SkyMed 数据滤波前后相干图对比

表 2.3　COSMO-SkyMed 数据滤波前后相干性与残差点比较

	未滤波	矩形窗滤波	Hamming 窗滤波	Kaiser 窗滤波
最小值	0.0002	0.0003	0.0004	0.0007
最大值	0.9512	0.9513	0.9650	0.9541
平均值	0.2591	0.2591	0.3126	0.2974
残差点	81439	78853	80742	75971

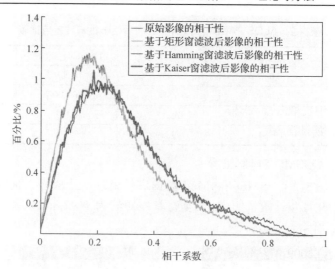

图 2.23　COSMO-SkyMed 数据滤波前后影像相干性直方图对比（见彩图）

本书通过选取典型的 C 波段（ERS）、L 波段（ALOS PALSAR）、X 波段（COSMO-SkyMed）卫星 SAR 数据，根据轨道参数计算主辅影像的距离向频谱偏移量，基于矩形窗、Hamming 窗、Kaiser 窗函数进行距离向频谱滤波实验，对滤波前后影像对相干性、干涉图残差点个数进行统计分析。

（1）实验 1 选取的 ERS 数据为 ERS-1/2 Tandem 模式的干涉影像，垂直基线距约为 99.7m，整景影像都表现出很高的相干性。由滤波前后直方图可以看出三种距离向滤波方法都提高了影像对相干性，基于 Hamming 窗和基于 Kaiser 窗滤波后影像的相干系数平均值基本一致，但基于 Kaiser 窗滤波后干涉图残差点个数最少。

（2）实验 2 选取的 ALOS PALSAR 数据，垂直基线距为–2728m，由直方图可以看出，基于 Kaiser 窗的滤波效果最好，其次是基于矩形窗的滤波算法，再次是基于 Hamming 窗的滤波算法，其中基于 Kaiser 窗滤波后相干系数平均值相对于原始影像的相干系数平均值提高了 30.8%。

（3）实验 3 选取的 COSMO-SkyMed SAR 数据，垂直基线距为 1197.8m，从直方图上看，三种方法中基于 Hamming 窗的滤波方法效果最好，其相干系数平均值最大，基于 Kaiser 窗滤波后影像对的相干性也有明显提高，相干性的平均值相对于原始影像的平均值提高了 14.8%，滤波后干涉图的残差点个数最少，而基于矩形窗滤波后主辅影像的相干性没有明显提高，但残差点有所减少。

由以上分析可得：基于矩形窗函数的滤波算法可提高影像相干性，但效果一般；基于 Hamming 窗函数的滤波算法对 COSMO-SkyMed 数据的滤波效果最好；总体来说基于 Kaiser 窗函数的频谱滤波算法对多源 SAR 影像具有普适性，其中 C、L、X 波段 SAR 影像滤波后的干涉图相干性都有明显提高，是一种适用性更广泛的距离向频谱滤波算法。

2.4.2　稳定点目标提取

1.　概述

稳定点目标的提取是整个时间序列 InSAR 技术中最为关键的环节之一，点目标的数量和质量直接影响着最终形变检测精度。一方面，点目标要尽可能多，因为稳定点目标在自然界中是真实的客观存在，应最大限度地把可能的点目标都提取出来，要保证较高的探测率，使漏检率足够低；另一方面，要避免不稳定的点被错误地提取为点目标，要保证虚警率也足够低。因此，提取稳定点目标的准则可以总结为在保证点目标准确的前提下，越多越好。为此开展稳定点目标提取方法研究，首先对已有的基于幅度信息(Hooper，2006；陈强，2006；Ferretti et al.，2001)、相干系数（吴宏安等，2011；张永红等，2009；Mora et al.，2003）和相位信息（Hooper et al.，2007）的三类点目标提取方法原理及中间涉及的处理过程进行分析，指出了这几种方法的优缺点和适用情况，并提出了基于幅度与相位的多级探测法，最后基于高分辨率 TerraSAR-X 数据，对不同点目标提取方法开展实验，比较并评价它们的选点结果。

2.　稳定点目标提取方法研究

目前已有的稳定点目标提取方法主要为幅度离差阈值法、相干系数阈值法和相位稳定性分析法。这些方法有不同的优缺点和适用条件。

1）基于幅度离差的点目标提取方法

幅度离差阈值法主要利用在高信噪比情况下，幅度离差指数与相位标准差在统计特性上存在的关系来识别点目标，当相位标准差 $\sigma_\phi < 0.25\mathrm{rad}$ 时，幅度离散指数 D_A 与相位标准差近似相等，因此可以利用幅度离散指数来提取稳定点目标（Ferretti et al.，2011）。幅度离差指数 D_A 的数学表达式为

$$D_A = \frac{\sigma_A}{m_A} \tag{2.29}$$

式中

$$\sigma_A(i,j) = \sqrt{\frac{\sum_{k=1}^{N}(A_k(i,j)-m_A)^2}{N}} \tag{2.30}$$

式中，$A_k(i,j)$ 表示第 k 幅 SAR 影像像元 (i,j) 的幅度，为 SLC 实部平方加虚部平方后再开方；N 为 SAR 影像幅度图个数；m_A 为每个像元的幅度平均值。

幅度离差阈值法的优点在于：①简单快捷，计算效率高；②采用了单像素识别模式，不受邻域像素影响，也就是说即便周围充满噪声像素的点目标也能从噪声丛中被

提取出来，同样若一个失相关严重的非点目标，即使其周围布满稳定点目标，其幅度离差指数仍然较大，该方法也能够将其判别为非点目标。

存在的问题有：①需要考察足够多（大于 30 景）的 SAR 影像，以保证获取的像元幅度在统计意义上的有效性；②对获得的 N 幅 SAR 图像需要进行辐射标定，以保证不同成像时刻的影像幅度具有可比性，不同雷达传感器的校正方法各有不同；③该方法只考虑了点目标散射特性的稳定性，而忽略了点目标对雷达波的强反射特性。该算法本身的原理是基于高信噪比像元这一假设前提，对于阴影、水体等低信噪比像元，容易造成误判。

从该方法的优缺点来看，适合于较高分辨率且有 30 景以上 SAR 数据的情况。

2）基于相干系数的点目标提取方法

稳定点目标的后向散射特性在时间序列保持较高的相干性，因此可以将相干系数作为点目标的识别标准。相干系数阈值法就是通过计算所有干涉像对中每个像元的相干系数 γ_i，可以得到像元在时间序列上相干系数的平均值，通过设置一定的阈值 γ_T 实现点目标提取。一般对于 ERS SAR/ENVISAT ASAR 数据而言，当估计窗口大小为 20×4 或 15×3 时，阈值可以在 0.25～0.35 选择（吴宏安等，2011）。

$$\frac{1}{M} \sum_{i=1}^{M} \gamma_i \geqslant \gamma_T \tag{2.31}$$

相干系数阈值法的优点在于：①计算直接、简单，执行效率高；②对 SAR 影像数量要求不多，理论上即使只有两幅 SAR 影像，也能提取到相干目标。

存在的问题有：①相干系数的计算是基于局部移动窗口来估计得到的，窗口大小对相干系数的估计值具有直接影响，根据 Touzi 和 Lopez（1999）研究指出窗口内包含的样本越多，也即窗口越大越接近无偏估计，估计结果越可靠，但牺牲了分辨率细节，平滑效果明显，在亮度较高的区域容易产生成簇成团的点。若稳定点目标被其他失相干点目标包围，也呈现为失相干状态，导致孤立且有效的点目标不能被检测出来，同时真实点目标附近的非稳定目标也有可能被误判为点目标。因此必须根据需求平衡图像分辨率与相干系数估计精度这两个互为影响的因素。②相干系数的估算还会受到不精确垂直基线、大气效应、地形等因素的影响，会降低估计结果的可靠性（张永红等，2009）。

从该方法的优缺点来看，适合于低分辨率且图像数量较少的情况。

3）基于相位信息的点目标提取方法

Hooper 等于 2007 年提出了利用相位的空间相关性得到噪声相位的估计值，通过分析像元的噪声特性来考察相位稳定性，进而识别并提取稳定点目标，称为相位稳定性分析法。

相位稳定性分析法最大的贡献在于它通过相位的空间相关性来考察相位稳定性，优点在于既保证了幅度稳定，又保证了与目标散射特性有关的相位稳定，需要的影像数量适中（约 12 景），即使在火山等失相干地区仍然可以提取到稳定点目标。存在的问题主要是算法复杂，计算量较大，执行时间较长。

3. 基于幅度与相位的稳定点目标多级探测法

该方法在相位稳定性分析法基础上，限定噪声标准差与幅度阈值，进行逐层筛选，多级探测，综合考虑了稳定点目标的稳定特性、高信噪比特性和强反射特性（李英会等，2012）。稳定特性体现在幅度稳定和相位稳定，高信噪比特性体现为噪声相位标准差小，强反射特性体现在时序后向散射系数值维持在较高水平。

1）幅度差分离差阈值法选取幅度稳定点

幅度差分离差是基于多主影像组合生成的小基线干涉对计算得到的：

$$D_{\Delta A} = \frac{\sqrt{\dfrac{\displaystyle\sum_{i=1}^{N}(A_{m,i,x} - A_{s,i,x})^2}{N}}}{\dfrac{\displaystyle\sum_{i=1}^{N}(A_{m,i,x} + A_{s,i,x})}{2N}} \quad (2.32)$$

式中，$A_{m,i,x}$、$A_{s,i,x}$ 表示第 i 个小基线干涉对中第 x 个像元对应的主辅影像幅度；N 为小基线干涉对个数。与幅度离差阈值法类似，在应用幅度差分离差阈值法选取点目标前仍需要对不同时期获取的 SAR 影像进行辐射定标使其具有可比性。

2）相位稳定迭代法确定相位稳定点

在幅度稳定点的基础上考察像元的相位组成部分：

$$\phi_{\text{diff},i,x} = W\{\phi_{\text{def},i,x} + \phi_{\text{atm},i,x} + \Delta\phi_{\text{orb},i,x} + \Delta\phi_{\varepsilon,i,x} + \phi_{n,i,x}\} \quad (2.33)$$

式中，$W\{\}$ 表示相位缠绕算子；$\phi_{\text{diff},i,x}$ 表示去地形后的差分相位，其值域为 $[-\pi, \pi)$；$\phi_{\text{def},i,x}$、$\phi_{\text{atm},i,x}$、$\Delta\phi_{\text{orb},i,x}$ 分别表示视线方向的形变相位、大气延迟相位和由于轨道数据不精确造成的误差相位；$\Delta\phi_{\varepsilon,i,x}$ 表示由外部 DEM 不精确造成的残余地形相位；$\phi_{n,i,x}$ 表示由于两次成像过程中像元的散射特性变化、热噪声以及配准误差等引起的噪声相位。

从式（2.33）中可以看出差分干涉相位中不仅包含形变相位，还夹杂着大气影响、轨道误差、地形误差、噪声等相位。与地物目标本身散射特性变化有关的相位被归入噪声相位中，因此同样无法直接考察。

我们想要选择那些在时间序列保持相位稳定的像元作为点目标，从相反意义上来说，它们本身的噪声相位应足够小，而式（2.33）中前四项影响着噪声相位，使得直接考察噪声相位有一定难度。可利用相位的空间相关性得到噪声相位的估计值，通过分析像元的噪声特性来考察相位稳定性，从而提取稳定点目标，具体可参见文献（Hooper et al.，2007）。

3）利用高信噪比及强反射特性确定最终点目标

在每幅差分干涉图上，基于已获取的相位稳定点，建立 Delaunay 三角网，确定相邻点。对于每条边来说，它代表一个相邻点对。

对于第 i 幅差分干涉图来说，将组成第 x 条边的 m、n 两个点本身的 DEM 误差相位（前面已计算得到）从差分相位（差分干涉图中的相位）中去除后，将两个点的剩余相位再次做差，得到邻点相位差 $\Delta\phi_{i,x}$。对每幅差分干涉图利用同样的办法，于是可以得到第 x 条边在时序干涉图上的邻点相位差。为了得到噪声相位，将时序邻点相位差转换到频率域后乘以高斯窗函数进行平滑滤波再转换到空间域。

用滤波前的相位值减去平滑后得到的相位值即为邻点间的噪声相位 $\phi_{\text{noise},i,x}$：

$$\phi_{\text{noise},i,x} = \Delta\phi_{i,x} - (\Delta\phi_{i,x})_{\text{gauss\_smooth}} \tag{2.34}$$

得到时序干涉图上邻点间的噪声相位后，统计它们的标准差，将与点 m 相连的所有边的标准差最小值赋给点 m，完成由边到点的转化，最后将噪声标准差较小的点保留，将大于设定阈值（一般可设为 0～1rad）的点认为是噪声点去除。

最后考察点目标的后向散射系数，后向散射系数值可根据不同传感器的定标函数式计算得到。设定后向散射系数阈值，选取具有强反射特性的点目标作为最终的点目标。阈值的选取办法为将各影像后向散射系数平均值（每幅空间范围上取平均）的最小值作为阈值，若各像素在时间序列的最小后向散射系数值比设定的阈值大，则认为满足强反射特性。

$$\begin{cases} \sigma_T^0 = \min\left\{ \dfrac{1}{mn}\sum_{i=1}^{m}\sum_{j=1}^{n}\sigma_{I_{i,j}}^0 \,\middle|\, I = 1,2,\cdots,N \right\} \\ \min\{\sigma_k^0 \,|\, k = 1,2,\cdots,N\} > \sigma_T^0 \end{cases} \tag{2.35}$$

式中，σ_T^0 为后向散射系数的阈值；m、n 为研究区域影像大小即行列数；$\sigma_{I_{i,j}}^0$ 为第 I 幅 SAR 影像像素 (i,j) 的后向散射系数值；$\min\{\sigma_k^0\}$ 表示第 k 个像元在时间序列上的最小后向散射系数值。

4. 不同稳定点目标提取方法对比实验与分析

本节通过实验对比分析了提出的基于幅度与相位的稳定点目标多级探测法与现有点目标提取方法的异同。

1）实验区与实验数据

实验区位于天津市北辰区双口镇河北工业大学附近，中心经纬度为东经 117.04°，北纬 39.23°，覆盖面积约 4km²，如图 2.24 所示。

实验数据为 2009 年 2 月～2010 年 1 月获取的 27 景 TerraSAR-X 条带式 SLC 影像，降轨，雷达波入射角约为 41.1°，HH 极化，其方位向像元尺寸为 1.896m，距离向像元尺寸为 1.364m，分辨率约为 3m。影像大小为 1000 行、1000 列，方位向和距离向视数均为单视。

| (a) SAR 影像平均幅度图 | (b) 光学影像图 |

图 2.24   实验区 SAR 影像平均幅度图及对应光学影像图（见彩图）

2）基于幅度离差提取点目标

为使不同时期获取的 SAR 影像具有可比性，对 TerraSAR-X 影像进行绝对定标，将像素的幅度信息转换为后向散射系数值。然后幅度离差指数阈值限定在$|D_S|<0.25$，共选取了 60109 个点，如图 2.25(a)所示，点分布比较密集，但水体、空地也有点目标分布；若降低阈值，将离差指数限定在$|D_S|<0.15$，只识别出 856 个点目标，如图 2.25(b)所示。

| (a) $|D_S| < 0.25$ | (b) $|D_S| < 0.15$ |

图 2.25 $|D_S| < 0.25$ 及 $|D_S| < 0.15$ 时选点结果（见彩图）

3）基于相干系数提取点目标

在用相干系数法选取点目标前，需要确定小基线干涉像对。本实验共生成 54 个干涉像对，最大时间间隔为 165 天，最大垂直基线距为 217.7m。由于条带式 TerraSAR-X 影像方位向像元尺寸为 1.896m，地距像元尺寸为 $1.364/\sin 41° \approx 2.079\text{m}$，二者比值接近 $1:1$，为了兼顾相干系数估计的可靠性和分辨率细节，相干系数估计窗口大小设为 5×5，计算得到的平均相干系数如图 2.26 所示。

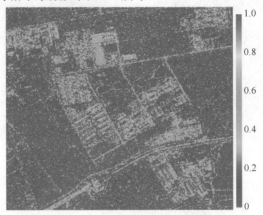

图 2.26　平均相干系数（见彩图）

TerraSAR-X 的重访周期只有 11 天，平均每月都会有 2～3 幅影像，因此能保持较好的相干性，可以将相干系数阈值设得较高一些。图 2.27(a)中，当相干系数阈值设为 0.75 时，共选取 39840 个点目标；将相干系数阈值提高到 0.8 后，如图 2.27(b)所示，共选取 28726 个点目标。

(a) 0.75　　　　　　　　　　　　(b) 0.8

图 2.27　相干系数阈值设为 0.75 及 0.8 时的选点结果（见彩图）

下面分析像元的后向散射离差指数与相干系数之间的关系。首先统计符合 $0 < D_S < 0.25$

条件的像元的相干系数，如图 2.28(a)所示，可以看出后向散射离差指数与相干系数近似呈线性关系，随着后向散射离差指数的降低，相干系数也相应地升高，说明满足高稳定特性也相应满足高相干特性；接下来统计符合相干系数大于 0.8 条件像元的后向散射离差指数，如图 2.28(b)所示，可以看出相干系数与后向散射离差指数并没有明显的对应关系，相干系数较大的像元对应的后向散射离差指数不一定低，说明满足高相干特性不一定满足高稳定特性。

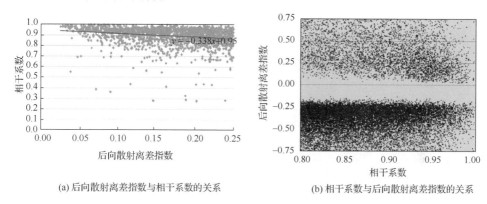

(a) 后向散射离差指数与相干系数的关系　　　　(b) 相干系数与后向散射离差指数的关系

图 2.28　后向散射离差指数与相干系数的相互关系

4）基于相位信息的点目标提取方法

首先利用幅度差分离差阈值法选取幅度稳定点作为候选点，本实验中，用辐射定标后的后向散射系数代替幅度，计算后向散射差分离差指数，将阈值设为 0.6，共选取了 150699 个候选点，如图 2.29(a)所示。在候选点的基础上，利用相位稳定迭代法计算每个候选点的时相相干因子 γ_x，设置可接受的误选点密度为 2 个/km²，计算每个点的阈值 γ^*，保留符合 $\gamma_x > \gamma^*$ 的点作为相位稳定点，最终选取 50869 个点目标，如图 2.29(b)所示，可以看到在空地上存在较多的噪声点。

(a) 幅度稳定点　　　　　　　　　　　(b) 相位稳定点

图 2.29　幅度稳定点及相位稳定点选取结果（见彩图）

5）基于幅度与相位信息的多级探测法

在相位稳定点的基础上，构建 Delaunay 三角网，建网的目的是为了确定邻点（点对），本次实验中，对 50869 个相位稳定点建网，共形成 101711 个三角形，152579 条边。设置噪声标准差阈值为 0.8rad，若大于设定的阈值则该点被视为噪声点剔除，去噪后共选取了 37732 个点，如图 2.30 所示，在右上角红框空地处仍存在个别点目标。此外，中部红框处为水泥柏油路面的足球场、篮球场和网球场，表面较为光滑，多为镜面反射，后向散射回波较弱，不应存在大量点目标，因此后面需要对后向散射系数限定阈值，选取那些具有较强反射特性的地物作为点目标。

图 2.30   去除噪声点后保留点的分布（见彩图）

统计每幅 SAR 影像后向散射系数的平均值，以其中最小值为后向散射阈值，若每个点目标在时间序列上的最小后向散射系数比设定的阈值大，则保留。设定后向散射系数阈值为 −15.758dB，共选取了 21528 个点目标，点目标密度为 5382 个/km²，如图 2.31 所示，可以看出基于幅度和相位的多级探测法提取到的点目标无论从位置分布和密度来说都比较合理，既保证了点目标的质量又保证了点目标的数量，因此将基于幅度和相位的多级探测法作为最终的稳定点目标选取方法。

图 2.31   限定后向散射系数阈值后最终保留点的分布（见彩图）

为了进一步验证提出的基于幅度与相位的多级探测法的准确性，我们分析了提取到的点目标的相干系数，作为佐证。从图 2.32 中可以看出，在提取到的点目标中有72.14%的点目标相干系数在 0.7 以上，说明提取到的点目标在长时间序列都保持较高的相干性，也间接证明了该方法的准确性和可靠性。

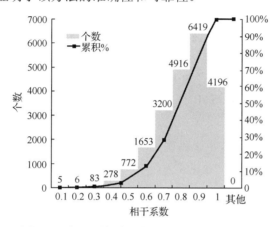

图 2.32　提取到的点目标相干系数直方图分布

我们从影像数量要求、分辨率、是否需要辐射定标、是否需要相位分析、漏检率、可靠性以及算法执行效率多方面比较了几种点目标识别方法的特性，如表 2.4 所示。

表 2.4　点目标提取方法特性比较

方法	基于幅度离差	基于相干系数	基于相位信息	基于幅度与相位信息
影像数量要求	约大于 30 景	大于 2 景	约大于 12 景	约大于 12 景
分辨率	保持	有损失	保持	保持
幅度定标	需要	不需要	需要	需要
相位分析	不需要	不需要	需要	需要
漏检率	高	较高	低	低
可靠性	高	较高	较高	高
执行效率	较高	高	较低	较低

2.4.3　基于点目标的时间序列 InSAR 技术

1. 概述

传统的 DInSAR 技术能获得两次影像成像之间的地表形变信息，通常它要求形变前后地表仍然保持较高的相干性，然而对于长时间地表形变而言，由于 SAR 干涉像对的时间和空间基线距较大，导致影像时间、空间失相干严重（Gatelli et al., 1994; Zebker and Villasenor, 1992），利用传统 DInSAR 技术难以反演其形变序列。

为了克服传统 DInSAR 技术的这些限制，自 20 世纪 90 年代末，一些新的 InSAR

处理技术被提出。这些技术的共同特点是：基于时间序列 SAR（或干涉图）进行处理，处理的对象不是整幅影像的全部像元，而是其中具有稳定散射特性从而能在较长时间间隔内保持高相干的像元子集（简称"点目标"）。这些技术总体上可以概括为两类：以永久散射体干涉（permanent scatterer/persistent scatterer interferometry/PS-InSAR）为代表的单一主影像时间序列 InSAR 技术（Ferretti et al., 2001; 2000; 1999）和以小基线集技术（small baseline subset interferometry/SBAS-InSAR）为代表的多主影像时间序列 InSAR 技术（Berardino et al., 2002; 2003）。为叙述方便，我们将这两种技术统称为时间序列 InSAR 技术。时间序列 InSAR 技术对上述三种制约因素均有良好的免疫力，目前已经取代传统的 DInSAR 技术在火山、地震、滑坡、地面沉降监测等领域得到大量应用。

2. 时间序列 InSAR 技术算法原理

1）干涉组合

假设在 $(t_1, \cdots, t_N)$ 时间获取同一地区 N 幅 SAR 影像，根据一定干涉条件组合（如时间基线距和垂直基线距不超过一定范围），得到 M 对干涉组合，有如下不等式关系：

$$N/2 \leqslant M \leqslant [N(N-1)]/2 \tag{2.36}$$

干涉组合不要求具有共同主影像，这样处理使得少量 SAR 影像也能组合较多的干涉图。在干涉组合时，基线距较大的干涉像对要做距离向频域滤波，以消除距离向频谱偏移，增强干涉图相干性。

2）线性形变反演

M 幅干涉相位经去平地和去地形后，可相应得到 M 幅差分相位图，各像素的相位模型可表示为

$$\phi_{\text{dif}\_i} = \phi_{\text{def}\_i} + \phi_{\text{errortopo}\_i} + \phi_{\text{atm}\_i} + \phi_{\text{noise}\_i} \tag{2.37}$$

式中，i 为第 i 幅干涉图；ϕ_{def} 为视线向的地表形变相位，包括线性形变和非线性形变；$\phi_{\text{errortopo}}$ 为 DEM 引起的高程误差相位；ϕ_{atm} 为大气影响相位；ϕ_{noise} 为噪声相位，包括热噪声、时间和基线去相干噪声。其中高程误差相位 $\phi_{\text{errortopo}}$ 和地表形变相位 ϕ_{def} 可分别表示为

$$\phi_{\text{errortopo}} = \frac{4\pi}{\lambda} \cdot \frac{b}{r \cdot \sin\theta} \cdot \varepsilon \tag{2.38}$$

$$\phi_{\text{def}} = \frac{4\pi}{\lambda} \Delta r = \frac{4\pi}{\lambda} \cdot T \cdot v + \phi_{\text{non-linear}} \tag{2.39}$$

式中，λ 为雷达载波波长；r 为目标到雷达传感器斜距长；b 为垂直基线；θ 为雷达入射角；ε、v 分别为高程误差和线性形变速率；T 表示两次 SAR 影像获取的时间基线。

利用幅度和相位稳定性特征，提取稳定点目标。在此基础上，通过 Delaunay 三角网连接所有的点目标。对于三角网上的任一条边，其两顶点 (x_m, y_m)、(x_n, y_n) 之间的二次差分相位为

$$\delta\phi_{\text{dif}}(x_m, y_m, x_n, y_n, T_i) = \frac{4\pi}{\lambda} \cdot T_i \cdot [v(x_m, y_m) - v(x_n, y_n)] + \frac{4\pi}{\lambda} \cdot \frac{bT_i}{rT_i \sin\theta_i}$$
$$\cdot [\varepsilon(x_m, y_m) - \varepsilon(x_n, y_n)] + [\beta(x_m, y_m) - \beta(x_n, y_n)] \qquad (2.40)$$
$$+ [\alpha(x_m, y_m) - \alpha(x_n, y_n)] + [n(x_m, y_m) - n(x_n, y_n)]$$

式中，(x_m, y_m)、(x_n, y_n) 为两顶点的位置坐标；T_i 为第 i 幅干涉图的时间基线；β 为非线性形变相位项；α 为大气影响相位项；n 为噪声相位项。

考虑大气影响相位是一个低频信号，在空间上存在一个相关距离，一般为 1～3km，当三角网两点间距在大气影响相关距离内时，可以认为它们的大气影响相位相等，即 $\alpha(x_m, y_m, T_i) \approx \alpha(x_n, y_n, T_i)$，由于线性速度和高程误差是常数，而非线性形变相位和噪声相位都是随机信号，所以式（2.40）可以演变为线性模型：

$$\delta\phi_{\text{model}}(x_m, y_m, x_n, y_n, T_i) = \frac{4\pi}{\lambda} \cdot T_i \cdot \Delta v(x_m, y_m, x_n, y_n)$$
$$+ \frac{4\pi}{\lambda} \cdot \frac{bT_i}{rT_i \cdot \sin\theta_i} \cdot \Delta\xi(x_m, y_m, x_n, y_n) \qquad (2.41)$$

式中，Δv、$\Delta\xi$ 分别是相对线性形变速率和相对高程误差。为了求得这两个参量，建立如下的目标函数方程，通过最优化方法求解：

$$\gamma_{\text{model}}(x_m, y_m, x_n, y_n)$$
$$= \frac{1}{M} \cdot \left| \sum_{i=0}^{M} \exp[\text{j} \cdot (\delta\phi_{\text{dif}}(x_m, y_m, x_n, y_n, T_i) - \delta\phi_{\text{model}}(x_m, y_m, x_n, y_n, T_i))] \right| \qquad (2.42)$$

式中，γ 为整体相位相干系数，其最大值范围为[0,1]，反映了相对线性形变速率和相对高程误差对差分相位的拟合程度，可采用空间搜索方法求解相对线性形变速率和相对高程误差（张永红等，2009）。当对所有的边完成最大化求解后，选择 $\gamma \geq 0.7$ 的边作为可靠的连接，以某一具有已知形变量和 DEM 误差的高相干点为参考点，集成两两高相干点间的相对线性形变速率和相对高程误差，得到各点目标的线性形变速率和高程误差。

3）非线性形变反演

从原始差分干涉图相位减去模型相位（式（2.41））后，得到点目标上的残余相位 ϕ_{res}，它包括大气影响相位 ϕ_{atm}、非线性形变相位 $\phi_{\text{non-linear}}$ 以及噪声相位 ϕ_{noise}。为了得到完整的形变信息，需要对解缠后的残余相位进行时空频谱特征分析，以分离出非线性形变相位。

残余相位的三个分量中，大气影响相位在时间序列上是不相关的，为高频信号；在空间上是相关的，为低频信号；非线性形变相位在时间序列上是低频信号，在空间上是不相关的，为高频信号；噪声相位则是时间和空间都不相关的随机高频信号。利用这些表现特征，可以将三者分离出来。对位于 (x, y) 处的点目标，首先在时间序列上做频域低通滤波，提取出低频的非线性形变相位，然后利用最小二乘方法及干涉组合关系计算出各时刻的非线性形变量，将其与线性形变叠加可得到全部形变信息（吴宏安等，2011）。

3. 太原市地表形变监测实验

1）实验区概况

地处汾渭河谷平原地区的太原市是我国重要的能源重化工城市，由于长期超量开采地下水，地面沉降状况比较严重。太原市地面沉降发现于 20 世纪 60 年代，至 80 年代沉降加剧，至 2003 年已形成西张和城区两个沉降区，西张、万柏林、下元、吴家堡 4 个沉降中心。沉降范围为：北起上兰镇，南至刘家堡乡郝村；西起西镇，东到榆次西河堡村。沉降区南北长约 39km，东西宽约 15km，沉降面积达 548km²；最大沉降中心为吴家堡——高新技术开发区，累计地面沉降量为 2960mm，年均沉降速率为 63.0mm。20 世纪 90 年代以来，沉降范围逐年向盆地边缘扩展，沉降漏斗面积逐年扩大，南部有向晋中盆地延伸趋势（闫世龙等，2006）。根据太原市地面沉降历史演变特征，可划为 3 个沉降阶段。

（1）1956~1981 年地面沉降分布情况。1956~1981 年为地面沉降中心初步形成阶段，1965 年以前无明显沉降现象；1965~1970 年是缓慢沉降时期；1970~1981 年是地面沉降不均匀发展时期。此时沉降外围 20mm 等值线范围为：北起下薛村，南至西草寨；西起晋源镇，东至西温庄。南北长约 36km，东西宽约 10km，沉降面积 358km²。在这期间已形成吴家堡沉降中心。

（2）1981~1989 年地面沉降分布情况。1981~1989 年为地面沉降快速发展阶段。沉降外围半闭合线已扩大到 50mm，范围南北长约 37km，东西宽约 12km，沉降面积 441.8km²。西部向南寒冲洪积扇区及黄土台塬区延伸，该期间地面沉降形成两个沉降区和 4 个沉降漏斗中心。

（3）1989~2000 年地面沉降分布情况。1989~2000 年为地面沉降持续急剧扩展阶段，此时沉降外围半闭合线已扩展至 100mm，南北长约 38km，东西宽约 12.5km，沉降面积 453.3km²。该时期 4 个沉降漏斗面积迅速扩展。

2）实验数据

（1）ENVISAT ASAR 数据。选择 2003 年 8 月 17 日至 2009 年 2 月 1 日获取的 23 景 ENVISAT ASAR 影像，作为多主影像小基线相干目标 InSAR 处理的数据源。具体成像参数如表 2.5 所示。实验区覆盖范围如图 2.33 所示。

表 2.5　实验区 ENVISAT ASAR 影像成像参数

序号	成像日期	时间基线距/d	垂直基线距/m
1	2003 年 8 月 17 日	0	0
2	2003 年 11 月 30 日	105	725
3	2004 年 1 月 4 日	140	1252
4	2004 年 5 月 23 日	280	1005
5	2004 年 10 月 10 日	420	971
6	2004 年 11 月 14 日	455	111
7	2005 年 1 月 23 日	525	496
8	2005 年 2 月 27 日	560	627
9	2005 年 7 月 17 日	700	1425
10	2005 年 8 月 21 日	735	944
11	2006 年 2 月 12 日	910	208
12	2006 年 11 月 19 日	1190	33
13	2007 年 1 月 28 日	1260	153
14	2007 年 3 月 4 日	1295	967
15	2007 年 5 月 13 日	1365	483
16	2007 年 9 月 30 日	1505	431
17	2007 年 11 月 4 日	1540	851
18	2007 年 12 月 9 日	1575	156
19	2008 年 1 月 13 日	1610	611
20	2008 年 2 月 17 日	1645	206
21	2008 年 8 月 10 日	1820	883
22	2008 年 12 月 28 日	1960	603
23	2009 年 2 月 1 日	1995	336

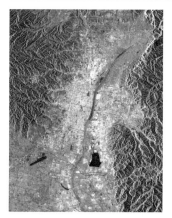

图 2.33　ENVISAT ASAR 影像覆盖范围

（2）SRTM DEM。为消除干涉相位中的地形影响，需要监测区的地形数据模拟地形相位。为此，我们下载了监测区约 90m 分辨率的 SRTM DEM 数据。

（3）水准数据。为了对地面沉降反演结果定标和验证，我们从太原市水务局获取了实验区 2006～2007 年 11 个水准点实测数据，其空间分布如图 2.34 所示。

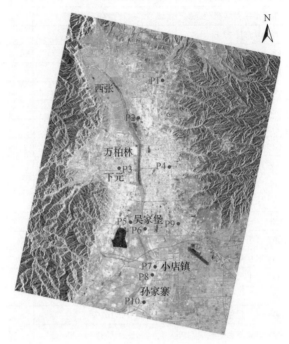

图 2.34　实验区水准点空间分布图

3）实验结果与分析

（1）平均形变速率分析。利用上述时间序列 InSAR 技术提取了太原市地面沉降信息，并利用监测区的水准数据对 InSAR 结果进行整体定标，得到最终形变反演结果。图 2.35 为太原市 2003 年 8 月～2009 年 2 月平均沉降速率分布图。可以看出在该时间段内，太原市地面沉降主要分布在中部和南部地区。北部平原地区地面沉降速率较小，大多不超过−15mm/a。东西两侧太行山、吕梁山山缘洪积扇冲积平原的沉降速率也较小，多数在−30mm/a 以内。总的来看，太原市的地面沉降从下元沿汾河往南呈喇叭状展开。

区内最大沉降速率位于孙家寨，达−85.2mm/a。主要沉降中心有四个，从北往南依次为下元，最大沉降速率为−63.7mm/a；吴家堡，最大沉降速率为−59.7mm/a；小店镇，最大沉降速率为−78.2mm/a；孙家寨，最大沉降速率为−85.2mm/a。

此外，从孙家寨沿汾河谷地至小店镇，发育了一条沉降速率较大的沉降带，沉降速率为−85.2～−47.5mm/a。

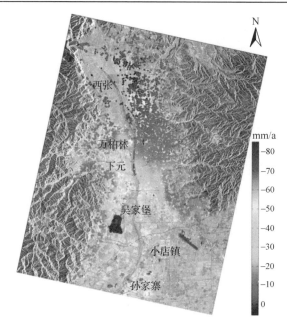

图 2.35　2003～2009 年太原市平均沉降速率分布图（见彩图）

2000 年以前太原市地面沉降漏斗中心主要有西张、万柏林、下元和吴家堡，沉降中心沿汾河呈串状分布，最大沉降中心位于吴家堡一带，如图 2.36 所示。南部地区如小店镇则没有发生明显沉降。

而 2003～2009 年，沉降中心则明显南移，呈喇叭状分布，且集中在小店区一带。沉降中心演化为下元、吴家堡、小店镇、孙家寨。该阶段，过去的西张沉降中心较为稳定，平均沉降速率在−5mm/a 以内，部分地区还有反弹，最大反弹速率达 5.7mm/a；万柏林沉降中心沉降速率也大为减小，最大速率约为−23.2mm/a。下元和吴家堡虽仍为沉降中心，但沉降速率与 1989～2000 年相比都明显减缓。该阶段最显著的地面沉降发育特点是，小店镇至孙家寨一带的沉降速率快速上升，成为最大的沉降中心；2000年前该地区沉降现象并不明显，没有形成沉降漏斗。表 2.6 对比了太原市各沉降中心在 1989～2000 年与 2003～2009 年两时间段沉降速率变化情况。

表 2.6　不同时间段太原地面沉降中心沉降速率对比（单位：mm/a）

沉降中心	1989～2000 年	2003～2009 年	沉降趋势
西张	−25	5.7	反弹
万柏林	−46.73	−23.2	减缓
下元	−86	−63.7	减缓
吴家堡	−136.91	−59.7	减缓
小店镇	—（非沉降中心）	−78.2	加剧
孙家寨	—（非沉降中心）	−85.2	加剧

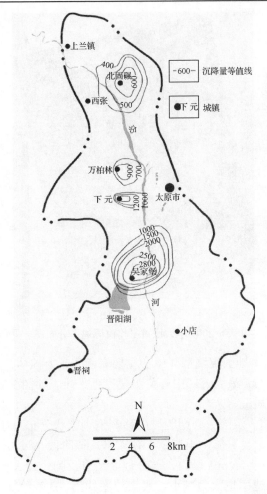

图 2.36　1956～2000 年太原市地面沉降等值线图

（2）累计形变量分析。将线性形变量和非线性形变量结果叠加，得到太原市各时间段的累计形变量，如图 2.37 所示。从图中可以看出随着时间的延长，南部沉降中心逐渐显现出来，最大沉降中心出现在孙家寨附近，累计沉降量达−465.5mm；而北部地区则出现一定反弹，2003 年 8 月 17 日～2009 年 2 月 1 日累计反弹量为31.2mm。

4）结果验证

利用图 2.34 所示的 11 个水准点数据验证了本实验结果。表 2.7 显示了相应时间段内 DInSAR 形变反演结果与水准实测形变值的误差对比。可以看出，除了水准点 P1和 P10，其余水准点的相对误差都在±5mm 以内，误差的均方差为 2.90mm。这说明小基线 DInSAR 技术的反演精度较高，可以应用于地面沉降监测。

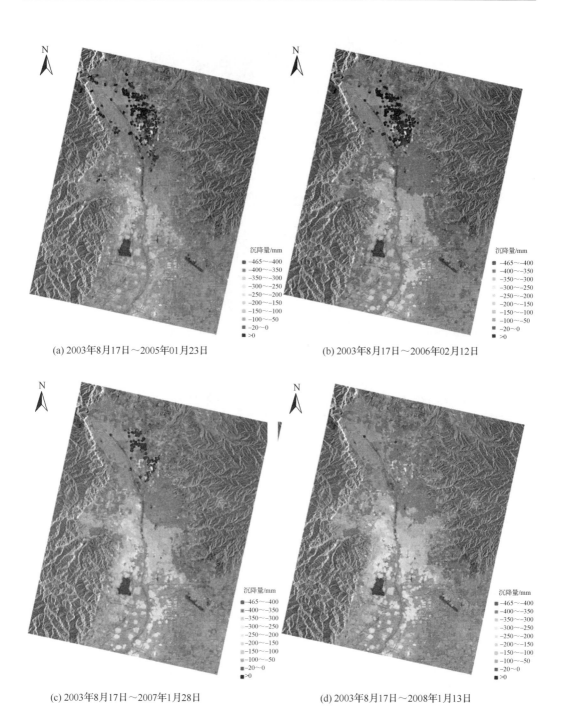

(a) 2003年8月17日～2005年01月23日　　　　　　　(b) 2003年8月17日～2006年02月12日

(c) 2003年8月17日～2007年1月28日　　　　　　　(d) 2003年8月17日～2008年1月13日

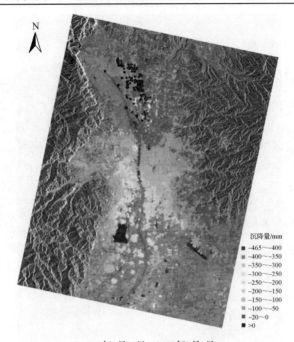

(e) 2003年8月17日～2009年2月1日

图 2.37   太原市累计形变量（见彩图）

表 2.7   水准数据与 DInSAR 反演结果对比（2006 年 11 月～2007 年 11 月）

点号	水准点地名	水准实测形变值/mm	DInSAR 反演结果/mm	误差/mm
P0	上兰地下	0	−3.19	−3.19
P1	皇后园	3	−2.97	−5.97
P2	赵庄	−4	−4.92	−0.92
P3	下元地下	−26	−30.51	−4.51
P4	火车站	−3	−3.29	−0.29
P5	吴家堡	−26	−29.96	−3.96
P6	小马	−24	−21.32	2.68
P7	小店地下	−55	−58.54	−3.54
P8	李家庄	−54	−57.87	−3.87
P9	黄陵	−32	−30.05	1.95
P10	杜家寨	−62	−67.45	−5.45

2.5   森林垂直结构参数反演与森林覆盖区 DEM 精确提取

森林是指主要由树木组成，且具有足够大的覆盖范围（大到足够形成具有一定特征的森林气候）的一种植被形态。按照联合国粮食及农业组织(The Food and Agriculture

Organization，FAO）的定义，森林在达到成熟林龄时必须达到 5m 以上的高度（在寒旱区放宽到 3m 以上），森林的郁闭度必须在 0.10 以上，森林的最小成片面积不小于 0.5hm²。我国林业部门所定义的森林是指由乔木或直径在 1.5cm 以上竹子组成且郁闭度 0.20 以上，或由灌木组成且郁闭度大于 0.30 的植被群落。

　　根据以上森林的定义，森林参数必然是由组成森林的 N 个林木个体的参数经统计得到的，在一定程度上应和林分参数等价。在测树学上，林木个体通常可用树高 H、胸高直径（Diameter at Breast Height，DBH）、单木蓄积量、单木生物量和冠幅等参数描述。通过一个林分的 N 个林木个体参数的测量，可统计得到森林结构参数（或林分结构参数），如林分平均高、林分平均胸径、单位面积蓄积量、单位面积地上生物量、株数密度、郁闭度等。

　　森林垂直结构是指森林植被某特征量自地表向上随垂直向高度的一种分布特征，与森林的三维结构相比，森林垂直结构强调的是"垂直"维度上的特征。前面提到的林分"单位面积地上生物量"是自地表到林分最大高度处所有结构体的干重。我们可以用一个函数 $M(x)$ 来表示在高度 x 处每立方米内的生物量（t/m³），这个 $M(x)$ 就可认为是表达森林垂直结构特征的一个量，这个量是高度 x 的函数，可以是连续的，也可以是离散的。假设林分的最大高度为 H，则林分单位面积地上生物量 M_{total} 可表示为

$$M_{\text{total}} = \int_0^H M(x)\mathrm{d}x \tag{2.43}$$

　　由于 $M(x)$ 是很难在地面进行测量的，所以为了进行森林的经营管理所开展的森林资源调查工作通常只测量得到林分总的地上生物量 M_{total}。类似地，我们也可以理解单位面积蓄积量，也是指的总量。遥感定量反演的重要植被参数之一是叶面积指数（Leaf Area Index，LAI），也是一个林分的总量，也可以表示为叶面积密度（Leaf Area Density，LAD）在树高区间的积分。由于 $M(x)$ 很难在地面测量，所以我们即便是通过遥感反演得到 $M(x)$，目前也只能通过 M_{total} 进行简单的验证。严格来讲，H、M_{total} 不是森林的垂直结构参数，但由于这些量不容易从地面测量得到，它们实际上是森林垂直结构信息的一种综合体现，因此我们在本书中所讨论的"森林垂直结构"参数也包含林分高度（平均高、最大高等，有多种定义）、单位面积蓄积量、单位面积地上生物量等。

　　森林覆盖区 DEM 实际上就是式（2.43）中积分下限（$H=0$）处地表的高程。

2.5.1　极化 SAR 森林垂直结构参数估测

　　通常提高 SAR 的观测维数有利于森林垂直结构参数信息的提取。短波长的单频单极化 SAR 是维度数最低的 SAR 数据，只有通过空间分辨率的提高才有可能应用于森林垂直结构参数的估测。增加极化数通常会有利于提高参数估测精度，例如，采用双极化或全极化 SAR。当然也可通过多频或多时相 SAR 数据来提高森林垂直结构参数的估测精度。高空间分辨率 SAR 用于估测森林垂直结构参数通常是充分利用雷达影像的纹理信息，多

频 SAR 用于森林垂直结构参数的提取目前还主要是采用统计估测法，可为多元统计估测模型提供更多的自变量，有利于估测精度的提高。多时相 SAR 数据为充分利用时间序列 SAR 数据进行滤波（多时相滤波）处理提供了帮助，所采用的估测模型仍然是统计模型。从目前国内外研究进展来看，SAR 森林垂直结构参数估测方法主要包括三种：统计模型法、半经验物理模型法和物理模型法，下面对这三种方法分别展开介绍。

1. 统计模型法

假设森林垂直结构观测量 M_{total} 与 SAR 观测特征之间的关系可以用一个模型 $F(\cdot)$ 表达，即

$$M_{\text{total}} = F(X) \tag{2.44}$$

式中，X 是一个多维特征向量，$X = [x_1, x_2, x_3, \cdots, x_n]$，$X$ 的 n 个元素分别对应不同的雷达观测特征，例如，可以是不同极化的后向散射系数、极化分解参数、纹理特征、不同极化间的比值等。模型 $F(\cdot)$ 可以是参数化的模型，如多元线性模型，也可以是一个非参数化的模型。对多元线性模型，我们可以应用逐步回归的方法采用训练样本估测模型未知参数，进而用于 M_{total} 的估测。若假设 $F(\cdot)$ 是非参数化模型，则需要在若干训练样本的支持下，通过支持向量回归机、回归决策树、神经元网络等非线性统计方法建立模型，用于 M_{total} 的估测。

2. 半经验物理模型法——水云模型

Askne 等（1995）提出了适合北方森林的 SAR 水云模型。在该模型中，森林的后向散射系数 σ_{for}^0 描述成地面 σ_{gr}^0 和植被 σ_{veg}^0 两部分之和：

$$\sigma_{\text{for}}^0 = \sigma_{\text{gr}}^0 \mathrm{e}^{-\beta V} + \sigma_{\text{veg}}^0 (1 - \mathrm{e}^{-\beta V}) \tag{2.45}$$

式中，$\mathrm{e}^{-\beta V}$ 表示雷达波对森林的透过率，与森林蓄积量 V 相关；β 是与森林属性和雷达波长相关的经验常数；σ_{for}^0 是像元的后向散射系数，是已知的遥感观测量；等式的右边，除了待估测量 V，有三个未知参数：β、σ_{gr}^0 和 σ_{veg}^0。建立估测模型的过程，也就是对这三个参数的估计过程。

若我们具备若干训练样本（通过外业样地调查计算得到若干样地的森林蓄积量），则可以采用最小二乘法估计出这三个参数的值。若我们没有外业调查数据支持，则可以通过 SAR 影像提取这三个参数。需要在影像上找到可代表蓄积量为 0 的像元，取这些像元的平均值作为 σ_{gr}^0；同样要找到植被完全郁闭，能代表仅有植被贡献，无任何地表散射贡献的像元，取这些像元的后向散射系数平均值作为 σ_{veg}^0；β 的取值，可根据经验设定一个合理的值。

式（2.45）中的未知参数确定后，我们就可以利用它提取任何地表覆盖类型为森林像元的蓄积量了。式（2.45）是正向模型，将雷达观测量写成了森林参数的函数形

式。为了以雷达观测量（这里为某个极化的后向散射系数）为输入计算得到蓄积量，需要由式（2.45）得到其逆函数形式，也就是反演模型形式。对于简单的正向模型，容易得到其反演模型的解析式，蓄积量的估测就比较简单。当正向模型很复杂时，就可能得不到反演模型的解析式，这时可采用数值算法进行方程求解。

3. 物理模型法

在光学遥感地球生物物理参数定量反演方法中有一类基于正向遥感物理模型的反演方法。这种方法需要基于三维虚拟森林场景通过仿真计算得到遥感信号。通过改变三维森林场景的结构，可以观察到仿真信号的变化，对于光学遥感来说也就是不同波段地表反射率的变化。这种通过模拟得到的遥感器对森林结构变化的响应可以通过查找表保存下来。当我们拟根据遥感观测值（响应）反演森林结构参数时，就可以按照遥感观测值通过查找表查找到对应的森林结构参数的值。查找表法是基于遥感物理模型反演地球物理参数的常用方法，当然查找表中的知识也可以用机器学习的方法构建非参数化的反演模型，如采用支持向量回归机、神经元网络等方法进行参数的反演。极化 SAR 用于森林参数的反演也同样可以采用这种方法，与光学遥感的主要不同是，正向模拟模型需要基于三维森林场景的极化 SAR 后向散射模拟模型。

2.5.2　干涉/极化干涉 SAR 森林垂直结构参数反演

1. 树高反演模型和方法

森林树高是林业资源信息中一个重要参数，同时也是森林蓄积量和森林地上生物量估计等模型的一个重要输入参数。随着遥感技术的发展，植被反演技术也日益成为 SAR 技术研究领域的一个热点，其中极化干涉（PolInSAR）技术结合干涉对植被结构组分的位置和垂直分布敏感的优势以及极化信息对植被结构组分形状和方位敏感的优点，成为植被高度反演技术的一种关键技术（吴一戎等，2007）。

在国外，Cloude 和 Papathanassiou（2003）利用描述植被高度和极化相干之间关系的随机体散射-地面散射模型，提出了单基线 PolInSAR 森林高度三阶段反演方法。Neumman 等（2009）结合极化分解和 RVoG 模型，提出二分量极化干涉森林参数反演模型，并利用 Nelder-Mead 单纯形优化方法，提高森林高度反演精度。Hajnsek 等（2009）利用印度尼西亚热带森林的 P、L、X 波段机载 PolInSAR 数据，对森林高度反演中时间解相关、地表等因素的影响进行了讨论。

在国内，陈尔学等（2007）利用新疆和田的 SIR-C/X SAR 极化干涉数据，提取森林植被的高度信息并结合光学影像对误差源进行了定性分析；Chen 等（2008）利用德国一实验区的 ESAR 数据和地面实测数据对常用的反演算法进行了定量评价。一些学者（Zhou et al., 2008；杨磊等，2007）基于同一像元中不同散射机制相位中心之间的差异，利用 ESPRIT（Estimating Signal Parameters via Rotational Invariance Technique）算法，提取优势相位用于森林高度计算，结果显示计算效率有所提高，但对反演精度的改善有限。另外，李新武等（2005）和陈曦等（2008）也进行了相关研究，他们在观察空间中，从增加基线信息或频率信息的角度研究了提高森林高度反演精度的方法。

本节将介绍干涉/极化干涉 SAR 估测森林高度的基本原理和方法。为了有利于读者理解，我们将基于德国一个试验区的机载极化干涉 SAR 及地面实况数据，通过不同方法的估测效果的对比分析来说明主要反演模型和方法的优势与存在的问题。

1）试验区及数据介绍

本节所用的数据是德国宇航中心利用 ESAR 机载系统，在德国南部的特劳斯坦实验场获取的 L 波段重复轨极化干涉 SAR 数据。航摄飞行高度约为 3km，干涉水平基线为 5m，时间基线为 20min。近距入射角为 25°，远距达 60°。距离向分辨率为 1.5m，方位向分辨率为 3.0m。

该试验区海拔在 600~650m，地形平坦。地物类型主要包括城镇、农田、森林和牧场。试验区主要优势树种为云杉、山毛榉和冷杉。与飞行试验近同步，对 20 个林分进行了详细的样地抽样调查，最终估计得到每个林分的平均优势高（h_v，每公顷林分最高的 100 株树的平均高）。这 20 个林分大部分是混交林，树高最高达 40m，生物量高达 450t/hm^2。

干涉 SAR 主影像的 Pauli 分解结果的 RGB 彩色组合显示如图 2.38 所示，可以看出，在植被区，用绿色表示的反映体散射的 HV 分量占主导作用。但要注意，在植被区域的一些周边，有强烈的二次散射。

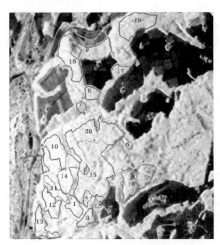

图 2.38　试验区极化数据的 Pauli 分解结果图（见彩图）

提取出 20 个地面实测林分（图 2.38 中多边形）的 4 种极化方式（HH、HV、VV 和 HH-VV）的平均相干幅度、平均相干相位，分别与林分平均高绘制散点分布图（图 2.39），可以看出，4 种极化方式的平均相干幅度都与林分高度有较高的相关性，但是，各极化方式之间的差别不大（图 2.39(a)）；这 4 种极化方式的平均相干相位相互之间差别不大（图 2.39(b)）。这些现象说明自然条件下，森林极化相干是多种散射机制和因素的综合贡献，仅基于散射机制分离的树高反演算法必然存在较大误差。为了提高反演精度，学者已提出了多种反演模型。本节将基于该试验区数据，介绍几种主要的树高反演方法，对反演模型的精度进行定量分析评价，具体内容及相互之间的关系如图 2.40 所示。

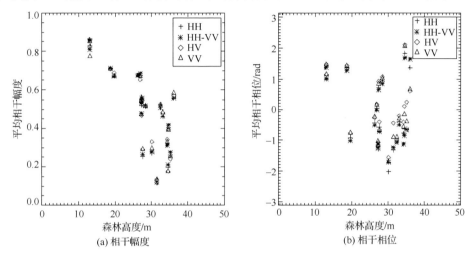

(a) 相干幅度   (b) 相干相位

图 2.39 不同极化相干幅度及相位随森林高度的变化散点图

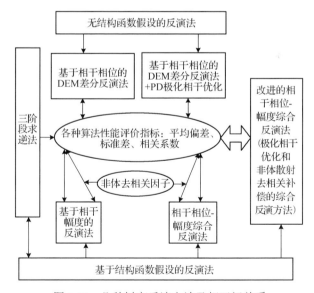

图 2.40 几种树高反演方法及相互间关系

2）无结构函数假设的树高反演法

该方法最早称为 DEM 差值法（Cloude and Papathanassiou, 1998），严格来讲，称

为数字表面模型（Digital Surface Model，DSM）差值法更合适。它不对植被的结构函数做假设，简单地认为冠层顶部"纯"体散射占主导作用的相干相位减去树冠下表面散射占主导作用的相干相位再除以有效波数，就是植被的高度：

$$h_v = \frac{\arg \gamma_{wv} - \arg \gamma_{ws}}{k_z}, \quad k_z = \frac{4\pi \Delta \theta}{\lambda \sin \theta} \tag{2.46}$$

式中，k_z 是有效波数，用于将相位差转换为垂直高度；θ 为入射角；$\Delta \theta$ 为干涉影像对入射角差异；γ_{wv} 表示植被冠层"纯体散射"机制的干涉相干；γ_{ws} 表示树冠覆盖下的地表"纯表面散射"机制的干涉相干。若选择 HV 极化计算 γ_{wv}，HH-VV 极化计算 γ_{ws}，按式（2.46）求得的林分平均高度和实测平均高度的散点图见图 2.41(a)，树高的估计结果明显偏低，原因就在于 HV 极化与 HH-VV 极化的干涉相干相位本来就没有多大差别（图 2.39(b)）。我们很自然地会想到，利用极化干涉相干优化算法得到的相干分量确定 γ_{wv} 和 γ_{ws} 是否更有利于不同散射机制干涉相位中心的分离？图 2.41(b)给出了由 PD（Phase Diverse）极化相干优化算法确定的 γ_{wv} 和 γ_{ws}，利用 DEM 差值法得到的反演树高与实测树高的散点分布图。显然就该试验区林分而言，虽然相关系数平方 R^2 有所提高，但总体来看仍然严重低估树高，表明 PD 极化相干优化算法对纯体散射和纯表面散射相干分量的分离能力是有限的。

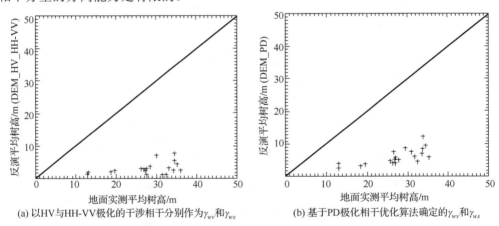

(a) 以HV与HH-VV极化的干涉相干分别作为γ_{wv}和γ_{ws} (b) 基于PD极化相干优化算法确定的γ_{wv}和γ_{ws}

图 2.41 DEM 差值法反演平均树高和地面实测平均树高的散点图

实际上式（2.46）所表达的这种反演方法是一种通用的 InSAR 树高反演方法，其核心是要找到两种散射机制的干涉相位中心，一种应尽量位于树冠顶部，而另一个应尽量锁定在地表。根据所采用的 InSAR 数据的测量模式不同，有如下几种可能的树高估测方法。

（1）短波长单频单极化 InSAR 与已知 DEM 差分法。例如，当我们只能利用 X 波段双天线 InSAR 获取 DSM 时，可假设其干涉相干就是式（2.46）中的 γ_{wv}，代表干涉相位中心位于树冠顶部的散射机制；而林下地形可采用已有的高精度 DEM 得到，如机载激光雷达提取的 DEM。这时式（2.46）的形式要适当改变，树高的反演实际上已变为 InSAR 提取的 DSM 和另一种观测手段获取的 DEM 之间的求差，结果就是冠层高度模型（Canopy Height Model，CHM）。

（2）长波长单频单极化 InSAR 与已知 DSM 差分法。该方法和上面短波长的方法类似。例如，我们可以采用 P 波段单极化 InSAR 获取代表植被下真实地形高度的 DEM，而采用其他观测手段获取的 DSM 作为树冠顶部的高度，二者做差运算就可得到 CHM。

（3）多频 InSAR 差分法。例如，国外已经成功开展过基于 P 波段单极化和 X 波段单极化 InSAR 提取树高的试验，采用的模型就是式（2.46），但是假设 X 波段的干涉相位中心位于树冠顶部，而 P 波段位于地表。

（4）极化干涉 SAR 散射机制分离差分法。上面介绍到的选择 HV 极化计算 γ_{wv}，HH-VV 极化计算 γ_{ws} 的方法就是一种最简单的基于散射机制分离的差分方法，其核心是假设 HV 极化的干涉相位中心高度位于树冠顶部，而 HH-VV 极化的干涉相位中心位于地表。

3）基于结构函数假设的反演法

（1）随机体散射模型。若 RVoG 模型不考虑地面散射情况，就得到随机体散射模型。该模型认为在垂直方向，结构函数是指数形式，相干函数如下：

$$\gamma_v = \exp(i\phi_0)\frac{\int_0^h \exp(2\alpha z/\cos\theta)\times\exp(ik_z z)dz}{\int_0^h \exp(2\alpha z/\cos\theta)dz} \tag{2.47}$$

式中，α 是衰减系数；φ_0 是地表相位。在不考虑地表相位的情况下，γ_v 是高度和衰减系数的函数，其幅度与相位随着高度和衰减系数的变化关系如图 2.42 所示。从图 2.42 可以看出，衰减系数比较大时，干涉相干幅度容易出现饱和现象（图 2.42(a)），而此时的相位并没有饱和（图 2.42(b)），所以，这种情况下利用相位信息提取高度是一个很好的途径；而在干涉相干相位相同时，由于衰减系数的差异，高度不同，体现在相干幅度信息中；在衰减系数为 0 时，RV 模型就成了 sinc 函数，此时，随着高度的增加，相干迅速减少，从图 2.42(a)和(b)都可以看到这一点。在树高相同的情况下，当干涉相干幅度值很大时，表面散射占主导地位，这是由地形或强烈的衰减引起的，可由相位信息加以区别：如果干涉相位很大，则是由浓密植被的强烈衰减引起的，否则就是由低矮稀疏植被下层的地表表面散射引起的。

若在 RV 模型中加入地表散射对相干的影响，则就是 RVoG 模型。学者已基于 RVoG 模型及其简化形式发展了多种反演算法，下面将分别加以介绍和比较评价。

（2）均匀结构函数的反演方法。该方法是基于均匀结构函数假设的单层模型，即把所有的散射都看成一层体散射，只关心幅度信息，完全忽略相位信息和地面散射的影响。这种假设，对于植被结构变化特别是冠层变化大的林分会产生大的反演误差。进一步假设平均衰减系数为 0，这时的干涉相干函数就成了一个 sinc 函数。

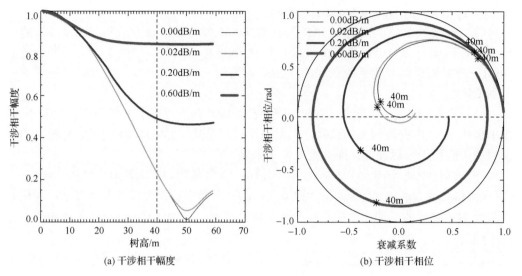

图 2.42　干涉相干的幅度、相位与树高及衰减系数的关系（见彩图）

选择 HV 极化的干涉相干为 γ_v，利用 sinc 模型（式（2.48））求得的林分高度和实测高度的散点图如图 2.43(a)所示，反演结果与实测数据的 R^2 为 0.766，但对每个林分都产生了高估。从图 2.42(a)可以看出，当相干幅度一定时，sinc 函数估计的高度应该偏低，高估现象说明干涉相干存在非体散射去相干的影响，在反演前应该对非体散射去相干进行适当补偿。

$$\gamma_v = \lim_{\alpha \to 0} \left(\exp(i\phi_0) \frac{\int_0^h \exp(2\alpha z / \cos\theta) \cdot \exp(ik_z z)dz}{\int_0^h \exp(2\alpha z / \cos\theta)dz} \right)$$

$$= \exp(i\phi_0)\exp\left(i\frac{1}{2}k_z h\right) \cdot \frac{\sin\left(\frac{1}{2}k_z h\right)}{\frac{1}{2}k_z h} \tag{2.48}$$

对于像该试验区这样通过重复飞行进行干涉测量的模式，森林植被的干涉相干是体散射去相干、距离向去相干、时间去相干和系统去相干等的综合，其中距离和系统去相干影响总的干涉相干，而时间去相干只影响体散射去相干（Mette, 2007），如下：

$$\gamma = \gamma_{range}\gamma_{system}\left[\gamma_{temporal}\gamma_v + \frac{\mu}{1+\mu}(1 - \gamma_{temporal}\gamma_v)\right] \tag{2.49}$$

若将式（2.49）中非体散射去相干的综合影响用一个因子 γ_d 表示，即 $\gamma_d = \gamma_{range} \cdot$

$\gamma_{\text{system}} \cdot \gamma_{\text{temporal}}$，并假设地体散射比很小，式（2.49）中 $\dfrac{\mu}{1+\mu}(1-\gamma_{\text{temporal}}\gamma_v) \approx 0$，则总的干涉相干 γ 可表示为

$$\gamma = \gamma_v \gamma_d \tag{2.50}$$

根据 ESAR 系统的特点和非体散射去相干对森林高度估计精度的不同影响（Mette,2007），本书采用 $\gamma_d = 0.9$ 对干涉相干进行补偿。

图 2.43(b)是对 HV 极化相干系数先施加 $\gamma_d = 0.9$ 的非体散射去相干影响补偿得到 γ_v，再利用式（2.48）进行反演的结果，显然高估的现象得到了一定的修正。

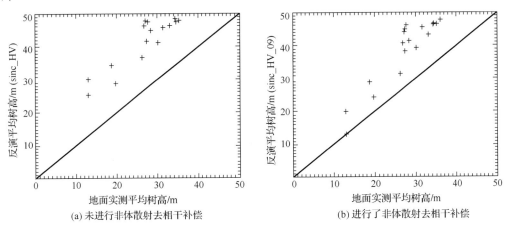

(a) 未进行非体散射去相干补偿　　　　　　　(b) 进行了非体散射去相干补偿

图 2.43　sinc 反演法估测平均树高和地面实测平均树高的散点图，采用 HV 极化干涉相干进行反演

（3）基于 RVoG 模型的反演算法。RVoG 模型假设相干函数如式（2.51）所示，在植被垂直方向上，结构函数呈指数规律衰减，同时考虑了林下地形表面散射的影响。$\mu(\underline{w})$ 是极化相关的地体散射比。

$$\tilde{\gamma}(\underline{w}) = e^{i\phi_0}\left[\tilde{\gamma}_v + \frac{\mu(\underline{w})}{1+\mu(\underline{w})}(1-\tilde{\gamma}_v)\right] \tag{2.51}$$

由式（2.51）可以看出，在复平面上，复干涉相干分布在一条直线上，直线和单位圆的交点就是地面点，体散射相干与地相位点的距离最远。基于该原理，Cloude 和 Papathanassiou（2003）提出了三阶段反演算法：①最小均方线性拟合，在复平面单位圆上找到一对点，其构成的线与其他相干点的距离平方差最小；②在这一对点中，确定一个点为地表点；③去除地表相位影响，通过查找表法求得森林高度和衰减系数。

基于三阶段反演法得到的结果和实测数据的散点图如图 2.44 所示。R^2 较高，但均方根误差（Root Mean Square Error, RMSE）为 8.8m，仍有高估现象。

（4）相干相位-幅度综合反演法。由上述可知，单纯从相位信息估计植被高度（DEM

差值法）会出现低估问题，因为极化受到"污染"，找到相位中心刚好在冠层顶部和地面的极化很难。虽然相干优化可以对地形相位进行有效估计，但其估计的植被冠层相位中心点，仍然在冠层顶部和植被高度一半之间波动，所以仍会低估林分高度（图 2.41(b)）。而单纯地用干涉相干幅度反演（sinc 反演法），即使考虑非体去相干的影响，仍会高估林分高度（图 2.43(b)）。因此，可以将二者综合起来，在用干涉相位信息估计的基础上，再加上基于干涉相干幅度的估测结果作为对低估结果的修正（Cloude, 2006）。

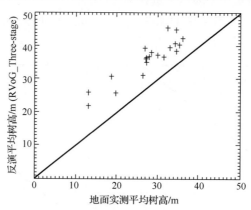

图 2.44　三阶段反演法平均树高和地面实测平均树高的散点图

　　该算法可以这样理解：随着极化通道间相位中心分离加大，有效的体散射高度在减少，结构函数在层的顶部被"压缩"，变得更加局部化，体散射去相干也在减少，这时可用 sinc 函数来弥补由相位信息求算高度中没有考虑的植被顶部高度的"压缩"现象。ε 在不同的结构下取不同的值。有两种极限情况：结构函数均匀分布（没有衰减），$\varepsilon = 1/2$，散射中心在植被高度的中部，由式（2.48）知，第一项贡献 $\frac{1}{2}k_z h_v$，第二项贡献 $\frac{1}{2}k_z h_v$；还有一种情况是衰减趋于无穷大，$\varepsilon = 0$，散射相位中心在树冠的顶部，第一项贡献了 $k_z h_v$，第二项为 0。由此可以看出，该算法能够对这两个极端之间的任意情况做较好的估计，ε 取值一般为 0.4（Cloude, 2006）。

$$h_v = \frac{\arg(\tilde{\gamma}_{wv}) - \hat{\phi}_0}{k_z} + \varepsilon \frac{2\operatorname{sinc}^{-1}\left(\left|\tilde{\gamma}_{wv}\right|\right)}{k_z}$$

式中

$$\hat{\phi}_0 = \arg[\tilde{\gamma}_{wv} - \tilde{\gamma}_{ws}(1 - L_{ws})], \quad 0 \leqslant L_{ws} \leqslant 1$$

$$AL_{ws}^2 + BL_{ws} + C = 0 \Rightarrow L_{ws} = \frac{-B - \sqrt{B^2 - 4AC}}{2A}$$

$$A = \left|\tilde{\gamma}_{ws}\right|^2 - 1$$

$$B = 2\operatorname{Re}((\tilde{\gamma}_{wv} - \tilde{\gamma}_{ws}) \cdot \tilde{\gamma}_{ws}^*)$$

$$C = \left| \tilde{\gamma}_{wv} - \tilde{\gamma}_{ws} \right|^2 \tag{2.52}$$

选择 HV 为体散射占主要的极化通道，计算 γ_{wv}，HH-VV 为表面散射占主要的极化通道，计算 γ_{ws}，利用式（2.52）进行反演，其结果和真实数据的散点图如图 2.45(a) 所示。该结果的相关性不是很高。即使用一个平均非体去相干因子 0.9 来补偿非体去相干的影响（图 2.45(b)），R^2 仍较低，说明从物理机制上选择的两个极化通道并没有达到"相位中心不断地分离以达到两相位中心距离最远，获得纯净的体散射"的目的。

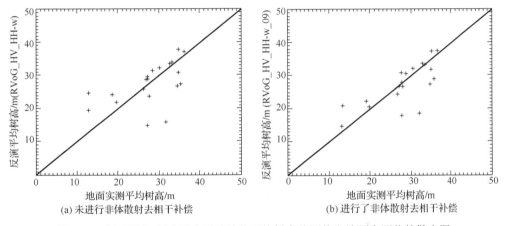

图 2.45　相干相位-幅度综合反演法的平均树高估测值和地面实测值的散点图

（5）改进的相干相位-幅度综合反演方法。为了达到"相位中心不断地分离以达到两相位中心距离最远，获得纯净的体散射"的目的，可从极化干涉优化的角度出发，利用可使相位中心最大限度分离的相干优化方法（PD 极化相干优化方法）进行体散射、地表散射极化通道的选择。

这种相干优化方法的基本思想是找到使复相干相位角（式（2.53））有最大余切的极化组合，这可以通过解式（2.54）的特征值问题实现。

$$\cot(\angle \tilde{\gamma}) = \frac{\operatorname{Re}\{\tilde{\gamma}\}}{\operatorname{Im}\{\tilde{\gamma}\}} = \frac{w^*([\Omega_{12}] + [\Omega_{12}^*])w}{w^*[-j([\Omega_{12}] - [\Omega_{12}^*])]w} \tag{2.53}$$

$$([\hat{\Omega}_{12}] + [\hat{\Omega}_{12}^*])w = -j\lambda([\hat{\Omega}_{12}] + [\hat{\Omega}_{12}^*])w \tag{2.54}$$

式中

$$[\hat{\Omega}_{12}] = [\Omega_{12}]e^{j\left(\frac{\pi}{2} - \angle\operatorname{tr}([\Omega_2])\right)}$$

$[\Omega_{12}]$ 中既含有极化信息，又有干涉信息，是式（2.55）相干矩阵 $\boldsymbol{T}$ 中的元素：

$$[T_6] = \left\langle \begin{bmatrix} \underline{k}_1 \\ \underline{k}_2 \end{bmatrix} \begin{bmatrix} \underline{k}_1^{*\mathrm{T}} & \underline{k}_2^{*\mathrm{T}} \end{bmatrix} \right\rangle = \begin{bmatrix} [T_{11}] & [\Omega_{12}] \\ [\Omega_{12}]^{*\mathrm{T}} & [T_{22}] \end{bmatrix} \tag{2.55}$$

式中，$\underline{k} = \dfrac{1}{\sqrt{2}} \begin{bmatrix} S_{\mathrm{HH}} + S_{\mathrm{VV}} \\ S_{\mathrm{HH}} - S_{\mathrm{VV}} \\ 2S_{\mathrm{HV}} \end{bmatrix}$；$\langle \cdots \rangle$ 表示多视操作；下角标 1、2 分别表示在空间基线两端的测量。

　　式（2.54）的特征矢量矩阵中，3×3 矩阵的（0，0）位置相应于高相位中心极化矢量，（2，2）位置相应于低相位中心极化矢量。该方法使相位中心得到最大的分离，高相位就对应到较为"纯净"的体散射相位，而低相位就对应到较为"纯净"的地表散射相位。

　　分别用高相位中心极化矢量和低相位中心极化矢量代入式（2.56），求得式（2.52）中的 $\tilde{\gamma}_{wv}$ 和 $\tilde{\gamma}_{ws}$，进而获得 20 块样地的平均树高，和地面实测平均树高作比较，散点分布图见图 2.46(a)，仍然有一定程度的高估。用一个平均非体去相干因子 0.9 来补偿非体去相干的影响后的结果如图 2.46(b)所示，反演效果得到了进一步改善。

$$\tilde{\gamma} = \frac{\underline{w}^{*\mathrm{T}}[\Omega_{12}]\underline{w}}{\underline{w}^{*\mathrm{T}}[T]\underline{w}} , \quad [T] = ([T_{11}] + [T_{22}]) / 2 \tag{2.56}$$

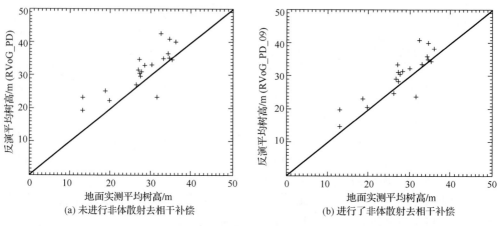

图 2.46　基于改进的相干相位-幅度法求算的平均树高与地面实测平均树高的散点图

　　表 2.8 列出了本书所述各种反演方法的几项定量评价指标。可以看出，DEM 差值算法的 RMSE 最大，R^2 最低，是最差的反演算法。先利用 PD 极化相干优化算法选择体散射、表面散射相干，再进行 DEM 差值反演，使 R^2 提高到 0.503。若将 PD 极化干涉优化结果用到相干相位-幅度综合反演方法中，R^2 从 0.286 提高到 0.678，RMSE 从 6.3m 降低到了 5.2m，说明 PD 干涉相干优化对散射相位中心的分离是很有效的。我们通过进一步考虑非体散射去相干的补偿，使 RMSE 减小到 3.9m，是所有方法中最小的，R^2 达到了 0.775。

表 2.8　反演结果比较

反演模型和方法	平均偏差/m	相关系数平方/R^2	均方根误差(RMSE)/m
DEM 差分法，HV、HH-VV 极化	−24.8	0.1	25.6
DEM 差分法，PD 极化相干优化	−21.9	0.5	22.6
sinc 反演法，HV 极化	15.8	0.7	16.4
sinc 反演法，HV 极化，非体去相干因子	11.8	0.8	12.9
三阶段反演法	8.3	0.8	8.7
相干幅度、相位组合反演法，HV、HH-VV 极化	−0.1	0.2	6.2
相干幅度、相位组合反演法，HV、HH-VV 极化，非体去相干因子	−0.8	0.5	4.8
相干幅度、相位组合反演法，PD 极化相干优化	3.4	0.6	5.2
相干幅度、相位组合反演法，PD 极化相干优化，非体去相干因子	2.0	0.7	3.9

2. 森林蓄积量/地上生物量估测方法

1）干涉水云模型森林蓄积量估测方法

（1）干涉水云模型。与水云模型相似，干涉水云模型（Askne et al., 1997）将森林的相干性 γ_{for} 描述成地面和植被两部分之和，其最简单的表达式为

$$\gamma_{for} = \frac{\gamma_{gr}\sigma_{gr}^0 e^{-\beta V} + \gamma_{veg}\sigma_{veg}^0(1-e^{-\beta V})}{\sigma_{for}^0} \quad (2.57)$$

式中，γ_{gr}、γ_{veg} 分别表示地面和植被层的相干性。对于特定的森林，地面（如开阔地）往往具有高相干性，而森林具有低相干性。对于一阶近似，σ_{gr}^0、σ_{veg}^0、γ_{gr} 和 γ_{veg} 都独立于森林蓄积量，可视为常数。因此，相干性随蓄积量的变化主要取决于透射率 $e^{-\beta V}$ 的不同。

（2）模型参数估计方法。为了估测森林蓄积量，干涉水云模型的 5 个未知参数（γ_{gr}、σ_{gr}^0、γ_{veg}、σ_{veg}^0 和 β）需要首先估计得到。

β 是与森林类型和雷达波对此类森林穿透能力相关的经验值，主要取决于植被冠层的间隙和植被覆盖度（Askne et al., 1997）。雷达波的穿透性取决于冠层的介电特性和间隙的数量，因此，估计 β 值需知道当地的环境条件（如气象数据）。但 Santoro 等（2011）比较了 β 的不同取值对间隙水云模型用于 C 波段 SAR 数据估测蓄积量的影响，证明常数 0.006 和基于环境条件估计的值估测的蓄积量结果差别很小。随后，很多研究中对 β 取值 0.006。基于间隙水云模型，Cartus 等（2012）用 L 波段的 ALOS PALSAR 数据估测了美国北部的森林生物量（可换算成蓄积量），在县级尺度上与森林资源调查数据吻合度较高（RMSE=12.9 t/hm^2，R^2=0.86）。基于干涉水云模型，Cartus

等（2011）用 ERS-1/2 串行干涉相干性估测了北欧和中国东北地区的森林蓄积量，取得了较好的结果。

γ_{gr}、σ_{gr}^0、γ_{veg} 和 σ_{veg}^0 需要利用已知的植被覆盖度分布图进行估计，例如，有研究提出可采用 MODIS VCF（Moderate Resolution Imaging Spectroradiometer Vegetation Continuous Fields）为辅助自干涉 SAR 数据本身估计这 4 个参数。γ_{gr} 和 σ_{gr}^0 是林下地表的雷达测量值，可以用林中开阔地的测量值近似；同样，γ_{veg} 和 σ_{veg}^0 是森林冠层的雷达测量值，可采用雷达波完全不能穿透的密集林的测量值估算，具体方法如下：

① 以低 VCF 值掩模（<10%）的森林区域的 SAR 影像（强度和相干性影像），得到林中开阔地；以高 VCF 值掩模（>80%）掩模 SAR 影像，得到密集林。

② 计算开阔地区域 SAR 影像直方图的众数（出现频率最高的值），得到 σ_{gr}^0 和 γ_{gr}；计算密集林区域 SAR 影像直方图的众数，得到 σ_{VCF}^0 和 γ_{VCF}。

理想条件下的完全不被雷达波穿透的密集林不存在，因此将植被覆盖度大于 80% 的森林近似看作密集森林来估测 σ_{veg}^0 和 γ_{veg} 存在着误差，即 σ_{VCF}^0 和 γ_{VCF} 包含来自地表的贡献，可进一步按照 Cartus 等（2011）的方法从 σ_{VCF}^0 和 γ_{VCF} 中消除地表的贡献，得到 γ_{veg} 和 σ_{veg}^0。

2）极化干涉层析森林生物量估测方法

（1）极化干涉相干层析方法。Cloude（2006）对极化干涉相干层析方法进行了详细的论述，这里仅介绍其主要方法。设位于 InSAR 系统空间基线 1、2 两端的 SAR 传感器获取的地面森林植被的复信号为 S_1 和 S_2，两者之间的复相干可表示为

$$\tilde{\gamma}_{\underline{w}} = \frac{\langle s_1 s_2^* \rangle}{\sqrt{\langle s_1 s_1^* \rangle \langle s_2 s_2^* \rangle}} = e^{i\phi_0} \frac{\int_0^{h_v} f(\underline{w}, z) e^{ik_z z} dz}{\int_0^{h_v} f(\underline{w}, z) dz}, \quad 0 \leqslant |\tilde{\gamma}| \leqslant 1 \qquad (2.58)$$

式中，ϕ_0 是地形相位；垂直波数 $k_z = \dfrac{4\pi\Delta\theta}{\lambda\sin\theta}$ 中，θ 为入射角；$\Delta\theta$ 为两干涉影像的入射角差异，λ 为入射波波长；h_v 为林分平均高；$f(\underline{w}, z)$ 代表某一种极化状态 $\underline{w}$ 下随植被垂直高度 z 而变化的雷达相对反射率。z 的最小值为 0，对应林下地形的高程；最大值为 h_v，对应树冠顶的高程。对极化干涉 SAR 影像进行极化干涉相干层析处理，可由式（2.59）得到 $f(\underline{w}, z)$ 的估计，式中，$\hat{f}(\underline{w}, z)$ 的下角标 L2 表示对 $f(\underline{w}, z)$ 的勒让德多项展开式在二阶进行截断得到的估计：

$$\hat{f}_{L2}(\underline{w}, z) = \frac{1}{\hat{h}_v}(1 - \hat{a}_{10}(\underline{w}) + \hat{a}_{20}(\underline{w}))$$

$$+ \frac{2z}{\hat{h}_v}(\hat{a}_{10}(\underline{w}) - 3\hat{a}_{20}(\underline{w})) + \hat{a}_{20}(\underline{w})\frac{6z^2}{\hat{h}_v^2} \qquad (2.59)$$

式中，$0 \leq z \leq \hat{h}_v$。

为叙述方便下面将省略该下标符号；$\hat{h}_v$ 是林分平均优势高 h_v 的估计值；勒让德多项式系数 $\hat{a}_{10}(\underline{w})$ 和 $\hat{a}_{20}(\underline{w})$ 可由式（2.60）估计：

$$\hat{a}_{10}(\underline{w}) = \frac{\text{Im}(\tilde{\gamma}_k)}{f_1}, \quad \hat{a}_{20}(\underline{w}) = \frac{\text{Re}(\tilde{\gamma}_k)}{f_2} - \frac{f_0}{f_2}$$

$$\tilde{\gamma}_k = \tilde{\gamma}(\underline{w}) e^{-i(\hat{k}_v + \hat{\phi}_0)}$$

（2.60）

式中

$$k_v = \frac{k_z \hat{h}_v}{2}, \quad f_0 = \frac{\sin k_v}{k_v}, \quad f_1 = i\left(\frac{\sin k_v}{k^2{}_v} - \frac{\cos k_v}{k_v}\right)$$

$$f_2 = \frac{3\cos k_v}{k^2{}_v} - \left(\frac{6 - 3k^2{}_v}{2k^3{}_v} + \frac{1}{2k_v}\right)\sin k_v$$

由此可见，只要估计出林分平均高 $\hat{h}_v$ 和地形相位 $\hat{\phi}_0$，对于极化状态 $\underline{w}$，计算出相应的相干 $\tilde{\gamma}(\underline{w})$，便可求出 k_v 和 $\tilde{\gamma}_k$，进而求出勒让德多项式系数 $\hat{a}_{10}(\underline{w})$ 和 $\hat{a}_{20}(\underline{w})$，由式（2.59）重构该极化状态下各像元的相对反射率函数 $\hat{f}(\underline{w}, z)$。

由以上介绍可知，林分平均高和相应的林下地形相位是结构函数重构的两个关键输入参数，其估计误差的大小直接影响相对反射率函数重构的精度。利用极化干涉数据提取林分平均高，有很多种方法（Cloude and Papathanassiou, 2003；白璐等，2010），对于特劳斯坦实验场的 L 波段 PolInSAR 数据（图 2.38），各极化通道间相干相位相差不大，且存在非体散射去相干，在林分平均高估计中，如果仅利用相干相位信息，会低估林分平均高；而若只利用相干幅度信息，则会高估林分平均高。为提高林分平均高估测精度，本书采用了基于极化相干优化和非体散射去相干补偿的幅度-相位综合反演方法（罗环敏等，2010）。采用这种反演方法估计的林分平均高和实地测量的林分平均高之间的散点图见图 2.47，估测值与实测值之间的相关系数平方 R^2 为 0.963，平均误差为 0.9m，均方根误差（RMSE）为 3.1m。

对森林覆盖区像元进行极化干涉相干层析反演，得到像元的体散射占主导作用极化通道的 $\hat{f}(\underline{w}, z)$。对获得的 $\hat{f}(\underline{w}, z)$，沿图 2.38 中的竖线做一个剖面，对剖面上的 $\hat{f}(\underline{w}, z)$ 值（0~0.25）做颜色映射，得到层析剖面图（图 2.48），其横轴代表图 2.38 中沿竖线方向的像元号，纵轴表示垂直高度，颜色反映相对散射强弱，可以看出森林上层的体散射随着穿透深度的增加逐渐衰减，在森林接近地表层也有较强的相对体散射贡献，说明林下可能有较茂密的灌木层存在。

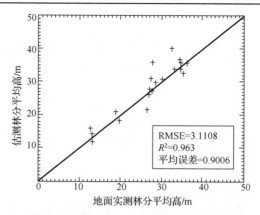

图 2.47　基于极化相干优化和非体去相干补偿的相干相位-幅度法求算的林分
平均高与地面实测林分平均高的散点图

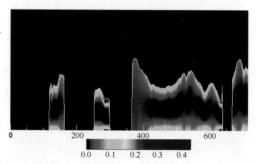

图 2.48　极化干涉相干层析处理得到的相对反射率方程在方位向（沿图 2.38 中竖线）
的垂直剖面图（见彩图）

　　（2）林分平均相对反射率函数的计算及其特征参数的定义。由式（2.59）计算得到的是像元的 $\hat{f}(\underline{w},z)$，而地面实测森林地上生物量（Above Ground Biomass，AGB）数据是按林分提供的，代表的是一个林分的平均 AGB，因此需要按林分计算平均 $\hat{f}(\underline{w},z)$。图 2.38 中用黑色多边形绘出了 20 个实测林分的边界，对落入某个林分内的所有像元的 $\hat{f}(\underline{w},z)$ 求算术平均就得到该林分的平均 $\hat{f}(\underline{w},z)$，每个林分对应一个平均 $\hat{f}(\underline{w},z)$。后面的分析将全部基于林分的平均 $\hat{f}(\underline{w},z)$ 进行。

　　图 2.49 分别代表低（14 号林分：AGB 为 135.7t/hm^2）、中（9 号林分：AGB 为 303.3t/hm^2）和高（20 号林分：AGB 为 402.6t/hm^2）三个级别 AGB 的林分的 $\hat{f}(\underline{w},z)$。图中，h_2 和 h_4 代表 $\hat{f}(\underline{w},z)$ 上半部分中相对反射率最接近 0.002 的高度，在 h_2 和 h_4 之间的数据构成第一个峰，h_3 是第一个峰的最大峰值对应的高度。在 $\hat{f}(\underline{w},z)$ 下半部分中，最大相对反射率和 h_2 之间的第一个拐点所对应的高度用 h_1 表示，在 h_1 和 0 之间的数据构成第二个峰。可以看出，第一个峰的形状和位置与 AGB 密切相关，对于 AGB 高的林分，如 20 号，峰值小，峰的跨度（即 $h_4 - h_2$）大，h_3 的值大，第二个峰的最大值

和较低级别生物量的林分（如 14 号）相比较小。对曲线的上半部分做高斯函数拟合，拟合高斯函数的曲线如图 2.49(a) 中的虚线所示，拟合曲线能很好地和 $\hat{f}(\underline{w},z)$ 上半部分曲线吻合，说明在林分尺度上，平均相对反射率函数的上半部分呈高斯分布。

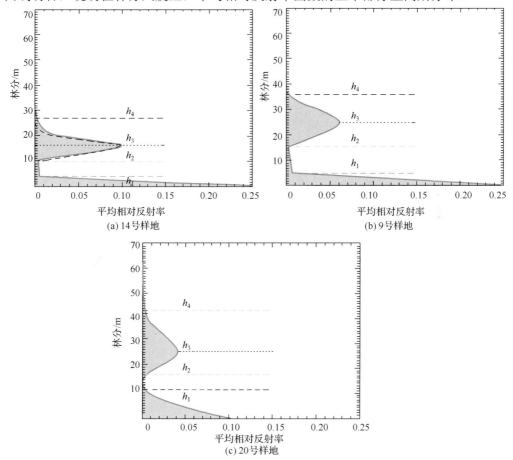

图 2.49 在体散射占主导作用的极化通道三块典型林分的平均相对反射率函数

为了定量分析 $\hat{f}(\underline{w},z)$ 与森林 AGB 之间的关系，我们定义了 9 个用于描述 $\hat{f}(\underline{w},z)$ 曲线特征的参数，具体如下。

参数 1：$P_1 = (h_4 - h_2) / \hat{f}(\underline{w}, h_3)$，表示第一个峰的跨距除以其峰值。

参数 2：$P_2 = \sum_{z=h_2}^{z=h_4} z \cdot \hat{f}(\underline{w},z)$，表示第一个峰中，将每一个幅值和对应高度相乘，然后再求和。

参数 3、4、5：对第一个峰进行高斯拟合，其幅度的倒数、均值和方差分别记作 P_3、P_4、P_5。

参数 6：$P_6 = 1 / \sum_{z=h_2}^{z=h_4} \hat{f}(\underline{w}, z)$，表示第一个峰的幅值之和的倒数。

参数 7：$P_7 = 1 / \sum_{z=0}^{z=h_1} \hat{f}(\underline{w}, z)$，表示第二个峰的幅值之和的倒数。

参数 8：$P_8 = P_6 / P_7$。

参数 9：$P_9 = \sum_{z=h_2}^{z=h_3} \hat{f}(\underline{w}, z) / \sum_{z=h_3}^{z=h_4} \hat{f}(\underline{w}, z)$，表示对于第一个峰，以 h_3 为界限，下半部分

幅值之和除以上半部分幅值之和。

（3）森林地上生物量估测模型。有研究表明，用式（2.61）的幂函数形式描述 AGB 和 SAR 遥感观测值之间的关系具有较高的相关性（冯仲科和刘永霞，2005），因此本书也采用式（2.61）作为估测森林 AGB 的模型：

$$B = b_0' \prod_{i=1}^{n} P_i^{b_i} \tag{2.61}$$

式中，B 为 AGB；P_i 为自 $\hat{f}(\underline{w}, z)$ 提取的特征参数；b_i 为模型参数；n 为模型中采用的 $\hat{f}(\underline{w}, z)$ 特征参数的个数。本书定义了 9 个描述森林结构函数的特征参数，所以 n 的最大值可为 9。对式（2.61）两边取自然对数：

$$\ln(B) = \ln(b_0') + b_1 \ln(P_1) + b_2 \ln(P_2) + \cdots + b_n \ln(P_n) \tag{2.62}$$

设

$$Y = \ln(B), \quad b_0 = \ln(b_0')$$
$$X_1 = \ln(P_1), \quad X_2 = \ln(P_2), \cdots, X_n = \ln(P_n)$$

则得到如下多元一次线性方程：

$$Y = b_0 + b_1 X_1 + b_2 X_2 + \cdots + b_n X_n \tag{2.63}$$

（4）生物量估测模型的建立与评价方法。采用多元线性逐步回归分析方法建立式（2.63）所示的 AGB 估测模型，目的是筛选出对森林 AGB 估测有显著作用的特征参数 P，找到最佳自变量组合建立回归方程来预测因变量（高惠璇，2005）。该方法将特征参数自变量由少到多一个一个引入回归方程，在每次引入一个变量后，都要分析已引入方程中的变量，剔除作用不显著的，直到没有一个自变量能引入方程和没有一个自变量能从方程中剔除，最后保留下来的变量就是对因变量估测贡献最大、影响最显著的变量，而被剔除的变量对因变量的影响较小，即解释因变量的能力较弱。

在逐步回归分析中，必须避免方程出现严重共线性问题。自变量间的严重共线性会使模型失去意义，衡量共线性程度常用容差或方差膨胀因子，一个自变量的容差是指其解释的方差中不能由方程中其他自变量解释的部分所占的比例，而方差膨胀因子是容差的倒数，容差越接近于 0 或方差膨胀因子越大，共线性程度就越强。

回归模型的一致性与显著性用相关系数平方 R^2 和统计量 F 及 P 值来评定,F 值为回归均方与残差均方的比值, 查 F 界值表, 可得到相应的 P 值, 从而在给定的水平, 对方程进行回归显著性判断。

为了评价通过逐步回归法建立的 AGB 估测模型的精度, 当在地面实测 AGB 的林分较少时, 可采用 m 重交叉验证法, 即将 N 个样本分成 m 等份, 用 $G_1,G_2,G_3,\cdots,G_m$ 表示, 将其中一份作为精度检验样本 G_v, 剩余的作为模型建立用样本 G_t。对每一份 G_v 样本都执行该过程, 共需要重复 m 次, 最终所有的 N 个样本都无重复地估算得到了地上生物量 B 的估测值, 利用这 N 个样本的估测值和实测值计算 R^2 和 RMSE 作为模型的估测精度评价指标。例如, 若地面调查的林分数为 20, 则 $N=20$, m 可设为 10。

2.5.3　极化干涉 SAR 森林植被覆盖区 DEM 精确估测

极化干涉 SAR 是一种将极化多通道信息和干涉信息结合起来的新型遥感技术, 吴一戎等(2007)总结了该技术在地表植被参数反演、DEM 提取、地物分类、区域变化检测等方面的应用前景, 并指出极化干涉 SAR 提取 DEM 时, 可以通过一定的相干优化方法减小一个分辨单位内有效散射中心高度差引起的相位偏差, 特别是植被覆盖的区域, 并提高干涉的相干性, 从而获取更加准确的地表相位信息。

相干优化方法主要通过矢量干涉和优化方法将极化多通道信息融合到干涉信息中, 如 Cloude 和 Papathanassiou(1998; 2001)提出的奇异值分解(Singular Value Decomposition, SVD)算法, Tabb 和 Orrey(2002)提出的相位中心分离算法, Colin 等(2006)提出的数值半径(Numerical Radius, NR)算法。同时, 有些学者也开展了将这些优化方法用于植被覆盖区 DEM 提取的研究。Li 等(2002)基于 SIR-C L 波段极化干涉 SAR 数据, 利用奇异值分解的优化方法进行 DEM 提取, 发现优化方法提取的 DEM 精度要好于传统 HH 极化通道, 尤其在植被覆盖区, DEM 精度有约 10m 的提高; 熊涛等(2007)利用极化信息和干涉信息融合的方法提取 DEM, 发现融合后的相位信息是传统 HH、HV、VV 等相位信息的加权平均, 并且融合后的相位质量提高了 7%, 相位解缠的残差点也减少了 95%以上。

以上研究都是基于短时间基线(1 天或十几分钟)极化干涉 SAR 数据(航天飞机 SAR 重轨干涉或机载 SAR 重轨干涉)开展的, 而长重访周期星载极化 SAR(如 ALOS PALSAR、RADARSAT-2)用于干涉测量时, 由于受时间去相干的影响, 干涉相干性将会大大降低, 特别是在植被覆盖区, 这时利用常规的单极化干涉测量方法提取 DEM 的精度必然会受到更大的影响。那么在这种情况下, 极化的多样性是否仍然有利于 DEM 干涉测量精度的提高? 新出现的极化干涉优化方法对改善 DEM 提取精度的贡献如何? 实际应用中应该采用哪一种优化方法? 针对这些问题我们研究提出了基于极化干涉相干优化的森林植被覆盖区 DEM 提取方法。该方法基于一对 ALOS PALSAR 极化干涉数据，通过对优化后干涉信息的滤波、解缠、基线精确估计等处理来提取 DEM，技术流程如图 2.50 所示。

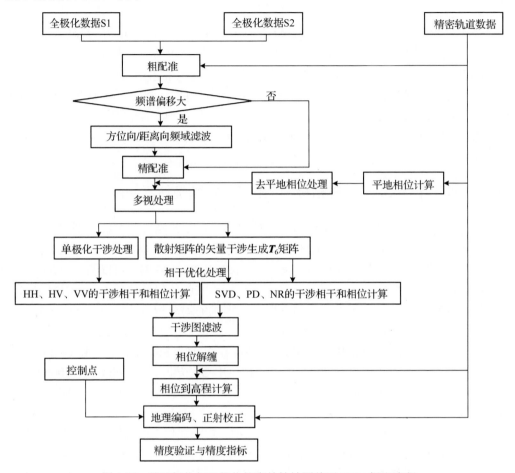

图 2.50 基于极化相干优化的森林植被覆盖区 DEM 提取流程

图 2.50 的技术流程和单极化 InSAR 处理流程不同的只是极化干涉相关优化部分，下面仅介绍该步骤涉及的主要处理方法。

1. 散射矩阵的矢量干涉

将两次飞行的散射矩阵经过 Pauli 基变换，得到散射矢量 k_1 和 k_2，将 k_1 和 k_2 组成的 6 维复矢量做外积运算，生成一个半正定的 Hermitian 矩阵 T_6，公式如下：

$$T_6 = \left\langle \begin{pmatrix} k_1 \\ k_2 \end{pmatrix} \begin{pmatrix} k_1^H & k_2^H \end{pmatrix} \right\rangle = \begin{bmatrix} T_{11} & \Omega_{12} \\ \Omega_{12}^H & T_{22} \end{bmatrix} \tag{2.64}$$

式中，上角标 H 表示复共轭转置；

$$\boldsymbol{k}_1 = \frac{1}{\sqrt{2}}[S_{HH1} + S_{VV1}, S_{HH1} - S_{VV1}, 2S_{HV1}]^T, \quad \boldsymbol{k}_2 = \frac{1}{\sqrt{2}}[S_{HH2} + S_{VV2}, S_{HH2} - S_{VV2}, 2S_{HV2}]^T$$

$$(2.65)$$

$$\boldsymbol{T}_{11} = \langle \boldsymbol{k}_1 \boldsymbol{k}_1^H \rangle, \quad \boldsymbol{T}_{22} = \langle \boldsymbol{k}_2 \boldsymbol{k}_2^H \rangle, \quad \boldsymbol{\Omega}_{12} = \langle \boldsymbol{k}_1 \boldsymbol{k}_2^H \rangle$$

式中，$\boldsymbol{T}_{11}$、$\boldsymbol{T}_{22}$ 是两极化数据的相干矩阵；$\boldsymbol{\Omega}_{12}$ 是新生成的矩阵，包含了两个轨道数据的极化信息和全极化数据间的干涉信息。在投影矢量 $\boldsymbol{w}_1$、$\boldsymbol{w}_2$ 变换下，干涉复相干和相位的表达式分别如下：

$$\tilde{\gamma}(\boldsymbol{w}_1, \boldsymbol{w}_2) = \frac{\langle \boldsymbol{w}_1^H \boldsymbol{\Omega}_{12} \boldsymbol{w}_2 \rangle}{\sqrt{\langle \boldsymbol{w}_1^H \boldsymbol{T}_{11} \boldsymbol{w}_1 \rangle \langle \boldsymbol{w}_2^H \boldsymbol{T}_{22} \boldsymbol{w}_2 \rangle}} \tag{2.66}$$

$$\phi = \arg\left\{(\boldsymbol{\omega}_1^H \boldsymbol{k}_1)(\boldsymbol{\omega}_2^H \boldsymbol{k}_2)^H\right\} = \arg\left\{\boldsymbol{w}_1^H \boldsymbol{\Omega}_{12} \boldsymbol{w}_2\right\} \tag{2.67}$$

式中，arg 为复数的辐角。

2. 极化干涉相干优化算法

1）奇异值分解算法

由式（2.66）可以得到一个使复相干系数最优的思路：令分母保持不变，使分子最大化。该方法主要通过构造复拉格朗日函数使相干性最优，具体表达如下：

$$\boldsymbol{L}_s = \boldsymbol{w}_1^H \boldsymbol{\Omega}_{12} \boldsymbol{w}_2 + \lambda_1(\boldsymbol{w}_1^H \boldsymbol{T}_{11} \boldsymbol{w}_1 - C_1) + \lambda_2(\boldsymbol{w}_2^H \boldsymbol{T}_{22} \boldsymbol{w}_2 - C_2) \tag{2.68}$$

式中，C_1、C_2 为常数。使 $\boldsymbol{L}_s$ 对四个变量 λ_1、λ_2、$\boldsymbol{w}_1^H$、$\boldsymbol{w}_2^H$ 的偏导为零，通过计算可以得到式（2.66）的分母为一常数，同时可以得到下面这组求解特征值与特征向量的方程：

$$\boldsymbol{T}_{22}^{-1} \boldsymbol{\Omega}_{12}^H \boldsymbol{T}_{11}^{-1} \boldsymbol{\Omega}_{12} \boldsymbol{w}_2 = \lambda_1 \lambda_2^* \boldsymbol{w}_2 \tag{2.69}$$

$$\boldsymbol{T}_{11}^{-1} \boldsymbol{\Omega}_{12} \boldsymbol{T}_{22}^{-1} \boldsymbol{\Omega}_{12}^H \boldsymbol{w}_1 = \lambda_1 \lambda_2^* \boldsymbol{w}_1 \tag{2.70}$$

此时相干性最优问题就转化为利用 SVD（Singular Value Decomposition）分解方法求解最大特征值与特征向量的问题，通过分解可以得到 3 组特征值和特征向量，每个特征值可以得到复空间情形下的两个特征向量 $\boldsymbol{w}_{i,\mathrm{SVD}}$ 和 $\boldsymbol{w}_{i_2\mathrm{SVD}}$，$i=1, 2, 3$。为了避免 $\arg\left\{\boldsymbol{w}_{i,\mathrm{SVD}}^H \boldsymbol{w}_{i_2\mathrm{SVD}}\right\} \neq 0$ 时两次数据获取引起的相位偏差，还需要对特征向量进行约束求解，即 $\arg\left\{\boldsymbol{w}_{i,\mathrm{SVD}}^H \boldsymbol{w}_{i_2\mathrm{SVD}}\right\} = 0$。特征值由大到小依次对应的特征向量通过式（2.66）和式（2.67）可以分别得到 SVD1、SVD2 和 SVD3 的干涉信息。

2）数值半径算法

数值半径算法要求投影矢量 $\boldsymbol{w}_1$、$\boldsymbol{w}_2$ 必须相同，令 $\boldsymbol{w}_1 = \boldsymbol{w}_2 = \boldsymbol{w}$，并且将平均子矩

阵 $T = \dfrac{T_{11} + T_{22}}{2}$ 替换 T_{11}、T_{22}，该方法等效于求解 $\boldsymbol{\Pi} = \boldsymbol{T}^{-1/2}\boldsymbol{\Omega}_{12}\boldsymbol{T}^{-1/2}$ 的数值半径问题，方法如下。

（1）定义矩阵 $\boldsymbol{\Pi}$ 的数值范围 $F(\boldsymbol{\Pi}) = \{\boldsymbol{x}^{\mathrm{H}}\boldsymbol{\Pi}\boldsymbol{x}\}$，$\boldsymbol{x} \in C^3$ 且 $\boldsymbol{x}^{\mathrm{H}}\boldsymbol{x} = 1$，数值半径 $r(\boldsymbol{\Pi}) = \max\{|F(\boldsymbol{\Pi})|\}$。

（2）为了将 $\boldsymbol{\Omega}_{12}$ 的局部最优扩展到全局最优，引入 $\mathrm{e}^{\mathrm{i}\theta_k}$，并选择不同的初始角度 θ_{10}、θ_{20}、θ_{30} 代入矩阵 $\boldsymbol{H}_{\theta_k} = (\boldsymbol{\Pi}\mathrm{e}^{\mathrm{i}\theta_k} + \boldsymbol{\Pi}^\dagger\mathrm{e}^{-\mathrm{i}\theta_k})/2$，$\theta_k = \theta_{10},\theta_{20},\theta_{30}$，计算 $\boldsymbol{H}_{\theta_k}$ 最大的特征值 $\lambda_{\max k}$ 和对应的特征向量 $\boldsymbol{x}_k$，$\dagger$ 为广义逆矩阵。

（3）定义 $\theta'_k = \arg\{\boldsymbol{x}^{\mathrm{H}}\boldsymbol{H}_{\theta_k}\boldsymbol{x}\}$，如果 $|\theta_k - \theta'_k| < \varepsilon$，$\varepsilon$ 是一个微小的常数，那么特征向量 $\boldsymbol{x}_k$ 就是最优的，否则令 $\theta_{k+1} = -\theta'_k$ 代入步骤（2）（3），重复迭代，直到找到满足条件的 3 组特征向量。

从该方法可以看出，3 个初始的迭代角度可以得到 3 个特征向量，通过式（2.66）和式（2.67）可以分别得到 NR1、NR2 和 NR3 的干涉信息。

3）相位中心最大化分离算法

PD 算法不同于以上两种复相干优化方法，该方法通过最大化余切函数获得优化的特征值与特征向量。余切函数形式如下：

$$\cot(\angle\tilde{\gamma}) = \frac{\mathrm{Re}\{\tilde{\gamma}\}}{\mathrm{Im}\{\tilde{\gamma}\}} = \frac{\boldsymbol{w}^*(\boldsymbol{\Omega}_{12} + \boldsymbol{\Omega}_{12}^*)\boldsymbol{w}}{\boldsymbol{w}^*[-i(\boldsymbol{\Omega}_{12} - \boldsymbol{\Omega}_{12}^*)]\boldsymbol{w}} \tag{2.71}$$

具体算法如下。

（1）将 $\boldsymbol{\Omega}_{12}$ 做一个相位旋转变换，可以得到 $\tilde{\boldsymbol{\Omega}}_{12} = \boldsymbol{\Omega}_{12}\mathrm{e}^{\mathrm{i}\varphi}$，$\varphi = \dfrac{\pi}{2} - \angle\mathrm{tr}(\boldsymbol{\Omega}_{12})$。

（2）计算矩阵 $(\boldsymbol{\Omega}_{12} + \boldsymbol{\Omega}_{12}^*)$，$-i(\boldsymbol{\Omega}_{12} - \boldsymbol{\Omega}_{12}^*)$。

（3）求解 $(\boldsymbol{\Omega}_{12} + \boldsymbol{\Omega}_{12}^*)\boldsymbol{w} = -i\lambda(\boldsymbol{\Omega}_{12} - \boldsymbol{\Omega}_{12}^*)\boldsymbol{w}$ 的特征值和特征向量。

（4）利用特征向量、式（2.66）、式（2.67）可以得到 PD High 和 PD Low 的干涉信息。

为了与单极化干涉处理的结果进行比较，还对 HH、HV、VV 进行了相干处理并得到了其干涉信息。最后，通过对干涉信息的滤波、解缠、相位到高程计算和正射校正等处理，可以得到正射投影下的 DEM。

3. DEM 提取效果

我们采用山东省泰安地区的一对 ALOS PALSAR 极化干涉 SAR 数据对，采用以上 3 种极化干涉相干优化算法的 DEM 提取方法进行了精度评价，DEM 参考数据是采用机载激光雷达提取的高精度 DEM，研究结果发现：

（1）相干优化方法较 HH 极化干涉（传统单极化干涉的最优结果）可使解缠残差

点数量大量减少且 DEM 均方根误差精度可以提高 44%，也就是说极化干涉 SAR 相干优化方法在获取 DEM 时要强于传统的单极化通道干涉 SAR 方法。

（2）几种优化方法都提高了 DEM 精度，但是之间还存在着一些差别，本实验中 NR2 获取的 DEM 最优，同时 PD Low 获取的 DEM 精度要好于 SVD 算法，在实际提取 DEM 的数据处理中采取 NR 算法是最优的。

（3）基于相位分离的 PD 算法在顾及相位中心最大化分离的前提下，得到了较高精度的 DEM，但滤波前相干性明显偏低，但是相位的不连续点和解缠的残差点较单极化干涉要明显减少，可以看出相干性不只是获取 DEM 的唯一影响因素，还需要考虑散射相位中心的连续性。

（4）在地形坡度比较大的区域，影像产生的叠掩与阴影对 DEM 精度的影响非常大，同时在水体覆盖和土壤粗糙潮湿等区域的 DEM 精度也受到很大影响，而这些区域的 DEM 精度在优化方法中也没能够得到有效的改善，因而，需要采取一定的方法进行改进，从而获取更高精度的 DEM。

参 考 文 献

白璐, 曹芳, 洪文. 2010. 相干区域长轴的快速估计方法及其应用. 电子与信息学报, 32(3): 548-553.

陈尔学, 李增元, 庞勇, 等. 2007. 基于极化合成孔径雷达干涉测量的平均树高提取技术. 林业科学, 43(4): 66-70.

陈尔学. 1999. 合成孔径雷达森林生物量估测研究进展. 世界林业研究, 12(6): 18-23.

陈强. 2006. 基于永久散射体雷达差分干涉探测区域地表形变的研究. 成都: 西南交通大学.

陈曦, 张红, 王超. 2008. 双基线极化干涉合成孔径雷达的植被参数提取. 电子与信息学报, 30 (12): 2858-2861.

陈曦, 张红, 王超. 2009. 极化干涉 SAR 反演植被垂直结构剖面研究. 国土资源遥感, 20(4): 49-52.

冯仲科, 刘永霞. 2005. 森林生物量测定精度分析. 北京林业大学学报, 27(2): 108-111.

高惠璇. 2005. 应用多元统计分析. 北京: 北京大学出版社.

黄柏圣, 许家栋. 2009. 一种局部自适应的干涉相位图滤波方法. 武汉大学学报, 34(7): 818-821.

纪华, 吴元昊, 孙宏海, 等. 2009. 结合全局信息的 SIFT 特征匹配算法. 光学精密工程, 17(2): 439-444.

李佳, 李志伟, 丁晓利, 等. 2011. 强噪声 SAR 干涉图的等值线中值-Goldstein 二级滤波. 遥感学报, 15(4): 750-765.

李新武, 郭华东, 李震, 等. 2005. 用 SIR-C 航天飞机双频极化干涉雷达估计植被高度的方法研究. 高技术通讯, 15(7): 79-84.

李英会, 张永红, 吴宏安, 等. 2012. 一种时序高分辨率 SAR 影像上 PS 点提取方法研究. 测绘科学, 37: 70-72.

廖明生, 林珲, 张祖勋, 等. 2003. InSAR 干涉条纹图的复数空间自适应滤波. 遥感学报, 7(2): 98-105.

刘利力. 2005. 基于梯度的干涉条纹图圆周期滤波. 武汉大学学报, 30(8): 716-719.

刘长安, 王志勇. 2012. 基于多尺度多方向的 InSAR 自适应相位滤波. 遥感信息, 27(3): 11-14.

罗环敏, 陈尔学, 程建, 等. 2010. 极化干涉 SAR 森林高度反演方法研究. 遥感学报, 14(4): 814-830.

齐海宁, 洪峻. 2005. 一种结合最优相干运算的极化干涉 SAR 相干配准方法. 遥感技术与应用, 19(6): 512-516.

王超, 张红, 刘智. 2002. 星载合成孔径雷达干涉测量. 北京: 科学出版社.

王臣立, 郭治兴, 牛铮, 等. 2006. 热带人工林生物物理参数及生物量对 RADARSAT SAR 信号响应研究. 生态环境, 15(1): 115-119.

王冬红. 2005. InSAR 像对的预滤波与过采样研究. 郑州: 中国人民解放军信息工程大学.

王冬红, 刘军, 张莉. 2007. InSAR 干涉像对的方位向频谱滤波. 测绘科学技术学报, 24(6): 443-446.

王佩军, 徐亚明. 2013. 摄影测量学(测绘工程专业). 武汉: 武汉大学出版社.

王耀南, 彭曙蓉, 邓积微, 等. 2009. 一种基于条纹中心线的 InSAR 干涉图滤波方法. 测绘学报, 38(3): 210-215.

王志勇, 张继贤, 黄国满. 2004. InSAR 干涉条纹图去噪方法的研究. 测绘科学, 29(6): 31-33.

吴宏安, 张永红, 陈晓勇, 等. 2011. 基于小基线 DInSAR 技术监测太原市 2003-2009 年地表形变场. 地球物理学报, 54(3): 673-680.

吴涛, 王超, 张红. 2005. 重复轨道 InSAR 中的频谱滤波研究. 中国图象图形学报, 10(10): 1234-1241.

吴一戎, 洪文, 王彦平. 2007. 极化干涉 SAR 的研究现状与启示. 电子与信息学报, 29(5): 1258-1262.

吴镇扬. 2004. 数字信号处理. 北京: 高等教育出版社.

熊涛, 杨健, 彭应宁. 2007. 基于极化 SAR 干涉反演 DEM 的方法. 清华大学学报(自然科学版), 47(7): 1170-1173.

徐小军, 杜华强, 周国模, 等. 2008. 基于遥感植被生物量估算模型自变量相关性分析综述. 遥感技术与应用, 23(2): 239-247.

闫世龙, 王焰新, 马腾, 等. 2006. 内陆新生代断陷盆地地区地面沉降机理及模拟——以山西省太原市为例. 武汉: 中国地质大学出版社.

杨存建, 刘纪远, 黄河, 等. 2005. 热带森林植被生物量与遥感地学数据之间的相关性分析. 地理研究, 24(3): 473-479.

杨磊, 赵拥军, 王志刚. 2007. 基于功率和相位联合估计 TLS-ESPRIT 算法的极化干涉 SAR 数据分析. 测绘学报, 36(2): 163-168.

易辉伟, 朱建军, 李健, 等. 2012. InSAR 矿区形变监测的边缘保持 Goldstein 组合滤波方法. 中国有色金属学报, 22(11): 3185-3192.

尹宏杰, 李志伟, 丁晓利, 等. 2009. InSAR 干涉图最优化方向融合滤波. 遥感学报, 13(6): 1092-1105.

张永红, 张继贤, 龚文瑜, 等. 2009. 基于 SAR 干涉点目标分析技术的城市地表形变监测. 测绘学报, 38(6): 482-487.

仲伟凡. 2012. InSAR 频谱滤波技术研究. 北京: 中国测绘科学研究院.

Anson K J, Sun G, Weishampei J F, et al. 1996. Forest biomass from combined ecosystem and radar backscatter modeling. Remote Sensing Environment, 59(1): 118-133.

Askne J I H, Dammert P B G, Ulander L M H, et al. 1997. C-band repeat-pass interferometric SAR observations of the forest. IEEE Transactions on Geoscience and Remote Sensing, 35(1): 25-35.

Askne J, Dammert P B G, Fransson J, et al. 1995. Retrieval of forest parameters using intensity and repeat-pass interferometric SAR information// Proceedings of Retrieval of Bio-and Geophysical Parameters from SAR Data for Land Applications, Toulouse: 119-129.

Bamler R, Eineder M. 1996. ScanSAR processing using standard high precision SAR algorithms. IEEE Transactions on Geoscience and Remote Sensing, 34(1): 212-218.

Baran I, Stewart M P, Kampes B M. 2003. A modification to the goldstein radar interferogram filter. IEEE Transactions on Geoscience and Remote Sensing, 41(9): 2114-2118.

Berardino P, Fornaro G, Lanari R, et al. 2002. A new algorithm for surface deformation monitoring based on small baseline differential SAR interferograms. IEEE Transactions on Geoscience and Remote Sensing, 40(11): 2375-2383.

Berardino P, Casu F, Fornaro G, et al. 2003. Small baseline DIFSAR techniques for earth surface deformation analysis// Proceedings of FRING2003, Frascati.

Cartus O, Santoro M, Kellndorfer J. 2012. Mapping forest aboveground biomass in the northeastern united states with ALOS PALSAR dual-polarization L-band. Remote Sensing of Environment, 124: 466-478.

Cartus O, Santoro M, Schmullius C, et al. 2011. Large area forest stem volume mapping in the boreal zone using synergy of ERS-1/2 tandem coherence and MODIS vegetation continuous fields. Remote Sensing of Environment, 115: 931-943.

Cloude S R, Papathanassiou K P. 1998. Polarimetric SAR interferometry. IEEE Transactions on Geoscience and Remote Sensing, 36(5) : 1551-1565.

Cloude S R, Papathanassiou K P. 2003. Three-stage inversion process for polarimetric SAR interferometry// IEEE Proceedings Radar Sonar and Navigation, 150(3): 125-134.

Cloude S R, Papathanassiou K P. 2008. Forest vertical structure estimation using coherence tomography// IEEE International Geoscience and Remote Sensing Symposium, Boston: 275-278.

Cloude S R. 2006. Polarization coherence tomography. Radio Science, 41(4): RS4017.1-RS4017. 27.

Colin E, Titin-Schnaider C, Tabbara W. 2006. An interferometric coherence optimization method in radar polarimetry for high resolution imagery. IEEE Transactions on Geoscience and Remote Sensing, 44(1): 167-175.

Desnos Y L, Buck C, Guijarro J, et al. 2000. ASAR-ENVISAT's advanced synthetic aperture radar. ESA Bulletin, 102: 91-100.

Dobson M C, Ulaby F T, Pierce L E, et al. 1995. Estimation of forest biophysical characteristics in northern michigan with SIR-C/X-SAR data. IEEE Transactions on Geoscience and Remote Sensing, 33(4): 877-895.

Ferretti A, Rocca F, Prati C. 1999. Permanent scatterers in SAR interferometry// Proceedings of

IGARSS1999, Hamburg: 1528-1530.

Ferretti A, Prati C, Rocca F. 2000. Nonlinear subsidence rate estimation using permanent scatterers in differential SAR interferometry. IEEE Transactions on Geoscience and Remote Sensing, 28(5): 2202-2212.

Ferretti A, Prati C, Rocca F. 2001. Permanent scatterers in SAR interferometry. IEEE Transactions on Geoscience and Remote Sensing, 39(1): 8-20.

Gatelli F, Guarnieri A M, Parizzi F, et al, 1994. Wavenumber shift in SAR interferometry. IEEE Transactions on Geoscience and Remote Sensing, 32(4): 855-864.

Goldstein R M, Werner C L. 1998. Radar interferogram filtering for geophysical applications. Geophysical Research Letter, 25(21): 4035-4038.

Guarnieri A M, Prati C, Rocca F. 1994. Interferometry with scanSAR. EARSeL Newsletter, 20: 2-5.

Guarnieri A M , Prati C. 1996. ScanSAR focusing and interferometry. IEEE Transactions on Geoscience and Remote Sensing, 34(4): 1029-1038.

Guarnieri A M, Rocca F. 1999. Combination of low- and high-resolution SAR images for differential interferometry. IEEE Transactions on Geoscience and Remote Sensing, 37(4): 2035-2049.

Guccione P. 2006. Interferometry with ENVISAT wide swath scanSAR data. IEEE Geoscience and Remote Sensing Letters, 3(3): 377-381.

Hajnsek I , Kugler F, Lee S K et al. 2009. Tropical forest parameter estimation by means of PolInSAR: The INDREX-II campaign. IEEE Transactions on Geoscience and Remote Sensing, 47(2): 481-493.

Hanssen R F. 2001. Radar Interferometry-Data Interpretation and Error Analysis. Netherlands: Kluwer Academic Publishers.

Holzner J, Bamler R. 2002. Burst-mode and scanSAR interferometry. IEEE Transactions on Geoscience and Remote Sensing, 40(9): 1917-1934.

Hooper A. 2006. Persistent Scatterer Radar Interferometry for Crustal Deformation Studies and Modeling of Volcanic Deformation. Stanford: Stanford University.

Hooper A, Segall P, Zebker H. 2007. Persistent scatterer interferometric synthetic aperture radar for crustal deformation analysis, with application to Volcan Alcedo, Galapagos. Journal of Geophysical Research, 112(B07407): 1-22.

Huneycutt B L. 1989. Spaceborne imaging radar-c instrument. IEEE Transactions on Geoscience and Remote Sensing, 27(2): 164-169.

Lanari R, Fornaro G. 1996. Generation of digital elevation models by using SIR-C/X-SAR multifrequency two-pass interferometry: The etna case study. IEEE Transactions on Geoscience and Remote Sensing, 34(5): 1097-1114.

Lanari R, Hensley S, Rosen P A. 1998. Chirp z-transform based SPECAN approach for phase-preserving ScanSAR image generation. IEEE Proceedings Radar, Sonar Navigation, 45(5): 254-261.

Lee J S, Papathanassiou K P, Ainsworth T L. 1998. A new technique for noise filtering of SAR interferometric phase images. IEEE Transactions on Geoscience and Remote Sensing, 36(5): 1456-1465.

Li X W, Guo H D, Wang C L, et al. 2002. Generation and error analysis of DEM using spaceborne polarimetric SAR interferometry data// Geoscience and Remote Sensing Symposium, 5: 2705-2707.

Li Z W, Ding X L, Huang C. 2008. Improved filtering parameter determination for the goldstein radar interferogram filter. ISPRS Journal of Photogrammetry and Remote Sensing, 63: 621-634.

Liang C, Zeng Q, Jiao J, et al. 2014. On the phase compensation of short scanSAR burst focused by long matched filter for interferometric processing. IEEE Transactions on Geoscience and Remote Sensing, 52(2): 1299-1310.

Lu D S. 2006. The potential and challenge of remote sensing-based biomass estimation. International Journal of Remote Sensing, 27(7): 1297-1328.

Martinez-Espla J J. 2009. A particle filter approach for InSAR phase filtering and unwrapping. IEEE Transactions on Geoscience and Remote Sensing, 47(4): 1197-1211.

Mette T. 2007. Forest Biomass Estimation from Polarimetric SAR Interferometry. Munich: Munich University of Technology.

Mora O, Mallorqui J, Broquetas A. 2003. Linear and nonlinear terrain deformation maps from a reduced set of interferometric SAR images. IEEE Transactions on Geoscience Remote Sensing, 41(10): 2243-2252.

Moreira A, Mittermayer J, Scheiber R. 1996. Extended chirp scaling algorithm for air- and spaceborne SAR data processing in stripmap and scanSAR imaging modes. IEEE Transactions on Geoscience and Remote Sensing, 34(5): 1123-1136.

Neumann M, Ferro-Famil L, Reigber A. 2009. Improvement of vegetation parameter retrieval from polarimetric SAR interferometry using a simple polarimetric scattering model// Proceedings of POLInSAR'2009 Conference, Noordwijk.

Papathanassiou K P, Cloude S R. 2001. Single-baseline polarimetric SAR interferometry. IEEE Transactions on Geoscience and Remote Sensing, 39(11): 2352-2363.

Sansosti E, Berardino P, Manunta M, et al. 2006. Geometrical SAR image registration. IEEE Transactions on Geoscience and Remote Sensing, 44(10): 2861-2870.

Santoro M, Beer C, Cartus O, et al. 2011. Retrieval of growing stock volume in boreal forest using hyper-temporal series of ENVISAT ASAR scanSAR backscatter measurements. Remote Sensing of Environment, 115: 490-507.

Scheiber R, Moreira A. 2000. Coregistration of interferometric SAR images using spectral diversity. IEEE Transactions on Geoscience and Remote Sensing, 38(5): 2179-2191.

Schuler D L, Lee J S, Ainsworth T L, et al. 2000. Terrain topography measurement using multipass polarimetric synthetic aperture radar data. Radio Science, 35(3): 813-832.

Schwäbisch M, Geudtner D. 1995. Improvement of phase and coherence map quality using azimuth prefiltering: Examples from ERS-1 and X-SAR// Proceedings of IGARSS: 205-207.

Schwind P, Suri S, Reinartz P, et al. 2010. Applicability of the SIFT operator to geometric SAR image registration. International Journal of Remote Sensing, 31(8): 1959-1980.

Suri S, Schwind P, Uhl J, et al. 2010. Modifications in the SIFT operator for effective SAR image matching. International Journal of Image and Data Fusion, 1(3): 243-256.

Swart L M T. 2000. Spectral Filtering and Oversampling for Radar Interferometry. Netherlands: Delft University of Technology.

Tabb M, Orrey J, Flynn T, et al. 2002. A decomposition for vegetation parameter estimation using polarimetric SAR interferometry// Proceedings of the 4th European Synthetic Aperture Radar Conference, Cologne: 721-724.

Tomiyasu K. 1981. Conceptual performance of a satellite borne wide swath synthetic aperture radar. IEEE Transactions on Geoscience and Remote Sensing, 19(2): 108-116.

Touzi R, Lopez A. 1999. Coherence estimation for SAR imagery. IEEE Transactions on Geoscience on Remote Sensing, 37(1): 135-149.

Treuhaft R N, Asner G P, Law B E. 2002. Forest leaf area density profiles from the quantitative fusion of radar and hyperspectral data. Journal of Geophysical Research Atmospheres, 107(D21): 4568-4580.

Treuhaft R N, Asner G P, Law B E. 2003. Structure-based forest biomass from fusion of radar and hyperspectral observations. Geophysical Research Letters, 30(9): 1472-1475.

Treuhaft R N, Chapman B D, dos Santos J R, et al. 2009. Vegetation profiles in tropical forests from multibaseline interferometric synthetic aperture radar, field, and lidar measurements. Journal of Geophysical Research Atmospheres, 114: D23110.

Zebker H A, Villasenor J. 1992. Decorrelation in interferometric radar echoes. IEEE Transactions on Geoscience on Remote Sensing, 30(5): 950-959.

Zhou G Y, Xiong T, Yang J, et al. 2008. Forest height inversion based on polarimetric SAR interferometry. 9033(9): 2473-2476.

第 3 章　SAR 影像摄影测量

　　侧视雷达影像的几何定位是其应用于测绘的直接需求，也是其他应用的基础。影像及其辅助数据的质量、定位模型的严密性，均影响侧视雷达影像定位的精度。本章在分析侧视雷达成像影响因素的基础上，构建侧视雷达影像的构像方程和几何定位模型，实现稀少或无控制点条件下侧视雷达影像的高精度几何定位。另外，为了实现航空航天多源影像（光学、雷达）联合定位，需要光学与雷达成像几何模型的统一，需要轨道姿态模型的统一，需要数据处理模型最大程度的统一。多源影像的联合定位是通过多源数据的联合平差来实现的。SAR 侧视成像的特点使得 SAR 立体测图无法回避阴影和叠掩的影响。采用双向、多向侧视立体像对的互补特性，可有效克服阴影和叠掩的影响，发展多模型结合的 SAR 立体测量技术，是将 SAR 立体测量推向实用化的必经之路。本章从雷达影像严密几何定位、光学与 SAR 影像联合定位、多侧视 SAR 立体测量、SAR 立体/干涉联合三维信息提取等几个方面，阐述 SAR 影像摄影测量的原理和方法。

3.1　雷达影像严密几何定位

3.1.1　侧视雷达成像影响因素

1. 航空平台速度对雷达成像的影响

　　理想情况下，飞机应当保证恒速飞行或不至于受气流影响而产生左右偏转或上下抖动，但实际非然。载机速度和稳定度的振荡往往会引起机载 SAR 成像的散焦现象，导致影像模糊。载机运行不稳定会导致机载 SAR 影像有两种常见质量变差的情况（张直中，2004）。一种是载机虽然保持了平稳飞行，但速度不恒定，这会导致成像影像的方位向像元尺寸大小不一（图 3.1(a)），另一种是保持恒速但飞行轨迹出现扭曲，会导致波束左右偏离的现象，从而影响质量（图 3.1(b)）。为了减少载机平台不稳定导致的影像扭曲变形，发展了多种自聚焦技术。为了减小速度变化影响，使雷达发射波束的脉冲重复频率（Pulse Repetition Frequency, PFR）随瞬时速度改变而改变（庞蕾，2006）。运动补偿是机载 SAR 成像处理的一个重要环节，主要是为了修正载机非理想飞行状态下造成的相位误差。由于合成孔径的概念主要考虑在合成孔径时间段内细微的相位差异的作用，所以 SAR 成像需要对整个合成孔径时间内的加速度进行补偿。

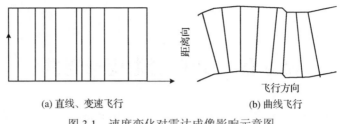

(a) 直线、变速飞行　　　　　　　　　　　(b) 曲线飞行

图 3.1　速度变化对雷达成像影响示意图

2. 地球自转对雷达成像的影响

对于航空雷达遥感，轨道、姿态和多普勒频率均是相对于静止的地球测量获得的，故不需考虑地球自转的影响。而对于航天雷达遥感，平台速度变化与平台振荡对雷达成像和影像定位的影响可以忽略。但在雷达成像中，地球自转引起的相对速度变化会影响到航天 SAR 观测目标多普勒频率，且由于合成孔径时间较长，地球自转造成距离迁移较严重，使用 R-D 算法需要插值的距离迁移校正计算量增加较大；地球自转和非正侧面阵配置会使得天基雷达杂波谱随距离发生变化，呈现出非平稳性，从而影响统计 STAP 方法的杂波抑制性能（郁文贤等，2009）。

在雷达成像时，为了减小地球自转引起的多普勒频率变化，常用的方法是调整姿态，即通过控制卫星姿态达到一定的目的（如使多普勒中心不随距离变化，或将其设定为某一固定值），使得波束发射方向由垂直于惯性坐标中的轨道面变为垂直于地固坐标系中卫星的速度方向，使得多普勒频率中心的值接近 0。雷达卫星 ERS 和 RADARSAT-2 就具备这种功能。这种处理方式改善了 SAR 成像处理，减小了 SAR 距离徙动影响，使得距离向和方位向在很大程度上得以解耦。

与光学航天线阵影像一样，地球自转也会引起影像的变形，引起影像地面覆盖的变化，这种影响与光学线阵影像的变形相类似。基于外方位元素为定向参数（共线方程及本书后面提出的距离共面方程）的雷达影像的几何处理也可以通过修正姿态角，避免惯性坐标系与地固坐标系的转换，直接在地固地心直角坐标系中建模。距离-多普勒（R-D）定位模型中多普勒值仅与传感器与被测目标间的相对状态有关，地球自转影响已经反映在多普勒频率中。当利用卫星在地固坐标系（如 WGS84）中的位置和速度进行影像定位时，本身就是将地球当作静止的，R-D 模型不用考虑地球自转的影响。与利用轨道参数或惯性坐标系中的星历数据进行定位相比，利用地固地心坐标系星历数据进行几何处理，也会极大地简化雷达影像的数据处理。

3. 姿态对侧视雷达成像的影响

在 R-D 模型中，没有直接包含姿态参数，对滚动角是否影响侧视雷达遥感影像的严密定位，不同学者有不同的见解（庞蕾，2006）。本节首先对各姿态的独立影响进行简单分析，下面将在共面方程的推导过程中，对滚动角是否影响侧视雷达影像的定位有一个清晰的结论。

图 3.2(a)显示了三个姿态角均为 0 时的理想状况。以真实孔径雷达为研究对象，参考理想状态分析姿态角的变化对雷达成像和定位的影响。

（1）滚动角的影响。滚动角的存在，使雷达天线摄影时照准范围发生改变。但对于同一个地面点，并不改变摄影时刻天线到地面点间的距离，也不改变地面点的摄影时刻。因此，在其他姿态角不变的情况下，滚动角的改变对地面特定目标点的成像没有影响，如图 3.2(b)所示。

（2）俯仰角的影响。俯仰角的存在，使得特定地面目标点的摄影时刻发生变化。目标相对于摄影时刻的天线位置向前方或后方产生偏移，与传感器天线间的距离增大。因此，俯仰角的变化导致地面点在影像中行列方向位置都会改变，从而影响了雷达成像，如图 3.2(c)所示。

（3）偏航角的影响。偏航角的存在，使得天线的照准目标产生偏转。同一个地面点的摄影时刻发生变化，摄影时刻观测目标与传感器天线间的距离增大。因此，地面点在影像中的坐标行列方向都会改变，且行方向坐标的变化随列方向坐标不同而有明显差异。这就表明了偏航角对雷达成像有着直接的影响，如图 3.2(d)所示。

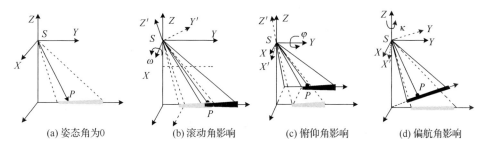

| (a) 姿态角为0 | (b) 滚动角影响 | (c) 俯仰角影响 | (d) 偏航角影响 |

图 3.2　姿态角对侧视雷达影像成像影响示意图

3.1.2　侧视雷达影像距离-共面方程

1. 距离-共面方程

侧视雷达有平面扫描和锥面扫描两种模式（舒宁，2000），此处首先讨论平面扫描模式。

距离共面（Range-Coplanarity，R-Cp）条件是指一行影像对应的所有地面点均在该行影像摄影时刻天线发射的雷达波束扫描面内，影像行上每个像点的成像均满足距离条件（图 3.3）。本节介绍一种基于传感器状态矢量和姿态参数（外方位元素）的雷达影像构像方程。该方程通过满足传感器与地物目标间的距离条件和波束中心共面条件来构建。

（1）波束中心共面条件。一行影像对应地面点与相应成像时刻的天线中心是在同一个扫描波束中心面内。这个波束中心面由传感器状态矢量和姿态来确定。

（2）距离条件。传感器至地面目标点的空间距离与雷达波测量的距离相等。

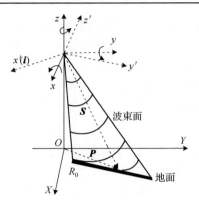

图 3.3　侧视雷达距离共面成像几何

因此，距离-共面方程（程春泉等，2012）建立为

$$\begin{cases} R = |\boldsymbol{P} - \boldsymbol{S}| = c\tau / 2 \\ \boldsymbol{i} \cdot (\boldsymbol{P} - \boldsymbol{S}) = 0 \end{cases} \tag{3.1}$$

式中，$\boldsymbol{i}$、$\boldsymbol{P}$、$\boldsymbol{S}$ 分别为波束中心面的法向量（即为传感器坐标系的 x 轴经姿态旋转后的 x' 轴）、地面点位置和传感器位置向量。R 为斜距，c 为光速，τ 为雷达波从雷达天线到目标点的往返时间。式（3.1）中第一式为距离方程，与 R-D 和 Leberl F 模型中的距离方程相同，第二式为雷达发射的波束中心面方程。

2. 转角系统的选择

前面独立分析了 3 个姿态角分别对侧视雷达遥感影像定位的影响，即俯仰角 φ、偏航角 κ 影响地面点的成像，而滚动角 ω 只影响侧视雷达的测绘范围，并不影响地面点在影像上的位置。由于欧拉角的后次转角是在前次转角的基础上进行的，滚动角 ω 是否影响雷达影像的定位，与转角顺序还存在着一定关系。欧拉角的转角顺序有 6 种，在光学影像定位领域，ω-φ-κ 是国际上比较通用的转角系统。但这种转角顺序在建立雷达影像的波束扫描面方程时却不是最佳的，以下的公式推导中可以得到说明。

（1）ω-φ-κ 系统确定的扫描平面。以 X-Y-Z 轴作为转角次序的 ω-φ-κ 系统，本体坐标系到物方参考坐标系转换的旋转矩阵为

$$\boldsymbol{R}_b^A = \boldsymbol{R}_X(\omega)\boldsymbol{R}_Y(\varphi)\boldsymbol{R}_Z(\kappa) \tag{3.2}$$

由于扫描平面的法线与姿态旋转后的传感器坐标系 x' 轴一致，可得其在物方坐标系中的单位向量为

$$\boldsymbol{i} = \boldsymbol{R}_b^A \begin{bmatrix} 1 \\ 0 \\ 0 \end{bmatrix} = \begin{bmatrix} \cos\varphi\cos\kappa \\ \cos\omega\sin\kappa + \sin\omega\sin\varphi\cos\kappa \\ \sin\omega\sin\kappa - \cos\omega\sin\varphi\cos\kappa \end{bmatrix} \tag{3.3}$$

将式（3.3）代入式（3.1），并分别用 (X_s, Y_s, Z_s) 及 (X, Y, Z) 表示传感器及地面点的空间坐标，则有

$$(X - X_s)\cos\varphi\cos\kappa + (Y - Y_s)(\cos\omega\sin\kappa + \sin\omega\sin\varphi\cos\kappa)$$
$$+ (Z - Z_s)(\sin\omega\sin\kappa - \cos\omega\sin\varphi\cos\kappa) = 0 \qquad (3.4)$$

（2）φ-κ-ω 系统确定的扫描平面。依次以 Y-Z-X 轴作为转角次序的 φ-κ-ω 转角系统，其姿态旋转矩阵为

$$\boldsymbol{R}_b^A = \boldsymbol{R}_Y(\varphi)\boldsymbol{R}_Z(\kappa)\boldsymbol{R}_X(\omega) \qquad (3.5)$$

物方坐标系中波束扫描面法线单位向量为

$$\boldsymbol{i} = \boldsymbol{R}_b^A \begin{bmatrix} 1 \\ 0 \\ 0 \end{bmatrix} = \begin{bmatrix} \cos\varphi\cos\kappa \\ \sin\kappa \\ -\sin\varphi\cos\kappa \end{bmatrix} \qquad (3.6)$$

同样，将式（3.6）代入式（3.1）中的共面方程，有

$$(X - X_s)(\cos\varphi\cos\kappa) + (Y - Y_s)\sin\kappa - (Z - Z_s)(\sin\varphi\cos\kappa) = 0 \qquad (3.7)$$

同样可证明当采用 κ-φ-ω 转角系统时，与式（3.7）一样，共面方程也不含 ω 参数。

3. 平面扫描模式的侧视雷达距离-共面方程

距离-共面方程中的距离方程与距离-多普勒方程的距离方程完全一样，并与共面方程（3.7）一起，形成基于 φ-κ-ω 转角系统的斜距距离-共面方程（程春泉等，2012）：

$$\begin{cases} (X - X_s)(\cos\varphi\cos\kappa) + (Y - Y_s)\sin\kappa - (Z - Z_s)(\sin\varphi\cos\kappa) = 0 \\ (X - X_s)^2 + (Y - Y_s)^2 + (Z - Z_s)^2 = (y_s M_y + R_0)^2 \end{cases} \qquad (3.8)$$

式中，M_y 为距离向分辨率；R_0 为初始斜距；y_s 为像元在影像上的列坐标。

从共面方程的推导可以看出，当使用 ω-φ-κ 转角系统时，ω 角对影像定位是有影响的，当采用 φ-κ-ω 转角系统时，ω 角对影像定位没有影响。采用 φ-κ-ω 转角系统的距离-共面方程是以三个线元素和两个角元素作为定向参数构建的。姿态为不同的值时，共面条件表达了经过摄影时刻传感器天线中心不同面的集合，当面垂直于传感器速度方向时，即为 Leberl F 模型。因此，可以认为 Leberl F 模型是距离-共面方程模型的一个特例。

相同的传感器状态矢量（位置和速度）和地形条件下，不同的传感器姿态会产生不同的多普勒频率，姿态参数和多普勒参数间是可以转换的。与所有类型的雷达共线方程一样，R-Cp 模型以姿态作为参数，影像几何处理与多普勒频率、雷达波长等参数并不存在直接的关系，表明其避开成像参数即可进行侧视雷达遥感影像的几何处理。对于非正侧视雷达影像，一行影像不同列坐标的像点有不同的多普勒频率值，但却仅有一组相同的姿态角，表明 R-Cp 模型与 R-D 模型间既存在联系，又存在区别。

4. 圆锥扫描雷达距离-共面方程

当侧视雷达按圆锥扫描方式工作时，雷达波束有一个固定的航向倾角 τ，并且绕天线轴作圆锥扫描，如图 3.4 所示（舒宁，2000）。对于任意一地面点 P，其必然在扫描锥面上，且该点到传感器 S 的距离等于 R。锥面方程表示该面上的所有地面点与天线位置构成的向量 $\boldsymbol{r}$ 与旋转轴向量 $\boldsymbol{i}$ 构成的夹角为 $90° - \tau$，其数学表达式为

$$\cos(\boldsymbol{i}, \boldsymbol{r}) = \cos(\pi/2 - \tau) = \sin\tau = \frac{\boldsymbol{i} \cdot \boldsymbol{r}}{|\boldsymbol{i}||\boldsymbol{r}|} \tag{3.9}$$

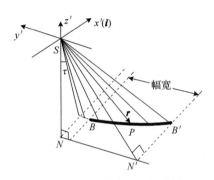

图 3.4　圆锥扫描雷达影像的成像几何

当采用 φ-κ-ω 转角系统时，式（3.9）中转轴单位向量 $\boldsymbol{r}$ 用式（3.6）代入，即获得相应圆锥扫描雷达影像的构像方程展开式：

$$\begin{cases} \cos\varphi\cos\kappa(X - X_s) + \sin\kappa(Y - Y_s) - \sin\varphi\cos\kappa(Z - Z_s) - (y_s M_y + R_0)\sin\tau = 0 \\ (X - X_s)^2 + (Y - Y_s)^2 + (Z - Z_s)^2 - (y_s M_y + R_0)^2 = 0 \end{cases} \tag{3.10}$$

由于这种扫描方式相对来说较少见，作者在此处仅给出基本方程，不作深入讨论，以下默认为平面扫描模式成像。

3.1.3　SAR 影像距离-共面方程

1. SAR 影像几何

SAR 影像构像几何关系与真实孔径雷达影像有明显的区别，SAR 影像除了与传感器参数和传感器获取数据时的状态有关，还与信号成像联系在一起。目前，我们还难以将几何处理模型与信号成像模型及信号成像方法建立直接联系。但根据 SAR 影像 R-D 成像机理，仍能重建传感器与目标间的空间几何关系。对任意像点，满足多普勒方程条件，即

$$f_D = \frac{2\boldsymbol{V} \cdot \boldsymbol{SP}_i}{\lambda|\boldsymbol{SP}_i|} = \frac{2|\boldsymbol{V}|\boldsymbol{V} \cdot \boldsymbol{SP}_i}{\lambda|\boldsymbol{V}||\boldsymbol{SP}_i|} \tag{3.11}$$

故有等式：

$$\frac{\boldsymbol{V} \cdot \boldsymbol{SP}_i}{|\boldsymbol{V}||\boldsymbol{SP}_i|} = \lambda f_D / (2|\boldsymbol{V}|) \qquad (3.12)$$

式中，$|\boldsymbol{V}|$ 为传感器与目标间的相对速度大小，$\boldsymbol{SP}_i$ 为 S 到 P_i 的向量。

设传感器到目标点的矢量与速度矢量间的夹角为 θ，则有

$$\cos\theta = \frac{\boldsymbol{V} \cdot \boldsymbol{SP}_i}{|\boldsymbol{V}||\boldsymbol{SP}_i|} = \lambda f_D / (2|\boldsymbol{V}|) \qquad (3.13)$$

式（3.13）表明，对于任意给定多普勒参数的 SAR 影像像点，其对应的地面点在 SAR 传感器 S 为顶点，以速度 $\boldsymbol{V}$ 方向为旋转轴、半顶角为 θ（$\theta = 90° - \tau$）的旋转锥面上（图 3.5(a)~(d)），将这个锥面称为对应像点的 SAR 多普勒锥面。

假设影像某一距离行上由近距到远距依次有像点 P_1、P_i、P_n。对于真实孔径雷达，该行影像由一次发射的波束信号获得，影像对应的目标点必然在此次信号发射时经过传感器位置 S 的波束平面（平面扫描模式，图 3.5(a)中 S-$P_1P_iP_n$）或锥面（锥面扫描模式，图 3.5(c)中 S-$P_1P_iP_n$）上。而对于 R-D 模型成像的 SAR 影像，任意一像点 p_i 对应地面点位置 P_i 由多普勒方程（对应图 3.5(a)~(d)中多普勒面 S-$D_1D_2D_3$）、距离方程（对应图中球心在 S，半径为雷达测量距离为 SP_i 的球，图 3.5(a)~(d)）以及地球椭球模型共同决定（其中距离方程与椭球方程的交集为圆心为 O 的距离圆 O-P_i，图 3.5(a)~(d)）。而一行影像 $P_1P_iP_n$ 的几何构像，根据 SAR 成像多普勒的不同，传感器空间位置 S 及地面点 $P_1P_iP_n$ 间有如下相应的空间几何关系。

（1）按波束中心过目标点的多普勒成像：这种成像方式一般应用在传感器运行平稳的星载 SAR 影像中，如 TerraSAR 的一种成像方式。在非正侧视条件下每个像点对应的多普勒锥面是不同的，但目标点与传感器位置仍然在传感器发射的信号波束中心面 S-$P_1P_iP_n$ 内，R-Cp 模型仍可应用于这种 SAR 影像的严密定位，目标点集 $P_1P_iP_n$ 为直线（图 3.5(a)、(e)）。

（2）按固定的零多普勒成像：多普勒曲面变成垂直于速度向量的平面，表明传感器位置与所有影像行对应的地面目标点均在平面 S-$P_1P_iP_n$ 内，目标点集 $P_1P_iP_n$ 为直线（图 3.5(b)、(f)）。

（3）按某个固定的非零多普勒成像：表明传感器位置与所有影像行对应的地面目标点均在一个相同的多普勒锥面 S-$P_1P_iP_n$ 上，目标点集 $P_1P_iP_n$ 为双曲线的一支（图 3.5(c)、(g)）。

（4）按任意多普勒成像：不同像点对应的多普勒锥面是不同的，目标点集与传感器位置间的连线所构成的面是一个不规则的曲面，目标点集 $P_1P_iP_n$ 在一条不规则的曲线上（图 3.5(d)、(h)）。

从以上分析中可以看出，与真实孔径雷达不同，对于 R-D 模型成像的 SAR 影像，一行影像对应的地面定位点 $P_1P_iP_n$ 组成的形状与成像所采用的多普勒参数有关，不是

固定的。假设这些点由一个虚拟的真实孔径雷达传感器的某个波束扫描，则波束曲面 $S\text{-}P_1P_iP_n$ 的形状也不是固定的。

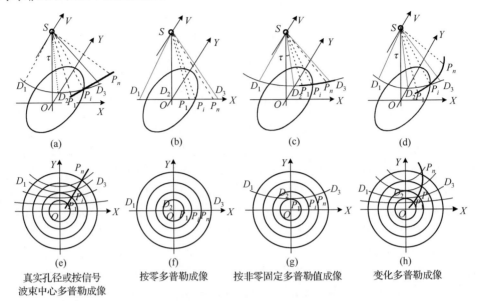

(a)	(b)	(c)	(d)
(e) 真实孔径或按信号波束中心多普勒成像	(f) 按零多普勒成像	(g) 按非零固定多普勒值成像	(h) 变化多普勒成像

图 3.5　距离向影像行像点构像几何示意图

对于真实孔径雷达影像，传感器状态矢量、姿态和地形决定了波束信号的多普勒值。而 SAR 传感器在数据获取时的位置、速度和姿态与 SAR 成像时运动补偿后对应的值是不同的，SAR 信号波束中心的多普勒值与聚焦成像采用的多普勒值也不一定是相同的。SAR 影像构像几何与运动补偿后的传感器状态矢量、姿态和成像聚焦采用的多普勒值直接相关。

2. SAR 影像距离-共面方程

以传感器状态矢量和姿态为定向参数的非零多普勒 SAR 影像共面（锥面）方程根据任意像点 $p_i(x_i, y_i)$ 对应的地面点 $P_i(X, Y, Z)$ 在以 SAR 传感器位置 $S(X_s, Y_s, Z_s)$ 为顶点的 SAR 多普勒锥面上这一条件来构建。

设载机平台本体坐标系在三姿态角均为 0 时与三轴指向与物方参考坐标系三轴一致，X 轴经过姿态角 $\varphi\text{-}\kappa\text{-}\omega$ 旋转后与运动补偿后的速度方向一致，则地面点在以载机平台本体坐标系 X 轴为中心轴的锥面内。设 $\boldsymbol{i}$ 为姿态旋转后本体坐标系 X 轴的单位向量，根据锥面方程的构建方法，有

$$\cos\theta = [i_X(X - X_s) + i_Y(Y - Y_s) + i_Z(Z - Z_s)] / |\boldsymbol{SP}_i| \tag{3.14}$$

式中，$|\boldsymbol{SP}_i| = \sqrt{(X - X_s)^2 + (Y - Y_s)^2 + (Z - Z_s)^2}$，$\theta$ 为锥面的半顶角；$\boldsymbol{i} = [\,i_X \quad i_Y \quad i_Z\,]$ 为姿态旋转后的本体坐标系 X 轴的单位向量，有

$$\boldsymbol{i} = [i_X \quad i_Y \quad i_Z] = R(\varphi, \kappa)[1,0,0]^{\mathrm{T}} = [\cos\varphi\cos\kappa \quad \sin\kappa \quad -\sin\varphi\cos\kappa] \quad (3.15)$$

有共面（锥面）方程：

$$\cos\varphi\cos\kappa(X - X_s) + \sin\kappa(Y - Y_s) - \sin\varphi\cos\kappa(Z - Z_s) - |\boldsymbol{SP}_i|\lambda f_D / (2|\boldsymbol{V}|) = 0 \quad (3.16)$$

同时，对于 SAR 影像，有距离方程：

$$|\boldsymbol{SP}_i| = R \quad (3.17)$$

式中，R 为雷达波的测量距离，可根据 SAR 影像距离向列坐标 y、斜距像元大小 M_r 和初始斜距 R_0 计算：

$$R = R_0 + M_r y$$

将距离方程中的 $|\boldsymbol{SP}_i| = R$ 代入锥面方程中，共面（锥面）方程进一步简化。与距离方程展开式一起，得出考虑多普勒参数的 SAR 影像的距离-共面（锥面）方程：

$$\begin{cases} (X - X_s)^2 + (Y - Y_s)^2 + (Z - Z_s)^2 = R^2 \\ \cos\varphi\cos\kappa(X - X_s) + \sin\kappa(Y - Y_s) - \sin\varphi\cos\kappa(Z - Z_s) = R\lambda f_D / (2|\boldsymbol{V}|) \end{cases} \quad (3.18)$$

式（3.16）表达的是一个锥面方程，但式（3.18）中的第二式表达的却是一个平面方程。该平面方程与真实侧视雷达的平面方程相比，形式上加了一个常数项 $R\lambda f_D / (2|\boldsymbol{V}|)$。表明当 f_D 不等于 0 时，平面不再经过 SAR 传感器天线中心位置。方程应用于 SAR 影像定位时，位置和姿态参数值也不再与 POS（Positioning and Orientation System）测量得到的原始值直接相关，而是与运动补偿后的值有关。平面虽然仍垂直于 X 轴方向，但 X 轴方向不是与实际航飞时载机平台本体坐标系姿态旋转后的 X 轴一致，而是与成像运动补偿后的平台本体坐标系 X 轴或运动补偿后的速度方向一致。为了与前面有所区分，本书将考虑多普勒参数的距离-共面（锥面）方程简称为 RCD（Range-Cocone equation involved Doppler parameter）方程。

3.1.4　显函数形式的距离-共面方程

1. 影像观测值方程

遥感影像的严密定位处理涉及传统数字摄影测量的两个基本内容：一是影像的几何构像模型的构建；另一个是基于构像模型的数据平差处理。在使用范围内，R-D 模型与 R-Cp 模型理论上均是严密的，形式也都很简洁，本身均具备了作为侧视雷达遥感影像进行摄影测量数据处理的基础条件。但由于像点坐标信息隐藏在构像方程中，这两种构像模型在数据平差处理时，仍表现出了一定的不足，主要表现在以下几个方面。

（1）严密的遥感影像测量平差方法（如光束法平差）是将像点量测坐标作为摄影测量观测值的基本单元。根据其具有偶然误差的特点，以像点量测坐标误差的平方和

$\sum(v_x^2 + v_y^2)$ 即像点定向残差最小为目标来实现的定向参数的求解（王之卓，1979）。而 R-D 与 R-Cp 方程中，像点 y 坐标隐含在方程中，x 坐标没有直接参数体现。根据距离方程、多普勒方程或共面方程等条件式列出的误差方程，一般称为虚拟观测值的误差方程。根据虚拟观测值误差 v_R、v_{f_D}、v_{Cp} 的平方和最小来求解得到的定向参数，理论上不等于像点量测坐标的定向残差，但也能达到最小。

（2）人工或影像匹配获得的像点量测坐标为摄影测量观测值，通过摄影测量观测值与非摄影测量观测值间的联合平差是实现稀少控制点遥感影像严密定位的基本方法（袁修孝，2001；单杰，2002），准确的定权对于提高测量平差未知数解算的稳定性、可靠性和精度，起着重要的作用（陶本藻，2001）。权与观测值的精度联系一起的，但虚拟观测值的误差方程不是针对摄影测量观测值，没有直接的"精度"信息，给多源观测数据的联合处理带来不便，甚至有损数据处理的严密性和精度。

（3）基于 R-D 和 R-Cp 方程的定位应用中多根据构像方程条件式建立误差方程，像点坐标直接以量测值代入，没有类似基于共线方程模型误差方程中相应的像点坐标改正参数 v_x 与 v_y，意味着平差解算时，各像点的定向残差不能在定向参数解算过程中由误差方程直接得出，而在区域网影像中，匹配像点容易达到成千上万数目，传统的通过迭代求解像点理论坐标的方法来求解量测误差，明显降低运算效率；而雷达遥感影像的量测误差通常情况下要远大于光学遥感影像，粗差的存在也给传统的验后方差定权方法带来干扰。定向过程中粗差的探测和剔除是影像摄影测量的重要内容，当前使用的几何构像模型给粗差探测带来不便。

光学遥感影像的共线方程模型很好地解决了上述问题。因此，雷达遥感影像的共线方程模型得到一些学者的重视。但不同形式的雷达共线方程模型或因严密性稍差，或因形式较复杂等不足，主要应用在影像的几何纠正上，在复杂的摄影测量数据处理如立体定位、区域网平差研究中还鲜见文献报道。由于 R-Cp 方程以外方位元素作为定向参数，只要将其改进成像点坐标显函数形式，基于共线方程模型发展起来的成熟的数字摄影测量数据处理方法，在雷达遥感影像中仍然能得到很好地吸收和利用。因此，本书首先以 R-Cp 方程为基础，推导形如式（3.1）的侧视雷达影像几何构像方程，并在此方程基础上建立稳定、可靠、高效的侧视雷达遥感影像严密定位模型。

$$(x,y) = f_{xy}(X_s, Y_s, Z_s, \varphi, \kappa, X, Y, Z) \tag{3.19}$$

式中，(x,y) 为像点坐标；(X, Y, Z) 为地面点坐标；(X_s, Y_s, Z_s) 为传感器天线的空间坐标；(φ, κ) 为姿态俯仰角和偏航角。

2. 侧视雷达影像观测值方程

距离-共面条件是指一行影像对应的所有地面点均在该行影像摄影时刻天线发射的雷达波束扫描面内，这个波束中心面由传感器状态矢量和姿态确定；传感器至地面目标点的空间距离与雷达波测量的距离相等。距离-共面方程根据如下公式建立：

$$\begin{cases} R = |\boldsymbol{OP} - \boldsymbol{OS}| \\ \boldsymbol{i} \cdot (\boldsymbol{OP} - \boldsymbol{OS}) = 0 \end{cases} \tag{3.20}$$

式中，$\boldsymbol{i}$、$\boldsymbol{OP}$、$\boldsymbol{OS}$ 分别为波束中心面的法向量（即为传感器坐标系的 x 轴经姿态旋转后的 x' 轴）、地面点位置和传感器位置向量。R 为雷达波测量斜距。$\varphi\text{-}\kappa\text{-}\omega$ 姿态转角系统的距离-共面方程的展开式为

$$\begin{cases} (X - X_s)(\cos\varphi\cos\kappa) + (Y - Y_s)\sin\kappa - (Z - Z_s)(\sin\varphi\cos\kappa) = 0 \\ (X - X_s)^2 + (Y - Y_s)^2 + (Z - Z_s)^2 - (yM_r + R_0)^2 = 0 \end{cases} \tag{3.21}$$

式中，M_r 为距离向分辨率；R_0 为初始斜距；y 为像元在影像上的列坐标。

距离方程中包含像点 y 坐标参数，很容易将其转换成 y 的显函数形式，即

$$y = \left[\sqrt{(X - X_s)^2 + (Y - Y_s)^2 + (Z - Z_s)^2} - R_0 \right] / M_r \tag{3.22}$$

侧视雷达影像与光学线阵影像均靠传感器的移动实现推扫式成像，均属于多摄站投影。光学线阵影像的共线方程可以认为是两个平面方程构成，侧视雷达影像波束中心平面方程与光学影像垂直速度方向的平面方程是类似的（图 3.6 中平面 SAB），其与另一个平面方程及另一个距离方程，分别构成了光学影像的共线方程与侧视雷达遥感影像的距离-共面方程，如图 3.6 所示。根据共线方程，地面目标点 P 的成像点在两个平面相交的直线 SP_O 上，根据 R-Cp 方程，则可理解成像点为在面和球相交的圆 GP_RH 上。

R-Cp 模型中并不包含参数 x。但根据共面方程，可以建立如下条件式：

$$F_C = \boldsymbol{i} \cdot (\boldsymbol{OP} - \boldsymbol{OS}) = 0 \tag{3.23}$$

设 X（方位）向的影像采样分辨率为 M_a，则有

$$M_a = |V| / \text{PRF} \tag{3.24}$$

式中，V 为速度大小；PRF 为方位向波束发射频率。

在影像坐标系中，坐标为 (x, y) 的像点因量测或匹配误差，变为 (x', y')，则量测误差 $\mathrm{d}x = x - x'$ 导致传感器状态矢量和姿态数据内插时间的改变（图 3.7）。由于量测误差导致的内插时间变化相对较小，姿态角观测值在较短的时间内可认为没有变化，时间误差主要影响传感器的位置。设传感器位置由 S 变为 S'，对共面条件式（3.23）而言，有

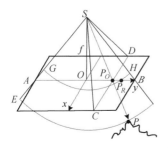
　　图 3.6　距离-共面方程与共线方程的联系与区别

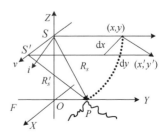
图 3.7　像点量测误差几何

$$\mathrm{d}F_C = \boldsymbol{i} \cdot \mathrm{d}(\boldsymbol{OS} - \boldsymbol{OP}) = \boldsymbol{i} \cdot \mathrm{d}\boldsymbol{OS} = \boldsymbol{i} \cdot \boldsymbol{SS'} = \cos(\boldsymbol{i},\boldsymbol{v})M_a\mathrm{d}x$$

式中，$\boldsymbol{i}$、$\boldsymbol{v}$ 分别为波束面法向量和速度向量的单位向量，同时令法向量与速度向量间的夹角为β，即 $\cos\beta = \cos(\boldsymbol{i},\boldsymbol{v}) = |i_X v_X + i_Y v_Y + i_Z v_Z|$，故有

$$\mathrm{d}F_C = M_a \cos\beta \cdot \mathrm{d}x \tag{3.25}$$

设像点坐标的量测精度为 m_0，故像点量测精度对共面方程条件式精度的影响为

$$m_{F_c} = M_a \cos\beta \cdot m_0$$

当单位权中误差取 m_0 时，共面方程条件式虚拟观测值误差方程的权为

$$p_{F_c} = (m_0 / m_{F_c})^2 = \frac{1}{(M_a \cos\beta)^2} \tag{3.26}$$

由式（3.25）可知

$$\mathrm{d}x = \frac{1}{M_a \cos\beta}\mathrm{d}F_c$$

在原共面方程两边同时乘以系数 $-1/(M_a \cos\beta)$，方程仍成立，但虚拟观测值与像点量测值的权相同。同时，在定向参数迭代计算趋于理论真值的情况下，变换后的虚拟观测值误差与像点量测坐标误差完全一致。因此，改进后的像点坐标显函数形式的 R-Cp 方程（程春泉等，2012）为

$$\begin{cases} x = [(X-X_s)(\cos\varphi\cos\kappa) + (Y-Y_s)\sin\kappa - (Z-Z_s)(\sin\varphi\cos\kappa)]/(M_a\cos\beta) = 0 \\ y = \left[\sqrt{(X-X_s)^2 + (Y-Y_s)^2 + (Z-Z_s)^2} - R_0\right]/M_r \end{cases} \tag{3.27}$$

对于正侧视雷达，速度方向与波束面法向量是一致的，当姿态角度不超过 5°时，$\cos\beta$ 值大于 0.996。故一般情况下对于正侧视雷达影像，其取值可为常数 1.0，对像点坐标误差计算的影响相对于其量测精度是可以忽略的，此时共面方程可得到进一步简化。对于光学影像，数据处理时通常将影像坐标转换到传感器坐标系中进行，(x, y) 的单位通常是长度单位。而本书 SAR 影像坐标 (x, y) 的单位为像素，在涉及 SAR 影像与光学遥感影像联合定位时，带来不便。可假设物理传感器的等效像元大小为 μ_0，式（3.27）表达的距离与共面方程两边均乘以该值，则可转化为等效物理传感器中像点坐标显函数形式的方程。

3. 航天雷达影像观测值方程

一般情况下，星载 SAR 数据产品辅助数据文件中提供了地固地心直角坐标系（如 WGS84）下的卫星位置矢量 $\boldsymbol{P}(t_i)$ 和速度矢量 $\boldsymbol{V}(t_i)$，即状态矢量的参考基准为地固地心直角坐标系。对地定向的三轴稳定遥感卫星姿态参考基准为轨道坐标系（章仁为，

1998）。在地心坐标系下，轨道坐标系三轴的数学定义表达式为

$$\begin{cases} \boldsymbol{Z_O} = [(Z_O)_X, (Z_O)_Y, (Z_O)_Z] = \boldsymbol{P}(t)/\|\boldsymbol{P}(t)\| \\ \boldsymbol{Y_O} = [(Y_O)_X, (Y_O)_Y, (Y_O)_Z] = [\boldsymbol{Z_O} \times \boldsymbol{V}(t)]/\|\boldsymbol{Z_O} \times \boldsymbol{V}(t)\| \\ \boldsymbol{X_O} = [(X_O)_X, (X_O)_Y, (X_O)_Z] = \boldsymbol{Y_O} \times \boldsymbol{Z_O} \end{cases} \tag{3.28}$$

式（3.28）表达的是图 3.8 中的轨道坐标系 $\boldsymbol{O\text{-}X_O Y_O Z_O}$，下标 X, Y, Z 表示轨道坐标系三轴矢量在地心直角坐标系三轴方向的分量。因此，轨道坐标系到地心直角坐标系的转换矩阵 $\boldsymbol{R_O^E}$ 为

$$\boldsymbol{R_O^E} = \begin{bmatrix} (X_O)_X & (Y_O)_X & (Z_O)_X \\ (X_O)_Y & (Y_O)_Y & (Z_O)_Y \\ (X_O)_Z & (Y_O)_Z & (Z_O)_Z \end{bmatrix} \tag{3.29}$$

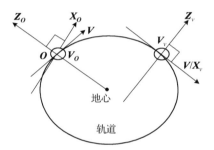

图 3.8　轨道坐标系与飞行坐标系

因此，在地心直角坐标系中，扫描面单位法向量 $\boldsymbol{i}:(i_X \quad i_Y \quad i_Z)$ 计算式为

$$\boldsymbol{i} = [i_X \quad i_Y \quad i_Z]^T = \boldsymbol{R_O^E} \boldsymbol{R_b^O}[1 \quad 0 \quad 0]^T \tag{3.30}$$

式中，$\boldsymbol{R_O^E}$、$\boldsymbol{R_b^O}$ 分别为轨道坐标系到地心直角坐标系、卫星本体坐标系到轨道坐标系的转换矩阵。相应地，地心直角坐标系中 R-Cp 方程的形式为

$$\begin{cases} (X - X_s)^2 + (Y - Y_s)^2 + (Z - Z_s)^2 - (yM_r + R_0)^2 = 0 \\ i_X(X - X_s) + i_Y(Y - Y_s) + i_Z(Z - Z_s) = 0 \end{cases} \tag{3.31}$$

考虑 $\cos\beta = \cos(\boldsymbol{i}, \boldsymbol{v}) = \cos\varphi\cos\kappa$，$(\varphi, \kappa)$ 为姿态角，相应显函数形式的 R-Cp 模型为

$$\begin{cases} x = [i_X \cdot (X - X_s) + i_Y \cdot (Y - Y_s) + i_Z \cdot (Z - Z_s)]/(M_a \cos\varphi\cos\kappa) = 0 \\ y = \left[\sqrt{(X - X_s)^2 + (Y - Y_s)^2 + (Z - Z_s)^2} - R_0\right]/M_r \end{cases} \tag{3.32}$$

4. 合成孔径雷达影像观测值方程

因本书姿态旋转后的本体坐标系 X 轴与速度方向一致，故 $\cos\beta = 1$，那么，以像点坐标为因变量、传感器位置和姿态为自变量的距离-共面方程显函数形式表达为

$$\begin{cases} x = [\cos\varphi\cos\kappa(X - X_s) + \sin\kappa(Y - Y_s) - \sin\varphi\cos\kappa(Z - Z_s) \\ \qquad - R\lambda f_D / 2|V|] / M_a = 0 \\ y = \left[\sqrt{(X - X_s)^2 + (Y - Y_s)^2 + (Z - Z_s)^2} - R_0 \right] / M_r \end{cases} \tag{3.33}$$

式（3.33）中的姿态角与成像运动补偿后的速度和姿态参考坐标系有关，即姿态角初值可以根据这两个物理量反算。由于姿态参考坐标系的选择是任意的，以飞行坐标系作为姿态参考坐标系，则姿态俯仰角 φ 和偏航角 κ 初值均为 0。同时，根据姿态参考坐标系与地心直角坐标系间的转换关系，可以建立地心直角坐标系中的距离-共面方程：

$$\begin{cases} x = \left[i_X \cdot (X - X_s) + i_Y \cdot (Y - Y_s) + i_Z \cdot (Z - Z_s) - R\lambda f_D / 2|V| \right] / M_a = 0 \\ y = \left[\sqrt{(X - X_s)^2 + (Y - Y_s)^2 + (Z - Z_s)^2} - R_0 \right] / M_r \end{cases} \tag{3.34}$$

式中

$$\boldsymbol{i} = \begin{bmatrix} i_X & i_Y & i_Z \end{bmatrix}^T = \boldsymbol{R}_V^E \boldsymbol{R}_b^V(\varphi, \kappa, \omega) \begin{bmatrix} 1 & 0 & 0 \end{bmatrix}^T$$

$$\begin{bmatrix} i_X \\ i_Y \\ i_Z \end{bmatrix} = \boldsymbol{R}_V^E \boldsymbol{R}_b^V = \begin{bmatrix} (X_V)_X & (Y_V)_X & (Z_V)_X \\ (X_V)_Y & (Y_V)_Y & (Z_V)_Y \\ (X_V)_Z & (Y_V)_Z & (Z_V)_Z \end{bmatrix} \begin{bmatrix} \cos\varphi\cos\kappa \\ \sin\kappa \\ -\sin\varphi\cos\kappa \end{bmatrix}$$

$$= \begin{bmatrix} (X_V)_X \cos\varphi\cos\kappa + (Y_V)_X \sin\kappa - (Z_V)_X \sin\varphi\cos\kappa \\ (X_V)_Y \cos\varphi\cos\kappa + (Y_V)_Y \sin\kappa - (Z_V)_Y \sin\varphi\cos\kappa \\ (X_V)_Z \cos\varphi\cos\kappa + (Y_V)_Z \sin\kappa - (Z_V)_Z \sin\varphi\cos\kappa \end{bmatrix} \tag{3.35}$$

式中，$\boldsymbol{R}_b^V$ 为姿态参考坐标系到飞行坐标系的转换矩阵，(X_V)、(Y_V)、(Z_V) 的下标 X、Y、Z 表示飞行坐标系三轴单位向量分别在地心直角坐标系三轴方向的分量。

3.1.5　SAR 影像严密定位

以外方位元素 $(X_s, Y_s, Z_s, \varphi, \kappa)$ 和地面点坐标 (X, Y, Z) 初值增量作为未知数，像点量测坐标误差方程式的一般形式可写为

$$\begin{cases} v_x = f_{1X_s}\Delta X_s + f_{1Y_s}\Delta Y_s + f_{1Z_s}\Delta Z_s + f_{1\varphi}\Delta\varphi + f_{1\kappa}\Delta\kappa \\ \qquad + f_{1X}\Delta X + f_{1Y}\Delta Y + f_{1Z}\Delta Z - l_x \qquad\qquad 权：p_x \\ v_y = f_{2X_s}\Delta X_s + f_{2Y_s}\Delta Y_s + f_{2Z_s}\Delta Z_s + f_{2\varphi}\Delta\varphi + f_{2\kappa}\Delta\kappa \\ \qquad + f_{2X}\Delta X + f_{2Y}\Delta Y + f_{2Z}\Delta Z - l_y \qquad\qquad 权：p_y \end{cases} \tag{3.36}$$

式中，v_x、v_y 分别为方位向和距离向像点坐标的误差增量；$f.$ 为误差方程式系数；l_x、l_y 为方位向和距离向误差方程的常数项；p_x 与 p_y 为相应量测坐标的权，根据像点量测精度计算即可。

在光学遥感影像中，(x_0, y_0) 代表像主点坐标，在雷达传感器中，并没有实际的传感器像空间，但 $(\Delta x_0, \Delta y_0)$ 在侧视雷达遥感影像中仍然可以找到具体的几何物理意义。Δx_0 对影像成像几何的影响是引起波束中心面的平移，Δy_0 则与初始斜距系统差影响相同，当侧视雷达影像的定位在方位向和斜距向存在系统差时，两参数仍可以在传感器检校中发挥作用。

采用如下低阶多项式作为姿态和位置的精化模型：

$$\begin{cases} X_s = X_{s0} + a_0 + a_1 t \\ Y_s = Y_{s0} + b_0 + b_1 t \\ Z_s = Z_{s0} + c_0 + c_1 t \\ \varphi = \varphi_0 + f_0 + f_1 t \\ \kappa = \kappa_0 + g_0 + g_1 t \end{cases} \tag{3.37}$$

式中，X_s、Y_s、Z_s、φ、κ 为精化后的外定向参数；X_{s0}、Y_{s0}、Z_{s0}、φ_0、κ_0 为外定向参数初值；a_0、b_0、c_0、a_1、b_1、c_1 为星历数据精化模型参数，其精度分别与传感器位置和速度测量精度一致，g_0、f_0、g_1、f_1 为侧滚角与偏航角的精化模型参数，其精度与姿态测量精度及姿态稳定度一致。因此，误差方程组中参数均能与相应的几何物理观测量对应起来，其定权问题能够得到顺利解决。

将精化模型代入构像模型，并对精化模型参数 a_i、b_i、c_i、f_i、g_i $(i=0, 1)$、地面点坐标参数 dX、dY、dZ 和传感器系统误差 Δx_0、Δy_0 参数进行线性化，容易得到以上述参数为未知数的误差方程。

本书新增的传感器方位向和距离向系统误差改正参数 $(\Delta x_0, \Delta y_0)$，可作为 SAR 传感器的几何定标检校参数。建立两种区域网平差模型，第一种以常规传感器位置和姿态精化模型参数、地面点坐标为未知数的区域网平差模型：

$$\begin{cases} V_{xy} = B_g g + B_t t - L_{xy}, & \text{权：} P_{xy} \\ V_g = E_g g - L_g, & \text{权：} P_g \\ V_t = E_t t - L_t, & \text{权：} P_t \end{cases} \tag{3.38}$$

第二种模型在第一种基础上另外加上自检校参数 $s(\Delta x_0, \Delta y_0)$ 作为未知数和观测值：

$$\begin{cases} V_{xy} = B_g g + B_t t + B_s s - L_{xy}, & \text{权：} P_{xy} \\ V_g = E_g g - L_g, & \text{权：} P_g \\ V_t = E_t t - L_t, & \text{权：} P_t \\ V_s = E_s s - L_s, & \text{权：} P_s \end{cases} \tag{3.39}$$

式（3.38）、式（3.39）中，V_{xy}、V_g、V_t、V_s 分别为像点坐标、地面点坐标、POS 观测值、检校参数观测值的误差方程；g 为地面点坐标增量未知数向量(dX, dY, dZ)；t 为轨道姿态精化模型多项式系数未知数向量（a_i、b_i、c_i、f_i、g_i）$(i=0, 1)$；s 代表 SAR 传感器检校系统误差未知数向量(Δx_0, Δy_0)；B_g、B_t、E_g、E_t、E_s 为未知数的系数矩阵；L 为常数向量。

本节以传感器位置和姿态作为定向参数，构建了真实孔径和合成孔径侧视雷达影像的几何构像距离-共面方程，通过侧视雷达影像与卫星轨道姿态或机载 POS 数据的联合平差处理，较系统地论述了稀少控制点条件下机、星载侧视雷达遥感影像的几何纠正、立体定位和区域网平差模型、技术和方法。距离-共面（平面或锥面，Range-Coplanarity or Range-Cocone, R-Cp or R-Cc）方程可用于真实孔径雷达影像、按波束中心过目标点多普勒参数成像的 SAR 影像及按常量多普勒成像的 SAR 影像，而考虑多普勒参数的距离-共面方程可应用于所有 R-D 模型成像的雷达影像。

本书建立的以像点坐标为因变量的显函数 RCD 方程，减少了定向参数的数目，有利于降低定向参数间的相关性，提高稀少控制点条件下的影像平差解算的稳定性；SAR 影像的处理仍能吸收一些光学线阵影像成熟的摄影测量技术和方法，实现了 SAR 影像数据、GPS（Global Position System）空间位置数据和 IMU（Inertial Measurement Unit）姿态数据的联合处理；自检校参数的加入，对提高稀少或无控制点几何检校精度较差的 SAR 传感器影像定位精度，有重要的作用。同时表明，尽管机载 SAR 测图系统仍有较大的改进余地，但稀少控制条件下机载 SAR 空中三角测量精度已达到 1 : 5000 与 1 : 10000 丘陵和山区航摄测图内业加密规范要求，机载 SAR 测图系统将逐渐应用于大比例尺测图生产中。

3.2　光学与 SAR 影像联合定位

3.2.1　联合定位模型的建立方法

（1）多项式修正模型作为轨道（航迹）姿态精化统一模型。本书将轨道修正模型建立在与传感器飞行速度方向相关的坐标系中，即航天遥感影像轨道修正模型建立在飞行坐标系中，航空遥感影像定位轨道修正模型建立在飞行向切面直角坐标系中。所采用的模型为二次多项式：

$$\begin{cases} \Delta X_V = a_0 + a_1 t + a_2 t^2 \\ \Delta Y_V = b_0 + b_1 t + b_2 t^2 \\ \Delta Z_V = c_0 + c_1 t + c_2 t^2 \end{cases} \tag{3.40}$$

本书将航天遥感影像的姿态基准设为地固轨道坐标系，地固轨道坐标系中的姿态可将轨道坐标系中的姿态进行偏流角修正得到。航空遥感影像的姿态基准设为飞行向切面直角坐标系，实测初值转换到该坐标系后，以二次多项式进行修正：

$$\begin{cases} \Delta \omega = e_0 + e_1 t + e_2 t^2 \\ \Delta \varphi = f_0 + f_1 t + f_2 t^2 \\ \Delta \kappa = g_0 + g_1 t + g_2 t^2 \end{cases} \tag{3.41}$$

式（3.40）和式（3.41）中，t 为时间，a_i、b_i、c_i、e_i、f_i、g_i 为多项式系数。

对于多线阵影像，尽管已有模型中，已有资料表明定向片法的精度是最好的，但与线性模型差别不大，多源影像定位模型中，通过简单的配置很容易实现线性、二次多项式、分段多项式模型的定位。

（2）地固地心直角坐标系作为多源数据处理统一参考框架。由于地心直角坐标系不仅适合航空航天光学与雷达遥感影像构像方程的构建，也适合摄影测量数据与非摄影测量数据的联合处理。且该坐标系中进行定位不需要考虑地球曲率影响，航天遥感影像经过简单的技术处理后，定位也不需要考虑地球自转影响，以此坐标系为基准的数据的处理均将地球当作静止的，大大地简化了模型的数据处理。

（3）以外方位元素作为不同传感器影像统一定向参数。在传感器内部参数确定后，影像的定位仅与传感器的状态矢量相关。本节将建立以外方位元素作为影像定位定向参数的航空航天光学与雷达影像构像方程。在严密定位模型中，选用 X_s、Y_s、Z_s、ω、φ、κ 以及内方位元素 x_0、y_0、f_0（雷达影像称作等效内方位元素，x_0、y_0 取 0，f_0 取常量）作为定向参数。

采用地心直角坐标系中光学遥感影像的构像方程：

$$\begin{cases} x - x_0 = -f \dfrac{m_{11}(X - X_s) + m_{21}(Y - Y_s) + m_{31}(Z - Z_s)}{m_{13}(X - X_s) + m_{23}(Y - Y_s) + m_{33}(Z - Z_s)} \\ y - y_0 = -f \dfrac{m_{12}(X - X_s) + m_{22}(Y - Y_s) + m_{32}(Z - Z_s)}{m_{13}(X - X_s) + m_{23}(Y - Y_s) + m_{33}(Z - Z_s)} \end{cases} \tag{3.42}$$

采用地心直角坐标系中侧视雷达遥感影像的构像距离-共面方程：

$$\begin{cases} x = [i_X \cdot (X - X_s) + i_Y \cdot (Y - Y_s) + i_Z \cdot (Z - Z_s) - R\lambda f_D / 2 |V|] / M_a = 0 \\ y = \left[\sqrt{(X - X_s)^2 + (Y - Y_s)^2 + (Z - Z_s)^2} - R_0 \right] / M_r \end{cases} \tag{3.43}$$

式中，(X, Y, Z)、$(X_s, Y_s, Z_s, V_{X_s}, V_{Y_s}, V_{Z_s})$ 为地面点坐标和 SAR 传感器天线中心状态矢量；M_a、M_r 分别为方位向和距离向像元大小；R_0 为初始斜距；y 为像元在影像上的列坐标；λ、f_D、R 分别为 SAR 波长、多普勒频率及雷达波测量距离。在影像定位平差数据处理时，仅线性化系数不同，定向参数和数据处理方法一致。

（4）联合平差作为不同传感器影像空三处理的统一模型。联合平差是指在摄影测量平差中使用更一般的控制信息和相对控制信息来补充或取代控制点。目前可利用的信息主要有：物方空间的大地测量观测值，像片外方位观测值或条件，像片内方位元素观测值，即像主点坐标和焦距，一组摄影测量点应满足的条件，如湖面等高、测量中的平面、圆周线等条件（李德仁和袁修孝，2002）。另外，单杰（2002）这样定义联合平差：以摄影测量观测值为主，综合利用其他非摄影测量信息，采用统一的数学模型和算法，整体测定点位并对其质量进行评价的理论、技术和方法。

无论是航空航天遥感影像，还是光学或雷达遥感影像，传感器轨道和姿态是定向参数，同时也是高精度观测值，因此，采用联合平差的方法实现稀少控制条件下多源遥感影像定位，实现方位元素求解的去相关性，增加方位元素求解的稳定性和可靠性，从而保证定位精度的提高。

本书所构建的构像方程均实现了像点坐标作为因变量，无论是光学还是雷达遥感影像，平差处理时像点量测坐标作为摄影测量独立观测值的属性均得到体现。从而以像点量测坐标观测值为主，结合内外方位元素观测值、地面控制点坐标观测值，实现多源遥感影像的联合平差。

3.2.2　多源影像联合定位地面点坐标初值的计算

直接定位是根据像点坐标和实测内外定向参数为基础，不依靠地面控制点进行直接定位。直接定位涉及地球椭球模型，目前，在光学影像定位中广泛应用的模型为

$$\frac{X^2 + Y^2}{(\mathrm{Re} + h)^2} + \frac{Z^2}{(\mathrm{Rp} + h)^2} = 1 \tag{3.44}$$

在雷达影像定位文献中，常应用的模型为

$$\frac{X^2 + Y^2}{(\mathrm{Re} + h)^2} + \frac{Z^2}{\mathrm{Rp}^2} = 1 \tag{3.45}$$

式中，h 为地面点高程；Re、Rp 分别为地球长短半轴。明显地，第一种地球椭球模型的精度高于第二种模型。因为对于给定未知平面位置的高程，第一种模型在椭球的任意位置，均能保证该点到地球椭球面的距离为 h，而第二种模型只能保证离赤道附近的点到地球椭球面的距离为 h，而两极区的高程为 0。本书以地心直角坐标系光学或雷达影像的构像方程线性化，并与第一种地球椭球模型一起，以地面点坐标为未知数，对三方程进行线性化，构成误差方程组，解算地面点坐标，即

$$\begin{cases} v_x = f_{xX}V_X + f_{xY}V_Y + f_{xZ}V_Z - l_x \\ v_y = f_{yX}V_X + f_{yY}V_Y + f_{yZ}V_Z - l_y \\ v_E = f_{EX}V_X + f_{EY}V_Y + f_{EZ}V_Z - l_E \end{cases} \tag{3.46}$$

式中，$f_{..}$ 为地面点坐标增量未知数系数。

3.2.3　航天光学与 SAR 影像的联合定位

航天光学影像与航天 SAR 影像之间在成像几何和成像质量上均存在很大的差异。

将异源异构影像进行联合定位，可以吸收不同影像自身的优点，提升参与联合定位影像的精度以及它们之间的相对精度，有利于多源影像数据的联合处理。

从上面影像的定位过程来看，构像方程（式（3.42）和式（3.43））中涉及的参数主要包括：传感器的内方位元素、外方位元素、像点坐标、像点的地面坐标、偏流角（有些卫星还涉及侧视角）、传感器的速度向量等。从偏流角的补偿方式来看，偏流角

和航偏角存在线性关系，其误差影响可通过航偏角的修正来消除。同样地，侧视角影响也可通过对姿态角中滚动角的修正来消除，无须作为待定参数加入到误差方程中。至于对侧视角，可以通过增加侧视角旋转矩阵来实现，或直接归算到姿态角中。对航天影像，在卫星的位置误差相对于卫星的轨道直径很小的情况下，决定了卫星位置修正值引起的姿态参考系的轴系方向变化非常小，且姿态参考基准由卫星状态矢量确定，即轨道坐标系到地心直角坐标系的旋转矩阵与卫星的状态矢量密切相关，当卫星摄影时，投影中心坐标为未知数时，平差迭代过程中，该转换矩阵数值精度随投影中心坐标的修正而提高。因此，卫星位置引起的相关旋转矩阵变化也不用在平差模型中设置修正未知数。

因此，卫星的内外方位元素、地面点坐标是可以考虑参加平差的参数，加上偏心距、偏心角和传感器自检校模型参数当作平差未知数。

严密定位模型的基础为像点坐标观测值（摄影测量观测值）的误差方程式，无论是航空遥感影像还是航天遥感影像，无论是光学传感器影像还是雷达传感器影像，构像方程统一为

$$\begin{cases} x = f_x(X_s, Y_s, Z_s, \omega, \varphi, \kappa, x_0, y_0, \text{focul}_0, X, Y, Z) \\ y = f_y(X_s, Y_s, Z_s, \omega, \varphi, \kappa, x_0, y_0, \text{focul}_0, X, Y, Z) \end{cases} \tag{3.47}$$

式中，X_s、Y_s、Z_s 分别为传感器位置坐标；ω、φk 为姿态角；x_0, y_0, focul_0 为内方位元素；(X, Y, Z) 为地面点坐标参数。

将式（3.47）线性化，并与传感器检校几何观测值、轨道和姿态观测值一起，并将轨道姿态修正模型引入误差方程，并考虑长条带影像的分段以及分段节点处的相等和平滑条件（分成一段时，无此条件），建立地固地心直角坐标系中多传感器影像空中三角测量模型：

$$\begin{cases} V_x = B_g g + B_t t + B_e e + B_s s - L_x, & \text{权}: P_x \\ V_g = E_g g - L_g, & \text{权}: P_g \\ V_t = E_t t - L_t, & \text{权}: P_t \\ V_e = E_e e - L_e, & \text{权}: P_e \\ V_s = E_s s - L_s, & \text{权}: P_s \\ V_1 = B_1 t - L_1, & \text{权}: P_1 \\ V_2 = B_2 t - L_2, & \text{权}: P_2 \end{cases} \tag{3.48}$$

式中，V_x、V_g、V_t、V_e、V_s、V_1、V_2 分别代表像点量测坐标、地面点坐标、外方位元素观测值精化模型参数、传感器安装偏置距（角）、自检校参数、相等条件、平滑条件相应的观测值或虚拟观测值的改正数向量；$g = [\Delta X, \Delta Y, \Delta Z]^T$ 为地面点坐标增量未知数向量；$t = [a_0, b_0, c_0, e_0, f_0, g_0, a_1, b_1, e_1, c_1, f_1, g_1, a_2, b_2, c_2, e_2, f_2, g_2]^T$ 为轨道修正模型参数

未知数向量； $e = [\Delta eX, \Delta eY, \Delta eZ, \Delta e\omega, \Delta e\varphi, \Delta e\kappa]^{\mathrm{T}}$ 为传感器偏置距和偏置角增量未知数向量； $s = [\Delta x_0, \Delta y_0, \Delta \mathrm{focul}_0]^{\mathrm{T}}$ 为内定向参数测量值增量向量，雷达影像成为等效内方位元素，实际处理过程中可省略； $\boldsymbol{B}$、$\boldsymbol{E}$ 为相应误差方程未知数系数的设计矩阵，$\boldsymbol{L}$ 代表相应的常数项向量，$\boldsymbol{P}$ 为相应观测值（或虚拟观测值）的权矩阵。

在有轨道姿态数据观测值的情况下，式（3.48）严密模型与航空线阵、航天线阵、航空雷达、航天雷达影像的定位模型是一致的。点扫描式传感器按下面介绍的方法通过简单的预处理，按等效推扫式线阵传感器影像处理，也可采用该模型进行定位。

前面说过，传感器轨迹与姿态测量值与传感器本身并无直接关系，不同的传感器是可以使用相同的轨道姿态修正模型的。对于一景框幅式（面阵）影像，所有影像行有共同的摄影时刻，采用上述轨道姿态修正模型，能保证一景影像有共同的外方位元素修正值。但框幅式影像自身有较好的几何约束作用，实际定位时轨道姿态并不一定按轨道姿态修正模型获得的值定位精度最好。因此，对框幅式或面阵影像的处理可以有以下三种方案。

（1）在传感器内定向精度很高、轨道姿态测量误差较小且主要表现为系统性的情况下，仍然可以采用式（3.48），一条轨道带影像采用一组多项式修正模型获得的值。

（2）空三模型采用式（3.48），在传感器内外定向数据精度较高、轨道姿态测量系统误差较小的情况下，两景影像拍摄间隔时间段内进行轨道和姿态分段，一景影像所有像点有相同的摄影时刻，保证了整景影像像点有一套相同的修正值，这时精化模型设置为常量修正，能体现框幅式影像中心投影的特点。

（3）在轨道姿态测量误差较大，但主要为系统误差的情况下，每景影像有一套修正值，但一条带轨道和姿态修正值仍受多项式修正模型或线性漂移模型的约束，不同影像轨道姿态修正值与其对应的修正模型值存在最小二乘意义上相等。

3.3　多侧视 SAR 立体测量

3.3.1　SAR 立体观测

SAR 立体影像成像方式有同侧和异侧两种，如图 3.9 和图 3.10 所示。同侧立体又可分为同一高度和不同高度两种情况；异侧立体主要分为对侧立体和正交立体两种情况。

对侧立体成像所取得的立体像对，视差明显，有利于高出地面物体的量测。但是，高出地面的物体在两幅影像上的色调和几何变形相互不一致，立体观察困难，当高差或坡度过大时，甚至不能构成立体观察模型。因此，对侧立体成像，只适用于平坦地区或起伏较缓、高差不大的丘陵地，不适合于坡度较大的丘陵地和山地。

同侧立体像对，视差虽不及对侧明显，但两张相应影像的色调和图形变形差异较小，能获得较好的立体观测效果。丘陵地和山地一般都采用同侧立体成像。

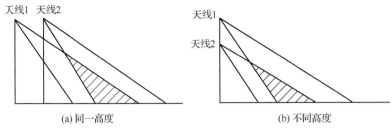

(a) 同一高度　　　　　　　　　　　(b) 不同高度

图 3.9　同侧立体观测方式

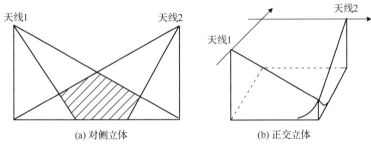

(a) 对侧立体　　　　　　　　　　　(b) 正交立体

图 3.10　异侧立体观测方式

正交立体像对是不同航线侧视方向垂直所取得的重叠影像。在正交立体像对中，高出基准面或低于基准面的物体，在一张影像上的移位线与另一张影像上的移位线不一致，立体观察困难。因此，正交立体成像仅适用于独立目标的立体测量，不适用于大面积的立体测量。

3.3.2　立体 SAR 提取 DEM

立体 SAR 提取 DEM 的思想和光学摄影测量基本一致，就是在完成影像同名点匹配之后建立立体交会模型，解算同名目标点地理坐标，从而达到提取地面三维信息的目的，基本流程如图 3.11 所示。关键技术主要包括影像匹配、视差编辑、模型解算、地理编码。

1. 影像匹配

影像匹配是非常关键的一步，直接影响结果精度。由于 SAR 影像几何变形较大、斑点噪声严重，影像匹配成为提取 DEM 过程中的一个技术难点。利用一般的影像匹配方法很难得到理想结果，必须进行改进才能适用于 SAR 立体像对的匹配。

影像匹配是选取一幅影像作为参考影像，另一幅影像作为匹配影像，对同名像点进行匹配。通常，影像匹配之前对影像进行配准，配准处理是根据同名连接点对匹配影像作仿射变换，利用仿射变换后的匹配影像和参考影像进行匹配。仿射变换的作用是使视差主要分布在左右方向上，增大影像相关性，加快自动匹配速度。仿射变换可

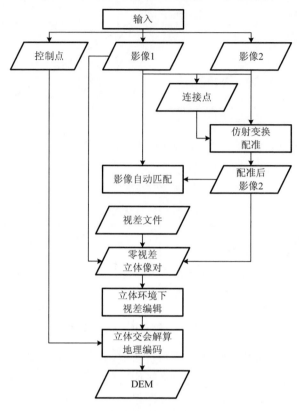

图 3.11　立体 SAR 提取 DEM 流程

以通过间接采样方式实现，设某目标像对在匹配影像的影像坐标为 $(i_{\mathrm{mat}}, j_{\mathrm{mat}})$，在仿射变换后影像上坐标为 $(i_{\mathrm{aff}}, j_{\mathrm{aff}})$，则仿射变换关系式为

$$\begin{cases} i_{\mathrm{mat}} = a_0 + a_1 i_{\mathrm{aff}} + a_2 j_{\mathrm{aff}} \\ j_{\mathrm{mat}} = b_0 + b_1 i_{\mathrm{aff}} + b_2 j_{\mathrm{aff}} \end{cases} \tag{3.49}$$

式中，a_0、a_1、a_2、b_0、b_1、b_2 为仿射变换系数。仿射影像以参考影像为基准，仿射变换系数可以利用若干（一般 8 个以上，均匀分布）同名连接点反求。逆变换关系式为

$$\begin{cases} i_{\mathrm{aff}} = a_0' + a_1' i_{\mathrm{mat}} + a_2' j_{\mathrm{mat}} \\ j_{\mathrm{aff}} = b_0' + b_1' i_{\mathrm{mat}} + b_2' j_{\mathrm{mat}} \end{cases} \tag{3.50}$$

利用连接点也可反求逆仿射变换系数 a_0'、a_1'、a_2'、b_0'、b_1'、b_2'。记录仿射变换系数，便于参考影像和仿射变换后匹配影像的匹配结果转换为参考影像和匹配影像的匹配结果。

影像匹配的相似性测度采用归一化相关系数：

$$\rho = \frac{\sum\limits_{i=1}^{m}\sum\limits_{j=1}^{n}(g_{i,j}-\overline{g})(g'_{i,j}-\overline{g}')}{\sqrt{\sum\limits_{i=1}^{m}\sum\limits_{j=1}^{n}(g_{i,j}-\overline{g})^2 \cdot \sum\limits_{i=1}^{m}\sum\limits_{j=1}^{n}(g'_{i,j}-\overline{g}')^2}} \tag{3.51}$$

式中，ρ 为相关系数；m、n 为匹配窗口宽高；$g_{i,j}$、$g'_{i,j}$ 分别为参考影像和匹配影像灰度值；$\overline{g}$、$\overline{g}'$ 为灰度均值。

影像匹配由计算机自动完成，自动匹配常采用分层金字塔技术，匹配由最高层开始，逐层匹配，上一层的匹配结果传递给下一分辨率更高的影像层，直到最低层——全分辨率层，如图 3.12 所示。匹配结果得到的是参考影像和仿射变换后匹配影像之间视差值。

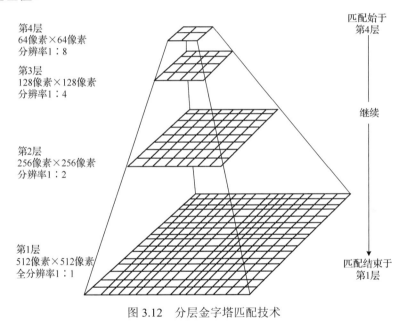

第4层
64像素×64像素
分辨率1∶8

第3层
128像素×128像素
分辨率1∶4

第2层
256像素×256像素
分辨率1∶2

第1层
512像素×512像素
全分辨率1∶1

匹配始于
第4层

继续

匹配结束于
第1层

图 3.12　分层金字塔匹配技术

2. 视差编辑

利用输出的匹配视差数据，纠正仿射变换后的匹配影像，纠正后的影像大小和参考影像一致，影像坐标也是一一对应。

如果匹配结果理想，理论上用视差数据纠正后的影像和参考影像是基本一致的。将纠正后的影像和参考影像一起放在立体观测环境下观察，在匹配理想的条件下，应该是平坦没有起伏的。这也是一种非常直观的检验匹配效果的方法。

但实际处理的结果往往会有不理想的区域，立体观察下，匹配不正确的区域会出现起伏或者错乱，视差编辑就是对这些区域人工采集一系列视差正确的特征矢量，利用拟合内插的方法，修正错误的匹配视差值。视差编辑可以分为粗编辑和精编辑两步。

　　视差粗编辑是在选定的编辑区域周围选择一系列的匹配正确的视差特征点，利用这些点的视差值拟合出这一区域所有点的视差值。对于左右、上下两个方向视差，分别利用一次曲面拟合。拟合公式为

$$\begin{cases} \Delta i = a_i \cdot i + b_i \cdot j + c_i \\ \Delta j = a_j \cdot i + b_j \cdot j + c_j \end{cases} \tag{3.52}$$

式中，Δi、Δj 分别为 (i, j) 点的左右和上下方向的视差；a_i、b_i、c_i、a_j、b_j、c_j 为拟合系数。利用拟合的视差值对这一区域重新纠正。图 3.13(a)为匹配视差纠正的结果，很明显是错乱的，图中的红点为采集的视差特征点。图 3.13(b)为拟合的视差重新纠正的结果，可以看到影像是合理的。

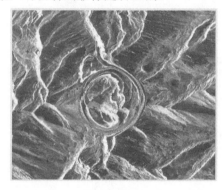

　　　　(a) 采集视差特征点　　　　　　　　　　　　　　(b) 重新纠正后

图 3.13　视差粗编辑（见彩图）

　　由于一次曲面拟合对视差只是粗略的修正，粗编辑后的影像和参考影像仍不能重合，在立体观察下，该区域呈凹凸不平状。视差精编辑就是利用立体观测环境的矢量采集功能，在该区域采集一系列的视差特征矢量（特征点、特征线、等视差线），利用视差特征矢量构建三角网，内插这一区域所有点的视差值。如图 3.14 为精编辑采集的特征矢量。

图 3.14　视差精编辑

编辑后输出视差，对比编辑前后的视差，如图 3.15 所示。图 3.15(a)为编辑前视差图，其中的视差黑洞是匹配错误的区域，通过视差编辑后黑洞消失，如图 3.15(b)所示。

3. 模型解算

在完成匹配之后，根据构建的立体影像的定位模型，可建立起像点、物点和雷达天线的空间几何关系，唯一确定物点的三维空间坐标：对立体像对的同名像点坐标，按照距离-多普勒条件分别对各像片的同名像点组成条件方程组，每对同名像点均可列立 4 个方程（具体参见式（3.53）），通过计算解得物点的三维空间坐标（Toutin，2003）。

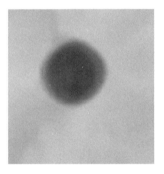

(a) 编辑前视差图　　　　　　　　　　　(b) 编辑后视差图

图 3.15　视差编辑效果

在地心坐标系中，卫星和地物目标的关系如图 3.16 所示，两幅 SAR 影像是雷达卫星分别从两条轨道上对地面点 P 观测得到的。

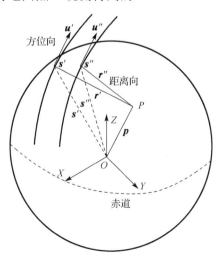

图 3.16　卫星与地面点的位置关系

单独把每张影像作为研究对象，根据距离-多普勒条件，可以列出如下的表达式：

$$\begin{cases} |\boldsymbol{p} - \boldsymbol{s}'| = \boldsymbol{r}' \\ |\boldsymbol{p} - \boldsymbol{s}''| = \boldsymbol{r}'' \\ \boldsymbol{u}' \cdot (\boldsymbol{p} - \boldsymbol{s}') = \sin \tau' \cdot |\boldsymbol{u}'| \cdot |\boldsymbol{p} - \boldsymbol{s}'| \\ \boldsymbol{u}'' \cdot (\boldsymbol{p} - \boldsymbol{s}'') = \sin \tau'' \cdot |\boldsymbol{u}''| \cdot |\boldsymbol{p} - \boldsymbol{s}''| \end{cases} \tag{3.53}$$

式中，在地心坐标系中，$\boldsymbol{u}' = (u_x', u_y', u_z')$、$\boldsymbol{u}'' = (u_x'', u_y'', u_z'')$ 分别表示卫星的速度矢量；$\boldsymbol{s}' = (X_s', Y_s', Z_s')$、$\boldsymbol{s}'' = (X_s'', Y_s'', Z_s'')$ 分别表示左右卫星的位置矢量；τ' 为斜视角；$\boldsymbol{p} = (X, Y, Z)$ 表示地面点 P 的位置矢量。

把卫星和地面点的坐标代入式(3.53)得

$$\begin{cases} (X - X_s')^2 + (Y - Y_s')^2 + (Z - Z_s')^2 - |\boldsymbol{r}'|^2 = 0 \\ (X - X_s'')^2 + (Y - Y_s'')^2 + (Z - Z_s'')^2 - |\boldsymbol{r}''|^2 = 0 \\ u_x'(X - X_s')^2 + u_y'(Y - Y_s')^2 + u_z'(Z - Z_s')^2 - \sin \tau' \cdot |\boldsymbol{u}'| \cdot |\boldsymbol{p} - \boldsymbol{s}'| = 0 \\ u_x''(X - X_s'')^2 + u_y''(Y - Y_s'')^2 + u_z''(Z - Z_s'')^2 - \sin \tau'' \cdot |\boldsymbol{u}''| \cdot |\boldsymbol{p} - \boldsymbol{s}''| = 0 \end{cases} \tag{3.54}$$

选择地面点坐标 (X, Y, Z) 作为平差参数，建立平差模型。由于它们还是非线性的，要解算未知数参数必须得线性化，然后得到误差方程：

$$V = \boldsymbol{B} \cdot \Delta \boldsymbol{x} - \boldsymbol{l} \tag{3.55}$$

式中，$\Delta \boldsymbol{x} = (\Delta X, \Delta Y, \Delta Z)$ 代表地面点坐标的误差改正值；$\boldsymbol{l}$ 为根据已知条件和参数初始值得到的常数项；V 为模型误差。根据求解公式：

$$\Delta x = (\boldsymbol{B}^{\mathrm{T}} \boldsymbol{B})^{-1} \boldsymbol{B}^{\mathrm{T}} l \tag{3.56}$$

得到改正值 $\Delta \boldsymbol{x}$，利用 $\Delta \boldsymbol{x}$ 改正 (X, Y, Z)，将改正后的值作为初始值进行迭代求解，直到改正值小于某一阈值得到解算结果，为地面点坐标。

4. 地理编码

经过交会模型解算，可以得到参考影像每个像点对应的地面点坐标，输出每个像点的高程，可以得到一个 SAR 影像坐标系下的高程图。地理编码是将 SAR 影像坐标系下的 DEM 投影到标准坐标系下的 DEM 进行输出。处理方法是从输入的高程图的行列号(i, j)出发，遍历每一个输入影像像元，按照图计算出采样后影像上的位置(p, q)，并将高程图上(i, j)处的值赋予输出影像像元(p, q)，可以得到编码后的 DEM 影像。处理过程如图 3.17 所示，由 SAR 影像坐标到地面坐标的过程是基于前面构建的 R-D 定位模型实现的。

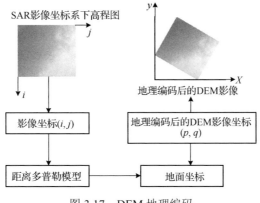

图 3.17　DEM 地理编码

3.3.3　SAR 立体提取地形要素

地形图要素的采集和编辑需要在立体观测环境下实现。立体观测的基础是理想立体像对，即消除上下视差，保留左右视差的立体像对。在光学摄影测量中，可以由立体像对通过内定向、相对定向、绝对定向建立立体模型，经过核线重采样，获得核线影像对，实现立体观测。SAR 由于其斜距投影成像方式，不存在核线，很难像光学影像那样经过核线重采样获得理想立体像对，可以基于 DEM 消除上下视差，构建理想像对（Yang et al., 2009）。当立体像对的两幅影像相对变形不是很大时，可采用近似方法。

1. 理想立体像对制作

这里的 SAR 立体模型需要满足两个条件：一是理想立体像对，即消除上下视差，重建左右视差，能够获得良好的立体视觉；二是立体量测模型，即能够从模型中量测获取精确地物三维地理坐标信息。根据影像成像特点，可以通过几何变换，消除立体像对上下视差，然后根据成像几何模型建立量测模型，构建立体测图模型。

基于几何变换的立体模型制作方法是首先对原始的 SAR 立体像对进行斜地距变换，然后对立体像对的右片进行旋转变换消除像对上下视差，得到理想立体像对，同时根据原始 SAR 立体几何模型构建量测模型，从而建立用于数字测图的立体模型。

1）斜距转地距

由于 SAR 成像采用斜距投影的方式，成像处理得到的斜距影像，从近距到远距相同像元个数对应的地面距离并不相等，即整幅 SAR 影像的比例尺不一致（舒宁，2000）。这就导致了利用斜距的 SAR 立体像对进行立体观测时，在相同高程下从近距到远距的视差值也不同，使得人眼获得的立体表面是倾斜的，这对于地形要素的采集是不便的。针对此问题，将斜距 SAR 影像转换为地距 SAR 影像，改善比例尺不一致的问题，便于立体观测。斜地距变换公式如下：

$$\begin{cases} x_i = \sqrt{R_i^{\,2} - H^2} \\ R_i = R_0 + i \cdot m_R \end{cases} \tag{3.57}$$

式中，x_i 为转换后的地距值；R_i 为斜距值；R_0 为初始斜距；H 为平台高度；m_R 为距离向分辨率；i 为距离向像素坐标。根据转换公式进行影像重采样，得到地距表达的 SAR 影像。

　　2）旋转变换

　　SAR 影像成像采用推扫模式，其扫描方向近似与飞行方向垂直，在速度方向较为稳定、航迹近似直线的情况下，其所有扫描方向是近似一致的。在此情况下，立体像对的左右影像扫描行方向可能存在一定夹角，如对其中的一张影像进行旋转，使其影像行方向和另一张影像一致，则两张影像可以组成无上下视差的理想立体像对。基于几何变换的 SAR 立体模型制作就是在斜地距转换之后，对其中一张地距影像进行旋转，消除左右影像的上下视差，制作理想立体像对，同时根据旋转变换关系式和 SAR 几何定位模型，构建立体量测模型。

　　旋转变换处理是先确定立体观测的左右影像，左影像不变，对右影像进行旋转，如图 3.18 所示，θ 为左右影像旋转夹角。

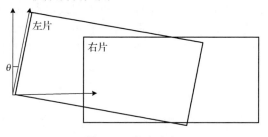

图 3.18　航向夹角

　　旋转角是根据左右影像上的若干同名像点确定的。具体的方法是，根据旋转前后的影像坐标对应关系，建立方程式，然后利用已知同名点反求旋转角，旋转右片如图 3.19 所示。

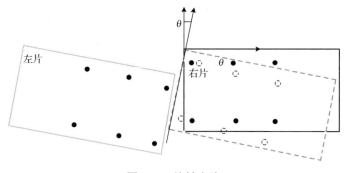

图 3.19　旋转右片

如图 3.19 中，右片旋转 θ 角，假设左影像点像点坐标 (x_l, y_l)，右影像对应同名像点的像点坐标为 (x_r, y_r)，旋转后右影像点的像点坐标为 (x'_r, y'_r)，则影像坐标旋转公式为

$$\begin{cases} x'_r = x_r \cos\theta + y_r \sin\theta \\ y'_r = -x_r \sin\theta + y_r \cos\theta \end{cases} \tag{3.58}$$

假设旋转后，左右影像所有扫描行的上下视差为 V_y，对于 n 对同名点，有

$$\begin{cases} V_y = y_l^1 - y_r^{1'} \\ V_y = y_l^2 - y_r^{2'} \\ \vdots \\ V_y = y_l^n - y_r^{n'} \end{cases} \tag{3.59}$$

将 $y'_r = -x_r \sin\theta + y_r \cos\theta$ 代入式（3.59），有

$$\begin{cases} y_l^1 - (-x_r^1 \sin\theta + y_r^1 \cos\theta) - V_y = 0 \\ y_l^2 - (-x_r^2 \sin\theta + y_r^2 \cos\theta) - V_y = 0 \\ \vdots \\ y_l^n - (-x_r^n \sin\theta + y_r^n \cos\theta) - V_y = 0 \end{cases} \tag{3.60}$$

将 θ、V_y 作为未知参数，根据式（3.60）进行最小二乘平差，计算未知参数值，平差解算误差方程如下：

$$\begin{bmatrix} x_r^1 \cos\theta + y_r^1 \sin\theta & -1 \\ x_r^2 \cos\theta + y_r^2 \sin\theta & -1 \\ \vdots & \vdots \\ x_r^n \cos\theta + y_r^n \sin\theta & -1 \end{bmatrix} \begin{bmatrix} \mathrm{d}\theta \\ \mathrm{d}V_y \end{bmatrix} - \begin{bmatrix} -y_l^1 - x_r^1 \sin\theta + y_r^1 \cos\theta + V_y \\ -y_l^2 - x_r^2 \sin\theta + y_r^2 \cos\theta + V_y \\ \vdots \\ -y_l^n - x_r^n \sin\theta + y_r^n \cos\theta + V_y \end{bmatrix} = 0 \tag{3.61}$$

利用牛顿迭代法进行解算，得到旋转角 θ。重采样处理时，首先根据旋转角获取旋转后影像外接矩形作为新影像的范围，并将影像坐标起点置于左上角，原始影像坐标起点与新影像坐标起点在新影像坐标系下的左右和上下方向相距 x_0、y_0，如图 3.20 所示。

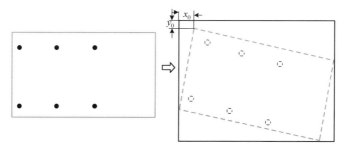

图 3.20 旋转后影像坐标

因此，对于由 θ 旋转得到的坐标进行改正，得到完全旋转公式：

$$\begin{cases} x_r' = x_r \cos\theta + y_r \sin\theta + x_0 \\ r_r' = -x_r \sin\theta + y_r \cos\theta + y_0 \end{cases} \tag{3.62}$$

同时有逆变换重采样公式：

$$\begin{cases} x_r = (x_r' - x_0)\cos\theta - (y_r' - y_0)\sin\theta \\ y_r = (x_r' - x_0)\sin\theta + (y_r' - y_0)\cos\theta \end{cases} \tag{3.63}$$

根据完全旋转公式，对于旋转后影像进行逐像素的灰度重采样，输出的影像和立体像对的左影像组成一对理想立体像对。立体量测模型构建通过结合 SAR 立体几何定位模型和逆变换公式（式（3.63））即可实现。

2. 多侧视模型互补地形图要素采集

在地形复杂的测图困难地区进行 SAR 立体测图，同样面临叠掩和阴影导致影像信息缺失的问题。对于立体采集，在叠掩和阴影区域会形成信息空白的现象，导致测图时无法利用单一侧视立体像对获取足够的信息。为采集较为完全的地形图要素，本书利用多侧视方向立体模型互补解决叠掩和阴影区域信息空白的问题。

多侧视立体采集的具体实现方法是利用不同侧视方向的立体像对分别制作立体模型，导入立体观测环境中，当测标进入某一侧视立体模型的叠掩和阴影区域时，切换到另一侧视方向立体模型进行采集。立体模型的切换方式可以是手动切换，也可以是自动切换。自动切换是以叠掩和阴影区域掩模为基础，根据掩模对立体模型的采集区域进行判断，当进入叠掩或阴影区时，自动进行立体模型切换。

对比光学影像和 SAR 影像立体测图结果，会发现利用多侧视互补的 SAR 立体测图方法可以获得较为完整而且细致的地形细节。图 3.21、图 3.22 为同一区域的光学影像和 SAR 影像在立体环境下所采集的等高线，从图 3.21 中可以看到，光学影像由于受光照因素的影响，山体一侧出现大面积阴影，阴影覆盖区域的影像无纹理，因此，在测图过程中很难准确地描绘出地貌的真实形态，在实际测图中只能依照地形的大致走向草绘出等高线，形成坡面地貌等高线平滑，难以反映出地貌的细部特征，造成地貌形态失真。从图 3.22 中可以看出，SAR 影像在坡面的纹理清晰，立体环境下能清晰辨别出地貌的细部特征，因而所采集的等高线，能充分反映该区域地貌微小变化的细部特征。

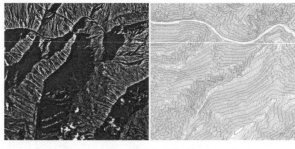

图 3.21　光学立体影像采集的等高线

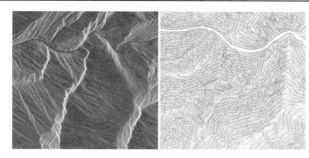

图 3.22　多侧视 SAR 立体影像采集的等高线

3.4　SAR 立体、干涉联合三维信息提取

由于相位噪声引起的相位不一致性和叠掩等造成的相位不连续性，相位解缠存在着不确定性（Lachaise et al., 2012）。本节主要针对较陡峭的地形和低相干性区域的干涉相位解缠不确定性问题，介绍一种立体摄影测量协同干涉相位解缠的相位改正方法。

InSAR 相位量测具有较高的精度，但是在相位解缠中，由于 2π 的整数倍确定存在着误差和相位解缠的不确定性，导致 DEM 的精度受到影响。而立体 SAR 技术主要依赖于稳定的影像灰度信息，其提取的 DEM 精度虽低于 InSAR 生成的 DEM，但立体 SAR 在 DEM 生成中整体的趋势一致性较好。将立体 SAR 技术结合 InSAR 生成 DEM，有利于提高 InSAR 相位解缠的可靠性，从而提高 InSAR 提取 DEM 的精度。

立体摄影测量协同解缠的相位改正方法如图 3.23 所示。理论上，如果进行正确的相位解缠，解缠相位如图 3.23 中绿色曲线所示，通过拟合形成光滑的解缠相位，如图 3.23 中黄色曲线所示。但在实际的相位解缠中，地形复杂区域由于较陡峭地形和

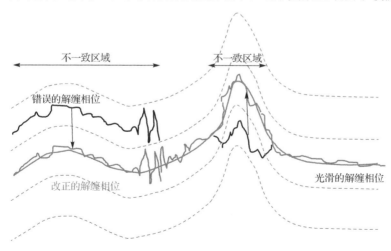

图 3.23　立体摄影测量协同解缠的相位改正方法（见彩图）

低相干性区域的存在，相位解缠后会出现不一致区域，如图 3.23 中红色曲线所示，它与正确的结果相差 2π 的整数倍。而这部分的偏差可通过立体摄影测量的方式量测得到。不一致区域可通过具有一定重叠度的同侧视方向覆盖的干涉影像对，进行配准和公共区域裁切，对于共同区域所生成的高度图进行检测。不一致区域检测完毕后，利用立体摄影测量的方式获得改正数，并改正到解缠相位中。

立体摄影测量协同解缠相位改正方法的技术流程（图 3.24）包括以下几个方面。

（1）干涉影像对间的配准。

（2）以干涉影像对 1 为参考，裁剪共同区域。

（3）干涉条纹图的生成和相位解缠。

（4）检查干涉影像对 1、2 相位解缠的一致性（主要在高度方面）。

（5）如果相位解缠不一致，利用立体摄影测量的方式计算解缠相位改正值。

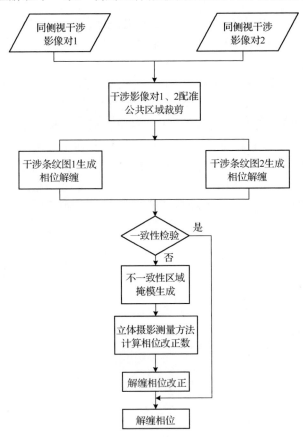

图 3.24　立体摄影测量协同解缠相位改正技术流程图

不一致性区域检测：在这个过程中，已知两个已解缠相位，由于两个干涉像对具有不同的基线，故不能直接将这两个解缠相位进行对比。因此，需要将相位转换到高度域，才能进行一致性检测。事实上，如果高度差异有所变化，相位解缠的错误就能检测出来。当相位成功解缠时，误差为 0，两个高度值间有个常数偏差，使得直方图统计仅有一个显著峰值，说明相位解缠是一致的。相反，只要直方图统计存在多个峰值，相位解缠结果是不一致的，需要对不一致区域生成掩模，并进行错误消除。

立体摄影测量协同解缠相位改正：利用立体 SAR 影像对获得不一致区域的高度图，将高度转化为相位，即立体相位 Φ_s，将立体相位与不一致区域的错误解缠相位作差值，即 $k = \mathrm{int}\left[\dfrac{\Phi_s - \Phi_{\mathrm{error}}}{2\pi}\right]$，得到高度模糊数 k，得出相位改正数 $\Phi_{\mathrm{corr}} = k \cdot 2\pi$。

本次实验区选在四川若尔盖地区，实验所采用的数据来源于我国自主研制的机载多波段多极化干涉 SAR 测图系统（CASMSAR），获取时间为 2012 年 10 月 3 日，X 波段，分辨率为 0.5m，相对航高为 3000m，干涉基线长度为 2.2m，侧视角为 45°，飞行航线间重叠度约为 60%。立体摄影测量协同解缠相位改正结果如图 3.25 所示，其中图 3.25(a)是两个具有 60%重叠度的干涉对的公共区域，图 3.25(b)是相对应的干涉条纹图，图 3.25(c)中右侧表示不一致区域，图 3.25(d)是对不一致区域进行改正得到的正确解缠结果，图 3.25(e)、(f)分别是错误和正确解缠结果所对应的反演高程图。

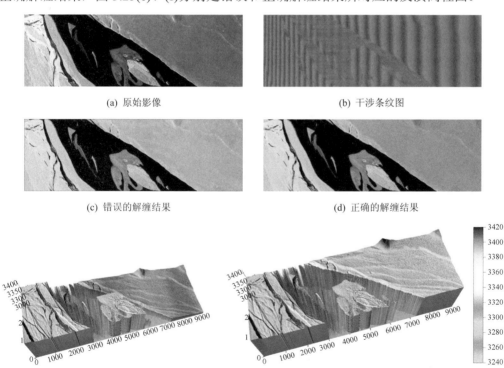

图 3.25　立体摄影测量协同解缠的相位改正结果（见彩图）

解缠结果中，正确的解缠结果比错误的解缠结果大 2π，这是由于河流中水体后向散射太弱导致河流两岸解缠结果整周期数不一致造成的；进行相高转换之后，正确的高程值比错误的高程值高 $60\sim130m$，其中靠近近距端高出 60m，远距端高出约 130m。

实验结果表明：通过不一致区域检测和立体摄影测量的改正，可以有效地改正解缠不一致的区域，提高 DEM 最终精度。

参 考 文 献

程春泉, 张继贤, 邓喀中, 等. 2012. 雷达影像几何构像距离-共面方程. 遥感学报, 16(1): 38-49.

黄国满, 岳昔娟, 赵争, 等. 2008. 基于多项式正射纠正模型的机载 SAR 影像区域网平差. 武汉大学学报, 33(6): 569-572.

李德仁, 袁修孝. 2002. 误差处理与可靠性理论. 武汉: 武汉大学出版社.

李立钢, 尤红建, 彭海良, 等. 2007. 一种新的星载 SAR 图像定位方法的研究. 电子与信息学报, 29(6): 1441-1444.

马婧, 尤红建, 龙辉, 等. 2010. 一种新的稀少控制条件下机载 SAR 影像区域网平差方法的研究. 电子与信息学报, 32(12): 2842-2847.

庞蕾. 2006. 机载合成孔径雷达空中三角测量方法的研究. 青岛: 山东科技大学.

秦绪文. 2007. 基于拓展 RPC 模型的多源卫星遥感影像几何处理. 北京: 中国地质大学.

舒宁. 2000. 微波遥感原理. 武汉: 武汉测绘科技大学出版社.

单杰. 2002. 摄影测量与非摄影测量观测值的联合平差. 北京: 测绘出版社.

陶本藻. 2001. 自由网平差与变形分析. 武汉: 武汉测绘科技大学出版社: 1-77.

王之卓. 1979. 摄影测量原理. 北京: 测绘出版社: 93-103.

杨杰, 潘斌, 李德仁, 等. 2006. 无地面控制点的星载 SAR 影像直接对地定位研究. 武汉大学学报(信息科学版), 31(2): 144-147.

尤红建. 2007. SAR 图像对地定位的严密共线方程模型. 测绘学报, 36(2): 158-162.

郁文贤, 张增辉, 胡卫东. 2009. 基于频率非均匀采样杂波谱配准的天基雷达 STAP 方法. 电子与信息学报, 31(2): 358-362.

袁修孝. 2001. GPS 辅助空中三角测量. 北京: 测绘出版社: 57-62.

袁修孝, 吴颖丹. 2010. 缺少控制点的星载 SAR 遥感影像对地目标定位. 武汉大学学报(信息科学版), 35(1): 88-91.

张力, 张继贤, 陈向阳, 等. 2009. 基于有理多项式模型 RFM 的稀少控制 SPOT-5 卫星影像区域网平差. 测绘学报, 38(4): 302-310.

张直中. 2004. 机载和星载合成孔径雷达导论. 北京: 电子工业出版社.

章仁为. 1998. 卫星轨道姿态动力学与控制. 北京: 北京航空航天大学出版社: 137.

朱彩英, 蓝朝桢, 徐青, 等. 2003. GPS 支持下的机载 SAR 遥感图像无控制准实时地理定位. 遥感学报, 32 (3) : 234-238.

Lachaise M, Balss U, Fritz T, et al. 2012. The dual-baseline interferometric processing chain for the TanDEM-X mission// 2012 IEEE International Geoscience and Remote Sensing Symposium (IGARSS), Munich: 5562-5565.

Toutin T. 2003. Path processing and block adjustment with RADARSAT-1 SAR images. IEEE Transactions on Geoscience and Remote Sensing, 41 (10): 2320-2328.

Yang S C, Huang G M, Zhao Z. 2009. Generation of SAR stereo image pair// 2009 IET International Radar Conference, Guilin: 1-4.

第 4 章 地物散射模型与知识库

为揭示电磁波与地物目标的相互作用机理，国内外在典型地物类别微波散射模型方面开展了大量研究工作，但现有的模型多以辐射传输方程能量守恒为基础，对电磁波间的相干信息没有很好的考虑；多年来，国内外在散射计地面观测方面也积累了一些数据，但观测仪器和实验条件不统一，数据精度和一致性有待进一步验证；遥感影像库现在已经较多，但专门针对 SAR 影像，特别是以地物解译为目标的 SAR 影像库还未有报道。随着 SAR 传感器技术的发展，可获取 SAR 数据的增加，针对 SAR 具体应用过程中地物解译和识别中的难题，在散射模型研究的基础上，建立集微波散射模型、典型地物 SAR 影像库和实测数据库为一体，支持典型地物目标解译的知识库，是当前国际上发展的趋势。

由于 SAR 图像的信息表达方式与光学图像有很大的差异，并受到相干斑噪声和各种几何特征的影响，SAR 图像的自动化处理比光学图像困难得多。早期的遥感影像处理和分析都是通过目视解译，即依靠纯人工在相片上解译完成的。随着 SAR 技术的不断发展，其获得数据的空间和时间分辨率不断提高，相应的数据量急剧增加，传统的人工判读已经难以完成如此庞大的工作量，需要通过目标特征提取和自动目标识别技术来加快数据的处理和提高目标识别的精度。应用一系列图像处理方法进行影像的增强，提高影像的视觉效果，利用图像的影像特征和空间特征与多种非遥感信息资料组合，运用相关规律进行 SAR 图像理解，是近年来的发展方向。

典型地物知识库系统意在建立集典型地物微波散射模型库、后向散射特性数据库以及 SAR 影像库为一体的知识库系统，并在此三类基本数据库的基础上形成一些服务于 SAR 影像目标解译的综合知识规则，以期在地物目标解译中发挥支持和参考作用，为典型地物解译与判读提供技术支持，促进 SAR 遥感应用技术的发展。

4.1 典型地物知识库系统

典型地物知识库系统主要包括地物目标散射模型库、散射特性测量数据库和典型地物 SAR 影像库三个数据库；同时，为了与 SAR 影像解译更好地结合，通过模型研究、测量数据分析和 SAR 数据处理，结合国内外文献中已有的重要研究结果，形成一些 SAR 影像解译可借鉴的综合知识规则。知识库系统的总体框架如图 4.1 所示。

基于微波观测与典型地物的相互作用机理，建立了共 6 种（土壤、小麦、玉米、水稻、森林、积雪）典型地物目标的微波散射模型，构建了典型地物目标散射模型库，为 SAR 图像判读和解译提供理论基础；基于散射计平台实验观测，制定典型地物后向散射特性测量规范，结合国内外已有观测资料，建立了典型目标后向散射特性数据库，得到多参数下的同步观测散射特性数据；面向共 10 种地物类别，基于地物目标的多参数特性，建立了反映典型地物目标特性的航空航天 SAR 影像库，为地物解译提供影像依据；在三个数据库的基础上，初步形成了支持地物解译的典型地物综合先验知识规则和参数选择工具。系统的开发环境为 Visiual Studio 2010，开发语言为 C#，数据库管理方式为 ORACLE+ArcGIS。

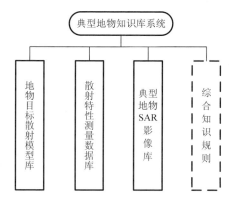

图 4.1   知识库系统的总体框架

4.2   地物目标散射模型库

微波遥感观测涵盖的波段特性、目标复杂多样性决定了地物电磁散射特性的观测和研究的范围广泛、内容丰富，随机粗糙表面散射模型和体散射模型研究代表了微波电磁散射模型研究中的两类典型问题。针对土壤、林地、小麦、玉米、积雪等典型地物，根据微波观测与典型地物目标的相互作用机理，以及雷达后向散射与地表及覆盖目标物理参数的响应关系，构建了典型目标的微波散射模型；地物目标散射模型库建立了不同地物散射模型的统一规范存储，以独立模块的方式集合在典型地物散射特性知识库的总体构架上，实现了解译需求对模型的查询、参数输入、运行、输出、显示等功能。下面首先给出典型地物的散射模型与模型分析，然后针对模型库系统与软件设计给出详细介绍。

4.2.1   裸露地表散射模型

针对裸露地表的介电特性，可利用随机粗糙表面散射理论建立后向散射系数与介电常数的关系，建立其散射模型。随机粗糙表面散射模型最早的解析方法为基尔霍夫理论（Kirchhoff Approach，KA）和小扰动方法（Small Perturbation Method，SPM）

（Holliday, 1987）。在两者基础上进行改进的方法包括相扰动和二阶基尔霍夫理论。为了得到应用范围更广、精确度更高的算法，Ulaby 和 Dobson（1989）结合上述两种近似方法的优点提出了双尺度（Two-Scale Method, TSM）模型，此外，小斜率近似模型（Small-Slope Approximation，SSA）在粗糙面斜率比较小的情况下有很好的适用性，Thorsos 和 Broschat（1995）把 SSA 推导到 2 阶或是更高阶。

Fung 等于 1992 年提出了积分方程模型，该模型是基于电磁波辐射传输方程的地表散射模型，能在一个很宽的地表粗糙度范围内再现真实地表后向散射情况，已经广泛应用于微波地表散射、辐射的模拟和分析。

IEM（Integrated Equation Model）模型由单散射项和多散射项两部分组成，在同极化的后向散射系数中以单次散射的贡献为主，多次散射贡献很小，在交叉极化的后向散射系数中以多次散射的贡献为主。IEM 模型的后向散射系数可表达为三部分之和：

$$\sigma_{qp}^0 = \sigma_{qp}^k + \sigma_{qp}^c + \sigma_{qp}^{kc} \tag{4.1}$$

式中，σ_{qp}^k 为基尔霍夫项；σ_{qp}^c 为基尔霍夫项的补域项；σ_{qp}^{kc} 为两者交叉项。

研究表明，经典 IEM 模型的模拟值与实际地表测量后向散射值之间仍然存在一些不一致性。其主要原因有两个方面：一是模型对实际地表粗糙度刻画的不准确；二是模型对不同粗糙地表条件下 Fresnel 反射系数的处理过于简单。改进的 AIEM 模型（Advanced IEM）主要对模型的粗糙度表达和 Fresnel 反射系数计算形式进行了完善（Chen et al., 2003）。

1. AIEM 模型的粗糙度谱改进

表面高度的概率分布函数通常认为是高斯函数，地表实际测量结果表明，表面相关函数在地表较平滑时是指数相关函数，非常粗糙情况下是高斯相关函数。

近几年的研究表明，土壤表面用分形或幂率谱（power law spectrum）来刻画更为适合。一些研究人员根据 Monte-Carlo 模型模拟地表散射结果，提出了一个地表粗糙度的幂率谱密度函数：

$$W(k) = \frac{s^2 l}{\sqrt{4\pi}} \cdot \frac{1}{b_p} \cdot \left[1 + \left(\frac{a_p}{b_p} \right)^2 \cdot \frac{k^2 l^2}{4} \right]^{-p} \tag{4.2}$$

新的相关函数提供了一个介于高斯相关和指数相关之间的过渡形式，将两者之间自然连接起来。将上述表面相关函数及粗糙度功率谱应用到 IEM 模型中，可以进行不同粗糙地表后向散射模拟，而不用根据粗糙度情况选择相应的粗糙度功率谱函数。

2. Fresnel 反射系数计算形式的改进

在经典 IEM 模型中，为简化计算，在计算 Fresnel 反射系数时，根据地表粗糙情况，本地入射角简单地近似为雷达入射角或本地入射切平面的法向这两种情况。前一个是当表面均方根高度和坡度相对于入射电磁波长较小时的近似，后者是驻留相位近似，即几何光学模型适用的地表粗糙度条件。但实际上，粗糙地表并不可以简单地分为平滑和粗糙两种情况，在两者之间存在一个中等粗糙度的过渡区域。当地表由平滑向粗糙情况过渡时，Fresnel 反射系数也存在如下过渡特点。当雷达入射频率增加时，Fresnel 反射系数逐渐接近法向入射时情况；对于一个固定入射频率，当雷达入射角增大时，Fresnel 反射系数逐渐接近本地入射角近似为雷达入射角的情况。

基于以上分析，Wu 等提出了一个在 IEM 模型中用于计算任意粗糙度条件下 Fresnel 反射系数的连续模型：

$$R_p(T) = R_p(\theta_i) + [R_p(0) - R_p(\theta_i)]\gamma_p; p = h, v \qquad (4.3)$$

在低频端，由于 $k_s \to 0$，所以 $R(T) = R(\theta_i)$，即本地入射角近似为雷达入射角的情况；在高频段，雷达地表散射主要由基尔霍夫散射项 σ_{qp}^k 控制，补域项 $\sigma_{qp}^c \to 0$，此时 IEM 模型退化为标准几何光学模型（Geometrical Optics Model, GOM），本地入射角近似为雷达法向入射角，$R(T) = R(0)$。

3. 模拟分析

模型计算与模拟分析可以建立雷达后向散射系数与频率、极化、入射角及地表参数间的相关关系。通过多种模型的比较分析，可以更好地理解各模型的适用性。典型的经验土壤散射模型有 Oh 模型、Dubois 模型等。这里比较了经验模型 Oh 模型与理论模型 GOM、POM、SPM、AIEM 在 S 波段下的特性。粗糙度一直是限制理论模型应用的重要因子，图 4.2 是五种模型在不同粗糙度（RMS）状态下的模拟结果，以下模拟中，对 POM、SPM 和 AIEM 模型，相关长度取值为 8cm，前两种模型采用了高斯相关函数，AIEM 模型采用了指数相关函数。

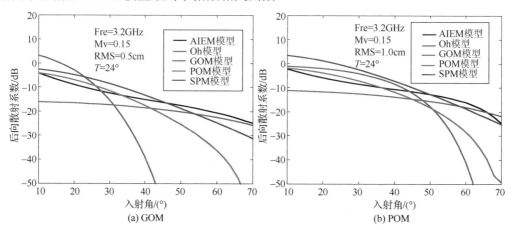

(a) GOM　　　　　　　　　　　(b) POM

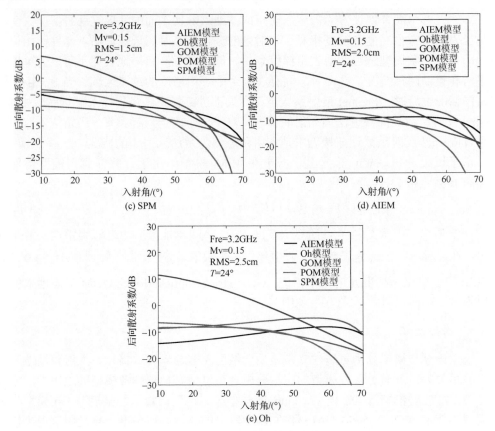

图 4.2　GOM、POM、SPM、AIEM 理论模型和经验模型 Oh 模拟结果（见彩图）

从以上模拟中可以看到：

（1）在大粗糙度情况下，SPM 模型与其他模型差别较大，由其定义可知该模型使用范围较小，应用范围受限。

（2）在小粗糙度情况下，GOM 和 POM 模型的后向散射系数随入射角增大而减小得很快，并不适合模拟大入射角情况。

（3）Oh 模型与其他理论模型趋势比较一致，但并不能表现出粗糙度参数随角度变化的特性，而且模型中只考虑了一个粗糙度变量。

（4）AIEM 模型整体表现最好，所以在以下的工作中，将利用 AIEM 模型模拟表面参数对雷达后向散射系数的关系，在植被散射模型的建立中，也将采用 AIEM 模型代表地表散射项。

4.2.2　典型植被散射模型

植被散射模型主要包括半空间模型和随机方向模型。随机方向模型又分为三类：

非相干模型、半相干模型和全相干模型。Ulaby 和 Dobson 提出的多层森林散射模型即 MIMICS 森林散射模型是最为典型的非相干模型（Mcdonald et al., 1990）。Stiles 和 Sarabandi（2000）在互易性原理的基础上得到了相邻目标的二阶散射场的解析解，为植被相干散射模型由单次散射推向多次散射奠定了理论基础。

在波的解析理论基础上，人们建立了更多植被相干散射模型，这些模型考虑了波的相干性在后向散射方向上产生散射增强等现象。这些相干散射模型分为两类：一类主要对水平耗散地表之上的植被进行散射研究，在植被的后向散射计算中使用修正的 BORN 近似进行一阶模拟，不考虑植被单元之间的多次散射，这类相干散射模型有 Lang Sidhu（1983）和 Chauhan 等（1997）的离散植被散射模型为代表，主要适用于冠层比较稀疏的植被。另一类是近年来充分考虑了植被多次散射的相干散射模型，如 Picard 等（2003）建立的小麦冠层的多次相干散射模型、Ewe 和 Chuah（2000）建立的浓密植被介质相干散射模型、Stiles 等（1993）建立的草地全相位相关散射模型及 Garestier 和 Toan（2010）建立的森林相干散射模型，这类模型一般精度较高但计算较为复杂。

1. 植被层单散射体建模与分析

植被散射模型的建立通常需从植被层单散射体建模开始，假设树叶可用介电椭球体近似，树干和树枝为无限长介电圆柱体近似（Karam et al., 1988），则椭球体散射场采用广义瑞利-金斯（generalized Rayleigh-Gans）近似，而介电圆柱体的散射场表达式取决于无限长介电圆柱体表面电流的近似。按照上述经典近似方法，分别完成了 4 类植被单散射体的建模与分析，具体内容如下所述。

1）薄圆片或针型叶散射建模

一束平面波入射到散射体上发生散射时的散射场 E_s 可通过 Helmheltz 积分方程得到，在远场情况下其散射场表达式为（Oh and Hong, 2007）

$$E_s = \frac{\mathrm{e}^{-jkr}}{r}\frac{k^2}{4\pi}(I - k_s k_s) \iiint (\varepsilon_r - 1)\cdot E_{\mathrm{in}}(r')\mathrm{e}^{jk k_s \cdot r'}\mathrm{d}r' \qquad (4.4)$$

式中，k 为介质空间中的波数；ε_r 为叶片的相对介电常数；I 是单位并矢；k_s 为散射矢量；E_{in} 表示散射体的内场，假设入射的平面波用并矢表示：

$$E_i = \sum_{q=v,h} q_i q_i \cdot E_0 \mathrm{e}^{-jk k_i \cdot r}$$

式中，E_0 是入射场。最终散射幅度矩阵可表示为

$$F_{pq}(k_i, k_s) = \frac{k^2 v_0}{4\pi}(\varepsilon_r - 1)[a_T(p_s \cdot q_i) + (p_s \cdot x_3)(q_i \cdot x_3)\cdot(a_N - a_T)]\mu(k_s, k_i) \qquad (4.5)$$

从式（4.5）可见，散射幅度矩阵主要取决于散射体的几何去磁性因子和校正函数。

（1）圆盘的去磁性因子和校正函数。对无限小厚度的薄介电圆盘，设半径为 a，厚度为 h，则介电极化张量参数（去磁性因子）g_T 和 g_N 的表达式如下：

$$g_T = \frac{1}{2(m^2-1)}\left[\frac{m^2}{\sqrt{m^2-1}}\arcsin\left(\frac{\sqrt{m^2-1}}{m}\right)-1\right] \tag{4.6}$$

$$g_N = \frac{m^2}{m^2-1}\left[1-\frac{1}{\sqrt{m^2-1}}\arcsin\left(\frac{\sqrt{m^2-1}}{m}\right)\right] \tag{4.7}$$

式中，$m = \dfrac{h}{a}$。当 RGR 近似满足条件 $2kh\sqrt{\varepsilon_r}<<1, h<<a$ 时，校正函数可近似为

$$\mu(\boldsymbol{k}_s,\boldsymbol{k}_i) \approx \frac{4\pi h}{v_0}\sum_{n=-\infty}^{\infty}\int_0^a J_n(k\rho'\sin\theta_i)J_n(k\rho'\sin\theta_s)\rho'\mathrm{d}\rho' \tag{4.8}$$

利用加法原理，校正函数可简化为

$$\mu(\boldsymbol{k}_s,\boldsymbol{k}_i) = \frac{4\pi h}{v_0}\int_0^a J_0(Q_{si}\rho')\rho'\mathrm{d}\rho' = \frac{2J_1(Q_{si}a)}{Q_{si}a} \tag{4.9}$$

式中，$Q_{si} = k\sqrt{\sin^2\theta_s+\sin^2\theta_i-2\sin\theta_s\sin\theta_i\cos(\varphi_s-\varphi_i)}$。

从式（4.9）可见，在前向 $(\theta_s=\pi-\theta_i,\varphi_s=\varphi_i)$ 时，校正函数为 1；在后向 $(\theta_s=\theta_i,\varphi_s=\varphi_i+\pi)$ 时，最大值出现在直射 $(\theta_i=0)$。

（2）针形的去磁性因子和校正因子。类似地，设针形半径为 a，长度为 $2h$，则去磁性因子为

$$g_T = \frac{b(b^2-1)}{2}\left[\frac{b}{b^2-1}+\frac{1}{2}\ln\left(\frac{b-1}{b+1}\right)\right], \quad g_N = -(b^2-1)\left[\frac{1}{2}b\ln\left(\frac{b-1}{b+1}\right)+1\right] \tag{4.10}$$

式中，$b = \sqrt{1-\left(\dfrac{a}{h}\right)^2}$，$2ka\sqrt{\varepsilon_r}<<1, a<<h$。

最后可得校正因子为

$$\begin{aligned}\mu(\boldsymbol{k}_s,\boldsymbol{k}_i) &= \frac{2\pi}{v_0}\int_0^a\int_{-h}^h \exp\left(-\mathrm{j}kz'(\cos\theta_i+\cos\theta_s)\right)\rho'\mathrm{d}\rho'\mathrm{d}z'\\ &= \frac{\sin\left(kh(\cos\theta_i+\cos\theta_s)\right)}{kh(\cos\theta_i+\cos\theta_s)}\end{aligned} \tag{4.11}$$

类似于圆盘，在前向校正因子为 1 时，校正因子的最大值出现在后向且为直射时 $(\theta_i=90°)$。

2）杆、茎散射体建模（无限长圆柱体近似）

为了对植被层中柱形散射体建模分析，Matthaeis 实现了无限长圆柱体的散射单体计算模型。具体如下：首先，定义入射场为

$$\boldsymbol{E}_i = (E_{vi}\boldsymbol{v}_i+E_{hi}\boldsymbol{h}_i)\mathrm{e}^{\mathrm{i}\boldsymbol{k}_i\cdot\boldsymbol{r}}$$

式中，入射波矢量为

$$
\begin{aligned}
\boldsymbol{k}_i &= k(\sin\theta_i\cos\phi_i\boldsymbol{x}+\sin\theta_i\sin\phi_i\boldsymbol{y}+\cos\theta_i\boldsymbol{z})\\
&= k\sin\theta_i\boldsymbol{\rho}+k\cos\theta_i\boldsymbol{z}\\
&= k_{i\rho}\boldsymbol{\rho}+k_{iz}\boldsymbol{z}
\end{aligned}
\tag{4.12}
$$

入射场在柱坐标系下，可展开为柱面矢量波的形式，即

$$
\boldsymbol{E}_i(\boldsymbol{r})=\sum_{n=-\infty}^{\infty}\frac{i^n\mathrm{e}^{-in\phi_i}}{k_{i\rho}}[iE_{hi}Rg\boldsymbol{M}_n(k_{i\rho},k_{iz},\boldsymbol{r})-E_{vi}Rg\boldsymbol{N}_n(k_{i\rho},k_{iz},\boldsymbol{r})]
\tag{4.13}
$$

在无限长柱体近似条件下，散射场可写为

$$
\boldsymbol{E}_s(\boldsymbol{r})=\sum_{n=-\infty}^{\infty}\frac{i^n\mathrm{e}^{-in\phi_i}}{k_{i\rho}}[iE_{hi}a_n^{(M)}Rg\boldsymbol{M}_n(k_{i\rho},k_{iz},\boldsymbol{r})-E_{vi}a_n^{(N)}Rg\boldsymbol{N}_n(k_{i\rho},k_{iz},\boldsymbol{r})]
\tag{4.14}
$$

内场可写作

$$
\boldsymbol{E}_{\mathrm{in}}(\boldsymbol{r})=\sum_{n=-\infty}^{\infty}[c_n^{(M)}Rg\boldsymbol{M}_n(k_{ip\rho},k_{iz},\boldsymbol{r})-c_n^{(N)}Rg\boldsymbol{N}_n(k_{ip\rho},k_{iz},\boldsymbol{r})]
$$

式中，$k_{ip\rho}=\sqrt{k_p^2-k_{iz}^2}$，$k_p$ 为柱体内部的介电常数。$a_n^{(M)}$ 与 $a_n^{(N)}$、$c_n^{(M)}$ 与 $c_n^{(N)}$ 分别为散射场系数和内场系数。由内外场边界条件，可以得到

$$
\boldsymbol{\rho}\times(\boldsymbol{E}_i+\boldsymbol{E}_s)|_{\rho=a}=\boldsymbol{\rho}\times\boldsymbol{E}_{\mathrm{in}}|_{\rho=a},\quad \boldsymbol{\rho}\times\nabla\times(\boldsymbol{E}_i+\boldsymbol{E}_s)|_{\rho=a}=\boldsymbol{\rho}\times\nabla\times\boldsymbol{E}_{\mathrm{in}}|_{\rho=a}
\tag{4.15}
$$

将上述矢量波的形式代入散射场表达式，可得

$$
\boldsymbol{E}_s(\boldsymbol{r})=\frac{\mathrm{e}^{ikr}}{r}\frac{ikL}{\pi}\sin\theta_s\,\mathrm{sinc}\left[(k_{iz}-k_{sz})\frac{L}{2}\right]
$$

$$
\times\sum_{n=-\infty}^{\infty}(-i)^n\mathrm{e}^{in\phi_i}\left\{\begin{array}{l}-i\boldsymbol{h}_s\left[\begin{array}{l}RgA_n^{MM}(k_{s\rho},k_{sz},k_{ip\rho},k_{iz},a)c_n^{(M)}\\+RgA_n^{MN}(k_{s\rho},k_{sz},k_{ip\rho},k_{iz},a)c_n^{(N)}\end{array}\right]\\-\boldsymbol{v}_s\left[\begin{array}{l}RgA_n^{NM}(k_{s\rho},k_{sz},k_{ip\rho},k_{iz},a)c_n^{(M)}\\+RgA_n^{NN}(k_{s\rho},k_{sz},k_{ip\rho},k_{iz},a)c_n^{(N)}\end{array}\right]\end{array}\right\}
\tag{4.16}
$$

式中，Rg 表示 A_n^{MM}、A_n^{MN}、A_n^{NM}、A_n^{NN} 中的 $H_n^{(1)}$ 替换为 J_n。

3）曲型叶片的散射建模

针对玉米等具有一定弧度的曲型叶片，为了更精确地对该种植物类型建模，建立了曲型叶片的单散射模型（Vecchia et al.，2004）。如图 4.3 所示，曲型叶片的宽度为 a，长度为 $b=\rho\beta$，ρ 为球面的曲率半径，入射场为 $\boldsymbol{E}^i=\boldsymbol{q}\mathrm{e}^{iki\cdot r}$，$\boldsymbol{q}$ 为入射场的极化单位矢量，$\boldsymbol{i}$ 为入射方向矢量。定义坐标系 z 轴与旋转轴平行，x 轴与入射平面平行。

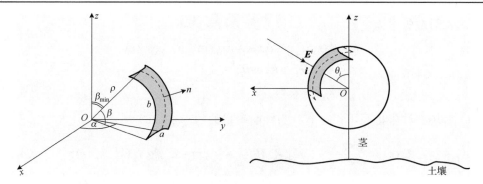

图 4.3　曲型叶片散射体局部坐标系与入射、散射方向图

通过表面电流，可以得到 Hertz 矢量，最后得到散射场在无限远处的近似表达式：

$$\boldsymbol{\varPi}(\boldsymbol{r}) = \frac{iZ\rho^2}{4\pi k}\iint \boldsymbol{J}(\vartheta,\phi)\frac{\mathrm{e}^{ik|\boldsymbol{r}-\boldsymbol{r}'|}}{|\boldsymbol{r}-\boldsymbol{r}'|}\sin\vartheta\,\mathrm{d}\vartheta\,\mathrm{d}\phi \approx \frac{\mathrm{e}^{ikr}}{kr}\frac{iZ\rho^2}{4\pi}\iint \boldsymbol{J}(\vartheta,\phi)\mathrm{e}^{-iko\cdot r'}\sin\vartheta\,\mathrm{d}\vartheta\,\mathrm{d}\phi \qquad (4.17)$$

$$\begin{cases} \boldsymbol{E}^s(\boldsymbol{r}) = \nabla\times\nabla\times\boldsymbol{\varPi}(\boldsymbol{r}) \approx \dfrac{\mathrm{e}^{ikr}}{kr}\dfrac{iZ\rho^2}{4\pi}\iint_{\vartheta'\varphi'} \\ \qquad -k^2(\boldsymbol{o}\times\boldsymbol{o}\times\boldsymbol{J}''(\vartheta,\phi))\mathrm{e}^{-ik\rho(\sin\vartheta\cos\phi\sin\vartheta_i+\cos\vartheta\cos\vartheta_i)}\mathrm{e}^{-iko\cdot r'}\sin\vartheta\,\mathrm{d}\vartheta\,\mathrm{d}\phi \\ \boldsymbol{J}'' = A\Gamma_{\mathrm{H}}(\psi)\boldsymbol{\eta} + B\Gamma_{\mathrm{V}}(\psi)\boldsymbol{\zeta} \end{cases} \qquad (4.18)$$

最后，将散射场表示为散射幅度矩阵的形式：

$$\boldsymbol{E}^s(\boldsymbol{r}) = \frac{\mathrm{e}^{ikr}}{kr}\boldsymbol{S}(\hat{\boldsymbol{o}},\hat{\boldsymbol{i}}) \qquad (4.19)$$

$$\boldsymbol{S}(\boldsymbol{o},\boldsymbol{i}) = \frac{ik^2\rho^2}{2\pi}\int_{\vartheta_1'}^{\vartheta_2'}\int_{\varphi_1'}^{\varphi_2'}\begin{bmatrix} (1-\sin^2\vartheta_s\cos^2\phi_s)J_x''-\sin^2\vartheta_s\sin\phi_s\cos\phi_s J_y''-\sin\vartheta_s\cos\vartheta_s\cos\phi_s J_z'' \\ -\sin^2\vartheta_s\sin\phi_s\cos\phi_s J_x''+(1-\sin^2\vartheta_s\sin^2\phi_s)J_y''-\sin\vartheta_s\cos\vartheta_s\sin\phi_s J_z'' \\ -\sin\vartheta_s\cos\vartheta_s\cos\phi_s J_x''-\sin\vartheta_s\cos\vartheta_s\sin\phi_s J_y''+\sin^2\vartheta_s J_z'' \end{bmatrix}$$
$$\times\frac{\mathrm{e}^{-ik\rho(\sin\vartheta\cos\varphi\sin\vartheta_i+\cos\vartheta\cos\vartheta_i)}}{Q^2}\mathrm{e}^{-iko\cdot r'}\sin\vartheta\,\mathrm{d}\vartheta\,\mathrm{d}\varphi$$

通过选择特定的极化方式，可以得到散射场

$$\begin{cases} f_{\mathrm{HH}} = \dfrac{1}{k}\boldsymbol{p}\Big|_{\chi=0}\cdot\boldsymbol{S}\Big|_{\chi=0} \\ f_{\mathrm{VH}} = \dfrac{1}{k}\boldsymbol{p}\Big|_{\chi=0}\cdot\boldsymbol{S}\Big|_{\chi=\frac{\pi}{2}} \\ f_{\mathrm{HV}} = \dfrac{1}{k}\boldsymbol{p}\Big|_{\chi=\frac{\pi}{2}}\cdot\boldsymbol{S}\Big|_{\chi=0} \\ f_{\mathrm{VV}} = \dfrac{1}{k}\boldsymbol{p}\Big|_{\chi=\frac{\pi}{2}}\cdot\boldsymbol{S}\Big|_{\chi=\frac{\pi}{2}} \end{cases} \qquad (4.20)$$

最后消光系数可以根据光学定理，利用前向散射理论计算得到，具体表达式如下：

$$\sigma_p^e(\boldsymbol{i}) = \frac{4\pi}{k} \text{Im}\left\{ f_{pp}(\boldsymbol{i},\boldsymbol{i}) \right\} \tag{4.21}$$

从图 4.4 可见，由于引入了曲率，叶片的后向散射不再以 HH 和 VV 为主导，交叉极化也有显著的上升，另外不同角度的入射角，后向散射强度也存在差异。

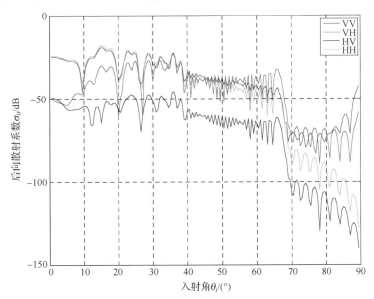

图 4.4　曲型叶片的散射模拟示意图（见彩图）

叶片朝向 $\alpha = 60°$，$\beta = 18°$，叶片厚度 $\tau = 0.3\text{mm}$，叶宽 $a = 8.4\text{mm}$，叶长 $= 50.64\text{cm}$，曲率半径 $R = 1\text{m}$

2. 玉米散射模型构建

为了对电磁波在植被层内部的传输过程建模，考虑植被的垂直分布结果，将上述散射单体模型代入到辐射传输方程中，构建了基于 Matrix-Doubling 的多层全极化玉米辐射传输模型（Ferrazzoli et al., 1991; Bracaglia et al., 1995）。

1）模型原理

对于具有不规则边界的非均匀单层介质，散射功率 $\boldsymbol{I}^s$ 与入射功率 $\boldsymbol{I}$ 存在如下关系（图 4.5）（Fung, 1994）：

$$\boldsymbol{I}^s(\theta_s,\phi_s) = \frac{1}{4\pi} \int_{4\pi}^{0} \boldsymbol{S}_{T1}(\theta_s,\theta;\phi_s-\phi)\boldsymbol{I}(\theta,\phi)\mathrm{d}\Omega \tag{4.22}$$

式中，$\boldsymbol{S}_{T1}$ 是单层介质总的散射相矩阵，它综合了粗糙面散射、体散射、面-体散射和介质层内部的多次散射。利用 Matrix-Doubling 的方法，$\boldsymbol{S}_{T1}$ 可以通过微小薄层的相矩阵和不规则边界面的散射相矩阵计算得到。

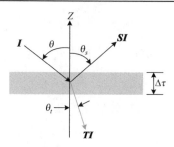

图 4.5　特定方向的散射功率与入射功率矢量关系示意图

对光学厚度为 $\Delta\tau$ 的微小薄层，单次非相干散射相矩阵在前向 $\boldsymbol{F}$ 和后向 $\boldsymbol{S}$ 具有如下形式：

$$\boldsymbol{S}(\theta_s,\theta,\phi_s-\phi)=\omega\boldsymbol{U}^{-1}\boldsymbol{P}(\theta_s,\pi-\theta,\phi_s-\phi)\Delta\tau \tag{4.23}$$

$$\boldsymbol{F}(\theta_t,\theta,\phi_t-\phi)=\omega\boldsymbol{U}^{-1}\boldsymbol{P}(\pi-\theta_t,\pi-\theta,\phi_s-\phi)\Delta\tau \tag{4.24}$$

式中，$\boldsymbol{P}(\theta_s,\pi-\theta,\phi_s-\phi)$ 为介质中散射体的单次散射相矩阵；$\boldsymbol{U}$ 为散射角方向余弦构成的对角矩阵；ω 为介质的反照率。当入射方向相反时，类似可得

$$\boldsymbol{S}'(\theta_s,\theta,\phi_s-\phi)=\omega\boldsymbol{U}^{-1}\boldsymbol{P}(\pi-\theta_s,\theta,\phi_s-\phi)\Delta\tau \tag{4.25}$$

$$\boldsymbol{F}'(\theta_t,\theta,\phi_t-\phi)=\omega\boldsymbol{U}^{-1}\boldsymbol{P}(\theta_t,\pi-\theta,\phi_s-\phi)\Delta\tau \tag{4.26}$$

值得注意的是，由于介质的不均匀性，当入射能量穿过介质时经历了散射和吸收，所以在介质内部总的前向散射相矩阵 $\boldsymbol{T}$ 可表示为

$$\boldsymbol{T}=\boldsymbol{F}+\boldsymbol{E} \tag{4.27}$$

式中，$\boldsymbol{E}$ 为消光矩阵，对各向同性介质 $\boldsymbol{F}$ 为对角阵，其对角元素为 $\exp(-\Delta\tau/\mu_i)$，其中，μ_i 为方向余弦。由于两个无穷小薄层之间将产生多次散射，对此方程的累加求和过程包含了两层间的多次非相干散射，所以，合并层的相位矩阵 $\boldsymbol{S}$ 和 $\boldsymbol{T}$ 等包括多次散射。最后，对于任意光学厚度的非均匀层，多次散射相位矩阵可以通过重复以上散射过程获得。在实际的计算中，薄层光学厚度 $\Delta\tau$ 的选取可以根据不同划分层数最后迭代结果的收敛性来决定，研究中发现 $\Delta\tau$ 的阈值设为 10^{-3} 即可达到很好的收敛效果。

利用 Matrix-Doubling 算法解决离散随机介质的辐射传输问题时，假设介质层在方位向是对称分布的，然后把每层划分为多个子薄层，对每个子层来说，设入射方向为 (θ,ϕ)，散射方向为 (θ_s,ϕ_s)，强度矢量和相矩阵都是方位角的周期性函数，为了便于数值求解，需要通过傅里叶变换法消去方位角的依赖关系。

2）模拟分析

假设玉米可分为冠层、垂直杆层和下地表，假设叶片的角度 (α,β,γ) 服从特定的概率分布，通过对上述单散射体模型计算的结果对这三个角度积分，可以得到不同层植被散射体的双站散射系数矩阵、消光系数矩阵等，对下地表的面散射过程，为了加

快计算速度，我们主要采用 IEM 单次散射模型作为近似，利用傅里叶变换以及矩阵迭代计算过程，完成辐射传输方程的解算。

模型输入参数包括频率、入射角、玉米高度、地表粗糙度和土壤湿度。

为了简化模型输入，引入了简单的植被生长模型，利用玉米高度信息，可以近似地计算出冠层和垂直杆层的尺寸、杆数量密度和叶片重量含水量，就可以得到所有的电磁散射模型输入参数。

当频率为 5.3GHz，入射角为 45°，均方根高度为 0.5cm，相关长度为 10cm，土壤体积水含量为 0.2 时，模拟后向散射随玉米高度变化的关系图，如图 4.6 所示。从图可见，在 C 波段，玉米的散射主要来自冠层的直接散射，其次是垂直杆层和冠层与地表的偶次散射，地表的直接散射基本可以忽略，这是因为，当玉米生长到 1.5m 以后，C 波段的雷达波几乎很难穿透玉米。

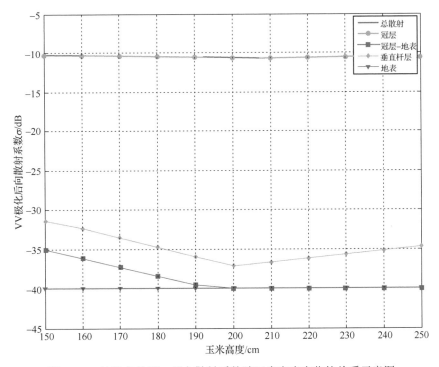

图 4.6 C 波段条件下，后向散射系数随玉米高度变化的关系示意图

3. 水稻散射模型构建

水稻生长模型主要是利用 Monte-Carlo 算法，实现水稻各生长期不同生长参数下的后向散射系数模拟，并绘制出一定频率和入射角下，水稻不同极化后向散射系数随生长天数的变化曲线（Toan et al., 1997）。其中，输入参数主要有系统参数和水稻生长参数，输出参数为不同极化的水稻后向散射系数。

1）模型原理

Monte-Carlo 模拟计算，也称统计模拟方法（statistical simulation method），即利用随机数进行数值模拟的方法。首先，分解水稻的散射单元（水稻叶片、水稻茎干和水稻冠层下的水面或湿土）组成与结构，分析组成水稻的各个散射单元散射过程。

模型假设在一定区域水稻的分布如图 4.7 所示，对来自各散射单元（茎和叶）的散射，考虑将相位修正后相干地叠加在一起，主要有四种散射成分：冠层直接后向散射（图 4.7(a)）；水面反射加散射体散射（图 4.7(b)）；散射体散射加水面反射（图 4.7(c)）；水面反射加散射体后向散射加水面反射（图 4.7(d)）。真实水稻结构如图 4.8 所示。

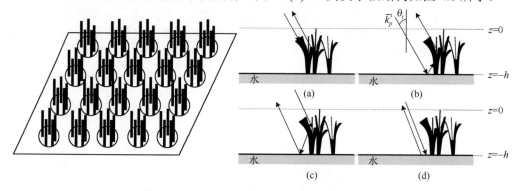

图 4.7　Monte-Carlo 模型水稻结构和散射机制

图 4.8　真实水稻结构

2）模拟分析

模型主要输入参数包括系统参数、水稻生长天数，与生长天数对应的水稻墩株参数和水稻叶片参数。其中，系统参数包括频率、入射角；水稻生长天数为测量水稻生长参数时对应的水稻移栽后的生长天数；水稻墩株参数包括行列距、墩半径、水稻高度、墩株数、株半径和株含水量；水稻叶片参数包括每株的叶片数、叶长、叶宽、叶厚、最大叶倾角、叶含水量和水温。

完成常数输入后，通过模拟可获得水稻后向散射系数随生长天数的变化曲线。参考文献（Toan et al., 1997）中水稻生长期的实测数据，利用该水稻散射模型，模拟 L 波段 30°入射角下各极化的水稻后向散射系数随生长天数的变化曲线（5 次水稻散射测量时采样获得的水稻生长参数），如图 4.9 所示。

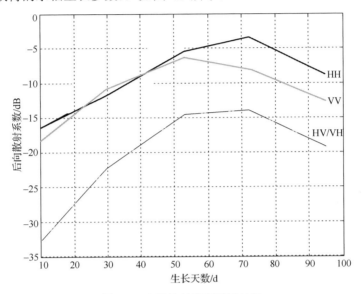

图 4.9 水稻散射模型模拟结果

4. 小麦相干散射模型构建

小麦相干散射模型主要是利用场景模拟随机生成小麦的位置，并逐株生成小麦的茎和每株小麦的叶片与茎，实现小麦各生长期不同生长参数下的后向散射系数模拟（Marliani et al., 2002）。其中，输入参数主要有系统参数和小麦生长参数，输出参数为不同极化的水稻后向散射系数。

1）模型原理

小麦场景的模拟主要包括随机生成小麦的位置，然后逐株生成小麦的茎和每株小麦的叶片与茎等步骤。

首先，计算小麦单个植株的位置。设模拟场景的大小为 $L_x \times L_y$，根据小麦的种植行间距 Δ_x 计算出行数 $N_x = L_x / \Delta_x$，根据行种植密度确定长度 L_y 内小麦植株数 $N_y = n_y \times L_y$，假设行坐标服从高斯分布 $x_i \sim N(0, \sigma_{L_s})$，纵坐标服从均匀分布 $y_j \sim U(y_j)$，$y_j \in [-L_y / 2, L_y / 2)$，计算得到小麦植株 $S_k(x, y)$ 的位置。

在此基础上，逐株生成小麦的茎和叶片。在模拟过程中，茎近似为具有相同介电常数的圆柱体，假设其长度服从正态分布 $N(L_s, \sigma_{L_s})$，其中，L_s、σ_{L_s} 为茎的平均长度和方差，半径服从瑞利分布 $R(r_s, \sigma_{r_s})$ 。第 k 颗植株的长度 $L_s^{(k)}$ 通过生成随机数的方法确定，再根据上一步确定的植株初始位置 $S_k(x, y)$ 和小麦的平均高度 h ，确定茎的起始坐标 $b_0^k(x, y, -h)$ ，最后为了对茎的朝向进行模拟，假定茎朝向方位角 $\varphi_s^{(k)}$ 和倾角 $\theta_s^{(k)}$ 服从均匀分布，即 $\varphi_s^{(k)} \sim U(x),\ x \in [0, 2\pi)$ ， $\varphi_s^{(k)} \sim U(x),\ x \in [0, \max(\theta_{st}))$ ，其中， $\max(\theta_{st})$ 为茎的最大倾角， A 为归一化系数，通过生成随机数即可确定茎的初始朝向：

$$z_0^k (\sin\theta_s^{(k)}\cos\varphi_s^{(k)}, \sin\theta_s^{(k)}\sin\varphi_s^{(k)}, \cos\theta_s^{(k)}) \tag{4.28}$$

生成茎后，即可在茎的位置上逐层生成叶片，首先，将茎的长度按叶片数进行等间距划分，依次在每个间距区间内确定叶片的起点位置 $b_l^{k,j} = (x_k, y_k, z_j)$ ，其中，第 j 个叶片的垂直坐标为

$$z_j = z_k + \left(\frac{j - 0.5}{N_l} + \frac{2}{5}\frac{n_r}{N_l} \right) \times L_s^{(k)}, \quad n_r \sim U(x), x \in (-1, 1] \tag{4.29}$$

式中， (x_k, y_k, z_j) 分布为茎 S_k 的底点坐标。然后确定叶片的朝向分布，根据生成叶片起始方位角 $\varphi_{l0}^{(k)} \sim U(x), x \in [0, 2\pi)$ ，将叶片数对方位角范围 $[0, 2\pi)$ 进行等间距划分，按小麦叶片轮生的特征，依次计算叶片的方位角为

$$\varphi_l^{(k,j)} = \left[\varphi_{l0}^{(k)} + (j - 0.5) \times \frac{2\pi}{N_l} \right] \mathrm{mod}(2\pi) \tag{4.30}$$

叶片的倾角表示为 $\theta_l^{(k,j)} \sim U(x), x \in [0, \theta_{lt\_\max}]$ ， $j = 1, 2, \cdots, N_l$ ， mod 为求余运算。一旦确定倾角和方位角即可确定叶片的朝向矢量：

$$a_l^{k,j} = (\sin\theta_l^{(k,j)}\cos\varphi_l^{(k,j)}, \sin\theta_l^{(k,j)}\sin\varphi_l^{(k,j)}, \cos\theta_l^{(k,j)}) \tag{4.31}$$

模拟场景的小麦位置与三维形态图如图 4.10 和图 4.11 所示。

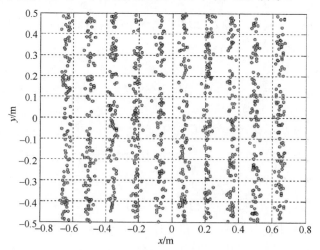

图 4.10　小麦生长位置分布图

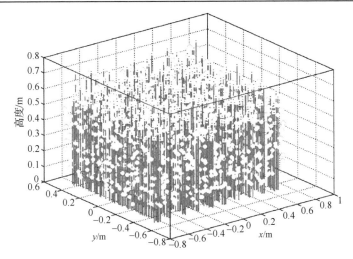

图 4.11 小麦三维生长结构示意图

散射计算，主要包括 Fold-Lax 近似下的等效波传播常数计算以及各种散射机制的计算，本模型包括的散射机制有地面直接散射、小麦散射体的直接散射、小麦散射体-粗糙地表的双次散射、粗糙地表-小麦散射体-粗糙地表的多次散射项。

首先，由电磁散射理论可知，波在小麦冠层传输过程中近场多次散射形成的相干波的衰减和相位移动，在 Fold-Lax 近似假设条件下，可以通过计算随机介质的平均场进行建模，即平均场 E 沿方向 $\hat{k}$ 传播距离 s 满足的方程为

$$\frac{\mathrm{d}E}{\mathrm{d}s} = iK \cdot E \tag{4.32}$$

等效波常数 K 的表达式为

$$K = \begin{bmatrix} k_0 - iM_{\mathrm{VV}} & M_{\mathrm{VH}} \\ M_{\mathrm{HV}} & k_0 - iM_{\mathrm{HH}} \end{bmatrix} \tag{4.33}$$

式中，$M_{pq} = \dfrac{2\pi n_0}{k_0} \langle S_{pq}(\boldsymbol{k}_i, \boldsymbol{k}_i) \rangle$，可根据散射体的前向散射矩阵系统平均计算；$n_0$ 为散射体的体积数量密度。一旦确定 M 即可对上述微分方程进行求解得

$$E(s) = \mathrm{e}^{ik_0 s} T(s, \boldsymbol{k}) \cdot E^0 \tag{4.34}$$

假设小麦散射体在方位向对称分布，则有 $M_{\mathrm{VH}} = M_{\mathrm{HV}} = 0$，进而透过率矩阵 T 为

$$T = \begin{bmatrix} \mathrm{e}^{M_{\mathrm{VV}} s} & 0 \\ 0 & \mathrm{e}^{M_{\mathrm{HH}} s} \end{bmatrix} \tag{4.35}$$

从上述表达式可知，相干波的衰减与 M_{VV} 和 M_{HH} 的实部有关，另外由于 M_{VV} 和 M_{HH} 是复数，所以相干波在小麦层传播过程中也能改变波的相位。

若确定波衰减矩阵后，则地表直接散射项为

$$S^{dg} = T^t S_g(k_s, k_i) T^t \qquad (4.36)$$

首先，设第 n 个散射体的位置为 r_n，则由 r 处天线激发的入射场为

$$E_i^n = E_0 \exp(ik_0 \boldsymbol{i} \cdot (r_n - r)) \boldsymbol{p}$$

式中，$\boldsymbol{i}$ 为入射波传播方向；k_0 为波数；$\boldsymbol{p}$ 为入射波极化状态。设 S_n 为第 n 个散射体的后向散射矩阵，在散射体的远区 $r \gg r_n$，后向散射场为

$$E_s^n = E_0 \frac{\exp(ik_0 r)}{r} \exp(ik_0(\boldsymbol{i} - \boldsymbol{s}) \cdot r_n) S_n E_i^n \qquad (4.37)$$

式中，$\boldsymbol{s}$ 为散射波传播方向；S_n 为散射矩阵。一阶散射机制对应的散射矩阵分别为

$$\begin{cases} S_n^d = T_n^i S_n T_n^i \\ S_n^{gs} = T^t R(k_s, k_{gs}) T_n^r S_n(k_{gs}, k_i) T_n^i \mathrm{e}^{\mathrm{i}\tau_s} \\ S_n^{sg} = \mathrm{e}^{\mathrm{i}\tau_s} T_n^i S_n(k_s, k_{gi}) T_n^r R(k_{gi}, k_i) T^t \\ S_n^{gsg} = T^t R(k_s, k_{gs}) T_n^r S_n(k_{gs}, k_{gi}) T_n^r R(k_{gi}, k_i) T^t \mathrm{e}^{\mathrm{i}(\tau_i + \tau_s)} \end{cases} \qquad (4.38)$$

式中，$k_{gi} = k_i - 2\langle k_i, n_g \rangle n_g$ $k_{gs} = k_s - 2\langle k_s, n_g \rangle n_g$，$n_g$ 为地表法向量，最后多次散射引起的传播路径延迟相位分别为 $\tau_i = -2k_0 \langle r_n, n_g \rangle / \langle k_i, n_g \rangle$ 和 $\tau_s = 2k_0 \langle r_n, n_g \rangle / \langle k_s, n_g \rangle$，$R$ 为地表相干反射矩阵，透过率矩阵 T 可根据 Foldy 近似与传播方向 k、散射体的位置矢量 r_n 等计算。此外还有地表直接后向散射项 S_g^d，考虑小麦层的衰减条件下的表达式为 $S_g^d = T^t R_g(\theta_i) T^t$，$R_g$ 为后向散射矩阵，由 IEM 计算。通过对上述几种散射机制的散射矩阵进行相干叠加，得到总的后向散射矩阵为

$$S = S_g^d + \sum_{n=1}^{N} (S_n^d + S_n^{gs} + S_n^{sg} + S_n^{gsg}) \qquad (4.39)$$

在互易条件下，可得到相应的相干矩阵 T_3，即

$$T_3 = k_p k_p^H, k_p = [S_{HH} + S_{VV} \quad \sqrt{2} S_{HV} \quad S_{HH} - S_{VV}]^T \qquad (4.40)$$

需要特别说明的是，后向散射矩阵需要通过多次 Monte-Carlo 模拟场景，对每次模拟场景的后向散射平均计算得到。

各项散射机制分量如图 4.12 所示，总的后散射矩阵为

$$S = S^{dg} + \sum_{n=1}^{Ns} (S_n^{ds} + S_n^{gs} + S_n^{sg} + S_n^{gsg}) \qquad (4.41)$$

进而可计算出后向散射系数矩阵：

$$\boldsymbol{\sigma}_0 = \frac{4\pi\left\langle|\boldsymbol{S}|^2\right\rangle}{A} \qquad (4.42)$$

式中，〈 〉表示对多次场景模拟的系统平均；A 为模拟场景的面积。

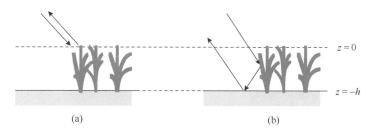

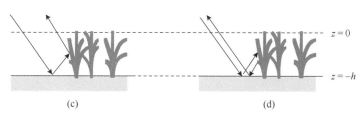

图 4.12　散射机制示意图

2）模拟分析

图 4.13 为模型模拟得到的 L 波段 V 和 H 极化衰减截面随穿透深度的变化。由模拟结果可以看出，因为秆的长度比较小，此时冠层的衰减主要来自叶片，而且，由于垂直秆的作用，V 极化的衰减要大于 H 极化的衰减。

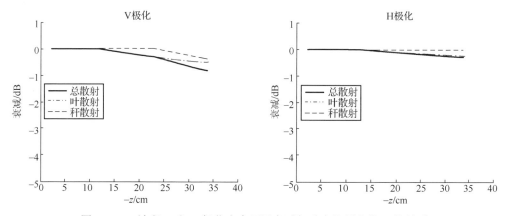

图 4.13　L 波段 V 和 H 极化小麦冠层衰减与垂直位置参数–z 的关系

而总的来说，L 波段由于波长比较长，植被层对电磁波的衰减作用是比较小的。

当频率增加到 C 波段，那么植被层的衰减作用就会明显增加，结果如图 4.14 所示。C 波段的衰减要明显大于 L 波段，而且叶片的衰减仍然是冠层衰减的主要部分。

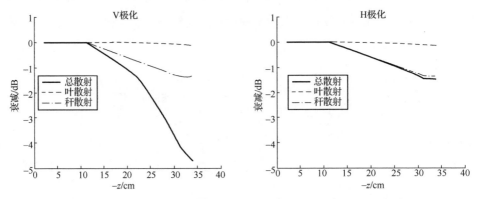

图 4.14　C 波段 V 和 H 极化小麦冠层衰减与垂直位置参数–z 的关系

4.2.3　积雪散射模型

积雪因要考虑近场散射，模型比较复杂。这里主要介绍主动微波多层积雪相干散射模型，模型将致密介质理论应用到主动积雪电磁散射过程中，通过 QCA（Quasi-Crystalline Approximation）/DMRT（Dense Media Radiative Transfer）的模拟（Tsang et al., 2007），分析消光系数、散射系数随入射波频率及体积占空比的变化关系，与传统被动积雪模型相比，主动积雪散射模型中少了粒子自身的辐射项，但模型中 Stocks 参数必须都要考虑，使计算的维数和复杂度大大提高。在实现相关算法后，应进一步进行模型和算法优化，提高积雪散射的模拟精度和运算效率。

1. 雪场景模拟

输入不同雪湿度、雪粒尺寸和雪层厚度等参数，模拟雪粒子空间位置关系，并获取对分布函数。具体可按以下几步来实现。

（1）在均匀分布的单元网格内放置雪粒子，建立初始系统配置。

（2）通过随机移动小球的位置改变系统配置。

（3）检验小球的移动是否接受——如果设定的条件满足则转为下一步，否则转向（2）。

（4）更新系统配置。

（5）统计不同距离、不同大小雪粒子成对分布的频率，最终得到对分布函数，并与 P-Y 函数对比，分析解析模型和数值模型对分布函数的差异。

2. 相干散射计算

从 Foldy-Lax 多次散射方程可知，单个粒子的激发场是入射场和来自其他粒子散射场之和。在矢量球谐波展开下，通过电磁场的边界连续性条件，谐波系数满足如下等式（Tsang et al., 2000）：

$$w^{(l)} = \sum_{\substack{j=1 \\ j \neq l}}^{N} \sigma(kr_j - r_l)T^{(j)}w^{(j)} + \mathrm{e}^{\mathrm{i}k_i \cdot r_l}a_{\mathrm{inc}} \tag{4.43}$$

1）QCA 近似

在 QCA 近似下，对上述等式进行条件概率系统平均，得到

$$w(r_l) = n_0 \int_{z_j > 0} \mathrm{d}r_j g(r_j - r_l)\sigma(kr_j - r_l)Tw(r_j) + \mathrm{e}^{\mathrm{i}k_i \cdot r_l}a_{\mathrm{inc}} \tag{4.44}$$

式中，$\sigma[k(r_j - r_l)]$ 表示矢量转换算符，它将位于 r_j 的球面波中心转换到新的中心 r_l；$g(r_j - r_l)$ 表示对分布函数。最后通过 Lorentz-Lorenz 法则建立关于等效传播常数 K、$X^{(M)}$ 和 $X^{(N)}$ 的线性方程组，由齐次线性方程组的非零解条件求解 K，再将 Ewald-Oseen 条件等式替换 Lorentz-Lorenz 方程组中的一个等式构成新的方程组，解该方程组，得到 $X^{(M)}$、$X^{(N)}$，最后利用 K、$X^{(M)}$ 和 $X^{(N)}$ 计算吸收系数 k_a、散射系数 k_s 及相矩阵 P。

2）数值模拟方法

通过 Monte-Carlo 方法随机模拟雪粒子位置，利用数值算法解 Foldy-Lax 方程得到每个粒子的散射场和内场，并对散射场的统计平均得到相干散射场，非相干散射场由散射场减去相干场得到，进而计算得到双站散射截面，对其进行 4π 角度积分并进行体积平均得到散射系数（Zurk et al., 1996）。吸收系数可通过内场、入射场计算。在远场条件下，场可以用球面波近似表示，即

$$\overline{\varepsilon}_{\alpha\beta}^{\sigma} = \frac{\mathrm{e}^{\mathrm{i}kr}}{r}\left[F_{\alpha\beta} - \langle F_{\alpha\beta}\rangle\right] = \frac{\mathrm{e}^{\mathrm{i}kr}}{r}\tilde{F}_{\alpha\beta} \tag{4.45}$$

式中，$F_{\alpha\beta}$、$\tilde{F}_{\alpha\beta}$ 分别表示相干和非相干场的散射幅度值；α、β 表示不同的极化状态，最后计算 $\langle \tilde{F}_{\alpha\beta}\tilde{F}_{\alpha'\beta'}^*\rangle$ 即得相矩阵。

3）DMRT 方程解算

（1）对 Stocks 矩阵元素在方位向上进行傅里叶变换，物理意义上，不同的阶次对应不同的散射次数。

（2）然后对不同的阶次分别利用高斯-勒让德积分公式将 VRT（Vector Radiative Transfer）方程的积分项进行离散化，经过分块变换消元处理，转换为线性方程组的特征值问题，求解出线性方程组的特征值后解出其对应的齐次解，再利用边界条件（空气-雪层和雪层-地表界面）求出非齐次线性方程的特解。

（3）对不同阶次的求解结果进行傅里叶逆变换，即可得到散射体内场在不同天顶角上的 Stocks 矢量。

（4）后向散射计算。在已知空气-雪界面的散射透射矩阵的条件下，雷达后向观测值利用如下关系可以计算：

$$I(\theta) = T_{10}(\theta)\theta I_1(\theta,\varphi,z=0) + R_{01}(\theta)I_0 \qquad (4.46)$$

式中，$T_{10}(\theta)$ 为雪-空气的透射矩阵；$R_{01}(\theta)$ 为空气-雪的表面反射矩阵；θ 为任意入射角。需要注意的是，θ 需要通过高斯积分离散点的值通过插值拟合得到，通常采用样条插值法。

3. 多层积雪模型构建

根据积雪的实际情况，拟采用平行分层的多层密集介质模型，因此要求解多组 VRT 方程和耦合的边界条件（Liang et al., 2008）。

（1）需要对每层的消光系数、散射系数和相矩阵分别模拟计算，这一过程和单层模型类似。

（2）分别代入相应层的 VRT 方程中，利用高斯-离散特征值法求解 Stocks 矢量的齐次解，最后代入到边界条件中求定解。

与单层辐射传输不同的是，每增加一个雪层，相应的边界条件将增加一组，传输能量在上行和下行过程中高斯积分点与其特定的折射、透射角度之间的耦合关系需要进行拟合插值计算，在研究中拟采用样条插值法进行计算。

（3）最后将各层耦合的结果用于计算双站散射系数，进而求得后向方向的散射量。

4. 模拟分析

模拟分析时，模型主要的输入积雪参数如表 4.1 所示。

表 4.1　模型主要的输入积雪参数

深度/m	密度/(kg·m⁻³)	半径/mm	温度/K	黏度系数	土壤湿度/%	均方高度/cm	相关长度/cm
0.5	250	0	270	0.15	10	0.5	8

积雪深度在 10～90cm 变动而保持其他输入参数不变，得到后向散射系数随积雪深度的变化关系如图 4.15 所示。

在穿透深度范围内，后向散射系数均随积雪深度的增加而增加，直到接近 1m 的深处才逐渐达到饱和，而且交叉极化的增加幅度明显大于同极化，这主要是由于体散射引起的去极化逐渐增强的结果。

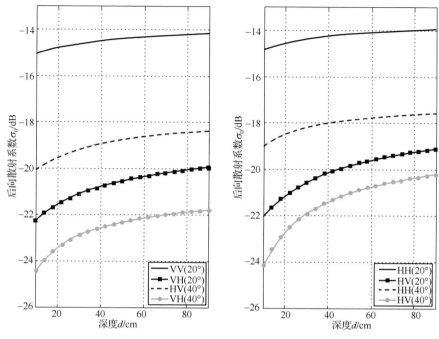

图 4.15　后向散射系数随积雪深度的变化关系图

4.2.4　地物目标散射模型库系统构建

地物目标散射模型库系统针对多种典型地物类型,采用电磁散射理论研究与数理分析结合的方法,充分利用已有物理模型,建立了多种目标的后向散射模型。利用模型模拟在不同状态参数和观测条件下的后向散射系数、相位以及极化信息等,得到了不同地表参数在不同频率、入射角等散射观测参数下的目标散射特性数据集,分析地表参数、观测条件与模型模拟结果之间的响应关系,根据统计分析和敏感性分析结果,通过简化模型提高模型实用性;结合星-地实验测量的地表参数及其对应的同步观测散射特征值对模型进行验证和优化改进,形成了多种典型地物高精度的物理散射模型和经验模型并入库。

模型库系统将土壤、不同植被(包括林地)、积雪等散射模型统一规范存储,以独立模块的方式集合在典型地物散射特性知识库的总体构架上,实现了解译需求对各类模型的更新、查询、运行、元数据输出等功能。模型库构建流程如图 4.16 所示,用户在运行模型中会有不同的选择和需求,模型库根据用户输入参数的变化和先验知识对模型运行进行管理,并在实际工作中按照模型的性质、用途、适用领域和条件等选择适当的模型。

模型本身的实现使用 Fortran 语言编写,将其编译为动态链接库的形式,上层使用C#语言对其进行调用,并设计查询操作界面,方便用户根据需求进行查询。部分典型地物的散射模型,集成到知识库系统中,用户可以根据需求对感兴趣的模型进行查询操作。对于模型需要输入的参数，界面上提供了默认值，若用户不是很了解参数的设置，可以根据默认值直接进行计算。对于每个参数，都不能为空值，否则提示用户进行输入；而对于每个参数的取值范围，在程序中都有限定，如果超出规定的范围，则会给用户相应的提示说明，并要求用户重新输入。

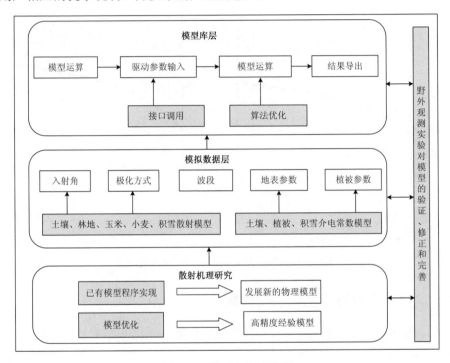

图 4.16　模型库构建流程

模型库的主界面如图 4.17 所示，主要包括六种地物的散射模型（土壤、玉米、林地、水稻、积雪、小麦）以及三种地物的介电模型（植被、积雪、土壤）。

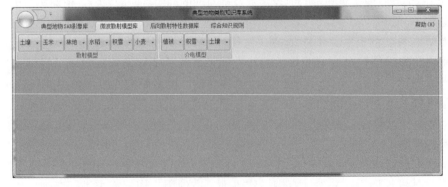

图 4.17　模型库的主界面

4.3　散射特性测量数据库

　　国内外在散射特性测量方面已开展了大量工作，其中最具代表性的是 Ulaby 出版的《雷达散射测量手册》一书，整理了大量的典型地物的后向散射系数，并在此基础上建立了经典的散射模型 MIMICS 和水云模型。Ulaby 等获取的地物散射测量数据是相对比较完备的，他们针对各类地物目标，系统测量了不同入射角、不同频率、不同极化方式条件下典型地物类别的后向散射系数。但是，由于当时参与散射测量的机构比较多，所使用的散射计不统一，迫切需要建立统一的地物散射测量规范，形成较为完备的地物散射测量数据库，为 SAR 应用提供理论和技术支持。

　　散射特性测量数据库针对土壤、农作物、森林、积雪等地物类型，基于国内现有多波段/多极化微波散射计系统开展不同波段、极化、入射角、方位角条件下的后向散射特性测量与数据处理，建立了多参数、可视化、可更新扩展的典型目标微波实测数据库。在实验测量中，针对典型地物类别的特点和实验条件研究并制定典型地物后向散射特性测量规范。同时，对 1999 年南部大平原实验计划（Southern Great Plains Experiment, SGP99）、2002 年土壤湿度实验（Soil Moisture Experiment 2002, SMEX02）、2003 年 NASA 寒区陆地过程场地实验计划（Cold Land Process Experiment, CLPX）、2007 年 BIOSAR 实验计划，以及 Ulaby 和 Dobson（1989）的测量数据进行收集整理。实测库系统对不同地物散射进行了统一规范存储，以独立模块的方式集合在典型地物类别散射特性知识库的总体构架上，实现实测数据的可视化和可扩展性，同时满足解译需求对实测数据的查询、调用、元数据输出、结果显示等功能。

4.3.1　典型地物散射特性测量实验设计

　　典型地物目标散射数据主要采用高架三维遥感平台和高架车两类工作平台的多频段散射计测量获取，包括在河北省怀来县综合遥感实验场对实验场内的小麦、玉米等进行周期性测量，以及利用高架车在外场进行典型地物后向散射特性测量。外场实验选取了 4 个实验区，分 5 次开展典型地物的后向散射特性测量，分别在河北省涿州市对不同长势的小麦、玉米进行散射测量，在辽宁省沈阳市对积雪进行散射测量，在内蒙古自治区对沙漠进行散射测量，在河北省围场县对森林进行散射特性测量。

　　1.　实验场地与作物种植情况

　　2011～2012 年，开展的典型地物散射测量实验主要在中国科学院遥感与数字地球研究所怀来遥感综合实验场（以下简称怀来实验场）及周边进行。怀来实验场的地理位置如图 4.18 所示，隶属于中国科学院特殊环境网络，是我国目前正在运行的遥感场之一。实验场所属区域具有华北平原和华北平原向蒙古高原过渡的双重生态地理特征，在实验场周边 10km 范围内，有农田、水域、山地、草场和湿地滩涂等地物类型。

图 4.18　怀来遥感综合实验场位置示意图

　　实验场现有高架塔、高架车等观测平台，并设有自动气象站、波纹比系统、涡动相关仪、气象梯度观测塔、LAI 自动观测系统、6 谱段辐射观测系统、漫散射辐射观测系统、大孔径闪烁仪、蒸渗仪、土壤多参数监测系统、太阳辐射仪等多套连续观测系统和其他遥感观测仪器设备，可以支持多种类型的基础实验和测量。

　　怀来实验场占地约 24 亩，是目前中国科学院遥感与数字地球研究所重大科学计划研究的重要野外实验基地。拥有高架塔（也称高架三维遥感平台），由可移动轨道、升降平台和仪器云台组成，可以搭载散射计对地物进行后向散射特性测量（图 4.19）。

图 4.19　河北怀来综合遥感实验场内的高架三维遥感平台

　　利用该实验场，分别于 2011 年和 2012 年在实验场内种植了小麦、玉米和水稻，种植品种和具体情况如表 4.2～表 4.4 所示。作物生长期间，在关键的生长期开展了散射特性测量实验。

表 4.2　2011 年上半年农作物种植参数

地块编号	种植作物	时间	垄向	行间距/cm
Wheat-1	春小麦（张春 5 号）	4 月中旬～7 月中下旬	东西向	21
Wheat-2	春小麦（张春 6 号）	4 月中旬～7 月中下旬	南北向	21
Wheat-3	春小麦（张春 5 号）	4 月中旬～7 月中下旬	东西向	24
Wheat-4	春小麦（张春 6 号）	4 月中旬～7 月中下旬	南北向	24
Corn-6	春玉米	4 月底～10 月底	南北向	60

表 4.3　2011 年下半年农作物种植参数

地块编号	种植作物	时间	垄向	行间距/cm	株距/cm
Corn-1	夏玉米	7 月中下旬～10 月底	东西向	60	35
Corn-2	夏玉米	7 月中下旬～10 月底	东西向	60	35
Corn-3	夏玉米	7 月中下旬～10 月底	东西向	50	30
Corn-4	夏玉米	7 月中下旬～10 月底	东西向	70	40

表 4.4　2012 年怀来实验场农作物种植参数

地块编号	种植作物	时间	垄向	行间距/cm
Rice-A	水稻（丰景）	6 月中旬～10 月中旬	东西向	31
Rice-B	水稻（丰景）	6 月中旬～10 月中旬	东西向	31
Rice-C	水稻（丰景）	6 月中旬～10 月中旬	东西向	36
Rice-D	水稻（丰景）	6 月中旬～10 月中旬	东西向	36
Corn-E	春玉米（郑单 958）	5 月初～9 月底	东西向	38
Wheat-F	春小麦（张春 7 号）	5 月初～7 月底	东西向	14

　　2013 年的散射测量实验区位于奥林匹克森林公园附近，地理位置如图 4.20 所示。实验区地形平坦，区域内包含槐树、松树、榆树等树种，树木分布均匀，为散射测量实验提供了良好条件。

图 4.20　实验区地理位置

　　典型地物后向散射数据利用多频段散射计测量获取，可以采用高架三维遥感平台和高架车两类工作平台，根据采用的平台可以分为两大类测量实验：一是在河北怀来综合遥感实验场利用高架三维遥感平台搭载散射计对小麦、玉米以及实验场内的其他典型地物进行测量；二是利用高架车作为搭载平台在实验场外进行水稻、林地、积雪等典型地物后向散射特性测量。

　　河北怀来综合遥感试验场（图 4.21）主要包括 5 种地物类型，裸土 $100m^2$、农作物（小麦或玉米）$900m^2$、杨树、侧柏和油松各 $900m^2$。拥有高架三维遥感平台，由可移动轨道、升降平台和仪器云台组成，可以利用散射计对地物进行后向散射特性测量。

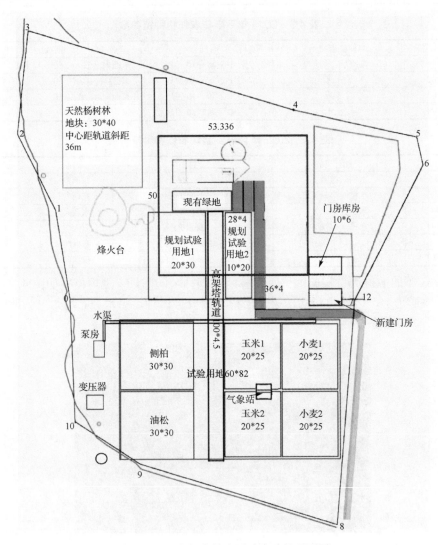

图 4.21　河北怀来综合遥感实验场平面图

　　在怀来综合遥感实验场对小麦和玉米分别设计 2 个实验地块，采用不同的种植密度和田间管理使其长势不同。分别在小麦、玉米的主要生长期对其进行后向散射特性测量，在小麦的分蘗期、拔节期、抽穗期、乳熟期、成熟期各进行 1 次测量，共计 5 次；在玉米的七叶期、拔节期、抽穗期、乳熟期各进行 1 次测量，共计 4 次。每次测量时，首先对不同长势的地块进行后向散射测量，然后分别对各地块进行洒水和翻耕，借助养分和水分控制实验分别获取不同长势、不同含水量和粗糙度条件下的后向散射系数。利用实验场内的裸土地块，进行不同级别粗糙度和含水量实验设计，获取裸土在不同粗糙度、不同含水量条件下的后向散射系数。此外，对实验场内的杨树、侧柏和油松进行后向散射测量，获取这些树种在不同季节的后向散射特性数据。

在实验场内进行测量时利用高架三维遥感平台搭载遥感所的散射计，设定步长获取地物目标 S、C、X、Ku 波段，HH、VV、VH、HV 极化，20°～50°入射角范围内，不同方位向的后向散射系数。后向散射特性测量的同时进行地物目标参数测量，主要包括作物和树木的几何结构参数（如高度、茎秆叶尺寸）、长势（生物量、叶面积指数（LAI））、茎秆叶含水量、空间分布特征（种植密度）、土壤含水量、土壤粗糙度，以及环境参数（如降水、温度）等。对于不能现场测量的参数，采样后进行实验室内测量。参照制定的标准和规范获取典型地物后向散射特性和地物目标参数，数据记录过程中严格遵守后向散射特性数据采集质量控制规范。

基于中国科学院遥感与数字地球研究所的高架车工作平台，可以在实验场外进行典型地物目标后向散射特性的测量（图 4.22）。野外实验选取样方时遵循以下原则：

（1）目标分布均匀且具有一定的区域代表性；

（2）样方足够大，以便开展同步实验和结合 SAR 卫星数据开展分析；

（3）散射测量时记录样方的精确地理位置，同时布置角反射器，以便在 SAR 卫星数据上定位和识别。

图 4.22　散射计及高驾车工作平台

以北京小汤山农业基地为试验区，分别在水稻的插秧期、抽穗期、成熟期，选取大而均匀的地块，对不同长势、不同含水量的水稻进行后向散射特性测量。测量时利用高架车将散射计抬升到一定高度，获取水稻在 20°～50°入射角范围内，S、C、X、Ku 波段，HH、VV、VH、HV 极化的后向散射系数，并测量水稻不同方位向的后向散射数据。同时参照制定的标准和规范开展地物目标参数的测量和样品采集，获取水稻品种、水稻结构参数（株高、株径、叶长、叶宽、叶距和叶倾角）、水稻密度参数（行距、墩距、每墩株数和每株叶数）、水稻植株鲜重和干重、稻田水深、环境参数（温度、降水）等。

林地目标的测量，将高架车平台和散射计架在地势较高的山包上进行，测量内容包括林地生理参数（LAI、树高、胸径、郁闭度、蓄积量、树龄），林地几何结构参数（树木密度、树干、一级枝/二级枝及叶片的密度和尺寸）和含水量（树干、一级枝、二级枝、叶片含水量），以及下垫面地表粗糙度、含水量等，并获取坡度、坡向、海拔等参数。

对于积雪，测量内容包括积雪表面粗糙度、积雪颗粒大小和尺寸、积雪深度及层状结构状态、每层积雪的密度和温度、雪湿度、积雪重量含水量、相关长度和厚度、积雪覆盖下的土壤温度等。

后向散射特性测量实验要严格遵循制定的测量规范，并根据后向散射特性数据采集质量控制体系，对各类需要入库的信息进行完善，严格控制数据采集质量。除了利用散射计开展测量实验，收集目前已有的典型地物散射特性数据，包括 Ulaby 发表的《雷达散射测量手册》一书的相关内容，根据统一的数据收集与汇总标准，对收集的国内外典型地物散射特性数据进行规范和质量控制，包括数据的处理方法、数据分级标准、数据说明情况和数据的提交格式等，实现这类数据的分级入库。

2. 散射测量实验

2011～2013 年的散射测量实验采用中国科学院遥感与数字地球研究所的散射计测量系统，该系统由天线、具有俯仰和方位向扫描能力的转台、收发机、馈源、软件系统及线路配件等组成，如图 4.23 所示。

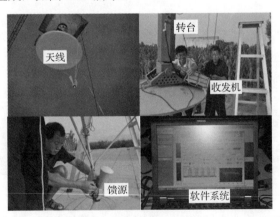

图 4.23　散射计测量系统组成

该散射计具有五个波段，频率分别是 S 波段（包括 S1：3.212GHz 和 S2：3.2GHz）、C 波段（5.37GHz）、X 波段（9.65GHz）、Ku 波段（13.6GHz）。HH、HV、VV 和 VH 四种极化方式。

利用该散射计测量系统在怀来实验场、森林公园及周边对小麦、玉米、水稻、裸地、积雪、森林分别进行了散射特性测量。

2011 年散射测量实验时间从 5 月初～10 月底历时 6 个月,利用遥感所散射计对拔节期、抽穗扬花期、乳熟期、蜡熟期、完熟期春小麦(图 4.24),小喇叭口期、大喇叭口期春玉米,小喇叭口期、大喇叭口期、抽丝期夏玉米进行了散射测量,并同步获取了地面参数。

拔节期

抽穗扬花期

乳熟期

完熟期

图 4.24   2011 年不同生长期的春小麦

2012 年散射测量实验时间从 5～10 月历时 6 个月,对拔节期、分蘖期、孕穗期、抽穗扬花期、乳熟期春小麦,七叶期、拔节期、小喇叭口期、大喇叭口期、抽雄扬花期、抽丝期、乳熟期、蜡熟期、完熟期春玉米(图 4.25),返青期、分蘖期、拔节期、抽穗扬花期、乳熟期、蜡熟期、完熟期和收割后水稻(图 4.26)进行了散射测量,并同步获取了地面参数。

通过实验设计,还在实验场内对不同粗糙度和不同湿度水平的土壤开展了散射特性测量(图 4.27)。除此之外,2012 年 10 月还按计划结合 RADARSAT-2 数据获取开展了星地同步实验,图 4.28 是利用高架车开展星地同步实验的照片。但由于其间散射计出现故障,未能取得预期效果。在获取散射数据的同时,按照统一的测量规范获取了地面参数(图 4.29),包括基本参数、作物几何参数、作物生理参数和下垫面参数等。

2013 年 9 月,开展了森林散射测量实验。森林散射测量实验利用高架车进行。考虑高架车臂的最高高度约为 25m,为了保证测量时散射计照射范围内的树冠均匀分布,而且在不同的照射角度下保持相同的测量距离 14m,经计算要求树的高度不超过 10.3m,并具有较高的郁闭度。经前期踏勘和测量,所选测量样点内的金枝槐高度低于 5m,郁闭度在 0.75 左右,满足散射测量的要求。样点实地照片如图 4.30 所示。

图 4.25 2012 年不同生长期的春玉米

图 4.26　2012 年不同生长期的水稻

翻耕裸土　　　　　　　　　　　　　　改变裸土粗糙度

湿度改变前　　　　　　　　　　　　　　湿度改变后

图 4.27　2012 年土壤散射特性测量

图 4.28　利用高架车对地物进行散射测量

粗糙度　　　　　　　　　　　　　　　　行间距

叶面积指数　　　　　　　　　　　　　　　　　　　　叶厚

图 4.29　地面参数同步测量

图 4.30　实验区测量样点实地照片

对森林进行散射测量实验时采用高架车作为测量平台，将多波段散射计测量系统安装在高架车上，然后对林地进行散射测量，如图 4.31 所示。通过实验设计，获取 S、C、X 波段，四种极化方式，25°～55°入射角林地的后向散射系数。测量过程中，通过实验设计使得天线到林地冠层的距离始终保持一致，约为 14m。

图 4.31　散射计安装在高架车上对林地进行散射测量

在进行后向散射测量的同时，利用 LAI2000、粗糙度板、钢尺、游标卡尺、温度表等仪器设备，同步获取了林地的地面参数，如图 4.32 所示。林地的地面测量参数主要有叶面积指数、郁闭度、土壤下垫面参数、气象参数、样木参数、冠层参数、树干参数、一级枝参数、树叶参数等。

粗糙度　　　　　　　　　　　　　　　　　　　　LAI

图 4.32　地面参数同步测量

4.3.2　散射计测量数据收集

散射计测量数据收集主要是围绕以下实验计划开展了数据搜集整理工作（El-Rayes and Ulaby, 1987）：1999 年南部大平原实验计划、2002 年土壤湿度实验、2003 年 NASA 寒区陆地过程场地实验计划、2007 年 BIOSAR 实验计划以及 Ulaby 和 Dobson（1989）整理的测量数据集。以下简要介绍部分收集的实验数据集。

1. 1999 年南部大平原实验计划

1999 年南部大平原实验计划（SGP99）（Njoku et al., 2002）主要是为利用当时已经或即将发射的卫星观测系统反演土壤湿度提供基础实验数据，包括 SSM/I（Special Sensor Microwave/Imager）、TRMM（Tropical Rainfall Monitoring Mission）、TMI（Microwave Imager）以及 AMSR（Advanced Microwave Scanning Radiometer）。SGP99 计划中主要进行了微波辐射计的测量实验，同时为了开辟反演土壤湿度的新途径，还

开展了 NASA 喷气推进实验室设计的 L、S 波段主被动微波仪（Passive Active L-and S-band Sensor，PALS）的航空飞行实验，装载于 C-130 飞机上，仪器的主要性能指标如表 4.5 所示。

表 4.5　L、S 波段主被动微波仪的主要指标

频率/GHz	L(1.26), S(3.15)
带宽/GHz	1
极化方式	VV、VH、HH
入射角/(°)	~40
空间分辨率(1.8km 航高)/km	1

SGP99 中 PALS 实验共进行 6 天，除了第 1 天，每天将实验区基本覆盖一遍，配套地面参数包括土壤湿度、土壤及地表温度、土壤密度、地表粗糙度以及植被覆盖情况，测量位于实验区的 36 个点。对于大量的 PALS 散射计测量数据，本书筛选足印范围内（足印中心点 200m 距离内）存在配套地面测量参数的测量点，共计 176 个，每次测量均包括 L、S 两个波段的全极化后向散射系数。

2. 2002 年土壤湿度实验（SMEX02）

2002 年 NASA-NOAA-USDA 联合启动的土壤湿度实验测量项目（SMEX02）开展了植被覆盖地表的后向散射特性测量（Jacobs et al., 2004）。实验同样使用 NASA 喷气推进实验室设计的 L、S 波段主被动微波仪，入射角为 45°，在美国爱荷华州对农作物（主要为玉米和大豆）进行了机载雷达测量，获得近 6 万个测点数据。散射计足印大小约为 400m，装载于 C-130 平台上。飞行实验在上午进行，飞行路线设计为 800m 间距的东西方向平行航线，远离道路，以确保测量目标不受污染。该实验项目主要参数如表 4.6 所示。

表 4.6　SMEX02 主被动微波仪测量参数

位置	美国爱荷华州
时间	2002 年 6 月 25, 27 日；7 月 1, 2, 5~8 日
散射计参数	全极化 L-and S-band（1.26GHz/3.15GHz）
测量参数	名义入射角为 45° 分辨率为 330m×470m（1km 航高）
测量地物	农作物（50%玉米，40%~45%大豆，5%~10%饲料和谷物）
配套地面参数	土壤湿度、温度、表面粗糙度、植被高度、种类、密度、叶面积指数、生物量等
数据量	111 条航线，共 57122 个测点。有配套地面测量的数据 L 波段 1297 条，S 波段 1297 条

按照散射计测量数据需有配套地面参数的原则，搜集了地面参数测量点 200m（半足印尺寸）范围内的散射计测量数据，经统计 L、S 波段均可获得单一入射角数据约 1297 条。

与 PALS 相关的地面测量参数主要有土壤温度测量、土壤湿度测量（包括重量含水量和体积含水量）、地表粗糙度测量以及植被参数测量。其中，土壤温度测量包括多个深度的测量结果；重量含水量采用烘干法；体积含水量利用手持式 TDR 进行测量；

地表粗糙度测量使用针板式粗糙度仪，测量结果包含平行和垂直田垄两个方向；植被参数测量则包含植株密度、高度、覆盖度、干湿生物量、叶面积指数等多个参数。这些测量位于实验区的 31 个站点，大部分位于实验航线上。不同的配套地面参数测量是分别进行的，具有不完全相同的测量时间和测量站点。

　　实验中，大部分地面站点获取了体积含水量、重量含水量和土壤温度的测量数据；由于土壤粗糙度的时间变化不大，所以整个实验期间只进行了一次全面的粗糙度参数测量；植被参数测量也选取在典型的作物生长期进行，虽然没有与散射计测量严格同步，但 3 天以内的时间差异基本可以满足应用需求。

4.3.3　后向散射特性数据库系统构建

　　采用野外测量与数据收集相结合的方法建立了主要包括 L、S、C、X 四个波段，HH、VV、VH、HV 四种极化，入射角为 20°～50°，以及不同方位向条件下典型地物的后向散射特性数据库（图 4.33），同时，考虑在数据库收集的国外散射计测量的 P 波段数据。针对土壤、农作物、林地、积雪等典型地物类型，利用散射计开展后向散射特性测量，利用矢量网络分析仪进行典型地物介电特性测量及数据分析。

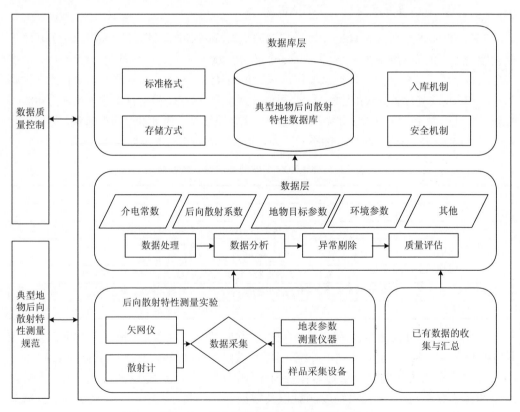

图 4.33　后向散射特性数据库构建方案

　　根据统一的数据收集与汇总标准，对野外实验测量与收集的典型地物散射特性数据进行规范和质量控制，按照统一的数据存储结构，建立了典型地物散射特性数据库，并以独立模块的方式集成到典型地物类别散射特性知识库的总体构架上，实现后向散射数据的可视化和可扩展性，同时满足解译需求对后向散射数据的查询、调用、元数据输出、结果显示等功能。

1. 后向散射特性数据标准格式设计

　　参考国内外散射特性测量与地面参数测量相关的标准规程，对典型地物后向散射特性测量的全过程进行质量控制，建立了典型地物后向散射特性测量规范。后向散射特性数据标准格式实际上是典型地物后向散射特性测量标准与规范的副产品，作为数据的交换格式与数据库入库格式，需要具有以下特点：①便于数据采集与整理；②便于开发人员定制程序实现标准文件的自动、批量入库。后向散射特性数据组织结构（图 4.34）参考 XML 地理空间元数据表达形式，采用树形逻辑结构，建立特定格式的文本书件作为标准数据文件，主要包括 A、B、C 类文件。一条地面观测散射数据记录由若干 A、B、C 类文件及图片构成。

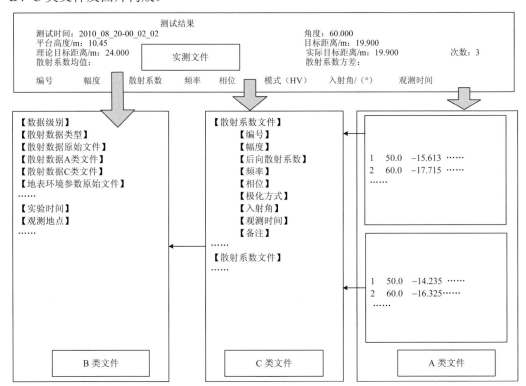

图 4.34　后向散射特性数据组织结构

　　其中，A 类文件格式每行包含一组值，记录散射计测量数据值，中间用制表符隔开；

B 类文件作为主数据文件，包含关联 A、C 类文件与图片文件关联的文件名与其他相关元数据信息；C 类文件主要包含测量数据的属性字段。

后向散射系数数据及其系统参数是整个数据库的主体，将采用关系型数据库建立后向散射数据和其系统参数之间的相关关系。由于系统参数针对不同地物类型具有不同的观测项，采用数据字典的概念，通过相同项来关联各个数据字典，其中一个表用来记录观测项字典，另一个表记录观测地点和观测项以及该项的观测值。

后向散射特性数据库设计主要包括概念结构设计、逻辑结构设计与物理结构设计，其中概念结构设计是整个数据库设计关键，可以用 E-R 图来描述典型地物后向散射数据库的概念模型（图 4.35）。后向散射数据的逻辑结构是散射计测量数据与元数据关系模型的集合，实体与实体之间的联系通过二维数据表来表示。为了减少数据冗余，可以将数据表的字段进行拆分建立多个数据表，通过定义合适的外部关键字对不同数据表进行关联，并与主数据表关联。确定了数据的逻辑结构后，就可以实现后向散射数据的存储和编辑，即数据库的物理实现。采用 ORACLE 数据库存储与管理典型地物后向散射特性数据。

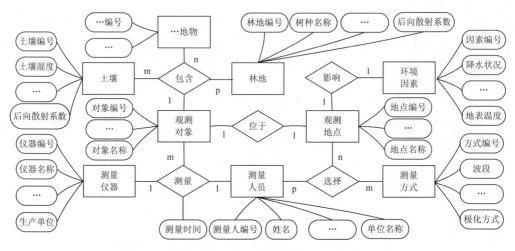

图 4.35　典型地物类别后向散射特性数据库的 E-R 图

2. 典型地物后向散射特性数据库的设计

典型地物后向散射特性数据库收录的数据主要包括典型地物散射计测量数据、收集整理的散射计测量数据（Ulaby 和 Dobson 总结的测量数据、NASA 寒区陆地过程场地实验计划测量数据、1999 年南部大平原实验计划与 2002 年土壤湿度实验测量数据等），以及与其配套的属性数据，数据量多，且组织结构复杂。典型地物后向散射特性数据库为微波遥感数据分析与应用提供数据支持，数据库的设计是构建数据库的重要步骤，主要包括数据标准格式设计、数据库结构设计、数据入库设计与数据库功能设计。

数据标准格式设计主要包括数据交换格式设计与数据入库格式设计。数据交换格式设计主要实现对未经处理的数据格式进行处理，便于数据采集与整理。数据交换数据格式以 Excel 与文本书件形式组织，每行对应一组记录，文件与文件之间存在"一对一"与"一对多"关系。数据入库格式设计主要统一数据存储格式与存储方式，方便开发人员定制程序实现标准文件的自动、批量入库。以小麦为例：一组小麦测量数据包含不同波段、极化、入射角的测量结果与对应地面参数以及相应的说明数据，根据交换格式处理后统一为基于 Excel 文件，包含入库所需的所有信息。一次入库处理对一个 Excel 文件进行处理。

数据库结构设计主要包括概念结构设计、逻辑结构设计与物理结构设计，其中概念结构设计是整个数据库设计的关键，可以用 E-R 图来描述典型地物后向散射数据库的概念模型。后向散射数据的逻辑结构是散射计测量数据与元数据关系模型的集合，实体与实体之间的联系通过二维数据表来表示。物理结构设计是实体数据在具体数据库软件中的存储结构、存取方式等。通过分析 2011 年度与 2012 年度地物测量数据（包含小麦、玉米、水稻与裸土），以及收集数据的组织格式，根据关系数据库理论设计与优化典型地物后向散射特性数据库逻辑结构,采用 ORACLE 数据库存储和管理测量及收集数据。

数据入库设计主要包括数据格式检查、数据入库与管理。数据格式检查思路为：①判断输入文件格式；②判断字段数目与组织形式；③判断关键字是否有空值与异常值。数据入库与管理首先必须保证输入格式的正确性。根据数据格式检查的结果判断当前数据是否入库并管理、最终生成入库报告。

数据功能设计主要包括数据格式检查、数据入库、存储管理、数据查询与数据可视化设计，实现散射计测量数据与收集整理数据入库、存储管理与数据查询，为知识库应用提供数据支持。

3. 典型地物后向散射特性数据库实现

根据典型地物后向散射特性数据库的逻辑结构，典型地物后向散射特性数据库共包含 26 张数据表，其中测量与收集数据表 5 张，地面参数测量数据表 17 张，系统辅助编码表 4 张。基于 ORACLE 数据库实现了散射计测量数据与地面参数处理与入库。

根据典型地物后向散射特性数据库的功能需求与设计，基于 VS2010 与 ORACLE 开发平台，采用 C#语言实现数据格式检查、数据入库、存储管理、数据查询与数据可视化功能。其中数据入库实现散射计测量数据批处理入库，数据查询实现中国科学院遥感与数字地球研究所散射计测量数据、Ulaby 和 Dobson 总结的测量数据、NASA 寒区陆地过程场地实验计划测量数据、1999 年南部大平原实验计划与 2002 年土壤湿度实验测量数据查询，支持多字段查询；数据可视化支持散射计测量数据与 Ulaby 和 Dobson 总结的测量数据绘图可视化。

中国科学院遥感与数字地球研究所散射计测量数据录入界面如图 4.36 所示，查询结果界面如图 4.37 所示，绘图界面如图 4.38 所示，地面参数界面如图 4.39 所示。

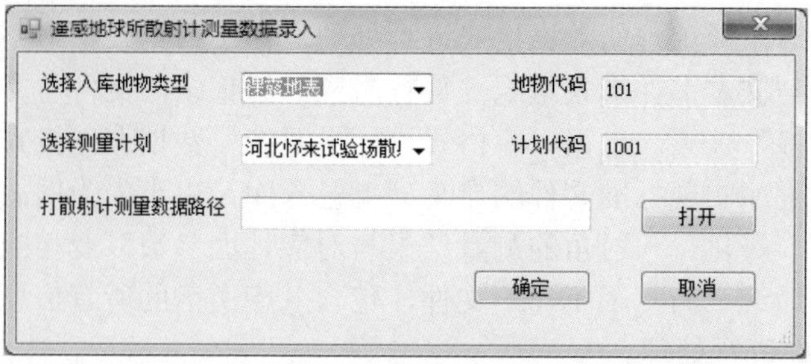

图 4.36 中国科学院遥感与数字地球研究所散射计测量数据录入界面

图 4.37 中国科学院遥感与数字地球研究所散射计测量数据查询结果界面

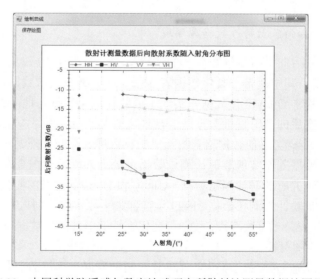

图 4.38 中国科学院遥感与数字地球研究所散射计测量数据绘图界面

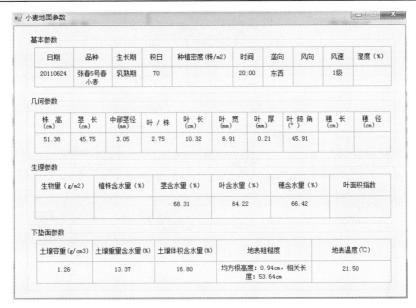

基本参数

日期	品种	生长期	积日	种植密度（株/m2）	时间	垄向	风向	风速	湿度（%）
20110624	张春5号春小麦	乳熟期	70		20:00	东西		1级	

几何参数

株高（cm）	茎长（cm）	中部茎径（mm）	叶/株	叶长（cm）	叶宽（mm）	叶厚（mm）	叶倾角（°）	穗长（cm）	穗径（cm）
51.38	45.75	3.05	2.75	10.32	6.91	0.21	45.91		

生理参数

生物量（g/m2）	植株含水量（%）	茎含水量（%）	叶含水量（%）	穗含水量（%）	叶面积指数
		68.31	64.22	66.42	

下垫面参数

土壤容重（g/cm3）	土壤重量含水量（%）	土壤体积含水量（%）	地表粗糙度	地表温度（℃）
1.26	13.37	16.80	均方根高度：0.94cm，相关长度：53.64cm	21.50

图 4.39　中国科学院遥感与数字地球研究所散射计地面参数界面

4.4　典型地物 SAR 影像数据库

SAR 影像反映了地物目标的后向散射特性，不同的传感器参数与下垫面特征会导致不同的后向散射特性。目前国外微波影像库的研究主要集中在军事目标，以目标影像特征库支持军事目标检测识别，而对微波典型地物类别影像库报道较少。此外，国内外针对光学影像的遥感影像库正在逐步健全，发展典型地物微波影像库是微波遥感的一个发展趋势。

典型地物 SAR 影像库面向地表地形地物与森林植被覆盖的典型目标，收集、整理并筛选国内外各类机载和星载 SAR 影像数据，提取反映这些地物目标特性的各种散射特征、纹理特征、几何特征、极化特征、相干特征、角度特征、时相（物候）特征等的影像块，建立能反映典型地物目标特性的航空航天 SAR 影像库；影像库系统对不同地物类型、传感器参数、辅助数据等进行统一规范存储，以独立模块的方式集合在典型地物类别散射特性知识库的总体构架上，实现影像数据的查询、快速显示、存储、编辑等功能（许娟等，2012）。

4.4.1　影像数据库存储结构设计

典型地物 SAR 影像库主要可以分为影像元数据库和影像数据库两部分，如图 4.40 所示。影像元数据库用于对 SAR 影像元数据标准中的数据集进行存储与管理，影像数据库用于对影像数据进行存储和管理，并通过数据库引擎实现影像数据的组织、快速查询与检索。

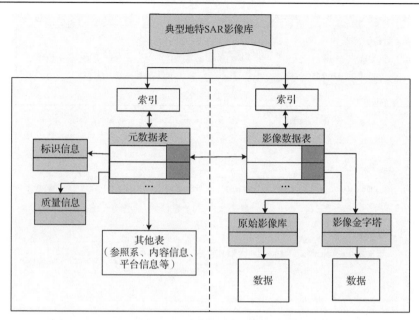

图 4.40　典型地物 SAR 影像库结构图

　　对于每一景加载的影像为其提供一个影像编号，该编号在系统中唯一标识该景影像。元数据定义有关各种地理信息资源元数据的根实体。通过影像编号把每景的影像数据与元数据关联起来。根据元数据的组织清晰地映射出元数据类图，包括各个类及其之间的关系。拟采用将类映射成表，将类的属性映射成表的字段，通过在表中建立主键和外键来实现类之间的关联。这样，标识信息、质量信息、参照系信息、内容信息、分发信息、遥感信息等数据集分别映射成表，并为表中每条记录都设置一个记录号。元数据除了包含自己的元数据项还用于标识影像编号和用于与标识信息等建立关联的外键，这样对于加载的每一景影像通过元数据就可以把该影像的所有元数据集组织起来。

　　1.　元数据属性表设计

　　元数据是关于数据的数据，主要来源于各类传感器的头文件信息，它描述 SAR 数据集的各类属性信息，用于影像数据的目录检索和浏览，还可以帮助数据库用户找到适合的产品数据，评估它们的适用性，以便正确地下载和使用。根据 SAR 系统及典型地物特征影像块的特点，特制定了适合于 SAR 影像块存储的元数据格式属性表，如表 4.7 所示。

表 4.7　属性规格表

编号	字节	名称	数据类型	说明
1	1～15	ImageID	VARCHAR2(15)	单位：B
2	16～35	地物类别	VARCHAR2(10)	单位：B
3	36～50	传感器类型	VARCHAR2(15)	单位：B

续表

编号	字节	名称	数据类型	说明
4	51~65	地物经度	NUMBER(15,8)	单位：（°）
5	66~80	地物纬度	NUMBER(15,8)	单位：（°）
6	81~82	波段	VARCHAR2(2)	单位：B
7	83~97	极化	VARCHAR2(15)	单位：B
8	98~107	入射角	NUMBER(10,6)	单位：（°）
9	108~115	数据获取时间	VARCHAR2(8)	
10	116~123	升降轨	VARCHAR2(8)	
11	124~128	左右视	VARCHAR2(5)	
12	129~143	方位向分辨率	NUMBER(15,6)	单位：m
13	144~158	距离向分辨率	NUMBER(15,6)	单位：m
14	159~168	图像的行数	NUMBER(10)	单位：B
15	169~178	图像的列数	NUMBER(10)	单位：B
16	179~188	存储类型	VARCHAR2(10)	Int 和 float 型
17	189~190	是否定标	VARCHAR2(2)	
18	191~196	多视数	VARCHAR2(6)	
19	197~206	方位角	NUMBER(10,6)	单位：（°）
20	207~211	SLC/MLC	VARCHAR2(5)	
21	212~215	幅度/功率	VARCHAR2(4)	
22	216~219	斜/地距	VARCHAR2(4)	
23	220~223	照片有无	VARCHAR2(4)	
24	234~488	描述信息	VARCHAR2(255)	描述影像的其他信息

2. SAR 影像表以及光学影像表创建

通过 ArcSDE 实现对 ORACLE 11g 空间数据库的连接，选择 SAR 影像批量导入到 SARimages，整个 SAR 影像集以 ST_GEOMETRY 的方式存储到 ORACLE 的表空间 SDE 中（图 4.41）。这样既解决栅格数据的物理存储方式，又避免了单幅栅格数据量过大的弊端，实现栅格数据的无缝显示以及对空间数据和属性数据进行统一和有效的管理，方便对数据的索引，也为开发影像库系统提供了非常方便的入口。

3. SAR 和光学影像表之间的关联

为两个影像表以及属性表均设置唯一主键 OBJECTID，从而将元数据表与影像数据一一联系起来，使一个 OBJECTID 对应唯一的元数据、SAR 影像和光学影像（图 4.42）。

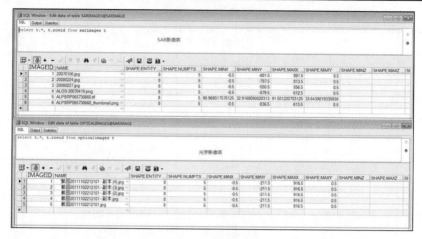

图 4.41　影像数据表

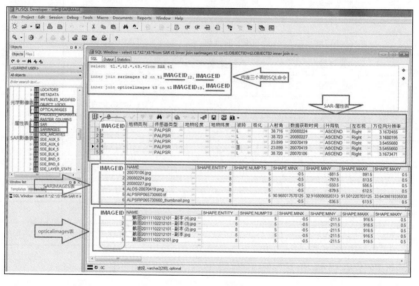

图 4.42　表间关联

4. 数据存储设计

传统的空间数据往往采用文件方式，该方式对数据管理的安全性较差，存在着属性和影像分开管理的问题，不适合网络共享发展的需要。SAR 影像库采用对象-关系数据库管理数据部分，保证元数据、SAR 影像数据和光学影像数据三者之间的有效存储与管理，具有良好的并发性、安全性、可管理性。

由于 ORACLE 对影像数据存储诸多不足，采用中间件 ArcSDE 对影像数据进行存储。安装 ArcSDE for ORACLE 过程中，需要输入数据库的全局数据库名以及空间数据引擎实例名，以便创建空间数据库引擎的运行。服务器端的 ArcSDE 连接到 ORACLE

以后，ORACLE 表空间中增加一个名为 SDE 的用户。利用 ArcGIS Desktop 导入栅格
数据到数据库中，但影像以单幅形式导入到 ORACLE 中不便于管理、数据量过大，
ArcGIS Desktop 的功能模块 ArcCatalog（栅格目录表）管理分幅影像数据具有很大的
优势。建立两个栅格目录表 SARimages 和 Opticalimages 分别存储所有的 SAR 影像和
光学影像。存储方案设计如图 4.43 所示。

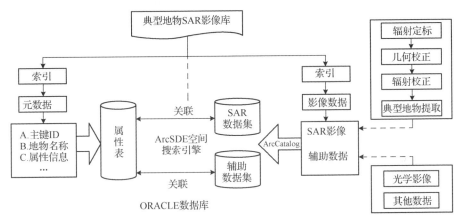

图 4.43　存储方案设计

4.4.2　SAR 影像数据库示例数据

目前，SAR 影像库实现了裸地、居民地、小麦、玉米、水稻、果园、针叶林、阔
叶林、灌木林、积雪共计 10 类地物类别影像的数据入库。部分入库数据如图 4.44～
图 4.47 所示。

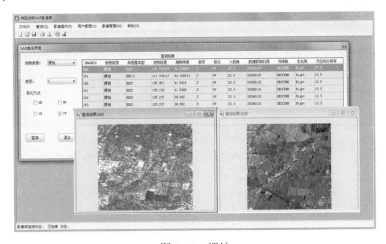

图 4.44　裸地

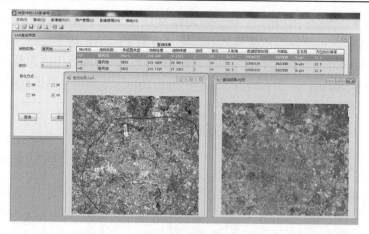

图 4.45　居民地

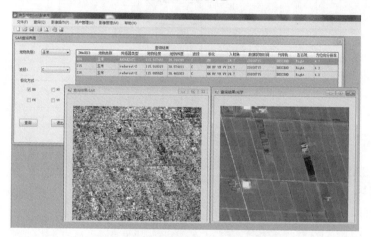

图 4.46　玉米

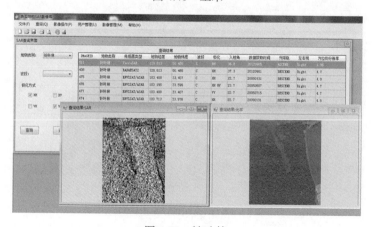

图 4.47　针叶林

4.4.3　SAR 影像数据库系统构建

影像数据块包括经过严格定标的多种波段、分辨率、角度、多时相的航空航天 SAR 图像样本数据，针对测绘制图和林业资源分类主要涉及的裸地、果园、居民地、小麦、水稻、玉米、针叶林、阔叶林、灌木林、积雪等 10 种要素，涵盖了 P、L、C、X 多个波段，20°～50°大范围入射角的数据。数据集充分利用现有数据，收集国内外公开的免费数据，鉴于现有影像数据大多缺乏配套地物实测参数，通过项目组织的综合实验和有偿购买的星载数据并进行地面同步野外测量实验构成较为完备的数据集。

结合影像数据库的应用需求，考虑拟采用 ORACLE 作为后台数据库，设计影像数据库包括三大模块：影像管理、影像操作、用户管理。影像管理模块主要是对影像数据库的维护操作，包括影像数据的入库、查询、删除、导出和修改元数据。影像操作模块是影像数据库引擎设计的一个重要内容，主要是完成从数据库中将影像调出来浏览，同时可以进行放大、缩小、拖动、多窗口显示以及亮度和对比度的调整和极化 SAR 数据的伪彩色显示。用户管理模块是对访问数据库的用户登记、设置权限，包括添加用户、删除用户、修改权限和修改密码四部分。当用户要与目标影像数据库发生数据存取时，必须先通过用户表取得用户权限，根据权限为用户开放不同的功能。图 4.48 为 SAR 影像数据库的结构示意图，图 4.49 为典型地物 SAR 影像库的软件界面。

下面主要给出影像管理模块的功能介绍，该模块是将本地影像数据及元数据导入 SDE 影像库中，以便完成后续影像操作和影像查询。

元数据修改提供批量导入 Excel 和单条插入的功能，并实现元数据信息的修改。

批量导入 Excel：分别单击选择本地 Excel 文件及报告所在路径，即可完成元数据导入。

单条插入包括【输入】、【选择】及【描述】三个标签页，依次操作。首选在【输入】界面设置元数据获取时间、地物类型、波段等属性信息；然后在【选择】界面选择数据的极化方式、数据类型等；最后在【描述】界面填写数据的描述信息，完成单条属性数据的插入。

影像查询模块支持影像库数据多条件筛选、查询结果的显示及全部导出功能。在数据筛选方面提供地物类别、波段、入射角、获取时间等过滤项，使用户得到准确的查询结果。模块主界面及查询结果界面如图 4.50 所示。分别设置筛选条件，包括地物类别、波段、极化方式等；单击查询按钮，得到符合条件的查询结果。

针对查询结果，选中一条数据右键【查看影像】，实现光学及 SAR 影像查看。模块界面如图 4.51 所示。

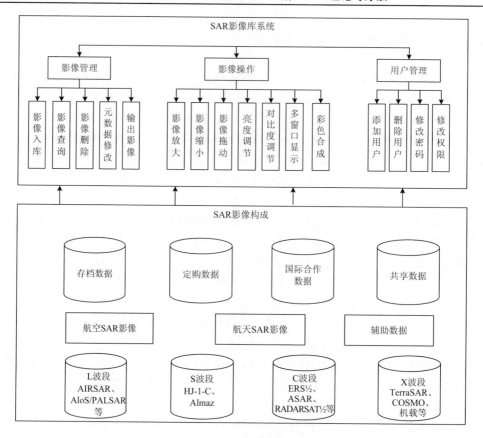

图 4.48　SAR 影像数据库结构图

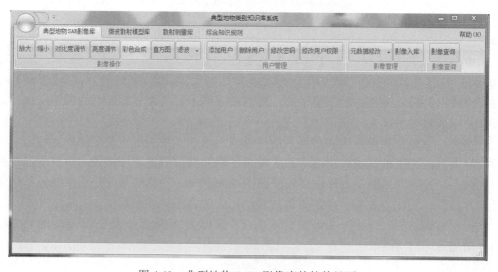

图 4.49　典型地物 SAR 影像库的软件界面

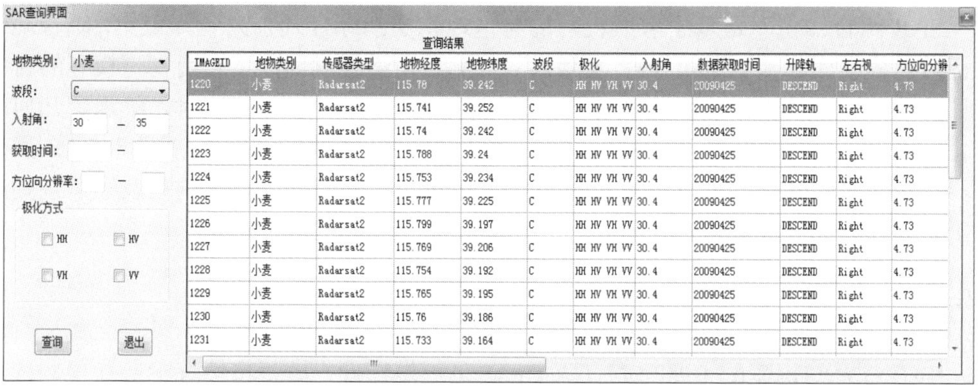

图 4.50　查询结果界面

图 4.51　查看影像界面

4.5　综合知识规则及其应用

　　SAR 图像的信息表达方式与光学图像有很大的差异，并受到相干斑噪声和各种几何特征的影响，使得 SAR 图像的自动处理比光学图像困难得多。随着 SAR 技术的不断发展，由其获得的数据的空间和时间分辨率不断提高，相应的数据量也急剧增加，传统的人工判读已经难以完成如此庞大的工作量，需要通过目标特征提取和自动目标识别技术来加快数据的处理和提高目标识别的精度。对自然地表地形和各种地物类型与电磁波的相互作用机理、SAR 的统计模型及 SAR 图像本身的特点认识不够，使得 SAR 图像特征提取的有效性降低，从而导致地物分类和目标识别精度难以满足实际应用需求。由于问题本身的难度、这些问题都还处于研究阶段，其范围也往往局限于一个比较狭窄的领域，而且性能也不太理想。因此，利用典型地物散射特性知识库作为先验知识支持图像判读，成为 SAR 图像解译的一个发展趋势。

SAR 综合知识库是基于散射机理的典型地物类别综合判别先验知识集，综合地物目标散射模型库、典型地物 SAR 影像库、实测后向散射观测库，利用物理模型的目标特性扩展方法，修正微波散射物理模型的运行结果，提取目标的散射、纹理、几何、极化、相干、波段、角度、时相等特征，结合其他辅助数据，形成可服务于 SAR 影像目标判读的先验知识。本节从先验知识规则构建、综合规则应用示例以及知识规则应用工具软件设计展开论述。

4.5.1 先验知识规则构建

SAR 综合知识库的主要功能有两个：一是根据影像、散射特性等参数获得判读地物信息的知识；二是针对具体应用目标，选择开展应用所需 SAR 数据的最佳传感器参数。因此，在模型库、实测库、影像库建设的基础上，分析各种目标散射特性，综合多种数据源，形成有效的影像目标判读知识和参数选择依据。

此外，先验知识规则还可以来自已有的技术成果、已发表的文献。下面给出一些利用 SAR 知识库系统中实测库数据分析得到的典型地物先验知识规则。

1. 小麦数据分析

图 4.52 给出了不同生长期春小麦在不同方位向下，S1 波段 HH 极化 15°～50°入射角的后向散射系数，可以看出，不同方位向下测量的后向散射系数存在差异，并且这种差异跟作物所处生长期有关。在拔节期，0°和 90°方位向的后向散射系数要高于 45°方位向，主要是由于这个时期植株矮小，裸土在后向散射中占的比例较大，而 0°和 90°方位向观测时裸土的作用更强，因此总的后向散射大。而随着小麦生长，如在乳熟期和成熟期，植株变得茂盛，裸土对后向散射的影响减小，体散射作用增强，这时方位向对小麦后向散射强度的影响变小，这三种方位向下后向散射系数的差异基本上在 1dB 之内。

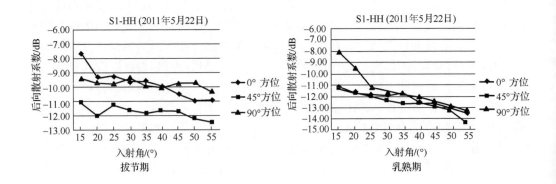

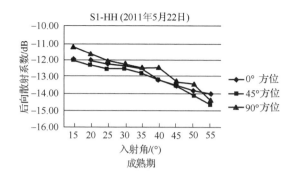

图 4.52　各生长期春小麦在不同方位向 S1 波段 HH 极化后向散射系数

图 4.53 出了乳熟期小麦同一地块含水量变化对其 HH 极化后向散射系数的影响规律。可以看出，含水量越大，HH 极化后向散射系数越大；当含水量增大 11.79%时，小麦 HH 极化后向散射系数增大约 1dB。此外，由于含水量不同造成的后向散射系数差异几乎不随入射角的变化而变化。

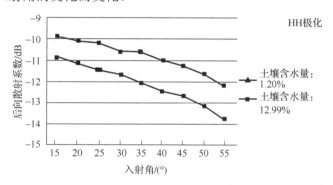

图 4.53　不同土壤重量含水量的乳熟期小麦 S1 波段 HH 极化的后向散射系数随入射角的变化规律

2. 水稻数据分析

图 4.54 给出的是同处分蘖期但行间距不同的两块水稻 X 波段 HH 极化后向散射系数随入射角的变化规律，其中"2012 年 7 月 23 日-1-0-X-HH"对应行间距为 31cm，"2012 年 7 月 23 日-2-0-X-HH"对应行间距离为 36cm（图 4.55）。可以看出，行间距较小的地块对应的后向散射系数较大，这是由于这一生长阶段的水稻，体散射已占一定比例，行间距越小，体散射越强，所以总的后向散射系数就大。

3. 玉米数据分析

图 4.56 给出了 2011 年夏玉米在七叶期、拔节期、抽丝期，S1 波段同极化的后向散射系数随入射角的变化规律。

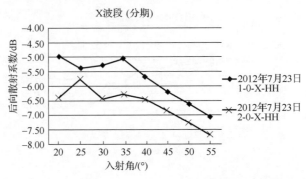

图 4.54　不同行间距分蘖期水稻 X 波段 HH 极化后向散射系数随入射角变化规律

图 4.55　不同行间距分蘖期水稻

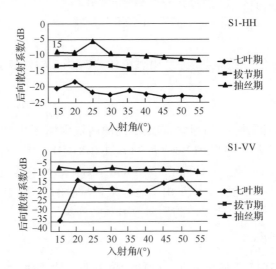

图 4.56　2011 年夏玉米不同生长期 S1 波段同极化后向散射系数随着入射角的变化规律

可以看出，随着入射角的增大，夏玉米的后向散射系数总体上呈平稳趋势；随着玉米的成熟，其后向散射系数逐渐增大，不同生长期的后向散射系数在 HH 极化存在明显差异，不同生长期差值约 1dB，VV 极化时，拔节期、抽丝期的后向散射系数基本无变化。

4. 土壤数据分析

图 4.57 给出了裸地不同土壤含水量对 S1 波段同极化后向散射系数的影响规律。较干的土壤含水量为 6%，较湿的土壤含水量为 13%。可以看出，土壤 VV 极化后向散射高于 HH 极化，并且含水量越高，后向散射系数越大；当 HH 极化和 VV 极化时，干湿土壤因不同含水量引起的后向散射系数变化约 1dB。

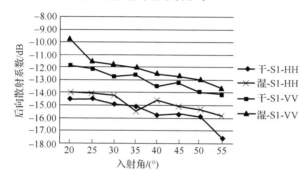

图 4.57　不同湿度水平土壤 S1 波段后向散射系数随入射角的变化规律

图 4.58 给出了 S1 波段 2012 年小麦土壤重量含水量与后向散射系数之间的关系。由图中后向散射系数随入射角的变化，可知小麦土壤重量含水量越大，后向散射系数越大。11.70%土壤重量含水量的小麦比 5.63%土壤重量含水量的小麦，其后向散射系数大将近 1dB。此外，由于含水量不同造成的后向散射系数差异几乎不随入射角的变化而变化。

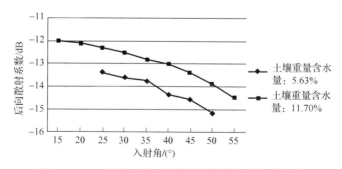

图 4.58　HH 极化土壤后向散射系数随入射角的变化

4.5.2　综合规则应用示例

以下给出一个基于全极化 SAR 图像的冰川表面识别与雪线提取的实例，着重说明主要利用 SAR 影像库构建的综合知识规则的应用情况。

冰川的分类与识别主要解决两个问题：一是冰川与非冰川区的划分，在单极化图像上，冰川区与非冰川区往往认为是难以区分的；二是冰川表面不同冰带的划分。在冰川学中，冰川表面从上至下可以划分为干雪带、渗浸带、湿雪带、附加冰带、裸冰带。依据含水量，积雪可以分为干雪和湿雪。干雪的基本介质是空气，散射体是冰粒；湿雪是在空气和冰粒之间出现了液态水。在 C 波段，干雪几乎是透明的，干雪带的积雪在夏季也不会融化，只存在于南极、格陵兰岛以及极少数高海拔山地冰川。湿雪表面光滑，对微波的衰减作用非常强，后向散射很弱。裸冰带比湿雪带表面粗糙，后向散射更强，但裸冰带与周边非冰川区在单极化 SAR 难以有效区分。全极化 SAR 为冰川的监测提供了更好的数据支持。相比于单极化 SAR，全极化 SAR 以极化矩阵的形式提供四个极化通道（HH, HV, VH, VV）的后向散射信息，且极化散射矩阵常与相应的散射机理相关联，因此包含更加丰富的地物信息（Huang et al., 2011）。

选取青藏高原中部冬克玛底及其周边冰川，采用 RADARSAT-2 全极化数据，结合知识规则，开展冰川区分类实验，并对照光学数据（图 4.59(a)）及地面实验，对结果进行检验。

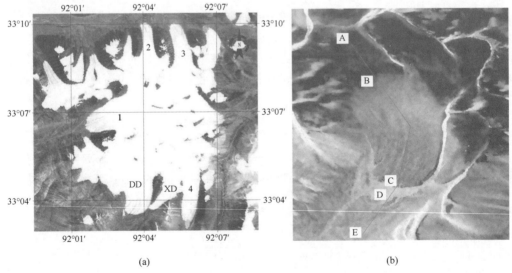

(a)　　　　　(b)

图 4.59　(a) LandSat-5 图像上大冬克玛底及小冬克玛底冰川；(b) RADARSAT-2 图像上 DD 冰川，其中 A-B 为湿雪区，B-C 为裸冰区，C-D 为河滩区，D-E 为裸土区

通过对全极化图像的定标，获取了其后向散射系数图像；通过对 SAR 图像进行 Pauli 基极化分解以及 H/A/Alpha 分解，获取了多种极化参数。沿大冬克玛底的主轴线，提取极化信息如图 4.60 所示。

图 4.60(a)和(b)中，湿雪和裸冰的差异非常明显，湿雪后向散射系数比裸冰平均低 8～10dB，这主要是因为在夏季，湿雪表面非常光滑，对雷达信号的衰减作用比较强烈，而裸冰以表面散射为主，由于融化，表面变得粗糙，后向散射相对较强。而裸冰和裸土的后向散射系数差异不明显。图 4.60(d)中，裸冰和裸土的 Alpha 值差异非常明显。Alpha 指示的是地物散射特性，裸土的值在 10～15，裸冰在 20～25，表明裸土表面单次散射成分更多，由此可以看出两类地物的差异，在分类过程中可以形成各自的特征作为分类的先验知识。

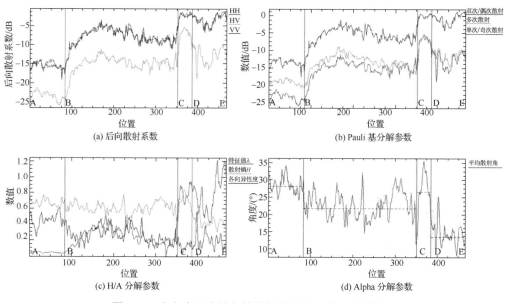

图 4.60　大冬克玛底的主轴线极化分解参数（见彩图）

同样采用支持向量机（SVM）分类算法，通过对比发现，H/A/Alpha 分类精度要明显高于采用后向散射系数和 Pauli 基特征，分类结果如图 4.61(a)所示。

将分类结果中的湿雪和冰单独提取出来，可以清晰地识别出两者之间的界线，即瞬时雪线。在夏季，冰川表面消融状态变化很大，SAR 图像上反映的是卫星过境时的状态。在夏季末期，一般认为，冰川的雪线接近于物质平衡线，对研究冰川的物质平衡具有重要意义。这里所用的 RADARSAT-2 图像获取时间为 2009 年 8 月 30 日（图 4.61(b)），接近消融末期，因此其对物质平衡线具有一定的参考意义。

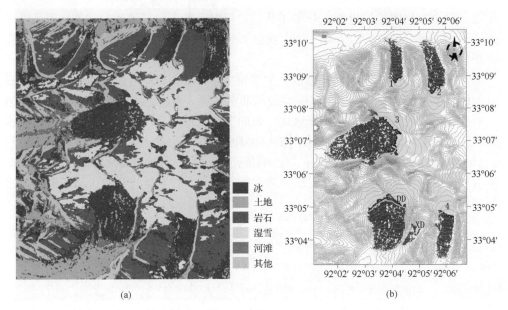

图 4.61　(a) 采用 SVM 方法及 H/A/Alpha 特征的分类结果；(b) 提取基于分类结果雪线位置（见彩图）

参 考 文 献

许娟, 李震, 田帮森, 等. 2012. 地物散射模型与知识库系统中 SAR 影像数据分析与管理. 遥感信息,
　　27(6): 57-61.

Bracaglia M, Ferrazzoli P, Guerriero L. 1995. A fully polarimetric multiple scattering model for crops.
　　Remote Sensing of Environment, 54(3): 170-179.

Chauhan N S, Vine D M L, Lang R H, et al. 1997. Discrete scatter model for microwave radar and
　　radiometer response to corn: Comparison of theory and data. IEEE Transactions on Geoscience and
　　Remote Sensing, 32(2): 416-426.

Chen K S, Wu T D, Tsang L, et al. 2003. Emission of rough surfaces calculated by the integral equation
　　method with comparison to three-dimensional moment method simulations. IEEE Transactions on
　　Geoscience and Remote Sensing, 41(1): 90-101.

de Mattheis P, Lang R H. 2009. Comparison of surface and volume currents models for electromagnetic
　　scattering from finite dielectric cylinders. IEEE Transactions on Antennas and Propagation, 57(7):
　　2216-2220.

El-Rayes M A, Ulaby F T. 1987. Microwave dielectric spectrum of vegetation-Part I: Experimental
　　observations. IEEE Transactions on Geoscience and Remote Sensing, 25(5): 541-549.

Ewe H T, Chuah H T 2000. Electromagnetic scattering from an electrically dense vegetation medium. IEEE

Transactions on Geoscience and Remote Sensing, 38(5): 2093-2105.

Ferrazzoli P, Guerriero L, Solimini D. 1991. Numerical model of microwave backscattering and emission from terrain covered with vegetation. Applied Computation Electromagnetics Society Journal, 6: 175-191.

Fung A K. 1994. Microwave Scattering and Emission Models and Their Applications. Norwood: Artech House.

Garestier F, Toan T L. 2010. Forest modeling for height inversion using single-baseline InSAR/Pol-InSAR data. IEEE Transactions on Geoscience and Remote Sensing, 48(3):1528-1539.

Holliday D. 1987. Resolution of a controversy surrounding the Kirchhoff approach and the small perturbation method in rough surface scattering theory. IEEE Transactions on Antennas and Propagation, 35(1):120-122

Huang L, Li Z, Tian B S, et al. 2011. Classification and snow line detection for glacial areas using the polarimetric SAR image. Remote Sensing of Environment, 115(7): 1721-1732.

Jacobs J M, Mohanty B P, Hsu E C, et al. 2004. SMEX02: Field scale variability, time stability and similarity of soil moisture. Remote Sensing of Environment, 92(4): 436-446.

Karam M, Fung A, Antar Y. 1988. Electromagnetic wave scattering from some vegetation samples. IEEE Transactions on Geoscience and Remote Sensing, 26(6): 799-808.

Lang R H, Sidhu J S. 1983. Electromagnetic backscattering from a layer of vegetation: A discrete approach. IEEE Transactions on Geoscience and Remote Sensing, 21(1): 62-71.

Liang D, Xu X, Tsang L, et al. 2008. The effects of layers in dry snow on its passive microwave emissions using dense media radiative transfer theory based on the quasicrystalline approximation (QCA/DMRT). IEEE Transactions on Geoscience and Remote Sensing, 46(11): 3663-3671.

Marliani F, Paloscia S, Pampaloni P, et al. 2002. Simulating coherent backscattering from crops during the growing cycle. IEEE Transactions on Geoscience and Remote Sensing, 40(1): 162-177.

Mcdonald K C, Dobson M C, Ulaby F T. 1990. Using MIMICS to model L-band multiangle and multitemporal backscatter from a walnut orchard. IEEE Transactions on Geoscience and Remote Sensing, 48(4): 477-491.

Njoku E G, Wilson W J, Yueh S H, et al. 2002. Observations of soil moisture using a passive and active low-frequency microwave airborne sensor during SGP99. IEEE Transactions on Geoscience and Remote Sensing, 40(12): 2659-2673.

Oh Y, Hong J Y. 2007. Re-examination of analytical models for microwave scattering from deciduous leaves. IET Microwaves, Antennas and Propagation, 1(3): 617-623.

Picard G, Toan T L, Mattia F. 2003. Understanding C-band radar backscatter from wheat canopy using a multi-scattering coherent model. IEEE Transactions on Geoscience and Remote Sensing, 41(7): 1583-1591.

Stiles J M, Sarabandi K, Ulaby F T. 1993. Microwave scattering model for grass blade structures. IEEE

Transactions on Geoscience and Remote Sensing, 31(5): 1051-1059.

Stiles J, Sarabandi K. 2000. Electromagnetic scattering from grassland. I. A fully phase-coherent scattering model. IEEE Transactions on Geoscience and Remote Sensing, 38(1): 339-348.

Thorsos E, Broschat S L. 1995. An investigation of the small slope approximation for scattering from rough surfaces-Part I: Theory. Journal of the Acoustical Society of America, 97(4): 2082-2093.

Toan T L, Ribbes F, Wang L F, et al. 1997. Rice crop mapping and monitoring using ERS-1 data based on experiment and modeling results. IEEE Transactions on Geoscience and Remote Sensing, 35(1): 41-56.

Tsang L, Chen C T, Chang A T C, et al. 2000. Dense media radiative transfer theory based on quasicrystalline approximation with applications to passive microwave remote sensing of snow. Radio Science, 35(3): 731-749.

Tsang L, Pan J, Liang D, et al. 2007. Modeling active microwave remote sensing of snow using dense media radiative transfer (DMRT) theory with multiple-scattering effects. IEEE Transactions on Geoscience and Remote Sensing, 45(4): 990-1004.

Ulaby F T, Dobson M C. 1989. Handbook of Radar Scattering Statistics for Terrain. Norwood: Artech House.

Vecchia A D, Ferrazzoli P, Guerriero L. 2004. Modelling microwave scattering from long curved leaves. Waves in Random and Complex Media, 14(2): 333-343.

Zurk L, Tsang L, Winebrenner D. 1996. Scattering properties of dense media from Monte Carlo simulations with application to active remote sensing of snow. Radio Science, 31(4): 803-819.

第 5 章　极化 SAR 影像分割

多尺度分割算法是面向对象分析技术中最为关键的技术，也是建立多尺度分析框架的根本。在主要的多尺度分割算法中，基于聚类的分割算法具有一定的抗噪性，但在信息较少的情况下效果受到影响。混合分割算法虽然结构灵活、简单易行，但构建尺度空间相对困难。相对前两种方法来说，基于启发条件的合并方法容易建立尺度框架，具有很强的适应性和稳定性，因此在实际应用中广泛使用。鉴于此背景，本书提出一种基于启发式条件和最邻近图的单极化 SAR 图像分割算法（叶曦，2013）。相比于光学影像，由于受到乘性斑点噪声的影响，SAR 影像的信噪比较低，所以 SAR 影像分割的难点是 SAR 影像本身的相干斑点噪声。本书在降低斑点噪声的影响后，将极化 SAR 影像进行初始分割和区域合并。针对原始的统计区域合并（Statistical Region Merging，SRM）算法并不能直接用于 SAR 影像分割，本书根据 SAR 影像的特点对原始的 SRM 算法进行改进，使之能直接用于极化 SAR 影像。

5.1　面向对象的 SAR 图像多尺度分割

面向对象的 SAR 图像多尺度分割算法的流程如图 5.1 所示，具体步骤如下：①对于输入的图像从像素开始，构建区域邻接图；②根据合并代价，为图中每个区域寻找邻域中的合并代价最小的邻近区域；③搜索整个邻接图中互为最邻近区域的区域对构成最邻近图，若该区域对的合并代价小于 Scale 则合并区域对，重现更新区域邻接图；④若没有合并发生则结束算法输出结果。

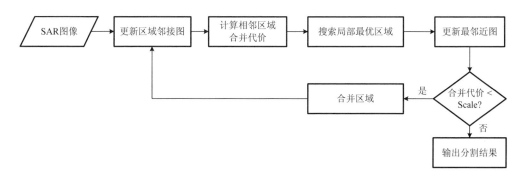

图 5.1　SAR 图像多尺度分割算法流程图

1. 区域合并代价

区域合并代价即区域间的异质性度量，它的本质是距离测度，基于假设检验理论的距离测度是 SAR 图像分割中常用的理论，利用不同分布拟合区域纹理所得到的度量也不尽相同，在实际应用中参数估计一般基于最大似然估计，可以用如下形式来概括区域 A 和区域 B 的异质性度量：

$$SC = n_A M(A) + n_{AB} M(A \bigcup B) \tag{5.1}$$

式中，M 为区域统计量，在没有任何先验知识的前提下对单极化 SAR 图像进行划分，所能利用的信息仅为像素的灰度，这里的区域统计量为灰度均值或方差，但是在实际应用中这些区域统计量可能出现 0 或负值，为避免奇异值的出现，本书在统计量的选取上不采用对数的形式。区域合并分割这种迭代演化的图像处理方式统称为变分法（variation method），在计算机视觉领域中，对这类图像处理方法进行了数学分析，认为其异质性度量满足如下的方程：

$$f(x) = \iint\limits_{x \in R_i} [g(x) - \mu]^2 dR + \lambda \partial l(R_i) \tag{5.2}$$

式中，$\iint\limits_{x \in R_i} [g(x) - \mu]^2 dR$ 为区域异质性项，为区域 R_i 的灰度标准差；$\partial l(R_i)$ 为区域形状

项。另外，SAR 图像具有丰富的纹理信息，区域统计量中的方差能很好地反映区域纹理信息，这要比简单描述区域灰度信息的区域均值更为可靠。所以，选择方差作为区域异质性度量，表示如下：

$$SC = n_A \sigma_A + n_B \sigma_B - n_{AB} \sigma_{AB} \tag{5.3}$$

式中，σ_A、σ_B、n_A、n_B 依次为区域 A、B 的标准差和像素个数。

2. 局部最优合并与合并方式

区域分割算法通常用基于区域邻接图（Region Adjacency Graph，RAG）的数据结构来存储和表达。RAG 是一个无向图（undirected graph），可表示为 $G = (V, E)$，其中 $V = \{1, 2, \cdots, K\}$ 是图中节点的集合，E 是图中边的集合。图 5.2(a)为分割区域图，其区域邻接图的表达如图 5.2(b)所示。分割结果中每个区块对应 RAG 中的一个节点，如果区块相邻则用"边"将两个相邻区块连接起来，RAG 直观而准确地表达了区块的空间关系，是实现区域分割算法的最优数据结构。

区域分割中合并方法主要分为简单合并、最优合并、局部最优合并和全局最优合并。虽然全局最优合并在理论上最为严谨，但是鉴于其在时间效率上难以满足实用性的要求，而局部最优合并的合并条件严格程度仅次于全局最优合并，并且在时间效率上要远优于全局最优合并，本书从分割算法的实用性出发，折中采用这种方式。

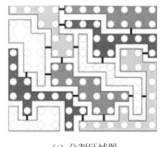
(a) 分割区域图

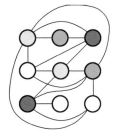
(b) 区域邻接图

图 5.2　分割区域图与区域邻接图

3. 分割算法评价

分割算法的评判主要看其对地块结构的保持，保证分割结果中每一个区域中不出现两种不同类别的地块。从目前分割算法的研究情况看，图像分割算法的评价主要依靠算法之间的比较和目视评价。为了定量分析分割算法，我们选取的场景尽量简单。这里主要考虑分割结果的形状应尽量合理，对场景的划分应尽量细致，采用的评价指标如下：

（1）形状指数（Shape Index, SI），$SI_i = P_i / 4\sqrt{A_i}$，式中，P、A 分别为区域 i 的周长和面积；

（2）区域差异性（Difference Index, DI），$DI = Std(\mu_i)$，式中，Std 为求方差运算，μ_i 为区域 i 的均值。分割之后，图像区域内部异质性尽可能小，而不同区域之间的异质性尽量大。

形状指数衡量了分割结果的形状规则性。一般来说，为了制图的方便，认为地物都具有规则形状，SI 越小说明形状越规则，分割结果越好，反之则不好。区域差异性反映了分割算法对场景中灰度的区分，好的分割算法应该能将场景中具有不同灰度特征的地块区分出来。

4. 实验分析与精度评价

为了验证本分割算法的有效性和优越性，选择 SAR 图像常用分割算法进行比较。实验图像为 2008 年 3 月 22 日成都地区的 1 景高分辨率 X 波段 COSMO-SkyMed 数据（图 5.3），入射角为 28°，图像分辨率为 3m，极化方式为 HH 极化。测试过程选取了两个场景，如下所示：

（1）简单场景为机场（图 5.4(a)），场景大小为 240 像素×230 像素，地块类型主要为机场跑道、航站楼和草坪；

（2）城市区域（图 5.4(b)），场景大小为 500 像素×500 像素，场景主要由不同材质、不同形状的建筑物构成，根据 SAR 图像的成像特点，平面屋顶单次回波能量较弱，而房屋墙壁与地面构成多次散射，回波能量叠加使得 SAR 图像上的房屋通常显示为边缘亮中间暗的形式。

图 5.3 实验图像全景

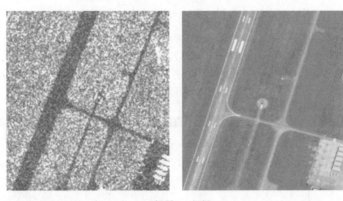

(a) 场景A：机场

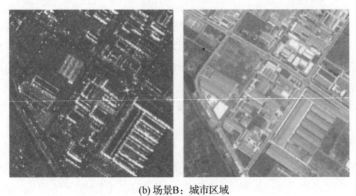

(b) 场景B：城市区域

图 5.4 分割实验数据

为了验证本书分割算法的有效性，我们采用了几种经典的分割算法作比较，这些分割算法如表 5.1 所示。

表 5.1　几种经典的分割算法

分割算法	所属分割类型	合并代价度量	是否用于多尺度分割
Mean Shift	聚类+区域合并	聚类中心的距离	是
Level Set	基于边缘	—	否
SRM	区域合并	区域均值之差	否
SCRM	分水岭+区域合并	区域面积	是

1）简单场景分割

选取图 5.4(a)开展实验分析，将本书算法与 Mean Shift、Level Set、SRM、SCRM（Size Constrain Region Merging）进行分析比较，实验结果如图 5.5 所示。其中，图 5.5(a)为 Level Set 的分割结果，图 5.5(b)为 Mean Shift 的分割结果，图 5.5(c)为 SCRM 的分割结果，图 5.5(d)为 SRM 的分割结果，图 5.5(e)为本书算法的分割结果。

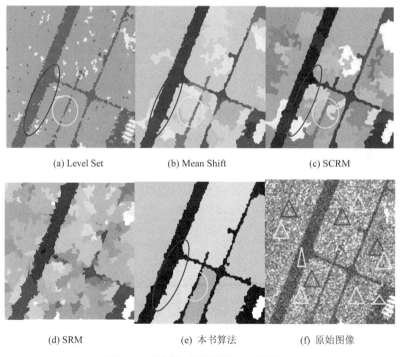

(a) Level Set　　　　　(b) Mean Shift　　　　　(c) SCRM

(d) SRM　　　　　(e) 本书算法　　　　　(f) 原始图像

图 5.5　分割实验结果图（见彩图）

从分割结果来看，以区域均值作为差异性度量的 SRM 方法在克服相干斑噪声、保持地块边缘完整的能力上要小于其他几种方法。红色框标示出来的道路是分割的难点，虽然图 5.5(a)～(e)中均大致勾勒出了道路的轮廓，但是 Level Set 并未完整分割出道路区域，SCRM 将道路区域与周边的地块进行了合并，Mean Shift 和本书提出的算法均能完整有效地对该条道路进行划分；在黄色框所标示道路的划分上，Mean Shift 和 Level Set 都存在错分，而 SCRM 和本书算法都很好地保持了该道路原有的形状。

　　表 5.2 中给出了分割算法之间的定量分析结果，参考地块为四种算法均能分割出来的地块，如（图 5.5(f)中红色标记区域）。可以看到在地块形状保持和灰度特征划分的精细程度上，Level Set 方法稍逊于其他三种算法；而在地块内部结构的保持上，本书算法和 Level Set 要强于其他算法；在分割时间上，本书算法要优于其他算法。总体上讲，本书算法在 SAR 图像分割应用中是有效的。

表 5.2　分割算法评价结果

评价指标	本书算法	Level Set	SCRM	Mean Shift
SI 平均差异/%	5.4	11.5	5.3	4.9
地块中平均区域个数	1	1	3.2	3
DI	38.23	18.14	45.77	43.69
分割时间/s	0.8	13.5	1.3	2.2

2）城市场景分割

　　实验数据如图 5.4(b)所示，由于所提供图像为高分辨率图像，场景中的道路和小建筑清晰可见，整个场景中左下角为林地，其他部分则分布着大小类型各异的建筑物，其间道路纵横。

　　由于 Level Set 需要根据地块形状设置初始轮廓，所以并不适合在复杂区域的分割，本书仅对其他四种算法进行实验。图 5.6(a)为 Mean Shift 的分割结果，图 5.6(b)为 SCRM 的分割结果，图 5.6(c)为 SRM 的分割结果，图 5.6(d)为本书提出的算法的分割结果。

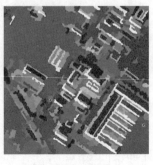 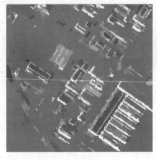

(a) Mean Shift　　　　　　　　　　(b) SCRM

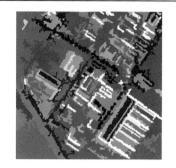

(c) SRM　　　　　　　　　(d) 本书提出的算法

图 5.6　分割实验结果图

从分割结果可以看到：

（1）图 5.7 第一行展现的是林地和城市结合部的分割结果，场景上方的白色建筑在 Mean Shift 和本书算法的分割结果上都被清晰地分割出来，本书算法将目标区域作为一个整体进行了分割。

（2）图 5.7 第二行展现的是建筑区域场景的分割细节，本书算法在结构的保持上要优于其他算法。

综上可以发现，本书算法对城市区域亮暗结构的保持上具有一定的优势，并且能保持各个地块结构的完整。

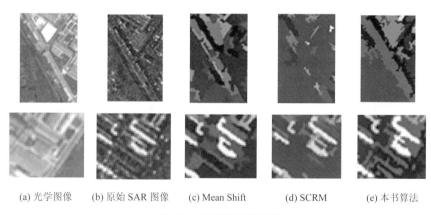

(a) 光学图像　　(b) 原始 SAR 图像　　(c) Mean Shift　　(d) SCRM　　(e) 本书算法

图 5.7　局部细节比较图

5.2　基于极化散射特征的 SAR 影像分割算法

本书利用影像的统计特征降低斑点噪声的影响，将极化 SAR 影像分割分为初始分割和分割后的区域合并两个大部分进行处理。

1. 极化 SAR 影像的初始分割

分水岭算法是一种基于数学形态学的图像分割算法，最初由 Digabel 和 Lantuejoul 引入图像处理领域，它具有直观、计算速度快并且可以并行处理、能得到封闭的物体轮廓线、对微弱边缘也具有良好的响应等优势，广泛应用在图像分割领域。

1）分水岭算法的直观描述

分水岭算法的基本思想是把图像看作地形、地貌，灰度值看作该点的海拔高度，每一个局部极小值及影响区域均称为集水盆，而集水盆的边界则形成分水岭。

分水岭的形成可以通过模拟浸入过程来说明，如图 5.8 所示。在每一个局部极小值表面刺穿一个小孔，然后把整个模型慢慢浸入水中，随着浸入的加深，每一个局部极小值的影响域都慢慢向外扩展，在两个集水盆汇合处构筑大坝，形成分水岭，将不同的区域分割开来。

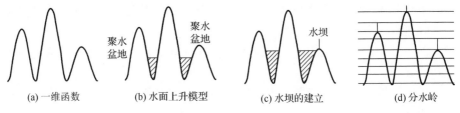

(a) 一维函数　　　　(b) 水面上升模型　　　　(c) 水坝的建立　　　　(d) 分水岭

图 5.8　分水岭算法的浸没模型

2）分水岭算法的数学定义

测地距离（geodesic distance）：集合 I 中两点 x 和 y 之间的测地距离 $d_I(x,y)$ 定义为：连接 x 和 y 的最短路径的长度。如图 5.9 所示，x 和 y 之间的最短路径为 P_{xy}，则 $d_I(x,y)=\text{length}(P_{xy})$，$x$ 和 z 不相通，其测地距离 $d_I(x,z)=+\infty$。

测地影响区（geodesic influence zone）：设集合 Y 由 n 个连通子集组成 Y_i（黑色淹没盆地），$i=1,2,\cdots,n$，则 Y_i 在 X（整个）内的测地影响区 Z 定义为

$$Z_X(Y_i)=\{x\in X\mid d_X(x,Y_i)<\infty,\forall j\neq i,d_X(x,Y_i)<d_X(x,Y_j),i,j\in\{1,2,\cdots,n\}\} \quad (5.4)$$

如图 5.10 所示，Y_i（黑色代表已淹没盆地）在整个集合 X 中的测地影响区为阴影区域 $Z_X(Y_i)$。

设梯度图像 $I(x,y)$ 的范围为 $[h_{\min},h_{\max}]$，梯度值小于等于 h 的集合记为 $T_h(I)$：

$$T_h(I)=\{I(x,y)\leqslant h\} \quad (5.5)$$

分水岭分割可描述为以下递归处理过程：

$$\begin{cases} X_{h_{\min}}=T_{h_{\min}}(I) \\ X_{h+1}=\min_{h+1}\bigcup Z_{T_{k+1}(I)}(X_h),\ h\in[h_{\min},h_{\max}-1] \end{cases} \quad (5.6)$$

式中，$\min_{h+1}$ 为 $h+1$ 层所有极小值的集合。

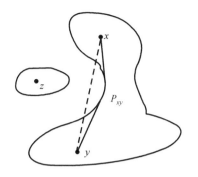
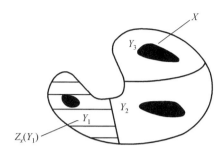

图 5.9　x、y 两点间测地距离示意图　　　　图 5.10　连通子集 Y_i 在集合 X 内的测度影响区

令循环的初始集合为 $X_{h_{\min}} = T_{h_{\min}}(I)$，处理 $h+1$ 层时，X_h 与 T_{h+1} 有 A（$X_h \bigcap T_{h+1} = \varnothing$）、$B$（$X_h \bigcap T_{h+1} \neq \varnothing$ 且 X_h 连通）、C（$X_h \bigcap T_{h+1} \neq \varnothing$ 且 X_h 不连通）三种关系，如图 5.11(a) 所示。处理时，A 中 $h+1$ 层为新的区域最小值，标记为新的标签；B 中 $h+1$ 层标记为 X_h 盆地的标签；C 中按照测地距离划分测地影响区，并标记为 X_h 相应的标签（图 5.11 为原有三个区域的标签）。结果是：$h+1$ 层划分为区域 T_{h+1} 中区域极小值 $\min_{h+1}$（A 情况，发现新盆地）、原有盆地 X_h 的测地影响区 $Z_{T_{k+1}(I)}(X_h)$（B、C 情况，原有盆地的扩展）的集合。

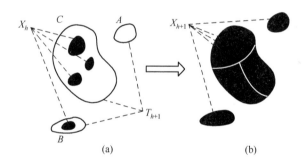

图 5.11　X_h 到 X_{h+1} 的递归示意图

图 5.11 中的三种情况为：A 中 $X_h \bigcap T_{h+1} \neq \varnothing$；$B$ 中 $X_h \bigcap T_{h+1} \neq \varnothing$ 且 X_h 连通；C 中 $X_h \bigcap T_{h+1} \neq \varnothing$ 且 X_h 不连通。A 属于发现新盆地，对应于 $\min_{h+1}$，B、C 属于原有盆地的扩展，对应于 $Z_{T_{k+1}(I)}(X_h)$。

3）分水岭的算法实现

分水岭算法的实现步骤如图 5.12 所示。

（1）利用 Sobel 算子对总功率图进行计算得到梯度图像 I。

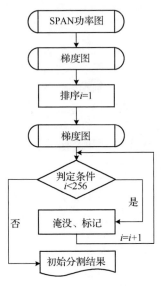

图 5.12　分水岭算法实现步骤

（2）梯度排序。对梯度图像 I 中的各像素点在排序数组中的位置由梯度分布的累积概率与该像素点的梯度值计算得到。

（3）在 $h \in [h_{\min}, h_{\max} - 1]$ 中，按照行遍历的方式依次处理各层像素点，并对各层已处理的像素点进行标识，称为标识点。

（4）在处理梯度层 h 时，依次处理所有当前层像素点。首先，判断某个像素点四邻域（或者八邻域）中是否存在标识点。若存在，则将该像素点进行标识。继续搜索该像素点 h 层的邻域点，直至邻域中不存在本层像素点。

（5）若该像素点的邻域中无标识点，则将当前区域标识编号加 1，并对该像素点进行标识，赋予新的标识号。然后开始搜索该标识点的本层邻域像素点，依次标识各个像素点，循环执行本步直至本层像素点全部被标识。

（6）返回步骤（3），继续处理下一梯度层级（$h+1$），直至将所有梯度层级都处理完毕。最后，具有相同标识编号的像素点为同一分割图斑。

4）优缺点及改进算法

分水岭分割是一种数学形态学图像分割算法，因其很多优点受到众多学者重视，广泛应用于图像分割中。它计算速度较快，定位精确，得到封闭的物体轮廓线，对微弱边缘也具有良好的响应。

正因为对微弱边缘也具有良好的响应，图像中的噪声和灰度的细微变化都会造成过于细密的分割，形成严重的过分割现象。综合来讲，过分割解决流程大概分为三类：一是在应用分水岭分割之前对图像进行一些预处理，如滤波、形态学重建等来减少过分割现象；二是分割后处理，即在分水岭分割之后进行图斑合并；三是既有预处理又有后处理的分割技术。

2. 基于区域合并的极化 SAR 影像多尺度分割

传统的极化 SAR 影像分割算法是直接利用某一种极化状态组合的振幅或强度信息或者全极化数据的总功率图进行分割，虽然数据及算法的复杂度都较低，但是分割结果不理想；基于极化 SAR 的数学模型的分割复杂度都较高。

对于极化 SAR 图像分割算法应该具有较强的针对性。虽然已有大量的 SAR 影像分割算法，但是并不具有很好的通用性，且相干斑噪声会影响分割结果。如果简单地应用到极化 SAR 分割上，并不能很好地利用极化散射特性。不同于一般基于数值图像的分割，本书使用的极化测度基于极化相干矩阵，是基于矩阵数据的分割，能够更好地利用极化散射特性，更具有针对性。

　　本节流程实现对极化 SAR 影像的有效分割，更好地利用了极化散射特性，既提高了分割精度，又降低了算法复杂度。本书算法的关键技术在于极化信息的提取和利用、严格的合并策略：最佳互匹配。

　　1）基于极化相干矩阵 $\boldsymbol{T}_3$ 的信息提取和利用

　　由于分水岭分割算法会产生过度分割的现象，所以需要在分割基础上进一步合并相邻的相似图斑。

　　对于提出的基于极化相干矩阵或极化协方差矩阵描述的相似性度量，以极化相干矩阵 $\boldsymbol{T}_3$ 为例进行说明。

　　若已知中心图斑 i，图斑大小为 n_i，相邻图斑为 j，图斑大小为 n_j，两者合并后新图斑记为 ij，图斑大小为 n_i+n_j。在 2004 年，Lee 等提出了图斑间距离 D_{ij} 的定义：

$$D_{ij} = \frac{1}{2}\left\{\ln(|V_i|) + \ln(|V_i|) + \mathrm{tr}(V_i^{-1}V_j + V_j^{-1}V_i)\right\} \tag{5.7}$$

　　式（5.7）中定义的图斑间距离 D_{ij} 中，$\frac{1}{2}\left\{\ln(|V_i|) + \ln(|V_j|)\right\}$ 与像元间是否相似无关，因为不同类别的极化协方差矩阵可能有很接近的行列式值，同时这部分的值与 SAR 影像是否经过辐射定标有关。而 $\frac{1}{2}\mathrm{tr}(V_i^{-1}V_j + V_j^{-1}V_i)$ 对像元间的相似性具有很好的敏感性，当像元完全相同时，该数字为常数 3；若有差距，则必然对相干矩阵产生影响，此时该值将明显大于 3。

　　综上所述，本书提出了适用于极化相似度量的参数 Tr 作为图斑之间的异质度度量，定义如下：

$$\mathrm{Tr} = \frac{1}{2}\mathrm{tr}(V_i^{-1}V_j + V_j^{-1}V_i) \tag{5.8}$$

　　当两个图斑相似性达到最高时有最小值 Tr=3。使用测度 Tr，测度值越接近 3，图斑越相似，越应该合并。

　　2）最佳互匹配合并

　　在确定相邻图斑的相似性度量后，对于一个对象可能会有多个满足合并条件的相邻对象。因此，对任意对象 A，采用不同的启发式方法可找到不同符合合并条件的相邻对象 B，形成不同的合并策略。

　　简单合并：将对象 A 与满足异质性条件的任意一个区域随机地进行合并。

　　最佳合并：将对象 A 和满足最好的同质性条件的相邻对象 B 合并。最好的合并是指从对象 A 的可能合并对象内寻找可以使合并后对象的异质性最小的相邻对象 B。

　　最佳互匹配：对于对象 A 寻找满足最佳匹配的对象 B，而对于对象 B 则同样寻找最佳匹配对象 C。如果 $C=A$，即对象 A 和 B 满足互相匹配，则两者进行合并。如果不满足，则重新寻找可合并区域。这种启发式的方法可以确保最佳匹配的两个区域在对象 A 的附近符合同质性的梯度分布。

全局最佳互匹配：在整景影像寻找满足最佳互匹配的相邻对象。遍历的顺序并不是随机的，而是通过确定起始点而获取最优的全局合并结果，如图 5.13 所示。

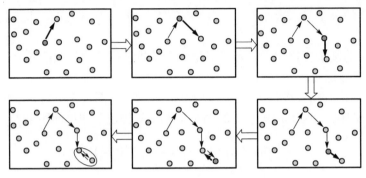

图 5.13　全局最佳互匹配示意图

3）极化 SAR 影像分割流程

本书提出的这种基于极化相干矩阵 T_3 的极化 SAR 影像分割算法的流程如图 5.14 所示，具体步骤描述如下：

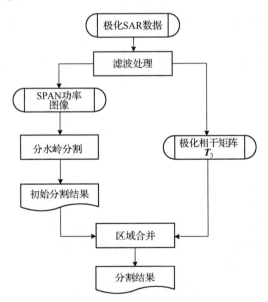

图 5.14　极化 SAR 影像分割算法的流程

（1）对极化 SAR 数据进行精制极化 Lee 滤波（5×5 窗口），减弱相干斑噪声的影响；

（2）由极化相干矩阵 T_3 提取总功率 SPAN 图像；

（3）对 SPAN 图像进行分水岭分割，获得初始分割结果；

（4）分水岭分割获得的对象结合极化相干均值 T_3 计算图斑的极化相似性度量，进行区域合并处理；

（5）输出分割结果。

3. 极化 SAR 影像分割结果

本节通过试验方法验证了极化测度具有良好的分割效果，对基于极化测度 Tr 的整体分割流程结果与面向对象分析软件 eCognition 的分割结果进行对比分析。

1）试验数据

本试验采用 1989 年 8 月美国 NASA 的 AIRSAR 系统获取的荷兰 Flevoland 地区 L 波段全极化数据，该区域地势平坦，主要地物为水体、农作物、草地、裸土等。

选取一部分图像（300×551）进行研究。对极化数据进行精制 Lee 滤波，考虑图像滤波效果及防止模糊造成的细节损失，选取 5×5 大小的窗口，得到滤波后的功率（SPAN）图像。进行分水岭分割，得到初始分割结果（图 5.15）。

  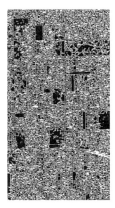

(a) 原始数据　　　　　　　(b) SPAN 图像　　　　　　　(c) 分水岭

图 5.15　初始分割结果（5×5 滤波后）（见彩图）

2）试验结果对比

选用极化测度 Tr 阈值为 3.1 的结果与 eCognition 多尺度分割结果（初始分割：尺度 10，形状因子 0.1，紧凑度 0.5；在初始分割基础上进行合并，尺度 30，形状因子 0.3，紧凑度 0.5）进行比较。

经比较发现，本流程具有和 eCognition 相当的效果（图 5.16）。eCognition 分割中运用了颜色、形状因子形成多尺度分割；本流程在分水岭分割基础上充分利用极化特性进行合并，分割结果不仅能够保持细节和正确性，也能够形成同质性的大面积图斑，效果良好，充分证明了运用极化相干矩阵提取极化信息进行影像分割的有效性。

极化 SAR 分割（测度 Tr=3.1）　　　　　　　　eCognition 多尺度分割

图 5.16　极化 SAR 分割与 eCognition 分割结果的对比（见彩图）

5.3　SAR 影像 SRM 分割

1. SRM 分割

统计区域合并分割算法是 Nock 和 Nielsen（2004）提出的一种分割算法，该算法一开始仅用于模式识别领域，后来被 Li 等（2008）引入面向对象的极化 SAR 影像分类中，Lang 等（2012）对该算法进行了初步的改进，使其更适于面向对象的极化 SAR 影像分类。与其他分割算法相比，SRM 分割算法执行效率高，并且不依赖于数据的概率分布假设，算法在设计时便考虑了噪声的影响，因此有很好的抗噪能力，这些优点使其适于 SAR 影像分割。然而，光学图像数值为[0, 255]，其噪声一般为加性噪声，而 SAR 影像数值是浮点型，其范围是不固定的，并且其噪声一般用乘性噪声模型来描述。因此，原始的 SRM 算法并不能直接用于 SAR 影像分割。本节的主要工作就是根据 SAR 影像的特点对原始的 SRM 算法进行改进，使其能直接用于极化 SAR 影像分割。

2. 原始的 SRM 分割算法

1）原始模型

SRM 算法的基本思想就是将图像分割问题当作推理问题，即认为观测到的图像是由一幅理想的模板图像加入噪声与其他不期望存在的纹理信息得到的，而图像分割过程就是根据观测到的图像推理出理想的模板图像的过程（Nock and Nielsen, 2005; 2004; 2003）。SRM 算法所使用的方法属于区域增长与合并技术，因此，需要定义两个该技术所必需的要素：合并准则与合并顺序。其中，合并准则用于判断两个相邻区域是否合并，合并顺序则用于确定按照什么样的顺序来判断图像中的区域是否需要合并。

假设 I 是观测到的图像，图像中包含有$|I|$个像素，这里$|\cdot|$表示求像素个数。图像 I 中每个像素 p 包含有 RGB 三个值$\{p_R, p_G, p_B\}$。图像像素的取值范围为$[0, g]$，对于光学图像，$g=255$。I^* 是未知的理想分割图像，I^* 中的分割区域满足如下同质属性：

（1）分割区域内部，每个通道的像素有相同的期望值；

（2）分割区域之间，至少有一个通道的像素期望值不同；

图像 I 由图像 I^* 生成，生成过程为：对于图像 I^* 中的每个像素，其每个通道都采样 Q 次，每次采样所得的值是独立随机的，并且最大为 g/Q，因此 Q 次采样值之和在 $[0, g]$ 上。这里，Q 可以看作定量描述观测图像 I 的统计复杂度的参数，Q 值越大，统计复杂度越高，随机性越大；Q 值越小，统计复杂度越低，随机性越小。

2）合并准则

SRM 算法的合并准则是基于概率论中鞅理论里面的一条定理推导出来的，该定理描述如下。

定理 1（独立有界差值不等式（Jolion and Montanvert, 1992）） 设 $\boldsymbol{x} = (x_1, x_2, \cdots, x_n)$ 为 n 个随机变量的集合，对于任意的 k，x_k 的取值均来自于集合 A_k。假设定义在 $\prod_k A_k$ 上的实函数 f 满足当 $x_k \neq x_k'$，即矢量 $\boldsymbol{x}$ 与 $\boldsymbol{x}'$ 仅在第 k 维上不等时，$|f(\boldsymbol{x}) - f(\boldsymbol{x}')| \leqslant c_k$。设 μ 为随机变量 $f(\boldsymbol{x})$ 的期望，则对于任意的 $\tau \geqslant 0$，有

$$\Pr(f(\boldsymbol{x}) - \mu \geqslant \tau) \leqslant \exp\left(-2\tau^2 \Big/ \sum_k (c_k)^2\right) \tag{5.9}$$

定理 1 中定义 $\boldsymbol{x}$ 为矢量，为了简便，下面只先讨论 $\boldsymbol{x}$ 为标量的情况，矢量的情况可以很容易进行扩展。从定理 1，可得到如下推论。

推论 1 对于 I 中的一对确定的区域 (R, R')，对于任意的 $0 < \delta \leqslant 1$，有

$$\Pr\left(\left|(\bar{R} - \bar{R}')\right| \geqslant g\sqrt{\frac{1}{2Q}\left(\frac{1}{|R|} + \frac{1}{|R'|}\right)}\right)\ln\frac{2}{\delta} \leqslant \delta \tag{5.10}$$

证明 令不等式（5.9）中 $f(x) - \mu$ 取绝对值，则式（5.10）变为

$$\Pr(|f(x) - \mu| \geqslant \tau) \leqslant 2\exp\left(-2\tau^2 \Big/ \sum_k (c_k)^2\right) \tag{5.11}$$

令不等式右侧等于 δ，将 τ 用 δ 表示，则有

$$2\exp\left(-2\tau^2 \Big/ \sum_k (c_k)^2\right) = \delta$$

$$\Leftrightarrow -2\tau^2 \Big/ \sum_k (c_k)^2 = \ln\frac{\delta}{2}$$

$$\Leftrightarrow \tau^2 = \frac{\sum_k (c_k)^2 \cdot \ln\dfrac{\delta}{2}}{-2}$$

$$\Leftrightarrow \tau = \sqrt{\frac{\sum_k (c_k)^2 \cdot \ln\dfrac{\delta}{2}}{2}} \tag{5.12}$$

假设在区域（R, R'）中调节生成其像素值的随机变量的大小，那么当 R' 中的值不变时，$|(\bar{R}-\bar{R}')|$ 变化的最大值应该是 $c_R = g/(Q|R|)$（随机变量的最大取值为 g/Q，当观测 $|R|$ 次时，还要除以 $|R|$），当 R 中像素不变时，$|(\bar{R}-\bar{R}')|$ 变化的最大值应该是 $c_{R'} = g/(Q|R'|)$，因此得到

$$\sum_k (c_k)^2 = Q\left[|R|(c_R)^2 + |R'|(c_{R'})^2\right]$$

$$= Q\left[|R|\left(\frac{g}{Q|R|}\right)^2 + |R'|\left(\frac{g}{Q|R'|}\right)^2\right]$$

$$= \frac{g^2}{Q}\left(\frac{1}{|R|} + \frac{1}{|R'|}\right) \tag{5.13}$$

将式（5.11）和式（5.13）代入不等式（5.10），即可得到

$$\Pr\left(|f(x)-\mu| \geq g\sqrt{\frac{1}{2Q}\left(\frac{1}{|R|}+\frac{1}{|R'|}\right)\ln\frac{2}{\delta}}\right) \leq \delta \tag{5.14}$$

式中，令 $f(x) = \bar{R} - \bar{R}'$，即可得到推论 1。

假设在图像 I 中做 N 次合并测试，将有

$$\Pr\left(|(\bar{R}-\bar{R}')| \leq b(R,R')\right) \geq 1 - N\delta \tag{5.15}$$

式中

$$b(R,R') = g\sqrt{\frac{1}{2Q}\left(\frac{1}{R}+\frac{1}{|R'|}\right)\ln\frac{2}{\delta}} \tag{5.16}$$

因此，可以得到一个合并准则：如果 $|\bar{R}-\bar{R}'| \leq b(R,R')$，则合并 R 和 R'。其中，$b(R,R')$ 是合并阈值。

从理论和实际出发，为了得到更好的融合效果，将融合门限进一步放大。

定义

$$b(R) = g\sqrt{\frac{1}{2Q|R|}\ln\frac{|R_{|R|}|}{\delta}} \tag{5.17}$$

式中，$R_{|R|}$ 表示有 R 个像素的区域集合，且有 $|R_l| \leq (l+1)^{\min(l,g)}$。

则有

$$b(R,R') \leq \sqrt{b^2(R)+b^2(R')} < b(R)+b(R') \tag{5.18}$$

因此，得到合并准则如下：

$$P(R,R')=\begin{cases}\text{true,} & \left|\bar{R}'-\bar{R}\right|\leqslant\sqrt{b^2(R)+b^2(R')}\\\text{false,} & \text{其他}\end{cases}$$ （5.19）

对于多通道的情况，必须各通道均满足合并准则时才进行合并，因此，上述合并准则变为

$$P(R,R')=\begin{cases}\text{true,} & \max_{k\in\{R,G,B\}}\left|\bar{R}'_k-\bar{R}_k\right|\leqslant\sqrt{b^2(R)+b^2(R')}\\\text{false,} & \text{其他}\end{cases}$$ （5.20）

3）合并顺序

对于图像分割来说，错误的分割有三种情况：①合并不够/过分割，分割区域只是实际区域的一部分；②过度合并/欠分割，分割区域包含几个实际区域；③混杂，分割区域包含多个实际区域的一部分。其中第三种情况最常见。

为了便于分析三种分割错误情况出现的概率，定义假设 A：在任意两个区域进行合并测试之前，这两个区域内部已经全部进行完合并测试。从而保证上述三种情况中只有第二种发生的概率较大而其他两种情况发生概率保持较小。

定义 $s^*(I)$ 表示图像 I 理想的分割集合，$s(I)$ 表示图像 I 的实际分割集合。

定理 2　在满足假设 A 的情况下，对图像 I 的分割是 I^* 过度合并的概率 $\geqslant 1-O(|I|\delta)$，即对于任意的 $R^*\in s^*(I)$，存在 $R\in s(I)$，满足 $R^*\subseteq R$。

定义分割误差为：$\text{Err}(s(I))=E_{R\cap R^*,R\in s(I),R^*\in s^*(I)}\left|E(R^*)-E(R)\right|$，即理想分割与实际分割结果差值的加权平均。

定理 3　对于任意的 $0<\delta\leqslant 1$，下式成立的概率 $\geqslant 1-O(|I|\delta)$：

$$\text{Err}(s(I))\leqslant O\left(g\sqrt{\frac{\left|s^*(I)\right|\ln\left|s^*(I)\right|}{|I|Q}\left(\ln\frac{1}{\delta}+g\ln|I|\right)}\right)$$ （5.21）

定理 2 说明，对于 SRM 分割，三种分割错误情况中只有过度合并情况发生的概率较大，而定理 3 则指出了过度合并情况发生概率的上界。

一幅图像 I 包含的 4 邻域像素对 $n<2|I|$，令 S_I 表示这些像素对集合，$f(p,p')$ 为实值梯度函数，p 和 p' 为相邻像素。SRM 算法不是按照行列号顺序来判断相邻像素及其所在区域是否合并，而是采用了预排序策略。在此策略下，SRM 算法可描述为：首先计算 S_I 中所有像素对的梯度 $f(p,p')$，然后按从小到大的顺序对这些像素对进行排序，最后按顺序进行合并测试，如果像素 p 所属区域 $R(p)$ 与像素 p' 所属区域 $R(p')$ 不同，即 $R(p)\neq R(p')$，则按照准则（5.21）进行判定，如果返回 true，则合并区域 $R(p)$ 和 $R(p')$，否则不合并。

最简单的梯度函数定义为

$$f(p,p') = \max_{k\in\{R,G,B\}} |p_k - p'_k| \tag{5.22}$$

为了能克服噪声的影响，不直接使用像素本身的值，而是用在一定邻域范围内的像素均值来代替，因此式（5.22）变为

$$f(p,p') = \max_{k\in\{R,G,B\}} \left|\overline{M_{p'}(p)_k} - \overline{M_{p'}(p')_k}\right| \tag{5.23}$$

式中，$\overline{M_{p'}(p)_k}$ 表示第 k 个通道中与 p 的曼哈顿距离 $\leq \Delta$，并且与 p 的距离小于与 p' 的距离的像素的均值。

4）从过合并到过分割

从定理 2 可以知道，相比于理想分割图，SRM 所得结果发生过度合并（欠分割）的概率较高。但是对于面向对象的分类，通常更期望得到过分割结果。因此，我们应该采用更严格的合并准则。

由式（5.17）和式（5.19）可知，合并准则（5.20）可替换为

$$P(R,R') = \begin{cases} \text{true}, & \max_{k\in\{R,G,B\}} |\overline{R'_k} - \overline{R_k}| \leq b(R,R') \\ \text{false}, & \text{其他} \end{cases} \tag{5.24}$$

采用合并准则（5.20）时，虽然通过设置较大的参数 Q 也可以得到比较细碎的分割结果，但是实际上此时分割结果中会同时存在过分割与欠分割的现象；若采用合并准则（5.24），当分割结果中出现过分割时，欠分割现象几乎不存在。

3. 扩展的 SRM 分割算法

从原始 SRM 模型中可以看出，其针对的只是数值范围在[0, 255]的光学图像，对于 SAR 图像，其数值范围是不固定的，并且其噪声模型与光学图像也不同，因此不能将 SRM 算法直接用于 SAR 图像。为了对 SRM 进行扩展，使其能直接用于 SAR 影像分割，需要分析光学图像与 SAR 图像噪声模型之间的不同，从而构造新的 SRM 模型。

1）加性与乘性噪声模型

在数字图像处理领域，图像中的噪声一般用加性噪声模型来描述：

$$y = x + v \tag{5.25}$$

式中，y 表示受噪声污染后的图像；x 表示无噪声图像；v 表示噪声。其中，v 是独立随机的，并且其期望 $E[v]=0$，标准差为 σ_v。

从以上模型中，可以得到 $E[y]=E[x]$，即 $E[y]$ 是无噪声图像的无偏估计。y 的方差为

$$\text{Var}(y) = E[(y-E[y])^2] = \text{Var}(x) + \sigma_v^2 \tag{5.26}$$

在同质区域，无噪声图像像素值应该是相同的，因此其方差 $\text{Var}(x)=0$，从式（5.26）可知

$$\sigma_y = \sigma_v \tag{5.27}$$

从式（5.26）可知，对于含有加性噪声的图像，当其噪声水平一定时，即 σ_v 为常数时，图像中任意两个像素 y_i 和 y_j 之间的差值只要在某一常数 t 范围内，即满足 $\left| y_i - y_j \right| < t$，即可认为它们是同质像素。

SAR 影像中的相干斑噪声一般用乘性噪声模型来描述：

$$y = xv \tag{5.28}$$

式中，y 表示观测到的 SAR 强度或幅度影像；x 表示无噪声的散射回波；v 表示噪声。其中，v 是独立随机的，其期望 $E[v]=1$，标准差为 σ_v。

从以上模型中，同样可以得到 $E[y]=E[x]$，即 $E[y]$ 是无噪声散射回波的无偏估计。y 的方差为

$$\mathrm{Var}(y) = E[(y - E[y])^2] = (\mathrm{Var}(x) + E[x]^2)\sigma_v^2 + \mathrm{Var}(x) \tag{5.29}$$

在同质区域，$\mathrm{Var}(x)=0$，因此可得到

$$\sigma_y = E[x]\sigma_v = E[y]\sigma_v \tag{5.30}$$

从式（5.30）可知，σ_y 是 $E[y]$ 和 σ_v 的函数。当 SAR 影像中的噪声水平一定时，σ_y 是 $E[y]$ 的函数。这意味着影像中两相邻像素间的差值不再由常数来衡量，而是随同质区域的期望变化：在低散射区域，其期望值较低，因此两像素间的差值需要很小才能认为它们是同质像素；在高散射区域，其期望值较高，因此两像素间的差值即使很大也可能是同质像素。

2）新 SRM 模型

假设 I_G 是观测到的图像，图像中每个像素均为非负实数，其取值范围为 $[0, \infty)$，图像 I_G 中的噪声为乘性噪声。图像 I_G^* 是图像 I_G 的理想分割图像，并且图像 I_G^* 中的分割区域均满足前面 SRM 分割中所描述的同质属性。

在原始 SRM 模型中，由于图像最大值 g 是已知的，并且该模型虽然未明确声明，但是实际上包含了一个隐含假设：图像中的噪声是加性的，因此，Q 个随机变量的最大值为 g/Q。对于 SAR 影像，其最大值是不确定的，并且影像中的噪声是乘性的，因此用来判定同质属性的阈值不能为常数。根据式（5.30），Q 个随机变量的最大值应该与像素的期望是关联的。对此，本书假设图像 I_G 中每个像素 p 的每个通道最大值为 $BE(p_k)/Q$，其中，$E(p_k)$ 是像素 p 在通道 k 上的期望，B 是规范化常数，其作用是令 Q 个随机变量的和 $\mathrm{Sum}(Q)=E(p_k)$。实际应用中，由于 $E(p_k)$ 是未知的，所以直接用 p_k 来代替。同样，由于 $E(p_k)$ 未知，所以实际上只能令 $\mathrm{Sum}(Q)=E(p_k)$ 的概率最大。根据中心极限定理，$\mathrm{Sum}(Q)$ 应该服从正态分布，因此 $\mathrm{Sum}(Q)=BE(p_k)/2$ 的概率最大。我们希望令 $\mathrm{Sum}(Q)=E(p_k)$ 的概率最大，因此可得 $B=2$。

3）新合并准则

根据新的 SRM 模型，从定理 1，我们可以推导出下面的结论。

推论 2　对于图像 I_G 中的一对相邻区域 (R, R')，对于任意的 $0 < \delta \leq 1$，有

$$\Pr\left(\left|(\bar{R} - \bar{R}') - E(\bar{R} - \bar{R}')\right| \geq \sqrt{\frac{B^2}{2Q}\left(\frac{E^2(\bar{R})}{|R|} + \frac{E^2(\bar{R}')}{|R'|}\right)\ln\frac{2}{\delta}}\right) \leq \delta \tag{5.31}$$

证明　令不等式（5.9）中 $f(x) - \mu$ 取绝对值，则式（5.9）变为

$$\Pr\left(|f(x) - \mu| \geq \tau\right) \leq 2\exp\left(-2\tau^2 \middle/ \sum_k (c_k)^2\right) \tag{5.32}$$

令不等式右侧等于 δ，将 τ 用 δ 表示，则有

$$\tau = \sqrt{\frac{1}{2}\sum_k (c_k)^2 \cdot \ln\frac{2}{\delta}} \tag{5.33}$$

假设在区域 (R, R') 中调节生成其像素值的随机变量的大小，那么当 R' 中的值不变时，$|\bar{R} - \bar{R}'|$ 变化的最大值应该是 $c_R = BE(\bar{R})/(Q|R|)$，当 R 中像素不变时，$|\bar{R} - \bar{R}'|$ 变化的最大值应该是 $c_{R'} = BE(\bar{R}')/(Q|R'|)$，因此得到

$$\sum_k (c_k)^2 = Q\left[|R|(c_R)^2 + |R'|(c_{R'})^2\right]$$

$$= Q\left[|R|\left(\frac{BE(\bar{R})}{|R|}\right)^2 + |R'|\left(\frac{BE(\bar{R}')}{Q|R'|}\right)^2\right]$$

$$= \frac{B^2}{Q}\left(\frac{E^2(\bar{R})}{|R|} + \frac{E^2(\bar{R}')}{|R'|}\right) \tag{5.34}$$

将式（5.33）和式（5.34）代入不等式（5.32），并令 $f(x) = \bar{R} - \bar{R}'$，即可得到推论 2。

为了简便起见，上述推论同样只考虑了单通道的情况。

从推论 2，可得到如下合并准则：

$$P_G(R, R') = \begin{cases} \text{true}, & \|\bar{R}' - \bar{R}\|_\infty \leq b_G(R, R') \\ \text{false}, & \text{其他} \end{cases} \tag{5.35}$$

式中

$$b_G(R, R') = \sqrt{\frac{B^2}{2Q}\left(\frac{\|E(\bar{R})\|_\infty}{|R|} + \frac{\|E(\bar{R}')\|_\infty^2}{|R'|}\right)\ln\frac{2}{\delta}} \tag{5.36}$$

实验发现合并准则（5.35）对数据变化很敏感，因此分割结果往往很细碎。为了保证分割算法的抗噪性，将合并准则（5.35）中的∞范数修改为 1 范数：

$$P_G(R,R') = \begin{cases} \text{true}, & \left\| \overline{R'} - \overline{R} \right\|_1 \le b_G(R,R') \\ \text{false}, & \text{其他} \end{cases} \qquad (5.37)$$

将求最大值改为求和，从而增强抗噪能力。

4）梯度函数规范化

前面已经提到，SRM 算法采用预排序策略，即图像 I 中的相邻像素对首先要根据梯度函数 $f(p,p')$ 进行排序，然而，根据前面 SRM 分割中的分析，同质区中，相邻像素对的最大值并不是常数，而是跟同质区像素的期望有关。因此式（5.22）定义的梯度函数不再适用于新的 SRM 模型。对此，本书提出新的梯度函数：

$$f(p,p') = \left\| \frac{p - p'}{p + p} \right\|_1 \qquad (5.38)$$

该函数对邻域像素差值进行了归一化，从而使具有不同期望的区域之间的梯度可以用相同的尺度来衡量。

5）新梯度估计模板

通过实验发现当梯度估计模板参数 Δ 设置较大时，分割结果中倾斜的边缘会出现明显的锯齿，如图 5.17 所示为利用 ESAR L 波段极化 SAR 影像进行实验时的分割结果。

从图 5.17(a)中可以看到接近±45°的边缘均有明显的锯齿，这是由于原始 SRM 算法在计算梯度时仅考虑了中心像素的 4 邻域像素。对此，我们考虑采用 8 邻域模板来代替原来的 4 邻域模板。新的 8 邻域模板如图 5.18 所示，图中 p 表示中心像素，p' 表示邻域像素，中心像素及其邻域像素仍用其曼哈顿距离为 Δ 的像素均值来估计，分别对应图中白色和灰色区域。

(a) 4 邻域　　　　　　　　　　　　　　(b) 8 邻域

图 5.17　ESAR L 波段极化 SAR 影像分割结果对比图（其中 Δ 均设为 2）（见彩图）

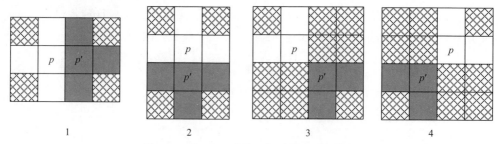

图 5.18　当 $\Delta=1$ 时的 8 邻域梯度估计模板

利用 8 邻域进行分割实验，其结果如图 5.17(b)所示。对比图 5.17(a)，可以看出，8 邻域下得到的分割区域倾斜边缘不再有锯齿，而其他点、线、面等细节信息分割结果与 4 邻域下得到的结果十分相近。

恒虚警率（Constant False-Alarm Rate，CFAR）测试。SRM 合并准则中需要设置的参数有 Q 和 δ，其中 Q 为调节分割尺度的参数，需要根据不同的应用需求来设置，而 δ 往往直接设置为一个较小的常数。文献中直接令 $\delta=1/(6|I|^2)$。实际上，从推论 1 和推论 2 都可以看出，δ 值的设置关系到合并测试虚警率的大小，如果设置不合适，可能会导致结果中出现严重的过分割或欠分割情况。对此，本书专门分析了 δ 值与合并测试虚警率间的关系，并依此给出了合适的 δ 值。

假设 $\boldsymbol{p}_1$ 和 $\boldsymbol{p}_2$ 为图像 I 中的两个相邻像素，它们是独立随机矢量。我们的目标是检测它们是否为同质像素，即它们的期望相同。对此，构建如下假设检验公式：

$$\begin{cases} H_0 : E(\boldsymbol{X}_1)=E(\boldsymbol{X}_2) \\ H_1 : E(\boldsymbol{X}_1)\neq E(\boldsymbol{X}_2) \end{cases} \tag{5.39}$$

从推论 2 中可以看出，每次合并测试时发生第二类错误（H_0 不成立而判断为成立）的概率，即虚警率为 δ。假设我们要对图像 I 进行 N 次合并测试，则虚警率应该为 $N\delta$，其中，在 8 邻域下有 $N<4|I|$。为了令虚警率对于任何图像都是一样的，即达到恒虚警率检测，应该让 $N\delta=C$，其中，C 为常数，通常将其设置为很小的值，如 10^{-4}。从而，可得到 $\delta=C/N$。在后续的实验中，我们将统一令 $\delta=1/(6\times10^4|I|)$。

6）后处理

由于相干斑噪声的影响，分割完成后往往会有很多像素级的区域，这些区域一般是较强的噪声，本节称为噪声区域。噪声区域的存在一方面有利于保留点、线等细节信息，另一方面会对后续的分类等处理形成干扰，使分割失去了本来的目的和优势。因此，应对这些噪声区域进行专门的处理，而不应该简单地将其合并到邻接区域中。

本节中噪声区域的合并遵循以下三个基本原则：

（1）区分噪声区域与非噪声区域的阈值应该与图像大小、视数、分辨率等有关；

（2）当噪声区域的相邻区域大于 1 个时，应选择其相邻区域中与噪声区域之间梯度或非相似度最小的区域进行合并；

（3）为了避免将强点目标作为噪声区域合并到其他区域中，应该将最小梯度或非相似度大于某一阈值的区域保留。这里的阈值应根据具体的梯度或非相似度函数而定。

具体步骤：由于新的 SRM 模型的观测图像 I_G 是多通道的，所以最终得到的扩展 SRM 分割算法（下面简称 GSRM（Generalized Statistical Region Merging）算法）可以处理单通道或多通道 SAR 数据，从而使该算法有很广的应用范围。现将该算法的具体步骤描述如下：

（1）计算极化 SAR 影像的强度或幅度图，可以是散射矩阵 S 的 4 个元素，或散射矢量 k 的 3 个元素，或者相干矩阵 T 的 6 个元素，或者协方差矩阵 C 的 6 个元素，甚至只用总功率图 SPAN；

（2）令 S_I 为图像 I_P 中所有 8 邻域像素对的合集，利用 8 邻域梯度估计模板计算相邻像素对之间的梯度；

（3）按照从小到大的顺序对 S_I 中的梯度排序；

（4）按照 S_I 中的梯度顺序依次判断像素对 $(p, p') \in S_I$，如果 $R(p) \neq R(p')$（$R(p)$ 表示像素 p 所属的区域），则按照合并准则计算 $P_G(R(p), R'(p'))$，如果返回 true，则合并区域 $R(p)$ 与 $R'(p')$；

（5）设置梯度阈值 G_{th} 和数量阈值 N_{th}，对分割结果中的任意区域 R，判断是否区域像素数 $|R| < N_{th}$，如果是，则进一步计算区域 R 与其邻接区域间的梯度，并求出最小梯度及对应的区域 $R_{Adj}(R)$，如果两个区域间的梯度 $f(R, R_{Adj}(R)) < G_{th}$，则将区域 R 合并到 $R_{Adj}(R)$ 中。

4. 实验及分析

1）AIRSAR L 波段数据

该数据为美国 NASA/JPL 研制的 AIRSAR 系统在荷兰 Flevoland 地区获取的 4 视 L 波段全极化 SAR 数据，数据大小为 750×1024，如图 5.19 所示，为其 Pauli-RGB 合成图像，图 5.20 为该实验区 Google Earth 截图。从图中可以看出，实验区域地物主要为耕地，并且耕地类型非常丰富、耕地形状比较规整。因此，该实验数据比较适合于常规分割和超级像素分割结果的评价，通过目视可方便地评价分割算法对各个地块的分割效果。

由于原始 SRM 分割算法及过分割改进算法均是针对光学图像的，所以首先在 Pauli-RGB 图像上用这两个算法进行分割，其中原始 SRM 分割算法的参数为 $Q = 64$、$\Delta = 4$，改进 SRM 分割算法的参数为 $Q = 8$、$\Delta = 4$。分割结果见图 5.21(a)、(b)，其中，原始 SRM 分割算法所得分割区域数为 1320，改进 SRM 分割算法所得分割区域数为 976。对比图 5.19 以及图 5.21(a) 和 (b)，可以看出，即使 Q 参数设置较大，原始 SRM 分割结果中仍然有很多明显的欠分割现象，尤其是图中椭圆标示的区域。而改进的 SRM 分割结果中欠分割现象明显减少，证明了改进算法的有效性。

图 5.19　AIRSAR L 波段数据 Pauli-RGB 合成图　　图 5.20　Flevoland 实验区 Google Earth 截图

　　再利用 GSRM 分割算法对相干矩阵的对角线元素进行分割，其分割参数为 $Q = 8$、$\Delta = 4$。分割结果如图 5.21(c)所示，其分割区域数为 1509。对比图 5.21(a)～(c)，可以看出，GSRM 分割结果与改进的 SRM 分割结果比较相似。相比于改进的 SRM 分割结果，GSRM 分割结果中欠分割现象同样很少，而过分割现象略有增加，但是分割也更加准确，如图中矩形区域标示的部分。

(a) 原始 SRM 分割结果　　　　　　　　　　　　(b) 改进的 SRM 分割结果

(c) GSRM 分割结果

图 5.21　AIRSAR 数据分割结果比较（见彩图）

2）ESAR L 波段数据

　　该实验数据为德国宇航中心 ESAR 系统在德国 Oberpfaffenhofen 实验区获取的 L 波段全极化 SAR 数据。原始数据大小为 2861×1540，为了方便展示以及减少程序执行时间，本节对其在方位向和距离向分别进行了 6 视和 3 视处理，最终所使用的数据如图 5.22 所示，图 5.23 为该实验区 Google Earth 截图。从图中可以看出，实验区地物覆盖类型非常丰富，点、线、边缘等细节信息较多，因此比较有利于评价分割算法在细节信息保持方面的优劣。

图 5.22　ESAR L 波段数据 Pauli-RGB 合成图

图 5.23　Oberpfaffenhofen 实验区 Google Earth 截图

　　用 GSRM 分割算法对该组数据进行常规分割，分割参数为 $Q = 64$，$\Delta = 2$，分割结果如图 5.24 所示，图中分割区域数为 6627。从图中可以看出，GSRM 算法对点、线等细节信息的保持效果非常好，分割区域的边界位置准确，分割区域的形状随实际场景变化，分割结果图与原始图像相比除了噪声消失几乎看不到失真现象。

图 5.24　ESAR L 波段数据 GSRM 分割结果（见彩图）

参 考 文 献

叶曦. 2013. 多尺度分割及其在 SAR 变化检测中的应用研究. 北京: 中国科学院大学.

Jolion J M, Montanvert A. 1992. The adaptive pyramid, a framework for 2D image analysis. Image Understanding, 55(3): 339-348.

Lang F, Yang J, Zhao L, et al. 2012. Hierarchical classification of polarimetric SAR image based on statistical region merging. ISPRS Annals of the Photogrammetry Remote Sensing and Spatial Information Science, I-7: 147-152.

Lang F, Yang J, Li D, et al. 2014. Polarimetric SAR image segmentation using statistical region merging. IEEE Geoscience and Remote Sensing Letters, 11(2): 509-513.

Li H T, Gu H Y, Han Y S, et al. 2008. Object-oriented classification of polarimetric SAR imagery based on statistical region merging and support vector machine// 2008 International Workshop on Earth Observation and Remote Sensing Applications, Beijing: 1-6.

Nock R, Nielsen F. 2003. On region merging: The statistical soundness of fast sorting with applications//

Proceedings of the 2003 IEEE Computer Society Conference on Computer Vision and Pattern Recognition, Madison: 19-26.

Nock R, Nielsen F. 2004. Statistical region merging. IEEE Transactions on Pattern Analysis and Machine Intelligence, 26(11): 1452-1458.

Nock R, Nielsen F. 2005. Semi-supervised statistical region refinement for color image segmentation. Pattern Recognition, 38(6): 835-846.

Nock R. 2001. Fast and reliable color region merging inspired by decision tree pruning// Proceedings of the 2001 IEEE Computer Society Conference on Computer Vision and Pattern Recognition, Kauai: 271-276.

第 6 章　SAR 图像变化检测

近年来，SAR 图像变化检测技术成为国内外研究热点。光学数据受到气象、覆盖等因素的影响，并不能满足所有变化检测的需求。SAR 作为一种主动微波传感器，具有全天候、全天时、强穿透的工作能力，利用 SAR 图像进行变化检测具有重要的意义。目前，SAR 图像变化检测已经在多个方面取得广泛应用，如土地利用分析、森林采伐监测、灾情估计、军事侦察、打击效果评估等。本章按照图像预处理技术、差异图获取技术和差异图分割技术三个方面，对 SAR 图像变化检测技术相关研究进行了分析。为了实现非监督、高精度的 SAR 图像变化检测，本章介绍了基于 EM（Expectation Maximization）+ MRF（Markov Random Model）模型的 SAR 图像变化检测技术。该技术首先生成对数比值差异图，并采用 EM 算法估计差异图统计分布参数，然后采用基于 MRF 的分割技术，实现变化区域的高精度提取。针对越来越多高分辨率 SAR 图像数据的高精度变化检测需求，本章研究面向对象的变化检测技术。该技术首先对多时相数据开展面向对象的多尺度分割，得到不同尺度下的分割结果集合，然后采用极大似然检验准则获取差异图，对多尺度差异图在经过主成分分析变换之后，采用自适应的阈值分割算法实现变化结果的提取。

6.1　SAR 图像变化检测技术方法

在变化检测的处理技术方面，非监督变化检测问题是国内外关注的重点。非监督变化检测不需要先验变化信息的支持，直接从配准好的前后两个时刻 SAR 图像获取变化信息。这样处理的好处是，一方面降低人为误差的影响，另一方面符合实际应用中先验变化信息缺失的现实情况。SAR 图像变化检测的流程概括为三个步骤（图 6.1），分别是图像预处理、差异图获取和差异图分割。非监督变化检测算法的核心工作就是针对这三个步骤展开的。

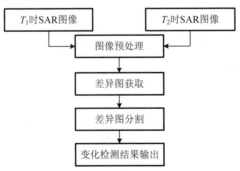

图 6.1　SAR 图像变化检测流程

6.1.1　图像预处理技术

图像预处理主要包括图像配准、斑噪滤波、辐射校正、几何校正等。图像配准是不同时相 SAR 图像变化检测的前提条件，它保证前后两幅图像的像元尺寸、地理位置一致，配准精度一般要求在 1 个像素以内。成熟的配准算法很多，如相关系数法、相干系数法、基于快速傅里叶变换的相位相关法和基于特征的匹配等（丁亚兰，2010）。斑噪严重影响 SAR 图像的质量和后期应用。进行斑噪滤波能够有效地抑制相干斑，提高图像质量。经过多年发展，多种自适应滤波算法被提出，如均值滤波、中值滤波、Frost 滤波、Lee 滤波、Kuan 滤波、Gamma MAP 滤波和基于邻域模型的滤波等（匡刚要等，2007；焦李成等，2008）。滤波在降低噪声影响的同时，对图像的细节信息有一定的损坏。通常，为获取 $\sqrt{N}$ 倍的相干斑抑制，空间分辨力将降低 N 倍。尽管如此，斑噪滤波仍然是 SAR 图像变化检测过程中不可缺少的重要步骤。在文献（Cihlar et al.，1992）中，为了使噪声影响降低，作者对差异图使用了 5×5 的均值滤波。在文献（Grover and Quegan, 1999; Dekker, 1998）中，在生成对数比值差异图之前，对 SAR 图像都进行了自适应滤波，如窗口平均、Gamma MAP 滤波等。文献（Bazi et al., 2005）研究了 SAR 图像滤波的迭代次数对变化检测的影响，并将迭代次数与差异图 K&I 阈值分割的决策函数联系起来，自适应地找到滤波的最佳迭代次数。

辐射校正包括相对辐射校正和绝对辐射校正。相对辐射校正是指两幅图像之间强度的相对归一化，而绝对辐射校正则需要利用定标参数，将幅度或强度数据转化到后向散射系数或后向散射截面积。通过比值处理生成差异图，辐射校正过程就可以省略。严格的 SAR 图像几何校正包括斜地距转换、方向校正和地形校正。用到的图像处理技术包括重采样、插值、旋转、镜像等。重采样和插值处理不利于对原始数据的特征保持。因此，几何校正过程在图像预处理阶段可以忽略，而在变化检测结果得到之后，针对检测结果进行几何校正处理。

6.1.2　差异图获取技术

SAR 图像差异图获取是非监督变化检测研究非常重要的步骤，差异图主要有 4 种，分别是基于比值法的差异图、基于相关性的差异图、基于特征变换的差异图和多通道数据的差异图。不同的差异图获取方法影响着差异图分割技术的选择。

1. 基于比值法的差异图

SAR 图像差异图最直接的获取方式是差值法和比值法。差值法一般要求两时相 SAR 图像经过相对定标或绝对定标，然后通过幅度相减获得差异图，否则变化信息将湮没在噪声中。比值法并不要求两时相图像事先经过定标处理，直接通过幅度或强度比值得到差异图。通过比值处理不仅能够很大程度上消除乘性噪声的影响，减少定标处理引入的额外误差，而且能够凸显出 SAR 图像上的相对变化区域。Rignot 和 Zyl

（1993）研究了差值法和比值法对变化检测的影响，并认为比值法更有利于开展变化检测工作。Villasensor 等（1993）也得到类似结论。为了控制直接比值法的数据范围，研究人员通常采用对数比值法得到重新量化后的差异图，对数比值公式如下：

$$r = \ln(I_1 / I_0) \tag{6.1}$$

式中，I_0、I_1 分别是 t_0 和 t_1 时刻的 SAR 图像的幅度或强度。正如前面谈到的，为了控制噪声的影响，在计算对数比值差异图之前，进行适当的滤波处理是必要的。

2. 基于相关性的差异图

基于相关性进行差异图的提取也是变化检测的重要手段。两幅 SAR 图像相关性的主要指标包括相干系数（coherence coefficient）、相关系数（correlation coefficient）和时域相关系数（temporal correlation coefficient）等。

多时相 SAR 影像的相干系数是地物变化检测的重要指标。相干系数基于 SLC 数据进行计算，计算公式如下：

$$\gamma = \frac{\left| E\left[S_1 \cdot S_2^* \right] \right|}{\sqrt{E\left[\left| S_1 \right|^2 \right] E\left[\left| S_2 \right|^2 \right]}} \tag{6.2}$$

式中，E 表示期望值；S_1、S_2 为两时相主辅 SAR 图像的 SLC 数据；*表示复共轭。γ 取值在 0～1，1 表明两幅图像的相关性非常好，散射特性基本没有变，而 0 表明两组信号完全失去相干性，地物的散射特性发生了根本变化。因此通过对不同时相的两幅图像进行相干性分析，可以得到时间段上变化的区域。但是，利用相干性来考察 SAR 图像的变化区域是有限制的，这是因为相干系数受到干涉基线的影响。从干涉理论知道，干涉基线距是影响相干性的主要因素之一，基线距越大，相干性越低，当基线距超过临界基线距时，两幅图像将完全不相干。因此，仅利用相干系数进行变化检测分析是不合适的。

相对来讲，相关系数比相干系数更适合进行 SAR 图像的变化检测。相关系数的计算公式如下：

$$\rho = \frac{\left| \mathrm{cov}(I_1, I_2) \right|}{\sqrt{D(I_1) D(I_2)}} \tag{6.3}$$

式中，cov 表示协方差；D 表示方差；I_1、I_2 表示两个时段 SAR 图像的强度或幅度。在实际应用中，对单像素的相关系数通过选择局部窗口进行计算。从式（6.3）可以看出，相关系数忽略了回波数据中的相位信息，反映了局部空间纹理的相似性。Rignot 和 Zyl（1993）在研究比值差异图的同时，也研究了基于相关性的差异图。他认为比值差异图主要反映单像素辐射强度上的变化，相关图主要反映局部区域纹理特征上的变化。同时强调，如果能够将两种差异特征结合，对变化区域的检测效果会更好。

Aiazzi 等（2003）引入了噪声时域相关系数（Temporal Correlation Coefficient, TCC）

实现对图像幅度相关系数的近似,进而开展变化检测分析。他们的研究表明,TCC 可以作为多视条件下 SAR 影像相关性的有效估计。首先,将两幅图像进行时域变换,如下所示:

$$G(m,n) = \sqrt{g_1(m,n) \cdot g_2(m,n)} \qquad (6.4)$$

$$R(m,n) = \frac{g_1(m,n)}{g_2(m,n)} \qquad (6.5)$$

式中,$g_1(m,n)$、$g_2(m,n)$ 是原图像带噪像素的强度或幅度;(m,n) 为像点坐标;$G(m,n)$ 表示几何平均;$R(m,n)$ 表示几何比率。几何平均强调了雷达回波的时域相关性,而几何比率正好反映了回波的变化性。

假设两幅 SAR 图像具有共同的信号部分 $s(m,n)$,$s(m,n)$ 分别被变化信号 $\sqrt{c(m,n)}$ 和 $1/\sqrt{c(m,n)}$ 调制,s 和 c 都是空间随机变化的,均值为 0。同时,各自的噪声分别为 $u_1(m,n)$ 和 $u_2(m,n)$,而且均值为 1,方差为 σ_u^2,噪声之间的相关系数可以表示为

$$\rho_T(m,n) = \frac{E[u_1(m,n)u_2(m,n)] - 1}{\sigma_u^2} \qquad (6.6)$$

两图像像素可以表示为

$$g_1(m,n) = s(m,n) \cdot \sqrt{c(m,n)} \cdot u_1(m,n) \qquad (6.7)$$

$$g_2(m,n) = s(m,n) / \sqrt{c(m,n)} \cdot u_2(m,n) \qquad (6.8)$$

进而,可以推导 TCC 为

$$\rho_T(m,n) = \frac{4\sigma_G^2(m,n) - \sigma_R^2(m,n)}{4\sigma_G^2(m,n) + \sigma_R^2(m,n)} \qquad (6.9)$$

从上述表达式可知,$\rho_T(m,n)$ 与 $s(m,n)$ 无关。

3. 基于特征变换的差异图

从本质上来讲,SAR 图像的差异都是特征的差异。如何更好地挖掘 SAR 图像的特征,这成为很多研究人员在进行变化检测研究时的关注重点。除了常用的强度、均值、方差、纹理等特征,采用适当的变换获得的特征为变化检测的研究带来了创新,如主成分分析(Principal Component Analysis, PCA)变换、独立成分分析(Independent Component Analysis, ICA)变换、离散小波变换(Discrete Wavelet Transform, DWT)、离散余弦变换(discrete cosine transform)等。通过变换获得的特征能够更好地表征 SAR 图像上的变化信息。此类变化检测技术的典型流程是先提取特征矢量,然后针对特征矢量进行空间聚类处理。下面主要介绍 PCA 变换和多尺度变换的基本原理。

1)PCA 变换
目前,将 PCA 变换应用到 SAR 图像变化检测的方法主要有三种:第一种是针对

多通道数据，通过 PCA 变换，将多通道数据综合成一个主成分通道，然后再按常用方法进行多时相差异图提取（吴柯等，2010）；第二种是针对单通道数据，将多时相图像作为主成分变换的输入，通过提取次要成分形成差异图（常宝，2010；张辉和王建国，2008）；第三种是针对已经形成的比值或其他特征差异图，通过计算差异图像素点在特征空间的 PCA 特征矢量，进而将一维特征差异图推广到多维特征差异图，更有利于差异图的分割（Celik，2009）。在实际应用中，根据不同的输入数据选择不同的方法。由于第一种方法的基本原理就是 PCA 变换，读者可以参考相关文献，本书在此不做说明。下面，我们对后两种方法的基本原理做一个简单介绍。

（1）PCA 提取次要成分方法。本方法的基本原理是：将两时相的 SAR 特征图像作为一个整体的多变量，然后进行主成分分析，消除不同时相的两幅图像间的相关性影响。经主成分分析后的大部分信息集中在主成分上，而发生变化的区域会在较次要的成分图像上表现出来。张辉和王建国（2008）研究了基于 SVD（Singular Value Decomposition）方法的 PCA 变换方法。

设同一区域、不同时段的两幅 SAR 图像向量化为列向量 $X_l, l = 1, 2$。

如图 6.2 所示，通过寻找正交向量 V_P、V_M，将 X_1、X_2 分别往 V_P、V_M 方向投影，使得主方向 V_P 投影（主分量）X_{1P} 与 X_{2P} 能量之和与 X_1、X_2 的能量之和的误差最小，则 X_{1P}、X_{2P} 主要表征了两图像的相同部分，X_1、X_2 向次方向 V_M 投影分别为 X_{1M} 与 X_{2M}。

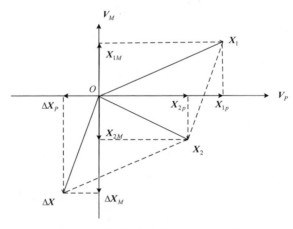

图 6.2　两图像向量的主次方向分解

令 $\Delta X = X_2 - X_1$ 为图像的变化分量，ΔX 往 V_P 方向投影得到 ΔX_P，往 V_M 方向投影得到 ΔX_M，则 $\Delta X \approx \Delta X_M$，即 ΔX_M 近似为两图像的变化部分。在实际中，通过 SVD 方法进行矩阵特征值求解。

（2）PCA 提取特征矢量方法。Celik(2009)研究了在差异图上通过 PCA 提取特征矢量的方法，也称为分块 PCA 方法。该方法的实现步骤如下：

① 将差异图按照 $h \times h$ 大小进行非重叠分块;

② 利用所有图像块进行 PCA 变换,建立特征空间;

③ 对差异图的每个像素点,利用周围 $h \times h$ 大小的数据块,向特征矢量空间的主要方向进行投影,得到 PCA 特征。

该方法一方面利用了邻域像素,增加了特征信息;另一方面,利用 PCA 变换降低了特征的维数,由于特征矢量互不相关,所以 PCA 特征更有利于将变化和未变化的像素进行空间聚类。

2)多尺度变换

多尺度变换就是通过特定的多尺度变换模型,对原始图像进行变换,生成不同分辨率的图像。对多分辨率图像进行综合分析,提取对象的多尺度特征,满足特征提取、分割、分类的需求。常用的多尺度变换模型包括小波变换、高斯多尺度变换、直接抽取处理等(Bovolo and Bruzzone, 2005)。

小波变换是一种多尺度变换方法,通过对 SAR 图像的处理能够获得多尺度特征。与 PCA 变换类似,小波变换在变化检测中的应用方式主要有 3 种。第一种是针对多时相 SAR 图像进行面向对象的多尺度分割,SAR 图像能够分割为满足同质性指标的图像斑块,将每个斑块作为一个对象,以对象的综合属性代替对象内每个像素的属性。因此,差异图提取可以在面向对象分割之后,针对对象特征进行(Bovolo, 2009)。在 Bovolo 的研究中,对象特征矢量采用变化矢量分析(Change Vector Analysis, CVA)技术进行变化检测。第二种是针对多时相 SAR 图像进行多尺度变换,提取 SAR 图像像素在不同尺度上的特征,并组成特征向量,通过对特征向量进行差异性分析达到变化检测的目的(Celik, 2010a)。Celik 采用双树复小波变换建立多尺度模型,将输入图像分解为 1 个低通通道和 6 个高通通道。变化检测时仅使用了 6 个高通通道的数据,并判断每个通道是否存在变化。基于混合统计模型,分别估计每个通道是否存在变化。然后通过尺度内和尺度间的变化图的融合处理,得到最终的变化检测结果。算法具有很强的检测效果和抗噪性。第三种是针对已有的差异图进行处理,通过对差异图进行离散小波变换,针对每个像素建立一个多尺度特征矢量,通过聚类算法实现变化检测(Celik, 2009; Bovolo and Bruzzone,2005)。Celik(2009)研究了利用平稳(非采样)离散小波变换进行差异图特征提取,进而进行非监督变化检测的方法。首先,对差异图进行 S 层的非采样离散小波变换(Undecimated DWT, UDWT),然后针对差异图上的每个像素建立一个多尺度特征矢量,最后利用 K 均值聚类算法对多尺度特征进行分类处理。

高斯尺度空间是另一种重要的多尺度变换(詹芊芊等,2010),其定义为

$$L(x, y, \sigma) = G(x, y, \sigma) \otimes I(x, y) \tag{6.10}$$

式中,$I(x, y)$ 是原始图像;(x, y) 表示像素坐标;$G(x, y, \sigma)$ 是高斯核函数,表达式如下:

$$G(x, y, \sigma) = \frac{1}{2\pi\sigma^2} e^{-(x^2+y^2)/2\sigma^2} \tag{6.11}$$

式中，σ 是尺度参数。通过调整尺度参数，可以得到不同分辨程度的图像。对同一个像素来说，综合不同尺度上的特征即组成最终的目标特征。处理方式与小波变换类似。

4. 多通道数据的差异图

多通道 SAR 数据通常包括多波段和多极化。前面介绍的方法都是单通道非监督变化检测中的常用差异图提取方法。对多通道（如多波段、多极化）数据来说，为了充分挖掘单通道中的变化信息，需要对各通道数据进行融合。融合的方法有多种，除了前面介绍的 PCA 变换方法，还有独立成分分析、Fisher 变换、统计特征融合、极化似然比和极化特征分解等。

PCA 变换主要通过消除通道间的数据冗余，使变化信息集中在某一个或几个图像，从而提高变化检测的效率。ICA 可以看作 PCA 的一种扩展，它将数据变换到相互独立的方向上，使经过变换所得到的各个分量之间不仅正交，而且相互独立（钟家强，2005）。Moser 等（2007）提出了一种多通道 SAR 图像的非监督变化检测方法，其算法的核心就是针对各通道的对数比值差异图，采用 Fisher 变换，在对数正态分布假设下，将多维转化到一维数据，从而在一维空间上使两类可分。Moser 等（2009）提出了一种新的多通道 SAR 变化检测方法，其核心是针对各通道的对数比值差异图进行统计特征的融合；在 MRF-MAP 模型下，将各通道的统计分布概率密度函数融合到一个能量函数模型中。

Conradon 等（2003）针对全极化数据提出了一种变化检测统计量——基于协方差矩阵分布的极化似然比。在 Wishart 分布假设下，极化似然比表示为

$$Q = \frac{L(X, Y)}{L(X)L(Y)} = \frac{(m+n)^{p(m+n)} |X|^n |Y|^m}{n^{pn} m^{pm} |X + Y|^{(m+n)}} \tag{6.12}$$

式中，X、Y 为极化数据的协方差矩阵；m、n 表示视数；p 表示协方差矩阵的维数；$L(X, Y)$ 表示两幅极化图像数据没有变化发生时的联合似然函数；$L(X)L(Y)$ 表示有变化发生时的联合似然函数。如果假设 $m = n$，则有

$$\ln Q = n(2p \ln 2 + \ln |X| + \ln |Y| - 2\ln |X + Y|) \tag{6.13}$$

两时相变化越大，Q 值越小，对应的 $-\ln Q$ 值也越大。通过选择适当阈值，即可以分割出变化区域。

对于多极化或全极化 SAR 数据来说，经过特征分解后的极化特征分量相比幅度或强度更能揭示地物的散射特性和属性。因此，极化特征分解常应用于地物分类、识别和解译中。根据目标散射特性的变化与否，极化目标分解的方法大致可分为两类：一类是针对目标散射矩阵的分解，此时要求目标的散射特征是确定的或稳态的，散射回波是相干的，故也称为相干目标分解；另一类是针对极化协方差矩阵、极化相干矩阵、

Mueller 矩阵或 Stokes 矩阵的分解，此时目标散射可以是非确定的（或时变的），回波是非相干（或部分相干）的，故也称为非相干目标分解。相干目标分解方法包括 Pauli 分解、SDH（Sphere Diplane Helix）分解、Cameron 分解等；非相干目标分解方法包括 Huynen 分解、Cloude 分解、Holm&Barnes 分解以及 Freeman-Durden 分解等（陈曦，2009）。

6.1.3　差异图分割技术

1．差异图统计分布模型

1）统计分布模型的种类

针对不同目标场景和不同分辨率，SAR 图像的统计分布并不相同。早期的 SAR 图像的分辨率较低，统计分布测试一般选择树木、房屋等目标，它们的尺寸都小于分辨单元，目标散射起伏表现较弱，幅度服从瑞利分布，强度服从负指数分布。对于分辨率较高的 SAR 图像，目标局部散射更加突出，需要引入新的统计模型来描述，如对数正态分布、韦布尔分布、Gamma 分布、K 分布等（Oliver and Shaun, 1998）。

除了 SAR 图像本身的统计特征，差异图的统计特征也是研究人员关注的重点。差异图分布模型对估计分割阈值、提取差异区域非常重要。由于差异图表征了两类信息，即变化的类 w_c 和未变化的类 w_n，差异图像素的概率密度函数 $p(X)$ 可以认为是两个类别的混合密度，即

$$p(X) = p(X/w_n)P(w_n) + p(X/w_c)P(w_c) \qquad (6.14)$$

对于类别概率密度函数，最常见的是假设为高斯分布，即

$$p(X/w_i) = \frac{1}{\sqrt{2\pi}\sigma_i} e^{-\frac{(x-u_i)^2}{2\sigma_i^2}}, i=n,c \qquad (6.15)$$

该模型计算简单，使用方便。但它的缺点就是对差异图分布的拟合精度并不高。

另一种拟合精度更高的分布模型是广义高斯分布模型。这种模型相比高斯模型来说，更灵活、更稳定，通过调整参数，可以近似到多种统计分布，如冲击响应函数、拉普拉斯分布、高斯分布和均一分布等，而且相比高斯模型来说，它仅需要再多估计一个参数。广义高斯分布模型的表达式为

$$p(X_l | w_i) = a_i e^{-[b_i|X_l - m_i|]^{\beta_i}}, i=n,c \qquad (6.16)$$

式中，a_i、b_i 都是正常数，表达式为

$$a_i = \frac{b_i \beta_i}{2\Gamma\left(\frac{1}{\beta_i}\right)}, \quad b_i = \frac{1}{\sigma_i}\sqrt{\Gamma\left(\frac{3}{\beta_i}\right)\Big/\Gamma\left(\frac{1}{\beta_i}\right)} \qquad (6.17)$$

式中，m_i、σ_i^2、β_i 分别是均值、方差和形状参数。$\Gamma(\cdot)$ 是 Gamma 函数，$\Gamma(z) = \int_0^\infty e^{-t} t^{z-1} dt$。形状参数 $\beta_i \geq 0$ 调整密度函数的拖尾，特别地，$\beta_i = 2$ 将产生高斯密度函数，$\beta_i = 1$ 将产生拉普拉斯密度函数。对于两个极限情况，当 $\beta_i \to 0$ 时，对应于冲击响应函数，当 $\beta_i \to \infty$ 时，对应于均一分布。

除此之外，比值差异图的统计分布模型还有 Nakagami 分布、韦布尔分布、对数正态分布等多种（Moser, 2006）。采用单一分布模型拟合差异图直方图，进而可以采用自动阈值分割技术获取变化信息。

2）统计分布模型参数求解的方法

在确定差异图统计分布模型之后，接下来就是估计各类的统计参数。常用的非监督估计算法有 EM 算法。EM 算法是一种递归的从不完全数据中求解模型分布参数的极大似然估计的方法。它包括两个步骤：第一步是估计参数的条件期望值；第二步是最大化该参数的最大期望值。在通常的情况下 EM 算法的估计可以局部或是全局收敛于极大似然估计，该算法的最大好处是收敛过程是平滑的且对扰动不敏感。

假设混合分布的概率密度函数符合高斯分布，通过 EM 算法估计类别 w_n 的统计参量的公式可以表示为（Bruzzone and Prieto, 2000）

$$P^{t+1}(w_n) = \frac{\sum\limits_{X(i,j) \in X_D} \dfrac{P^t(w_n) p^t(X(i,j)/w_n)}{p^t(X(i,j))}}{IJ} \tag{6.18}$$

$$\mu_n^{t+1} = \frac{\sum\limits_{X(i,j) \in X_D} \dfrac{P^t(w_n) p^t(X(i,j)/w_n)}{p^t(X(i,j))} X(i,j)}{\sum\limits_{X(i,j) \in X_D} \dfrac{P^t(w_n) p^t(X(i,j)/w_n)}{p^t(X(i,j))}} \tag{6.19}$$

$$(\sigma_n^2)^{t+1} = \frac{\sum\limits_{X(i,j) \in X_D} \dfrac{P^t(w_n) p^t(X(i,j)/w_n)}{p^t(X(i,j))} [X(i,j) - \mu_n^t]^2}{\sum\limits_{X(i,j) \in X_D} \dfrac{P^t(w_n) p^t(X(i,j)/w_n)}{p^t(X(i,j))}} \tag{6.20}$$

式中，上标 t、$t+1$ 表示当次和下次迭代时参数值。类似的方程可以推导类别 w_c 的条件密度函数、均值和方差。首先，获取初始估计，然后再迭代。每次迭代，估计参数会导致对数似然估计函数的增加，$L(\theta) = \ln p(X_D | \theta)$，其中，$\theta = \{P(w_n), P(w_c), \mu_n, \mu_c, \sigma_n^2, \sigma_c^2\}$。收敛时，似然函数将达到局部最大值。

估计参数的初始值通过分析差异图统计特征获得。特别地，假设属于类别 w_n 的像素集 S_n，属于类别 w_c 的像素集 S_c，这两个像素集可以通过两个阈值获得，T_n、T_c 分别

对应直方图 $h(X)$ 的最右边和最左边。因此，$S_n = \{X(i,j) \mid X(i,j) < T_n\}$ 和 $S_c = \{X(i,j) \mid X(i,j) > T_c\}$ 作为两个类别统计参数的初始估计。

在高斯分布假设下，用 EM 算法分别估计两个类别的统计参数。但是，需要指出的是，还有其他方法可以用来估计非高斯分布的统计参数，如半参数或非参数方法（Shahshahani et al., 1994）、归一化混合估计技术（Delignon et al., 1997）、对数积分法（Moser, 2006; Bujor et al., 2004）、样本竞争法（连惠城，2004）等。

2. 分割算法

从差异图上进行阈值分割是获取变化图的常用方法。自动阈值分割的算法有很多（焦李成等，2008），如最大类间方差算法、基于最小错误准则的分割算法、K&I 阈值分割算法、CFAR 阈值分割算法、空间聚类分割算法、MRF 统计分割算法等。下面主要介绍三类目前最流行的算法。

1）基于最小错误准则的分割算法

由混合分布模型可知，为了实现差分图像中像素的归类，需要找到某种判别函数。从概率意义上说，分类错误率最小就对应着将像素划入后验概率最大的类别。这样，可以采用最小错误率的贝叶斯决策准则。

根据贝叶斯最小错误率准则，差异图 X_D 中的每个像素 $X(i,j)$ 所属类别 w_k 应满足最大化后验条件概率分布，即

$$
\begin{aligned}
w_k &= \arg \max_{w_i \in \{w_n, w_c\}} \{P(w_i / X(i,j))\} \\
&= \arg \max_{w_i \in \{w_n, w_c\}} \{P(w_i) p(X(i,j) / w_i)\}
\end{aligned}
\tag{6.21}
$$

应用这个准则来解决变化检测问题，等价于在两类 w_n 和 w_c 之间找到最大似然边界 T_0 来对差异图进行分割。因此，在 EM 算法的统计参数估计的基础上，最优阈值求解如下：

$$
\frac{P(w_c)}{P(w_n)} = \frac{p(X / w_n)}{p(X / w_c)}
\tag{6.22}
$$

式中，在高斯假设下，等价于求解如下二次方程：

$$
(\sigma_n^2 - \sigma_c^2)\hat{T}_0^2 + 2(\mu_n \sigma_c^2 - \mu_c \sigma_n^2)\hat{T}_0 + \mu_c^2 \sigma_n^2 - \mu_n^2 \sigma_c^2 - 2\sigma_n^2 \sigma_c^2 \ln\left[\frac{\sigma_c P(w_n)}{\sigma_n P(w_c)}\right] = 0
\tag{6.23}
$$

这里需要指出的是，阈值 $\hat{T}_0$ 的精度是可获得的，因此差异图最终分割的精度将依赖于 EM 算法估计的精度（Bruzzone and Prieto, 2000）。

在最小错误准则的基础上，研究者引入 K&I 阈值分割技术。阈值 T 的选择是基于如下的决策函数：

$$J(T) = \sum_{X_l=0}^{L-1} h(X_l)c(X_l,T) \tag{6.24}$$

式中，X_l 表示像素量化值，量化范围为 $0 \sim L-1$；$h(X_l)$ 是差异图直方图；$c(X_l,T)$ 是费用函数，其表达式为

$$c(X_l,T) = \begin{cases} -2\ln P(w_n \mid X_l,T), & X_l \leqslant T \\ -2\ln P(w_c \mid X_l,T), & X_l > T \end{cases} \tag{6.25}$$

式中，$P(w_i \mid X_l,T)(i=n,c)$ 表示变化和未变化类别的后验概率，其表达式为

$$P(w_i \mid X_l,T) = \frac{P(w_i) \cdot p(X_l \mid w_i,T)}{\sum_{j \in \{n,c\}} P(w_i) \cdot p(X_l \mid w_j,T)}, i=n,c \tag{6.26}$$

使分类错误率最小的阈值就是最小化如下的费用函数：

$$T^* = \underset{T=0,1,\cdots,L-1}{\arg\min} J(T) \tag{6.27}$$

很多研究都针对不同的统计分布模型开展基于最小错误率准则的差异图分割。Bazi 等（2005）针对高斯分布模型和广义高斯分布模型，采用 K&I 阈值分割技术进行变化检测。Bazi 等（2006）通过分析一个费用函数，自动检测对数比值图像的直方图上的阈值个数和对应阈值，从而确定数值变大或者数值变小的区域。费用函数是基于广义高斯分布双阈值 K&I 算法的准则函数的最小值。Moser（2006）针对比值差异图，考虑了三种非高斯分布的 K&I 阈值分割技术。高丛珊等（2010）基于 Gamma 分布开展了 K&I 阈值分割。Celik（2010b）研究了基于遗传算法进行 SAR 图像变化检测的方法。他比较了遗传算法与 Bruzzone 的基于 EM 参数估计的最小错误率变化检测方法、基于 MRF 变化检测方法、Celik（2009）中的基于 PCA 的方法、Celik（2009）中的基于非采样离散小波变换的变化检测方法。实验证明，遗传算法具有更好的检测效果。但该算法的一个缺点是计算比较耗时。作者建议采用高性能处理器并行计算处理。假设差异图是由 N 个从小到大的高斯分布的组成的混合模型，然后依据最小错误准则，找到分割阈值，对 N 个高斯分布进行变化和未变化的分类。该算法受噪声影响小，适用于不同类型的差异图。

2）基于聚类的分割算法

除了直接利用差异图幅度或强度信息进行变化检测，很多研究者考虑从提取变化和未变化区域的特征矢量的角度，开展聚类分割。聚类算法很多，如 K（$K=2$）均值聚类、模糊 C 均值聚类等。关于聚类算法，很多文献都有介绍，本书在此不做详细说明。

通过特征变换获取的差异图，一般采用空间聚类分割算法进行变化检测。Celik（2009）利用 PCA 和 K 均值（$K=2$）方法分析差异图。K 均值方法对特征矢量聚类。每个像素的特征矢量是将差异图在特征空间上投影得到。特征空间通过 PCA 获取，利

用差异图上多个 $h \times h$ 的非重叠图像块计算 PCA。PCA 进行了降维和特征选择处理，变化检测流程速度非常快。Celik（2009）首先对差异图进行 S 层的非采样离散小波变换，然后针对差异图上的每个像素建立一个多尺度特征矢量，最后利用 K 均值聚类算法对多尺度特征进行分类处理。常宝（2010）研究了三种非监督 SAR 图像变化检测方法，都是基于差异图特征矢量开展的聚类分割，分别是基于离散余弦变化和 Zigzag 变化系数构造压缩特征矢量，利用模糊 C 均值进行聚类处理；利用高斯微分核卷积构造局部几何结构特征，利用 SOM 聚类进行差异图分割；以及基于 UDWT 和 PCA 变化进行多维多尺度特征矢量融合，再利用 K 均值聚类算法进行变化检测。

3）基于 MRF 的统计分割算法

如果一个像素标记为变化或没有变化的区域，那么它周围的像素极有可能是同样的标记。因此，利用邻域信息将会产生更可靠更精确的变化检测结果。Bruzzone 和 Prieto 利用 MRF 来定义像素之间的依赖性，用两个高斯函数来描述发生变化区域和未发生变化区域的像素强度值的统计特性。

定义像元类别标识为 $C = \{C_l, 1 \leq l \leq L\}$，表示差异图中像素所对应的类别，其中 $C_l = \{C_l(i,j), 1 \leq i \leq I, 1 \leq j \leq J\}$，且 $C_l(i,j) \in \{\omega_c, \omega_n\}$，$\omega_c$、$\omega_n$ 分别表示变化的类和未变化的类。为求解像素的类别标识 $C_l(i,j)$，根据差异图像 X_D，采用贝叶斯理论中的最大后验估计来确定差分图像中的每个像素的分类标记，即使得 C_l 的后验概率分布满足：

$$C_k = \arg\max_{C_l \in C}\{P(C_l / C_D)\} = \arg\max_{C_l \in C}\{P(C_l)p(X_D / X_l)\} \quad (6.28)$$

求解上面的最大后验概率，等价于求解如下能量函数最小：

$$U(C_l | X_D) = U_{data}(X_D | C_l) + U_{context}(C_l) \quad (6.29)$$

式中，U_{data} 是与统计特征相关的似然能量；$U_{context}$ 表示像素间类别关系的邻域能量。通过寻找使能量函数最小化的标记 C_l 来实现对差异图的分类。

假设通过不同的方法获得了两种差异图，分别为 X_{D1} 和 X_{D2}，且它们之间相互独立。在这个独立型假设的前提下，根据贝叶斯原理，将两幅差异图融合，融合后图像像素的分类标记 C_l 的后验概率为

$$P(C_l | X_{D1}, X_{D2}) \propto P(X_{D1}, X_{D2} | C_l)P(C_l) = P(X_{D1} | C_l)P(X_{D2} | C_l)P(C_l) \quad (6.30)$$

通过引入可靠性因子来表示不同图像对变化检测的影响程度，式（6.30）变为

$$P(C_l | X_{D1}, X_{D2}) \propto P(X_{D1} | C_l)^{\alpha_1} P(X_{D2} | C_l)^{\alpha_2} P(C_l) \quad (6.31)$$

式中，α_1、α_2 是控制不同信息源在变化图像中的影响因子，且有 $0 \leq \alpha_1, \alpha_2 \leq 1$。根据 MRF-MAP 原理，求解最大后验概率等价于求解如下能量函数的最小值：

$$U(C_l | X_{D1}, X_{D2}) = \alpha_1 U_{data}(X_{D1} | C_l) + \alpha_2 U_{data}(X_{D2} | C_l) + U_{context}(C_l) \quad (6.32)$$

式中，$U_{data}(X_{D1} | C_l)$ 和 $U_{data}(X_{D2} | C_l)$ 分别表示两种差异图的似然能量。

　　Bruzzone 考虑差异图像素之间的空间关系，在 EM 算法估计统计分布参数的基础上，利用 MRF 模型进行类别分类，采用 ICM（Iterated Conditional Modes）算法进行迭代分割。Kasetkasem 和 Varshney 采用基于 SA（Simulated Annealing）的 MRF 分割算法，进行变化检测。Chen 等针对对数比值差异图，进行基于图割算法的 MRF 分割，认为基于图割算法的 MRF 分割效果比基于 ICM 的 MRF 分割效果好。

　　Melgani 和 Bazi 提出了一种基于 MRF 的方法，将不同阈值分割算法的检测结果进行融合，从而得到比单阈值算法更稳健的结果。Moser 等提出了一种多通道 SAR 图像的变化检测技术，算法的核心采用了 Fisher 变换，即在对数正态分布假设下，将多维数据转化到一维数据，从而在一维空间上使两类可分。对一维差异图的分割采用了 EM 和 MRF 综合的迭代算法，同时对单通道分类数据采用了 LN-GKIT（Log Normal-General Kittler and Illingworth Technique）技术进行阈值分割。作者针对 SIR-C 数据的实验证明了算法的有效性。Moser 和 Serpico 对各通道差异图采用如式（6.32）的 MRF 融合手段，获得融合差异图，充分发挥了各差异图的统计特征和空间邻域特征。

6.1.4　变化检测应用研究

　　从上面的论述中可以看到，SAR 图像变化检测研究已经成为国内外研究的热点。针对处理流程中的不同阶段，研究人员进行了各种先进算法的研究，并在不同应用中取得很好的效果，如滑坡变化检测、城市变迁检测、洪水淹没变化检测等。Villasensor 等利用经过定标之后的 ERS-1SAR 图像研究了 Alaska's 北郊滑坡。研究表明，变化与地形高度和山体坡度有很强的相关性，在山脊变化大，在沟谷变化小；而且雷达后向散射系数随土壤与植被中的水分含量变化很大。Fransson 等将变化检测用于分析风暴过后森林毁坏情况。作者使用了线性回归模型来估计雷达后向散射幅度与森林蓄积量的关系。通过比较风暴前后的后向散射系数来评估毁坏情况。Dierking 和 Skriver 利用机载多时相全极化 SAR 图像进行变化检测，制作变化检测专题图。文献在机载全极化多时相 SAR 图像上，针对小目标和线性窄目标检测变化。数据来自于 C 和 L 双波段 EMISAR 系统。研究发现，图像强度比极化通道之间的相关系数和相位差更适合变化检测。Bujor 等提出了一种从多时相 SAR 图像中同时检测变化区域（如洪水淹没区域、海岸线腐蚀变化等）和稳定特征（如道路、河流等）的新方法。首先，对多时相 SAR 图像采用局部均值的比值（提取边缘信息）和采用基于对数积分的三维纹理参数来获得对比性或异质性信息。然后，提取反映空间特征的属性，通过迭代的模糊融合方法调整最后变化检测结果。Gamba 等综合了两种方法，从多时相 SAR 图像上提取线性目标，并比较它们的差别，进一步确认基于像素的变化检测结果。方法虽然简单，但是非常有效，特别针对普遍存在的配准误差的情况。作者利用 Los Angeles、Getty Museum 区域和 Iran Bam 城市（地震变化）的机载与星载 SAR 图像验证了方法的有效性。

6.2　基于 EM+MRF 模型的 SAR 图像变化检测技术

为了实现非监督、高精度的 SAR 图像变化检测，本书重点介绍基于 EM+MRF 模型的 SAR 图像变化检测技术，其技术流程如图 6.3 所示。

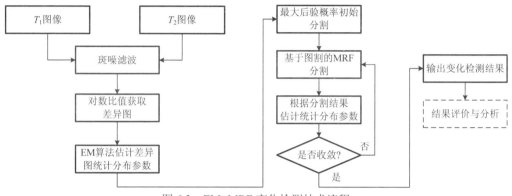

图 6.3　EM+MRF 变化检测技术流程

6.2.1　算法说明

图像预处理采用适当的斑噪滤波算法，比如均值滤波、Lee 滤波、增强 Lee 滤波等。差异图采用对数比值形式。

算法用 3 个高斯函数来分别描述变强区域、变弱区域和未发生变化区域的像素强度值的统计特性，通过 6.1.3 小节的 EM 算法和基于图割的 MRF 分割，迭代估计各区域的统计分布参数，不断收敛后，即得到最终的三类区域分割结果。

该算法具有全自动、非监督的特点。

6.2.2　实验结果分析

1. 水域陆地互相变化的变化检测

为了验证本算法在洪水淹没、水域缩减、灾害评估等方面的应用能力，我们进行了水域陆地互相变化的实验。实验采用数据为天津郊区多时相 RADARSAT-1 SAR 图像，图像分辨率为 8m。

如图 6.4 所示，两个时相的数据分别是 2005 年 6 月 25 日和 2005 年 9 月 29 日，期间间隔 3 个月。在这 3 个月之间，除了图像本身的水域陆地变化，为了更好地分析算法的效果，人工模拟了两块变化区域，如图 6.4(b)所示，红框等大小的陆地数据和水域数据进行了互换，数据大小为 40 行×20 列，共 800 个像素。图 6.5(a)是差异图，亮区表示增强的区域，暗区表示变弱的区域。差异图统计分布符合混合高斯模型。图 6.5(b)是检测结果，从 2 个实验区的结果来看，检测率 90%以上，虚警率优于 10%。

 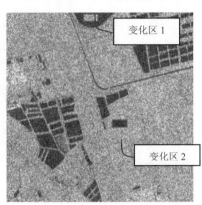

(a) 2005 年 6 月 25 日   (b) 2005 年 9 月 29 日

图 6.4   天津郊区两个时相 SAR 数据 1(512×512)（见彩图）

2. 植被长势的变化检测

植被不同长势、土壤水分含量会导致后向散射系数发生较大变化。图 6.6 所示是 RADARSAT-1 两个时相的郊区图像，分别是 2005 年 6 月 25 日和 2005 年 9 月 5 日，间隔约 80 天。在此期间，地表农作物发生了较大变化。通过检测，能够提取变强和变弱的区域。图 6.7 为差异图和变化检测结果，图 6.8 是人工辨识的一块变弱区域的真实变化检测结果。对这块区域，检测的评估参数如表 6.1 所示，检测率达到 95.04%，虚警率仅有 5.8%。

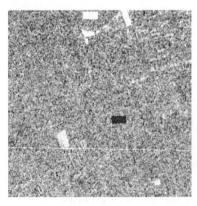 

(a) 对数比值差异图   (b) EM+MRF 变化检测结果

图 6.5   差异图和变化检测结果（G：变强，B：变弱，R：未变）（见彩图）

(a) 2005 年 6 月 25 日　　　　　　　　　(b) 2005 年 9 月 5 日

图 6.6　天津郊区两个时相 SAR 数据 2(400×400)

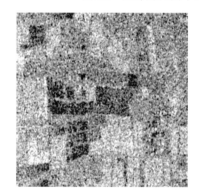

(a) 对数比值差异图　　　　　　　　　(b) EM+MRF 变化检测结果

图 6.7　差异图和变化检测结果（G：变强，B：变弱，R：未变）（见彩图）

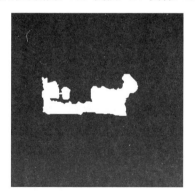

图 6.8　考核区实际变化结果

表 6.1　变化检测结果统计

	真实变化像素数	检测变化像素数	检测正确像素数	检测率/%	虚警率/%
考核区	11201	11300	10645	95.04	5.80

3. 城市建筑的变化检测

城市扩张、违建、倒塌灾害评估等是 SAR 图像变化检测的重要应用方向。本算法采用天津市区两个时相的 SAR 图像进行城市建筑变化的检测，如图 6.9、图 6.10 所示。图 6.11 是一处考核区的实际变化图。总的来讲，检测的变化位置在图像上都能找到相应的变化。说明变化区域的定位是非常准确的。像素级别的检测精度达到 90%，虚警率不到 10%。

(a) 2005 年 4 月 14 日　　　　　　　　(b) 2005 年 9 月 5 日

图 6.9　天津市区两个时相 SAR 数据 3(944×862)

(a) 对数比值差异图　　　　　　　　(b) EM+MRF 变化检测结果

图 6.10　差异图和变化检测结果（G：变强，B：变弱，R：未变）（见彩图）

图 6.11　考核区实际变化结果

6.3　面向对象分割的 SAR 图像变化检测技术

高分辨率图像可以挖掘的信息远比低分辨率丰富，不过随之而来的是如何对这些繁杂的信息进行整合和有效的分析。像素级方法的分析单元是固定的（即像素），无法做到缩放分析尺度以适应不同层次的地物。叶曦等引入面向对象方法进行高分辨率 SAR 图像变化检测，围绕如何有效地利用面向对象分析技术进行 SAR 图像变化检测展开实验和分析，提出了一种面向对象的高分辨率 SAR 图像变化检测方法，主要技术路线如图 6.12 所示。

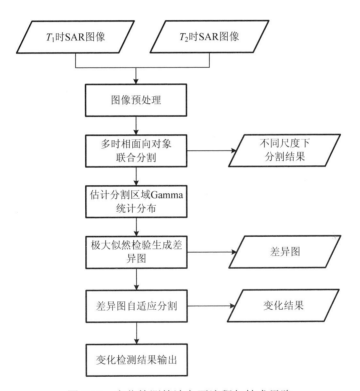

图 6.12　变化检测算法主要流程与技术思路

6.3.1　面向对象联合多尺度分割

为了使变化前后两幅 SAR 图像对应的区域具有相同的像素个数和形状，需要对两幅图像同时进行面向对象的多尺度分割，即联合多尺度分割。联合分割方法的大致步骤如下：

（1）遍历图像，找到每个区域的最邻近区域，并计算相邻区域间的同质性度量 H；这里只考虑两个时相的 SAR 图像，因此每个相邻区域对 R 有两个同质性度量即 $H(X_{1R})$ 和 $H(X_{2R})$；

（2）如果在任意时相 i 上均满足判定条件 $H(X_{iR})<Scale$，则合并相邻区域对 R；

（3）更新区域信息并回到步骤（1）；

（4）如果没有区域合并进行，则终止循环输出最终结果。

6.3.2 对象级的变化测度

经过联合分割后，所有参与检测的图像都被分成了相同数目的斑块区域，这些区域虽然所处的时相不尽相同，但是空间位置却是严格对应的。由于分割算法利用同质性标准，将具有同质性的像素划分到一起，得到均匀区域，所以分割所得到的每个对象都可以认为是均匀区域，可以用单极化 SAR 的均匀模型——Gamma 分布去拟合。

设 X、Y 为不同时相图像上对应的分割区域，则有

$$X,Y \sim P(x); \quad P(x) = \frac{1}{\Gamma(L)}\left(\frac{L}{u}\right)^L x^{L-1} \exp\left(-\frac{Lx}{u}\right) \tag{6.33}$$

式中，$\Gamma(\cdot)$ 为 Gamma 函数；L 为等效视数，根据矩估计，均值 E 和方差 D 分别为

$$E(x) = u, \quad D(x) = \frac{u^2}{L} \tag{6.34}$$

根据广义似然比检验模型，可以得到 X 和 Y 的变化测度为

$$DS(X,Y) = N\left(2\ln(I_x + I_y) - \ln I_x I_y - C\right) \tag{6.35}$$

式中，令 $I_x = \frac{1}{N}\sum_{i=1}^{N} x_i$，$I_y = \frac{1}{N}\sum_{i=1}^{N} y_i$，其中，$N$ 为区域像素个数，C 为常数 1.3863。

在分割过程中，每一个尺度设置都会生成一个差异图。关于多差异图的融合分割问题，有多种实现方法，包括聚类分割、PCA 变换等。本书在这里采用 PCA 变换的方式，提取主成分进行分割。

6.3.3 实验分析与精度评价

在复杂场景中，不同尺度的对象由于对现实场景中地物的表达能力有限，其变化检测性能受到了极大的制约，降低了面向对象变化检测算法的鲁棒性，为了提高面向对象变化检测方法的鲁棒性，本书提出利用多尺度信息进行变化检测的方法，所采用实验图像为表 6.2 中苏州地区的数据。

表 6.2 实验图像参数介绍

参数	地区	
成像区域	苏州市	苏州市
成像时间	2009 年 8 月 31 日	2010 年 6 月 15 日
运行模式	Stripmap	Stripmap
成像模式	精细	精细
传感器	RADARSAT-2	RADARSAT-2
极化方式	HH	HH
采样间隔	4.7m×4.7m	4.7m×4.7m
成像波段	C 波段	C 波段

本实验所用数据为苏州市高分辨率 RADARSAT-2 图像（图 6.13(a)），主要变化区域已经标注到图 6.13(b)上。面向对象分析首先需要通过分割生成对象，提出的分割算法通过 Scale 值的变化生成不同尺度的对象。对于分割尺度的选取，最优的选择当然是能根据地物的结构特征完整地提取出相应地块，但是在实际中完全达到这种效果目前是不可能的，只能根据场景中感兴趣地物来设定尺度，在本实验中主要涉及裸地、城市、林地、水体四种感兴趣目标地物的变化信息，其中城市地区地块结构较为复杂，城市中存在大量细碎地块，而裸地和林地分布较为集中形成的地块尺寸较大。本实验尺度参数的选取，主要遵循如下原则：

（1）为了保证结构能反映出相应地物的统计特性，分割地块尽量保持原有地块的完整性，分割结果不宜太碎；

（2）为了保证后续统计拟合的精确性，分割地块中不宜出现灰度差异较大的像素点。

(a) 2009 年 8 月 31 日   (b) 2010 年 6 月 15 日

图 6.13 苏州 RADARSAT-2 图像

我们根据研究区域中感兴趣地物的尺寸，进行了多次的分割实验，选取了三个分割尺度：精细尺度、中等尺度、大尺度，各个尺度相应的分割参数值为 30、35 和 40。

基于不同时相对象的差异求得差异图如图 6.14 所示，可以看到在精细尺度时尺寸较大的变化区域（如地物 E）在图 6.14(a)中由于分析尺度细碎很难被完整检测出来，而随着图 6.14 中由于分析尺度增加，整个变化地物被完整地保持下来参与到变化检测中；但是小的目标地物（如地物 A、B、C、D）在精细尺度和中等尺度时都能被检测出来，而在大尺度图像中（图 6.14(c)）由于分析尺度过大，这些地物被划分到其周边未变化地物中而导致无法被检测出来。

对应 PCA 融合后的结果（图 6.14(d)）可以看到融合后的差异图既顾及大尺寸变化区域（如地物 E）的完整性，又避免了小尺寸变化区域被"淹没"的问题，能较好地反映场景变化情况。

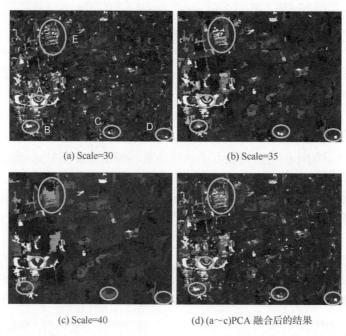

(a) Scale=30　　　　　　　　(b) Scale=35

(c) Scale=40　　　　　(d) (a～c)PCA 融合后的结果

图 6.14　苏州实验图不同尺度下的差异图

为了定量说明融合多尺度信息在检测能力上带来的提升，我们对单一尺度（Scale 1～3）的差异图和 PCA 融合后的差异图检测能力进行评估，给出了四者的 ROC 曲线（图 6.15），ROC 曲线下面的面积越大说明方法的检测能力越强，可以看到融合后的方法检测能力明显高于单一尺度条件下的检测能力。

差异图提取之后，采用最大类间方差法确定最终的变化区域，该方法无须知道差异图的先验分布。为了更直观地分析检测结果，将变化区域提取结果与实际 SAR 图像进行融合（图 6.16）。

从图 6.16 可以看出，主要的变化区域 A 和 B 均被精确检测出来。区域 A 在 2008 年时是一片拆迁后的裸地，在 2010 年该地区成为相城区新建成的商业中心——"活力"岛，原来的裸地被挖掘成蓄水池，在该中心附近有大量新建设的建筑群；区域 B 为中心建设的新住宅区——玉成家园，随着相城区的城区建设需要，大量耕地被荒废形成裸地，造成土壤含水量变化，由于雷达波对含水量敏感性，这些地物在图像上因灰度变化形成变化区域。

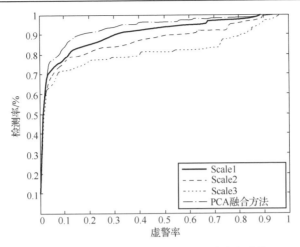

图 6.15　苏州地区单一尺度检测方法和 PCA 融合方法的 ROC 曲线

　　　(a) 2009 年 8 月 31 日　　　　　　　　　　　　　(b) 2010 年 6 月 16 日

　　　(c) 2009 年 5 月 24 日　　　　　　　　　　　　　(d) 2010 年 8 月 7 日

图 6.16　苏州实验图变化区域（见彩图）

参 考 文 献

常宝. 2010. SAR 图像无监督变化检测算法研究. 南京: 南京航空航天大学.

陈曦. 2009. 极化合成孔径雷达图像处理. 北京: 科学出版社.

丁亚兰. 2010. SAR 图像配准以及变化检测的研究. 成都: 电子科技大学.

高丛珊, 张红, 王超, 等. 2010. 广义 Gamma 模型及自适应 KI 阈值分割的 SAR 图像变化检测. 遥感学报, 14(4): 710-724.

焦李成, 张向荣, 侯彪, 等. 2008. 智能 SAR 图像处理与解译. 北京: 科学出版社.

匡刚要, 高贵, 蒋咏梅. 2007. 合成孔径雷达目标检测理论、算法及应用. 长沙: 国防科技大学出版社.

连惠城. 2004. 多尺度随机模型与 SAR 图像无监督分割. 西安: 西北工业大学.

吴柯, 牛瑞卿, 王毅, 等. 2010. 基于 PCA 与 EM 算法的多光谱遥感影像变化检测研究. 计算机科学, 37(3): 282-284.

叶曦. 2013. 多尺度分割及其在 SAR 变化检测中的应用研究. 北京: 中国科学院大学.

詹芊芊, 尤红建, 洪文. 2010. SAR 图像变化检测的多尺度方法研究. 测绘科学, 35: 136-139.

张红, 叶曦, 王超, 等. 2014. 面向对象的高分辨图像处理及应用. 中国图象图形学报, 19(3): 344-357.

张辉, 王建国. 2008. 一种基于主成分分析的 SAR 图像变化检测算法. 电子与信息学报, 30(7): 1727-1730.

钟家强. 2005. 基于多时相遥感图像的变化检测. 长沙: 国防科技大学.

Aiazzi B, Alparone L, Baronti S, et al. 2003. Coherence estimation from multilook incoherent imagery. IEEE Transactions on Geoscience and Remote Sensing, 41(11): 2531-2539.

Bazi Y, Bruzzone L, Melgani F. 2005. An unsupervised approach based on the generalized gaussian model to automatic change detection. IEEE Transactions on Geoscience and Remote Sensing, 43(4): 874-887.

Bazi Y, Bruzzone L, Melgani F. 2006. Automatic identification of the number and values of decision thresholds in the Log-Ratio image for change detection in SAR images. IEEE Geoscience and Remote Sensing Letters, 3(3): 349-354.

Bovolo F, Bruzzone L. 2005. A detail-preserving scale-driven approach to change detection in multitemporal SAR images. IEEE Transactions on Geoscience and Remote Sensing, 43(12): 2963-2972.

Bovolo F. 2009. A multilevel parcel-based approach to change detection in very high resolution multitemporal images. IEEE Geoscience and Remote Sensing Letters, 6(1): 33-37.

Bruzzone L, Prieto D F. 2000. Automatic analysis of the difference image for unsupervised change detection. IEEE Transactions on Geoscience and Remote Sensing, 38(3): 1171-1182.

Bujor F, Trouve E, Valet L, et al. 2004. Application of log-cumulants to the detection of spatiotemporal discontinuities in multitemporal SAR images. IEEE Transactions on Geoscience and Remote Sensing, 42(10): 2073-2084.

Celik T, Ma K K. 2010. Unsupervised change detection for satellite images using dual-tree complex wavelet transform. IEEE Transactions on Geoscience and Remote Sensing, 48(3):1199-1210.

Celik T. 2009. Multiscale change detection in multitemporal satellite images. IEEE Geoscience and Remote Sensing Letters, 6(4): 820-824.

Celik T. 2010a. Change detection in satellite images using a genetic algorithm approach. IEEE Geoscience and Remote Sensing Letters, 7(2):386-390.

Celik T. 2010b. Method for unsupervised change detection in satellite images. Electronics Letters, 46(9): 624-626.

Chen K, Huo C, Zhou Z, et al. 2008. Unsupervised change detection in SAR image using graph cuts// Proceedings of IGARSS, Boston: 1162-1165.

Cihlar J, Pultz T J, Gray A L. 1992. Change detection with synthetic aperture radar. Remote Sensing, 13: 401-414.

Conradon K, Nielsen A A, Schou J, et al. 2003. A test statistic in the complex wishart distribution and its application to change detection in polarimetric SAR data. IEEE Transactions on Geoscience and Remote Sensing, 41(1): 4-19.

Dekker R J. 1998. Speckle filtering in satellite SAR change detection imagery. Remote Sensing, 19(6): 1133-1146.

Delignon Y, Marzouki A, Pieczynski W. 1997. Estimation of generalized mixture and its application in image segmentation. IEEE Transactions on Image Processing, 6(10):1364-1375.

Dierking W, Skriver H. 2002. Change detection for thematic mapping by means of airborne multitemporal polarimetric SAR imagery. IEEE Transactions on Geoscience and Remote Sensing, 40(3): 618-636.

Fransson J E S, Walter F, Blennow K, et al. 2002. Detection of storm-damaged forested areas using airborne CARA-BAS-II VHF SAR image data. IEEE Transactions on Geoscience and Remote Sensing, 40(10): 2170-2175.

Gamba P, Dell'Acqua F, Lisini G. 2006. Change detection of multitemporal SAR data in urban areas combining feature-based and pixel-based techniques. IEEE Transactions on Geoscience and Remote Sensing, 44(10):2820-2827.

Grover K, Quegan S, 1999. Quantitative estimation of tropical forest cover by SAR. IEEE Transactions on Geoscience and Remote Sensing, 37(1):479-490.

Kasetkasem T, Varshney P K. 2002. An image change detection algorithm based on Markov random field models. IEEE Transactions on Geoscience and Remote Sensing, 40(8): 1815-1823.

Melgani F, Bazi Y. 2006. Markovian fusion approach to robust unsupervised change detection in remotely sensed imagery. IEEE Geoscience and Remote Sensing Letters, 3(4): 457-461.

Moser. 2006. Generalized minimum-error thresholding for unsupervised change detection from SAR amplitude imagery. IEEE Transactions on Geoscience and Remote Sensing, 44(10): 2972-2982.

Moser G, Serpico S B. 2009. Unsupervised change detection from multichannel SAR data by markovian data fusion. IEEE Transactions on Geoscience and Remote Sensing, 47(7): 2114-2128.

Moser G, Serpico S, Vernazza G. 2007. Unsupervised change detection from multichannel SAR images. IEEE Geoscience and Remote Sensing Letters, 4(2): 278-282.

Oliver C, Shaun Q G. 1998. Understanding Synthetic Aperture Radar Images. Boston: Artech House.

Rignot E J M, Zyl J J. 1993. Change detection techniques for ERS-1 SAR data. IEEE Transactions on Geoscience and Remote Sensing, 31: 896-906.

Shahshahani B M, Landgrebe D A. 1994. The effect of unlabeled samples in reducing the small size problem and mitigating the Hughes phenomenon. IEEE Transactions on Geoscience and Remote Sensing, 32: 1087-1095.

Villasensor J D, Fatland D R, Hinzman L D. 1993. Change detection on Alaska's north slope using repeat-pass ERS-1 SAR images. IEEE Transactions on Geoscience and Remote Sensing, 31(1):227-236.

第 7 章　面向对象 SAR 地物高可信解译

SAR 解译包含内容较为广泛，任何可以将影像特征（灰度特征、几何特征等）与实际地物联系在一起的方法都可以称为解译，如分类、分割后识别出地物类型、地物物理信息的提取等。目前 SAR 影像地物解译主要依赖于后向散射强度信息，解译方法大都采用光学影像的解译方法，再加上 SAR 影像固有的斑点噪声的影响，使得 SAR 影像特征提取的有效性降低，SAR 影像分类、变化检测、解译的精度难以满足实际需求。利用多模态 SAR 影像提供的丰富信息，在多维入射角、多极化、多基线观测条件下融合 SAR 影像的纹理和结构特征的 SAR 影像地物解译是发展的趋势。

7.1　SAR 影像点目标高可信解译

本节介绍恒虚警检测技术和基于相位信息的检测技术。

7.1.1　CFAR 检测技术

1. CFAR 检测原理

设 T 为检测阈值，t 为检测单元，当 $t > T$ 时，为目标点；否则为杂波背景。其中 T 是根据设定的虚警概率计算得到的（万朋等，2000）。

CFAR 检测技术的关键是确定自适应的阈值。假设 $p(x)$ 为雷达杂波分布模型的概率密度函数，令 $F(x) = \int_0^x p(t)\mathrm{d}t$。可见，$F(x)$ 在 $[0, +\infty)$ 上是递增的函数。通过求解方程

$$1 - P_{\mathrm{fa}} = \int_0^{I_c} p(t)\mathrm{d}t \qquad (7.1)$$

可以得到阈值 I_c，其中，P_{fa} 为虚警概率。

对于给定的 P_{fa}，可以通过二分法近似地得到上面方程的解 I_c。

寻找一个正整数，满足：

$$F(I) \leq P_{\mathrm{fa}} \quad 且 \quad F(I+1) > 1 - P_{\mathrm{fa}} \qquad (7.2)$$

则此时的 I 就为阈值 I_c。

上面两个式子给出的只是普遍意义下的自适应阈值的求取方法。对于不同的杂波水平的估计，形成了不同的 CFAR 方法。对于给定的 CFAR 系统，目标通常是利用特定大小的滑窗进行处理。当计算阈值时，必须考虑以下两种因素：杂波功率估计 Z（参考滑窗中的平均杂波分布估计）和要求的虚警概率 P_{fa}。由此阈值 I_c 可以表示为

$$I_c = TZ \tag{7.3}$$

式中，T 是标称化因子，依赖于虚警概率 P_{fa}。

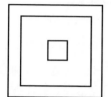

由式（7.1）可知，在求取自适应阈值 I_c 之前，需要对杂波分布模型作出假设。不同的杂波分布模型与实际杂波背景的匹配程度是不同的。CFAR 处理框图如图 7.1 所示。在 SAR 影像上局部明亮的小区域中选取候选目标，以候选目标为处理像元中心点，在其附近选取 $M×N$ 的窗。首先，在窗口四周内侧计算杂波统计量，然后利用恒虚警检测规则对窗口中心像元 $g(i,j)$ 进行处理，处理完之后，右移到后一个像元位置上，重复进行直到做完整幅影像。

图 7.1　CFAR 处理框图

2. 杂波分布模型研究

CFAR 检测器和统计模型紧密相关，SAR 影像目标检测的恒虚警是通过对背景杂波的统计分布模型正确选取的基础上推导得出的。杂波分布模型的早期研究是基于瑞利分布的假设。然而随着研究的深入，在许多应用中，瑞利分布与实际的杂波包络之间存在一定的差异，特别是对于低入射角的高分辨率影像，这种差异尤为明显。因此，研究者将这种环境中的目标检测问题划归为非瑞利杂波目标检测的范畴，并提出了许多具有代表性的杂波分布模型，如瑞利分布、韦布尔分布、对数正态分布、K 分布、Gamma 分布等，从而在更宽的范围内适应了杂波的分布。

主要的检测方法有单元平均 CFAR、两参数 CFAR、均值类 CFAR(ML-CFAR)、有序统计类 CFAR，下面一一介绍。

1）瑞利分布模型

当杂波分量为高斯白噪声，即服从均值为 0 的正态分布时，杂波幅度分布为瑞利（Rayleigh）型。瑞利分布的概率密度函数为（杨文等，2004）

$$p(x) = \begin{cases} \dfrac{2x}{B^2} \exp\left(-\left(\dfrac{x}{B}\right)^2 \right), & x \geq 0 \\ 0, & x < 0 \end{cases} \tag{7.4}$$

式中，B 为瑞利参数。当 B 取不同值时，瑞利分布如图 7.2 所示。

对式（7.2）积分，可得瑞利分布的概率分布函数为

$$F(x) = \int_0^x \frac{x}{B^2} e^{-x^2/(2B^2)} dx = 1 - e^{-x^2/(2B^2)} \tag{7.5}$$

瑞利分布的数学期望和方差分别为

$$E[X] = \sqrt{\frac{\pi}{2}} B$$
$$\mathrm{Var}[X] = \frac{4-\pi}{2} B^2 \tag{7.6}$$

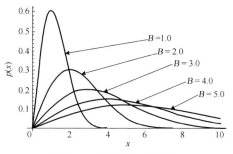

图 7.2　瑞利分布曲线图

其参数 B 的最大似然估计以及虚警率为

$$\hat{B} = \left(\frac{1}{N} \sum_{i=1}^{N} X_i \right)^{1/2}$$

$$p_{\mathrm{fa}} = \exp\left[-\left(\frac{T}{\hat{B}} \right) \right] \tag{7.7}$$

式中，T 为阈值。

2）韦布尔分布模型

韦布尔（Weibull）分布模型是描述非瑞利包络杂波的一种常用的统计模型。与对数正态分布和瑞利分布相比，韦布尔分布模型能在很宽的条件范围内很好地与实验数据相匹配。韦布尔的名称定义为 Weibull(B, C)，概率密度函数表示为（种劲松和朱敏蕙，2003；Cohen, 1965）：

$$\begin{cases} p(x) = \left\{ \dfrac{C}{B} \left(\dfrac{x}{B} \right)^{C-1} \right\} \exp\left(-\left(\dfrac{x}{B} \right)^{C} \right), & x \geqslant 0 \\ 0, & x < 0 \end{cases} \tag{7.8}$$

式中，B 为尺度参数，C 是形状参数。当 C 为 1 和 2 的时候就是指数分布与瑞利分布。其概率密度函数如图 7.3 所示。

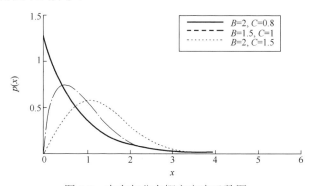

图 7.3　韦布尔分布概率密度函数图

其概率分布函数为

$$F(x) = \int_0^x \frac{C}{B}\left(\frac{x}{B}\right)^{C-1} \mathrm{e}^{-(x/B)^C}\,\mathrm{d}x = 1 - \mathrm{e}^{-(x/B)^C} \tag{7.9}$$

服从韦布尔分布的随机变量的均值和方差分别为

$$E(x) = \frac{B}{C}\Gamma\left(\frac{1}{C}\right)$$

$$\mathrm{Var}(X) = \frac{B^2}{C}\left\{2\Gamma\left(\frac{2}{C}\right) - \frac{1}{C}\left(\Gamma\left(\frac{1}{C}\right)^2\right)\right\} \tag{7.10}$$

通过最大似然推导，得到韦布尔分布的最大似然估计为

$$\begin{cases} \dfrac{\displaystyle\sum_{i=1}^{n} X_i^{\hat{C}} \ln X_i}{\displaystyle\sum_{i=1}^{n} X_i^{\hat{C}}} - \dfrac{1}{\hat{C}} = \dfrac{\displaystyle\sum_{i=1}^{n} \ln X_i}{n} \\[4mm] \hat{B} = \left(\dfrac{\displaystyle\sum_{i=1}^{n} X_i^{\hat{C}}}{n}\right)^{1/\hat{C}} \end{cases} \tag{7.11}$$

第一个方程可以通过牛顿迭代求出解，第二个方程就可以直接求出解，通常，牛顿迭代方法的步骤为

$$\hat{C}_{k+1} = \hat{C}_k + \frac{A + 1/\hat{C}_k - Q_k/P_k}{1/\hat{C}_k^2 + (P_k H_k - Q_k^2)/P_k^2} \tag{7.12}$$

式中，$A = \dfrac{\displaystyle\sum_{i=1}^{n} \ln X_i}{n}$，$P_k = \displaystyle\sum_{i=1}^{n} X_i^{\hat{C}_k}$，$Q_k = \displaystyle\sum_{i=1}^{n} X_i^{\hat{C}_k}$　$H_k = \displaystyle\sum_{i=1}^{n} X_i^{\hat{C}_k}(\ln X_i)^2$，在开始迭代求解时，$C$ 的初始计值为

$$\hat{C}_0 = \left\{\frac{(6/\pi^2)\left[\displaystyle\sum_{i=1}^{n}(\ln X_i)^2 - \left(\displaystyle\sum_{i=1}^{n}\ln X_i\right)^2/n\right]}{n-1}\right\}^{-1/2} \tag{7.13}$$

对韦布尔分布的概率密度函数求积分并代入虚警概率和检测阈值得

$$\begin{cases} P_{\mathrm{fa}} = \displaystyle\int_T^{\infty} \frac{C}{B}\left(\frac{x}{B}\right)^{C-1} \mathrm{e}^{-(x/B)^C}\,\mathrm{d}x = \mathrm{e}^{-(T/B)^C} \\[3mm] T = B(-\ln P_{\mathrm{fa}})^{1/C} \end{cases} \tag{7.14}$$

3）对数正态分布模型

对数正态分布是 George（1968）提出的。它是常用的描述非瑞利包络杂波的一种统计模型。它的名称为 $LN(\mu,\delta^2)$，概率密度函数表示为

$$p(x)=\begin{cases}\dfrac{1}{x\sqrt{2\pi\delta^2}}\exp\left(-\dfrac{\ln x-\mu}{2\delta^2}\right), & x\geq 0\\[2mm]0, & x<0\end{cases}\qquad(7.15)$$

式中，δ 是形状参数，大于 0，尺度参数 $\mu\in(-\infty,+\infty)$。

对数正态分布概率密度函数如图 7.4 所示。

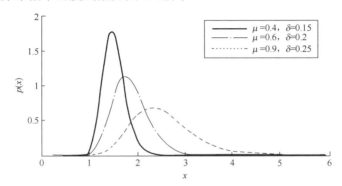

图 7.4　对数正态分布概率密度函数图

令 $\mu=0$，此时的对数正态分布如图 7.5 所示。

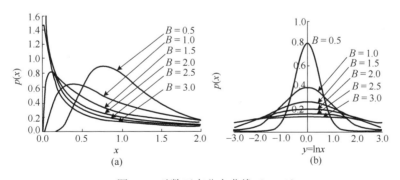

图 7.5　对数正态分布曲线（$\mu=0$）

图 7.5(a)横坐标为 x，图 7.5(b)横坐标为 $y=\ln x$。由图 7.5(b)可知，$p(x)$ 对 y 服从正态分布。

服从对数正态分布的随机变量的均值和方差分别为

$$\begin{cases}E(X)=\mathrm{e}^{\mu+\delta^2/2}\\[1mm]\mathrm{Var}(X)=\mathrm{e}^{2\mu+\delta^2}(\mathrm{e}^{\delta^2}-1)\end{cases}\qquad(7.16)$$

通过最大似然推导，可以得到对数正态分布参数的最大似然估计，即满足下面两个方程：

$$
\begin{cases}
\hat{\mu} = \dfrac{\displaystyle\sum_{i=1}^{n} \ln X_i}{n} \\[4mm]
\hat{\delta} = \left[\dfrac{\displaystyle\sum_{i=1}^{n} (\ln X_i - \hat{\mu})^2}{n} \right]^{1/2}
\end{cases}
\tag{7.17}
$$

4）K 分布模型

对高分辨率雷达在低视角工作时获得的海杂波回波包络模型的研究表明，用 K 分布的复合形式可以很好地与观测数据匹配。这个模型不仅在很宽的条件范围内与杂波幅度分布很好地匹配，而且还可以正确地模拟杂波回波脉冲间的相关特性，这一性能对于精确预测回波脉冲积累后的目标检测性能是很重要的。通常用 K 分布来模拟海面杂波分布（黄祥，2004）。

复合形式的 K 分布模型（简称 K 模型）是描述海面杂波的经验模型，它可以看作功率受一随机过程调制的复高斯过程，其中功率调制过程是 Gamma 分布，它适用于高分辨率的海面雷达影像。K 分布的概率密度函数表示为

$$
p(x) =
\begin{cases}
\dfrac{2}{a\Gamma(\nu+1)} \left(\dfrac{x}{2a} \right)^{\nu+1} K_\nu\left(\dfrac{x}{a} \right), & x \geqslant 0 \\[3mm]
0, & x < 0
\end{cases}
\tag{7.18}
$$

式中，$\Gamma(\cdot)$ 是标准的 Gamma 函数；$K_\nu(\cdot)$ 是阶 $\nu > -1$ 的修正贝塞尔函数；a 为一个正常数，a 是尺度参数，ν 是形状参数。

5）Gamma 分布

虽然 K 分布模型能够在大多数情况下与实际的杂波模型相匹配，但是当估算的参数很大（例如，当形状参数与影像视数的差的绝对值大于 200），K 分布模型就不太适合了（Rohling，1983）。这种情况下，可以用 Gamma 分布替代 K 分布。这种方法的优点就是能在很宽范围内与实际的海面杂波分布相匹配。Gamma 分布的概率密度函数表示为

$$
p(x) =
\begin{cases}
\dfrac{\beta^\nu x^{\nu-1} \mathrm{e}^{-\beta x}}{\Gamma(\nu)}, & x \geqslant 0 \\[3mm]
0, & x < 0
\end{cases}
\tag{7.19}
$$

式中，ν 是形状参数大于 0；β 是尺度参数也大于 0。

当 $\beta = 1$ 时，此时的 Gamma 分布如图 7.6 所示。

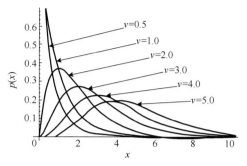

图 7.6　Gamma 分布曲线（$\beta = 1$）

当 $v = 1$ 时，此时的 Gamma 分布则退化为指数分布了。其概率分布函数为

$$F(x) = \int_0^x \frac{\beta^v}{\Gamma(v)} y^{v-1} \mathrm{e}^{-\beta y} (-\beta y) \mathrm{d}y = \frac{1}{\Gamma(v)} \int_0^{\beta x} s^{v-1} \mathrm{e}^{-s} (-s) \mathrm{d}s \qquad (7.20)$$

Gamma 分布的均值和方差表示为

$$\begin{cases} E(x) = \dfrac{v}{\beta} \\ \mathrm{Var}(x) = \dfrac{v}{\beta^2} \end{cases} \qquad (7.21)$$

形状参数 v、尺度参数 β 可以分别由式（7.22）估计：

$$\begin{cases} \hat{v} = \dfrac{\hat{m}_1^2}{\hat{m}_2 - \hat{m}_1^2} \\ \hat{\beta} = \dfrac{\hat{m}_1}{\hat{m}_2 - \hat{m}_1^2} \end{cases} \qquad (7.22)$$

式中

$$\hat{m}_r = \frac{1}{N} \sum_{i=1}^{N-1} X_i^r, r = 1, 2$$

3. 常用的 CFAR 检测方法

1）单元平均 CFAR 方法

CA（Cell Averaging）方法是利用与检测单元相邻的一定范围内的独立同分布的参考单元采样来估计杂波功率水平。在均匀杂波背景中，CA 方法有着较好的检测性能。但是，在杂波边缘检测中，CA 方法会引起虚警率的上升，而在非均匀的杂波背景中，杂波采样可能不再满足独立同分布，使得 CA 方法的检测性能严重下降（李岚，2001）。

　　CA-CFAR 是最简单的自适应 CFAR 方法。其思想是将待检测点周围区域作为中心区域，计算其均值，再与背景区域的均值相比较，超过阈值的则为目标，如下所示：

$$t = \frac{\overline{x_t} - \overline{x_c}}{\overline{x_c} + \varepsilon} > T \tag{7.23}$$

式中，$\overline{x_t}$ 代表中心区域的均值；$\overline{x_c}$ 代表背景区域的均值；T 是阈值。ε 是一个常数，为了防止分母为 0，中心区域的半径应小于或者等于目标的大小，背景区域的半径应比目标面积大，在背景和中心区域最好留有一定的缓冲区域。

　　假设背景服从韦布尔分布，其概率密度函数为

$$p(x) = \begin{cases} \dfrac{C}{B}\left(\dfrac{x}{B}\right)^{C-1} \exp\left(-\left(\dfrac{x}{B}\right)^{C}\right), & x \geqslant 0 \\ 0, & x < 0 \end{cases} \tag{7.24}$$

　　其均值为

$$E(x) = B\Gamma\left(\frac{1}{C} + 1\right) \tag{7.25}$$

　　对韦布尔分布的概率密度函数求积分并代入虚警概率和检测阈值得到

$$P_{\text{fa}} = \int_{T}^{+\infty} \frac{C}{B}\left(\frac{x}{B}\right)^{C-1} \text{e}^{-\left(\frac{x}{B}\right)^{C}} \text{d}x \tag{7.26}$$

令 $y = \left(\dfrac{x}{B}\right)^{C}$ 得

$$P_{\text{fa}} = \int_{(T/B)^{\hat{c}}}^{+\infty} \text{e}^{-y}\text{d}y = \exp\left[-\left(\frac{T}{\hat{B}}\right)^{\hat{C}}\right] \tag{7.27}$$

　　从而可得检测阈值 T 为

$$T = B(-\ln P_{\text{fa}})^{1/C} \tag{7.28}$$

　　由此可知，T 依赖于杂波背景分布的形状参数 C 和尺度参数 B，为了得到这两个参数的估计值，上面我们给出了它们的最大似然估计方法及其求解过程。

　　2）两参数 CFAR 方法

　　韦布尔和对数正态分布杂波背景不同于瑞利分布杂波背景，它们具有两个参数，而且在实际杂波环境中，这两个参数经常是未知的。为了克服韦布尔和对数正态杂波分布模型两个未知参数的限制，出现了多种对两参数进行估计的方法，这里就背景分布假设是韦布尔分布模型采用最大似然推导对两个参数进行估计。其推导结果给出如下（钟雪莲等，2006）：

$$\begin{cases} \dfrac{\displaystyle\sum_{i=1}^{n} X_i^{\hat{C}} \ln X_i}{\displaystyle\sum_{i=1}^{n} X_i^{\hat{C}}} - \dfrac{1}{\hat{C}} = \dfrac{\displaystyle\sum_{i=1}^{n} \ln X_i}{n} \\[4mm] \hat{B} = \left(\dfrac{\displaystyle\sum_{i=1}^{n} X_i^{\hat{C}}}{n} \right)^{1/\hat{C}} \end{cases} \tag{7.29}$$

林肯实验室的 SAR-ATR 在"检测"部分，他们就采用了高斯分布条件下双参数恒虚警检测算法。

两参数 CFAR 方法是利用背景均值和均方差两个参数来对目标进行检测。其思想是将被检测点与背景的均值和均方差相比较，大于某一阈值则为目标点，否则为背景杂波。

$$\frac{x_t - \overline{x}_c}{\delta_c} > T \tag{7.30}$$

式中，x_t 是被检测像元；$\overline{x}_c$、δ_c 是检测单元周围背景杂波的均值和标准方差；T 为检测阈值，通常为常数，与虚警概率有关。从上面的检测模板的表达式可以看出其算法实质上是将背景杂波的分布标准化为 $N(0,1)$ 的标准分布，两个参数的估计可以根据定义得到，这里给出其最大似然估计的结果：

$$\begin{cases} E(X) = \dfrac{B}{C} \Gamma\left(\dfrac{1}{C}\right) \\[3mm] \mathrm{Var}(X) = \dfrac{B^2}{C}\left\{ 2\Gamma\left(\dfrac{2}{C}\right) - \dfrac{1}{C}\left(\Gamma\left(\dfrac{1}{C}\right)^2\right) \right\} \end{cases} \tag{7.31}$$

T 参数的确定与虚警概率有关，即

$$\int_{T}^{+\infty} \frac{x - \overline{x}}{\hat{\delta}} \mathrm{d}x = P_{\mathrm{fa}} \tag{7.32}$$

如果给定虚警概率，根据积分计算可以得到阈值 T 的大小。

两参数恒虚警检测器运算速度最快，但是它所基于的背景杂波分布为高斯分布，在实际中这个条件经常得不到满足的前提下，影像的检测效果非常差，而对于近似满足高斯分布，并且是均匀性区域，有着较好的效果（钟雪莲等，2006）。

图 7.7 为检测模板。为了减小目标对背景区域的影响，仍然在被检测像元和背景区域之间留有一警戒区域。

两参数 CFAR 方法有两个前提：一是雷达回波服从高斯分布；二是背景是静态均一的。这两个条件在 SAR 影像中

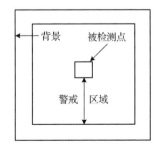

图 7.7　CFAR 计算模板

经常得不到满足，但是由于该方法计算简单，而且实际的实验效果也不错，所以应用仍很广泛。

3）韦布尔分布下的 CFAR（ML-CFAR）检测

ML-CFAR 是从两参数 CFAR 基础上发展起来的，与两参数 CFAR 有相同的检测模板。ML-CFAR 是假定背景服从韦布尔或者瑞利分布，但是分布参数未知，采用最大似然估计的方法来估计背景参数。韦布尔分布的概率密度函数、参数估计及其推导在 7.2 节中已经给出。

4）有序统计类 CFAR 检测方法

近年来，又提出了一类很有代表性的 CFAR 方法，是建立在 Rohling 于 1983 年提出的有序统计量 OS（Order Statistics）CFAR 检测基础上的一类基于有序统计量的 OS 类 CFAR 技术。OS 方法源于数字影像处理的排序处理技术，它在抗脉冲干扰方面作用显著。因此在多目标环境中，它相对于 ML 类 CFAR 检测器具有较好的抗干扰目标的能力，同时在均匀杂波背景和杂波边缘环境中的性能下降也是适度的、可以接受的。OS 在均匀杂波背景中的检测性能介于 GO（Great of）和 SO（Smallest of）之间，与 GO 比较接近，明显优于 SO。在多目标的环境中，OS 类 CFAR 检测器相对于 ML 类 CFAR 检测器具有一定的优势。

OS-CFAR 检测器的结构如图 7.8 所示。OS-CFAR 检测器首先对参考单元采样值做排序处理。

$$x_1 \leqslant x_2 \leqslant \cdots \leqslant x_N \tag{7.33}$$

然后取第 k 个采样值 x_k 作为总的背景杂波功率水平估计 Z，即 $Z = x_k$。

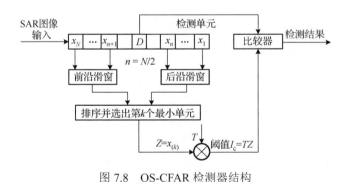

图 7.8　OS-CFAR 检测器结构

7.1.2　基于相位信息的检测方法

1. 检测原理

SAR 在接收信号的同时，不仅存储了它的幅度信息，同时也存储了它的相位信息。

以前的目标检测侧重于利用幅度信息，而忽略了相位信息。相对于雷达的波长来说，背景的表面非常粗糙，需要亚像元级的配准才能得到较高的相干性。相反，目标在很大的角度失配范围内都保持着高相干性。因此两幅子视影像相干，目标存在的地方必然出现高相干，而背景则为低相干。

2. 子孔径相干技术

大多数的目标检测都是基于 CFAR 的。CFAR 检测要求目标像元与背景显著不同。当背景含有很多目标，彼此离得又很近时，或者目标隐藏或者伪装时，CFAR 方法会受到很大限制甚至失效。鉴于 CFAR 方法的种种不利方面，出现了子孔径相干进行目标检测的方法。子孔径相干检测方法可以克服 CFAR 的这些缺点，而不需要建立背景杂波模型。子孔径相干思想来源于 InSAR，由于背景杂波低相干，而目标具有强相干性，正是基于此发展了子孔径相干法。子孔径相干法需要 SAR 影像对，但是由于这样的影像对往往难以得到，所以需要从单一的 SAR 影像中获得影像对。使用相位历史中的部分区域形成较低分辨率的影像的方法称为子孔径 SAR 处理。通过子孔径 SAR 影像处理可以得到需要的影像 I_1，I_2，用式（7.34）来计算两幅影像之间的相干性：

$$\gamma = \frac{E\left[I_1 I_2^*\right]}{\sqrt{E\left[\left|I_1\right|^2\right] E\left[\left|I_2\right|^2\right]}} \tag{7.34}$$

图 7.9 描述了该方法的整个过程。SAR 影像被分成许多小块，对每一小块进行滤波预处理，然后进行一维傅里叶变换，得到相位历史数据，采样相位历史数据，再分别进行一维傅里叶逆变换得到两幅 SAR 复数子孔径影像，计算它们的相干值。处理完一幅小影像后，将它们映射回到原始的坐标系统以形成整幅的相干图，设定阈值，对此相干影像进行判别，寻找目标。

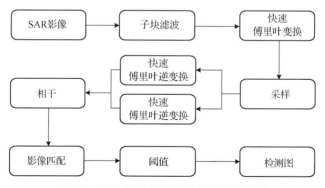

图 7.9　SAR 子孔径相干目标检测流程图

运用子孔径相干方法，不仅可以在一定程度上检测出隐藏和伪装的目标，也可以检测出彼此距离很近的目标，而且不需要建立背景杂波的统计模型（钟雪莲等，2006）。

　　3．2L-IHP 检测算法

　　2L-IHP 方法是从子孔径相干的基础上发展起来的。由于获得 SAR 原始数据比较困难，所以计算的影像对是从单视复数影像 SLC 中分解出来的。SLC 影像通过傅里叶变换得到频谱影像，将该频谱分成两部分，分别进行傅里叶逆变换，就得到了两幅子孔径影像。而 2L-IHP 方法将该过程进行了两次，首先，对 SLC 影像在方位向进行一维傅里叶变换，分割频谱，傅里叶逆变换得到方位向上的两幅子孔径影像，这两幅子孔径影像进行相干计算得到一幅相干图；其次，再对 SLC 影像进行距离向傅里叶变换，分割频谱，逆变换得到距离向上的两幅子孔径影像，同样进行相干计算得到另一幅相干图；最后，对两幅相干图进行非相干叠加得到总的相干图，设定阈值，检测此相干图，大于某一阈值的像素点为目标，否则为背景杂波。

　　一般是用式（7.38）计算两幅 SAR 影像对的相干性，但是为了得到比较准确的相干系数估计，式（7.38）需要用到很多的样本点，而这会导致目标模糊，甚至泯灭目标，而且式（7.38）只考虑了相位信息，幅度信息在归一化的过程中消失了，考虑幅度和相位信息在目标检测中都非常重要，可以用内厄密积 $\rho = \langle S_1 \cdot S_2^* \rangle$ 来表示相干系数，它很好地捕捉了幅度和相位信息，这里 $\langle\ \rangle$ 表示空间邻域平均。

7.1.3　点目标提取

　　1．数据说明

　　本书 ML-CFAR 检测中所使用的数据是四川地区的机载雷达幅度数据。其影像如下，大小为：261 像素×952 像素，原图如图 7.10 所示。同时为了便于和 2L-IHP 算法进行比较，本书针对上面两种方法同时使用 ADTS（Advanced Detection Technology Sensor）数据进行检测，并对其进行分析。ADTS 是机载 SAR/RAR 毫米波传感器，由麻省理工学院林肯实验室运行，工作在 Ka 波段（频率是 32.6～37GHz），利用其条带成像模式搜集地面背景和军事目标信息。在 1995 年的时候，美国国防部高级研究计划署传感器技术部撤销包含国产军用车辆的 Stockbridge 数据的机密性以获得对无限制的公开发行的认同，因为 ADTS 传感器不是军事传感器，也没有任何现有的或者是计划中的军事传感器是以 ADTS 传感器模型为基础的。另外，ADTS 设计的细节资料也是公开发布的，Stockbridge 数据中所包含的军事车辆都是废弃不用的或者是出口不受限制的。公开发布这些数据是为了尽可能地给广大的自动目标识别研究者提供一个真实的军事雷达场景。ADTS 数据是以 8-8-4 压缩格式存储的，在他们的网站上可以找到更多的关于这个格式的内容。

　　本实验采用的 ADTS 卫星数据是大小为 512×2048 的 HH 极化单视复数影像，如图 7.11 与图 7.12 分别是 ADTS 数据集中 m78p1f23hh 和 m78p8f21hh 的幅度图，其中包含目标信息分别如表 7.1 和表 7.2 所示。

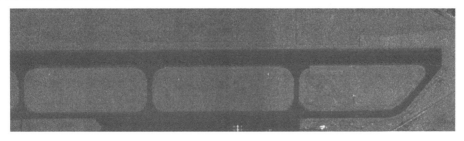

图 7.10　机载雷达实验数据

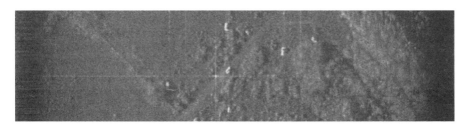

图 7.11　m78p1f23hh 数据的幅度显示

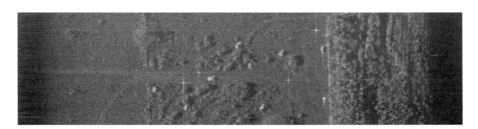

图 7.12　m78p8f21hh 数据的幅度显示

表 7.1　m78p1f23hh 中目标信息

XR	Range	Lgth	Wdt	Target	ID	Camo	Hide
457	996	7	4	TANK	M60	NONE	25% HIDE
269	992	7	4	TANK	M48	NONE	25% HIDE
133	1392	7	4	TANK	M48	NONE	25% HIDE
93	1088	6	4	APC	M113	NONE	25% HIDE
337	712	6	4	APC	M84	NONE	25% HIDE
505	840	6	4	APC	M59	NONE	25% HIDE
73	984	8	4	HOWITZER	M55	NONE	25% HIDE
185	1252	8	4	HOWITZER	M55	NONE	25% HIDE
302	934			角反射器			

表 7.2　m78p8f21hh 中目标信息

XR	Range	Lgth	Wdt	Target	ID	Camo	Hide
165	1404	7	4	TANK	M60	NONE	25% HIDE
429	776	7	4	TANK	M60	NONE	25% HIDE
301	892	7	4	TANK	M48	NONE	25% HIDE
185	1216	7	4	TANK	M48	NONE	25% HIDE
237	1064	6	4	APC	M113	NONE	25% HIDE
397	1412	6	4	APC	M84	NONE	25% HIDE
345	632	8	4	APC	M59	NONE	25% HIDE
145	1016	8	4	HOWITZER	M55	NONE	25% HIDE
433	1128	8	4	HOWITZER	M55	NONE	25% HIDE
80	1374			角反射器			
308	1248			角反射器			
274	832			角反射器			
320	764			角反射器			

2．ML-CFAR 检测结果

ML-CFAR 检测是用的四川的机载雷达数据，其中有 6 个角反射器目标。实验中所使用的内窗口大小是 36 像素×36 像素，外窗口为 42 像素×42 像素，背景区域是一个宽度为 3 个像素的环形区域，背景的参数就是在这个环形的区域内进行估计的，被检测点位于窗口中心，但是同时为了避免斑点噪声的影响，我们采用了以被检测点为中心的 3 像素×3 像素的窗口平均作为被检测点的幅度值。

图 7.13 是对四川机载雷达数据运用 Kuan 滤波的处理结果。

图 7.13　Kuan 滤波处理结果

然后对其用本系统中的 ML-CFAR 方法进行检测，其结果如图 7.14 所示。

图 7.14　ML-CFAR 检测结果

由于在边缘处有一定的虚警，我们对其进行聚类处理，结果如图 7.15 所示。

图 7.15　对 ML-CFAR 检测图进行聚类结果

在背景杂波分布比较均匀的情况下，目标并没有任何的伪装和隐藏，这时检测效果非常好，但是目标隐藏和伪装的情况下，目标的强度和背景杂波的强度值处于同一个水平，无论怎样的阈值都不足以把目标从背景中检测出来，并且会产生大量的虚警或者遗漏目标。我们对上面 ADTS 数据运用 ML-CFAR 检测算法，由于其包含的目标大部分是隐藏的或者经过伪装的，并且背景杂波并不是那么均匀分布的，结果很不理想，不但产生大量的虚警，而且还有部分目标遗漏。

3. 基于幅度和相位信息的检测

相干值需要在一个合适的窗口内进行计算，如果窗口太大，会破坏目标的相干性，目标信号会被冲淡；如果窗口太小，斑点处的相干值有时候会不趋于零，所以检测结果会偏离期望。为了寻求一个合适的窗口，经过多次试探性的实验，最终确定 3×3 的窗口是比较令人满意的。下面分别对 ADTS 数据及幅度数据进行处理。

下面分别用 2L-IHP 和 2L-2D-CCF 算法对 ADTS 单视复数数据进行检测处理，并对实验结果进行比较分析，得出初步的实验结论。

图 7.16～图 7.19 是用两种方法对上面两幅数据分别检测的结果。从图中可以看到，2L-IHP 方法检测相干值结果某些目标点的能量很弱，甚至是弱于一些斑点噪声的能量，因此这就不容易设定一个合适的阈值进行检测，在要求检测出全部目标点时容易出现虚警，或者说在虚警率恒定时很容易漏掉目标。图 7.20 和图 7.21 是截取的包含目标点的 100×100 大小的两种方法的检测结果三维显示图。从图中可以看到 2L-2D-CCF 检测相干值大小是 2L-IHP 检测相干值大小的近两倍，使得目标更加突出，更容易检测。从这个角度上讲 2L-2D-CCF 的检测性能得到了很好的改善。

图 7.16　2L-IHP 方法对 m78p1f23hh 检测相干值结果

图 7.17　2L-2D-CCF 方法对 m78p1f23hh 检测相干值结果

图 7.18　2L-IHP 方法对 m78p8f21hh 检测相干值结果

图 7.19　2L-2D-CCF 方法对 m78p8f21hh 检测相干值结果

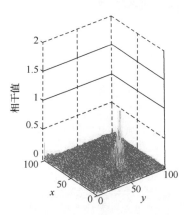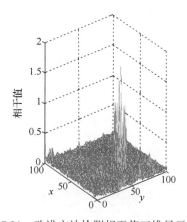

图 7.20　2L-IHP 检测相干值的三维显示　　　图 7.21　改进方法检测相干值三维显示

　　通过 MATLAB 仿真处理，观察检测相干值的三维显示，并经过多次实验测试，我们选择阈值为 0.7，对图 7.11 和图 7.12 进行检测，对于图 m78p1f23hh 使用 2L-2D-CCF 和 2L-IHP 方法的检测结果是一样的，所有的目标都被检测出来了，出现两个虚警。

对图 m78p8f21hh 进行检测，使用本书方法所有的目标都被检测出来，其中出现一个虚警；然而用 2L-IHP 方法进行检测出现两个虚警，并且遗漏了一个目标。

为了从统计意义上证明这个技术，本书对现有的并且掌握其地面真实目标分布的四幅 ADTS 数据进行检测，其统计对比结果如表 7.3 所示。

表 7.3　检测结果统计表

数据	总目标数	2L-2D-CCF 检测结果		2L-IHP 检测结果	
		虚警个数	遗漏个数	虚警个数	遗漏个数
m78p1f22hh	6	0	0	0	0
m78p1f23hh	9	2	0	2	0
m78p8f21hh	13	1	0	2	1
M85p3f21hh	7	0	0	2	0
合计	35	3	0	6	1

从表 7.3 可以看出，2L-2D-CCF 技术基本上能够检测出所有的目标，产生较低的虚警率，因此无论是从虚警率还是从检测率上都优于 2L-IHP 方法。

此外为了验证该方法的可靠性，同时也是为了推广这种技术的应用面，把这种技术应用于对 ERS1 数据的检测，对于其中的舰船目标检测效果同样令人十分满意。因为这种技术综合利用了 SAR 影像的幅度和相位信息。考虑由于种种原因，拿到的数据很多是幅度数据，所以尝试把这种技术应用于对 SAR 幅度数据的检测，初步的实验结果证明这种做法也是可行的。鉴于这种方法对 ADTS 和 ERS 等多种数据的适用性，以及对于单视复数数据和幅度数据较强的适应性，在充分利用 SAR 影像的幅度和相位信息的领域内，本书的方法将会是十分具有研究和应用潜力的一种检测技术。

7.2　SAR 影像线目标高可信解译

影像解译对象根据目标形状可分为点状、线状和面状三种。线状目标是影像解译的重要内容之一，在政治、军事、经济等方面具有重要意义。线状目标在三类目标中起到承上启下的作用，能为点状、面状目标提取提供上下文等重要的辅助信息；线状目标的提取为后续的目标识别、影像配准融合等相关应用提供有力的支持；本节回顾了当前 SAR 影像线目标提取的理论与技术，并介绍一种半自动提取策略，以便充分利用计算机精准快速计算能力和作业员的可靠识别能力进行线目标的快速提取。

7.2.1　单极化 SAR 边缘检测

边缘提取与线状特征检测是遥感影像解译的重要内容之一，得到了广泛关注。光学影像的边缘检测与线状目标提取得到了广泛研究，技术日趋成熟。但 SAR 影像具有相干成像引起的相干斑噪声，其边缘检测与线状特征提取有其自身的特点。目前 SAR 影像边缘检测与线性地物提取主要集中在单波段单极化影像中，典型的边缘检测方法有方差系数法、Frost 似然比方法（Touzi et al., 1988）、ROA（Ratio of Average）算子及其扩展算法（Bovik, 1988）、广义似然比等方法（Oliver et al., 1996），这些方法考虑 SAR 影像统计分布模型，均具有恒虚警率特征。其中 ROA 系列算子得到了最为广泛的应用。Lopes 与 Fjortoft 等组成的研究小组提出了基于多边缘最小均方误差估计的指数加权均值比算子（Fjortoft et al., 1998）和多分辨率边缘检测方法（Fjortoft et al., 1997）。他们系统研究了多种 SAR 影像边缘检测方法，最终总结出了一个完整的 SAR 影像边缘检测与分割算法的框架。这些早期研究的经典方法取得了很大的成功，广泛用于 SAR 影像边缘检测和线状地物提取中。同时期也有一些其他的边缘检测方法提出，如基于分型的方法、无参数检测方法（Beauchemin et al., 1998）。但是这些方法的后继研究很少，在实际应用中也较少采用。20 世纪 90 年代末以来，多分辨率的思想逐渐受到人们关注。多种基于小波及二代小波的 SAR 影像边缘检测方法相继提出，并在海岸线提取、目标分割中取得了不错的效果；另外基于进化计算等智能方法的边缘检测器也得到了广泛应用（杨淑媛等，2005）；为了解决 SAR 影像边缘检测定位不准的问题，Germain 和 Refregier 提出了基于统计主动轮廓的定位方法。

尽管单极化 SAR 影像经过 20 多年的研究取得了很大的进展，但边缘检测依然存在着一些问题，如对边缘模型限制较多、定位不准、对于隐含在斑点噪声中的微弱边缘检测率较低等。原因主要有两个：①斑点噪声的影响。斑点噪声降低了影像质量，特别是对于功率较大背景下的微弱边缘，斑点噪声几乎掩盖了边缘信息；②数据边缘信息不足。边缘是相邻地物斑块客观存在的边界，灰度变化是客观边缘在影像上的反映，且与极化方式有关。单极化影像提供的信息有限，难以高精度地提取地物边缘。

7.2.2 极化 SAR 边缘检测

全极化 SAR 数据提供了目标四个复后向散射系数，完整地保留了目标的散射信息，具有比单极化更为丰富的地物信息。特别是高分辨率极化 SAR 影像，不仅包含了地物空间细节信息，而且能够获得任意极化方式下的回波影像，使得某单极化 SAR 影像上难以检测到的影像边缘在其他极化方式的影像上具有更好的边缘特征，这有利于克服斑点噪声的影响。极化 SAR 影像包含目标的散射机制等信息，利用散射机制信息可以降低感兴趣目标的虚警率，在道路、桥梁、电力线等线状地物检测与识别方面具有较大的优势。

极化散射矩阵可以转换为一个 3 维复矢量 $s = [S_{hh}\ S_{hv}\ S_{vv}]^T$，服从零均值的多元高斯分布。极化 SAR 影像也同样受到斑点噪声的影响，常采用多视处理方法抑制斑点噪声，得到多视协方差矩阵，服从复 Wishart 分布。

与单极化 SAR 影像相比，极化 SAR 影像数据形式较为复杂，其边缘检测面临着新问题，如复矩阵数据的处理、极化信息的利用等。广义的极化 SAR 影像边缘检测过程一般分为以下四个步骤：影像预处理、极化边缘检测、边缘后处理、边缘识别，如图 7.22 所示。影像预处理主要进行数据转换、多视或滤波等斑点噪声抑制及特征提取；

极化边缘检测是指狭义的边缘检测，使用极化影像生成边缘方向图和边缘强度图；边缘后处理包括边缘细化、边缘精确定位及矢量化等内容；边缘识别是与应用相关的更高级别的边缘检测步骤。

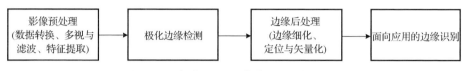

图 7.22　极化 SAR 影像检测的一般过程

极化影像预处理在 Lee 的专著中有详细的讨论，边缘后处理等与单极化 SAR 影像边缘检测类似。极化 SAR 影像线状目标的提取难点在边缘检测。极化 SAR 影像边缘检测思想与单极化基本一致，比较邻域中假定方向边缘两侧散射的差异。不同的是极化 SAR 影像中，极化信息（包括统计特性和散射机理）的挖掘与利用是当前面临的主要困难。根据极化信息利用方式的不同，边缘检测可分为图 7.23 所示的四类（邓少平等，2011）。

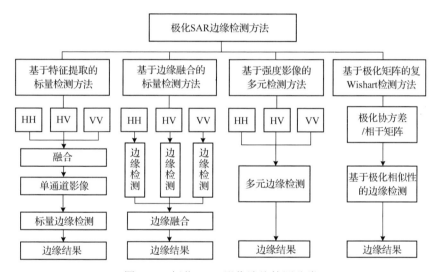

图 7.23　极化 SAR 影像边缘检测分类

1. 基于特征提取的标量检测方法

基于特征提取的标量检测方法先采用数据融合的方法从极化 SAR 数据提取边缘信息丰富的特征，然后在该影像上采用单极化的方法检测边缘。极化 SAR 信息的利用体现在特征提取中。特征提取分为三类：①特征选择及信号处理的方法，最简单的是选取三种极化方式中的某个边缘丰富的强度影像，其次是使用总功率影像（Lee and Pottier, 2009），更为有效的方法是主成分分析提取第一主成分（Lee and Hoppel, 1992）；②通过滤波的方法获得噪声得到抑制的标量影像，如极化白化滤波、最优加权 Lee 滤波；

③采用极化处理技术提取特征，如 Cloude-Pottier 分解中的第一特征值（Cloude and Pottier, 1997）和基于目标最优极化对比增强方法得到的边缘增强的影像（Swartz et al., 1988）。

上述方法中基于 SPAN 和极化白化滤波的边缘检测方法以其简单高效获得了广泛的应用，基于 SPAN 的边缘检测结果广泛应用于精细 Lee 滤波中判断邻域窗口内的同质子窗口，提高滤波器的空间细节保持特性（Lee et al., 1995），而极化白化滤波是粗尺度边缘检测非常有效的方法，用于分级目标检测中。

本类方法特点是完全可以直接借鉴单极化 SAR 影像中的先进方法，缺点是极化信息的利用率低。

为了克服此类方法的弱点，将极化最优对比度增强（Optimization of Polarization Contrast Enhancement，OPCE）算法应用到邻域中，自适应选择领域最优极化方式，增强预设边缘两侧目标，再采用 ROA 算子检测边缘，提出了 OPCE（Optimal Polarization Contrast Enhancement）-ROA 算法，且计算时不需要进行极化合成，OPCE 中的最大特征值为 ROA 算子结果，新方法具有比 SPAN-ROA 更好的性能，其结果如图 7.24 所示。

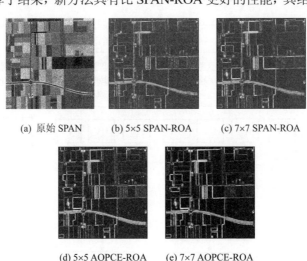

(a) 原始 SPAN　　　　(b) 5×5 SPAN-ROA　　　　(c) 7×7 SPAN-ROA

(d) 5×5 AOPCE-ROA　　　　(e) 7×7 AOPCE-ROA

图 7.24　基于 SPAN 图与极化最优对比度增强和 ROA 边缘检测

2. 基于边缘融合的标量检测方法

先分别对每个极化通道单独进行边缘检测，然后采用一定的方法融合多个检测结果。基于边缘融合的方法是一种特征级的信息融合方法，边缘融合方法的选择至关重要。常见的融合方法有①代数融合算法，如最大值法、数学平均法、对称求和法；②Geodesic 重构法（Chanussot et al., 1999），由 Chanussot 等提出用于融合多时相 SAR 影像的边缘；③基于证据理论的方法（Borghys and Perneel, 2003）。

边缘检测时各极化通道被当成不相关的随机变量，忽略了极化通道间的相关性，在边缘融合时，冗余信息与通道间的新增信息起着同样的作用，此类方法仍然有其局限性。

3. 基于强度影像的多元检测方法

采用一定的相似性尺度估算，假定边缘两侧像素的强度矢量相似来检测边缘。均值向量欧氏距离是其中最简单的方法，但该方法仍未考虑通道间的相关性。多元统计分析用于极化 SAR 影像的边缘检测中。采用强度对数变换，获得近似高斯分布，再使用基于多元高斯分布的 Hotelling-T^2 检验用于判断待检验边缘两侧对数强度均值的相等性，具有恒虚警率特性（Borghys et al., 2002）。该方法还可用于多时相、多波段、多极化等可构造（近似）多元高斯分布的 SAR 影像检测边缘。通道间的相关性得到了利用，相比基于边缘融合的检测方法，降低了冗余信息的使用，极化信息的利用程度有了较大提高。然而对数强度影像的多元高斯分布只是一种假设，严格意义上并不成立；虽然利用了极化通道之间的相关性，但仅仅是强度影像之间的相关性，极化协方差矩阵非对角元素没有被利用，地物目标散射机制信息没有得到充分挖掘。

4. 基于极化矩阵的复 Wishart 检测方法

基于极化协方差/相干矩阵的复 Wishart 概率模型，采用卡方检验假定边缘两侧协方差/相干矩阵的相等性。对于多视协方差矩阵 C_1、C_2，均为 $p \times p$ 的正定 Hermitian 矩阵，视数分别为 n、m，则 $z_1 = nC_1$ 和 $z_2 = nC_2$ 分别服从复 Wishart 分布 $z_1 \in W_C(p, n, \Sigma_1)$ 和 $z_2 \in W_C(p, n, \Sigma_2)$，其中 Σ_1、Σ_2 分别为 C_1、C_2 的期望。似然比检验统计量为

$$Q = \frac{(n+m)^{p(n+m)}}{n^{pn}m^{pm}} \frac{|z_1|^n |z_2|^m}{|z_1 + z_2|^{n+m}} \tag{7.35}$$

其分布函数可由 $-2\rho \ln Q$ 的分布得到

$$P\{-2\rho \ln Q \le z\} \approx P\{\chi^2(p^2) \le z\} + \omega^2 \left[P\{\chi^2(p^2+4) \le z\} - P\{\chi^2(p^2) \le z\} \right] \tag{7.36}$$

式中

$$\begin{cases} \rho = 1 - \dfrac{2p^2 - 1}{6p} \left(\dfrac{1}{n} + \dfrac{1}{m} - \dfrac{1}{n+m} \right) \\ \omega_2 = -\dfrac{p^2}{4} \left(1 - \dfrac{1}{\rho} \right)^2 + \dfrac{p^2(p^2 - 1)}{24} \left(\dfrac{1}{n^2} + \dfrac{1}{m^2} - \dfrac{1}{(n+m)^2} \right) \dfrac{1}{\rho^2} \end{cases}$$

$-2\rho \ln Q$ 是一个渐近分布，独立于用于检验的两个协方差矩阵。对于某个假设的边缘，给定一虚警率 $P_{\text{fa},1}$，可求得阈值 T_f，且其与场景无关。

相干矩阵也服从复 Wishart 分布，也可使用卡方检验检测边缘。与前面三种方法相比，基于极化数据的多元统计分析方法使用了极化 SAR 数据特有的统计模型，充分利用了极化数据的相位信息和极化通道之间的相关信息，极化信息利用程度大幅提高。

7.2.3 线目标提取

线目标的提取多基于边缘检测方法，如 D1 算子、D2 算子。后来提出的 duda

算子，具有更好的线特征检测算子。此外还有一些采用其他技术的线状目标提取方法，如 Hough 变换、Radon 变换、Ridgelet、Curvelet 等第二代小波方法。活动轮廓模型和水平集方法也常用于提取不规则的线状目标（黄魁华和张军，2011；唐亮等，2005）。

这些方法多针对单极化 SAR 影像提出，难以适用矩阵形式的极化数据。为使用极化 SAR 数据，Zhou 提出了一种组合第一类和第四类边缘检测方法、由粗到精两级的线性目标提取方法，在粗尺度使用极化白化滤波得到边缘增强的影像，并用 Curvelet 提取线状目标区域，在精细尺度上使用结合复 Wishart 检验和模糊融合方法细化边缘，兼顾效果和效率，取得了较好的效果（Zhou et al., 2008）。

电力线是陆地重要的线状目标之一，与单极化影像相比，利用极化信息从高分辨率极化 SAR 影像上进行提取具有较大的优势。如图 7.25 所示，BC 为电力线，$CDEF$ 为极化平面，θ_0 为引入的极化方向角。由于电力线不具有方位对称性，同极化和交叉极化具有较强的相干性，而背景杂波则满足方位对称，同极化和交叉极化相干性为 0，因此可用于该相干性检测电力线。定义检测算子为

$$\begin{cases} L(\boldsymbol{S}) = -\mathrm{sign}(\theta_0)\,\mathrm{Re}(\hat{\gamma}) \\ \hat{\gamma} = \dfrac{\boldsymbol{S}_{\mathrm{HH}}\boldsymbol{S}_{\mathrm{HV}}^*}{\sqrt{\left\langle\left|\boldsymbol{S}_{\mathrm{HH}}\right|^2\right\rangle\left\langle\left|\boldsymbol{S}_{\mathrm{HV}}\right|^2\right\rangle}} \end{cases} \tag{7.37}$$

杂波相干性估计值 PDF 为 $p(\hat{\gamma}) = 2(N-1)\hat{\gamma}(1-\hat{\gamma})^{N-2}$（Touzi Lopes, 1996），因此给定一虚警率可得到检测阈值。为提高检测精度，利用 Hough 变换后设定阈值来检测。

对沿方位向架设的电力线，其满足方位对称性，相干性为 0。注意杂波不仅满足方位对称性，还满足旋转对称性，因此引入一定的极化方位角在破坏电力线方位对称性的同时，杂波的相干性不会发生变化，从而提高电力线的相干性。即在相干性估计时使用如下旋转后的后向散射矩阵（Sarabandi, 1994）代替原散射矩阵：

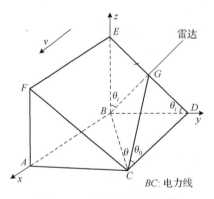

图 7.25　电力线几何示意图

$$\boldsymbol{S}' = \begin{bmatrix} \cos\theta_0 & \sin\theta_0 \\ -\sin\theta_0 & \cos\theta_0 \end{bmatrix} \boldsymbol{S} \begin{bmatrix} \cos\theta_0 & -\sin\theta_0 \\ \sin\theta_0 & \cos\theta_0 \end{bmatrix} \tag{7.38}$$

式中，θ_0 为引入的极化方向角，约为 30°。

不同方向的电力线的检测结果如图 7.26 所示。需要指出的是图 7.26(d) 中由于电力线与方位向垂直，电力线回波信号极弱，信杂比较低，无法实现电力线的正确检测。

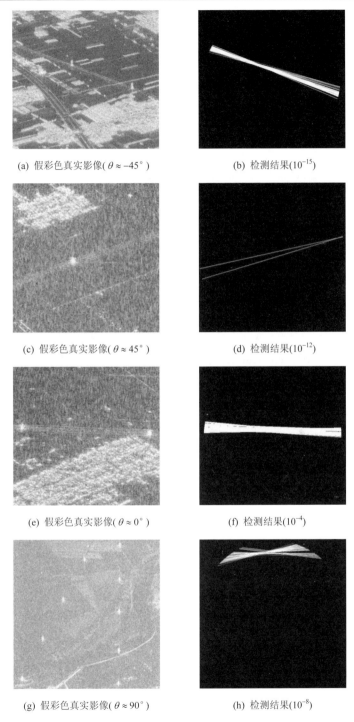

(a) 假彩色真实影像($\theta \approx -45°$)　　　　　(b) 检测结果(10^{-15})

(c) 假彩色真实影像($\theta \approx 45°$)　　　　　(d) 检测结果(10^{-12})

(e) 假彩色真实影像($\theta \approx 0°$)　　　　　(f) 检测结果(10^{-4})

(g) 假彩色真实影像($\theta \approx 90°$)　　　　　(h) 检测结果(10^{-8})

图 7.26　渭南 SAR 数据电力线的检测结果（见彩图）

7.3　极化 SAR 影像面状地物高可信解译

7.3.1　极化 SAR 影像弱后向散射地物精细解译

通常经过良好极化定标的 PolSAR 系统，面分布自然地物的总体分类精度可达 80%以上，特定植被分类精度高于 85%，在地物专题制图中已经有较为广泛的应用（Lee et al., 2006; Hill et al., 2005; Lee et al., 2001; Pottier and Lee, 2000）。

1. SAR 影像城市低后向散射地物精细解译

SAR 系统由于其良好的适应性，在城区也有广泛应用。然而，许多传统的分类算法若直接应用于城区会引起较大的误差。城市中面分布地物分类误差主要来自两个方面。

（1）中高分辨率 SAR 影像单个像素中包含的散射单元减少，使得矩形窗口估计的极化协方差矩阵 C_3 精度降低，普通的 Wishart 最大似然估计器失效。同时，由于平静水体、光滑水泥路、裸土等目标纹理较弱，针对纹理清晰的高分辨率数据的 SIRV（Spherically Invariant Random Vector）等算法也无法估计较高精度的矩阵 C_3（Vasible and Ovarlez, 2010; Formont, 2010; Greco and Gini, 2007; Hondt et al., 2007）。

（2）为了获取较好的城市细节特征，通常采用入射角较大（大于 45°）的机载系统进行成像，较大入射角使得城市中低散射强度的面目标后向散射系数极为相似。而传统 H/Alpha-Wishart（Pottier and Lee, 2000）算法、Freeman-Durden 分解算法（Yamaguchi, 2011; Freeman, 2007）等，在中高分辨率 PolSAR 系统中常常把裸露土壤、水泥公路、水体划分为同一类，大大影响了分类精度。

弱后向散射地物主要指雷达影像灰度较弱的目标，总体而言包括裸露土壤、水泥道路、水体、阴影等。不同弱后向散射地物回波强度不同，引起弱散射的原因也不同，如阴影主要由于山体或建筑物的遮挡，不能获取目标区域回波信号；其他地物则主要由于镜面反射造成回波功率过弱。由于回波信号都很弱，单纯的极化信息无法将平静水体引起的镜面反射和阴影区分开，利用干涉信息提取建筑物、山体高度然后估计阴影范围成为接近问题的方法。

对于土壤、水泥路、水体主要由 Fresnel 反射与 Bragg 后续散射构成。土壤主要由 Bragg 散射主导，水体由 Fresnel 散射主导，水泥路则是两者的混合；单站雷达观测的信号都是 Bragg 散射能量，但强度不同，使得三种地物可由极化信息区别。城市常见弱散射地物类型如图 7.27 所示，面散射类型如图 7.28 所示。

图 7.27　城市常见弱散射地物类型

　　　镜面散射　　　　镜面散射+布拉格散射　　　布拉格散射

图 7.28　面散射类型

2. 预分类辅助的极化协方差矩阵估计

通常 PolSAR/PolInSAR 系统获取的是散射矩阵 $\boldsymbol{S}_2$。"H"表示水平极化波的发射或接收,"V"表示垂直极化波的发射或接收。

$$\boldsymbol{S}_2 = \begin{bmatrix} \text{HH} & \text{HV} \\ \text{VH} & \text{VV} \end{bmatrix} \tag{7.39}$$

$\boldsymbol{S}_2$ 只能描述雷达学中的确定性目标,如金属球、二面角等。为了描述空间分布的面状目标,需要利用多视处理构建二阶统计量,如极化协方差矩阵 $\boldsymbol{C}_3$:

$$\boldsymbol{C}_3 = E(\boldsymbol{k}_L \cdot \boldsymbol{k}_L^{*\mathrm{T}}) \tag{7.40}$$

$$\boldsymbol{k}_L = [\text{HH} \quad \sqrt{2}\text{HV} \quad \text{VV}]^{\mathrm{T}} \tag{7.41}$$

式中,"E"表示统计期望,在实际中用空间域矩形窗口平均代替。

为了使均值较好地近似期望,大窗口多视处理是必需的。对于城市区域,由于地物复杂,道路、裸露土壤等常常呈狭长状(图 7.29),给普通矩形窗口估计方法(Boxcar Estimate,BE)带来了困难。而在自然地物分类常用的 H/Alpha-Wishart 对这些地物分类往往失效,图 7.29 中道路、裸露土壤、水体常常被划分为一类。而在中高分辨率条件下,单位像素中包含散射单元减少,光滑面目标使得针对高分辨率的 SIRV 分类方法也失效。

图 7.29　实验区 Pauli-RGB SAR 影像

利用预分类图进行极化协方差矩阵估计成为解决问题的有效途径。基于预分类的极化协方差矩阵估计（Object Estimate，OBE）流程如图 7.30 所示。

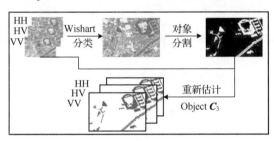

图 7.30　极化协方差矩阵估计流程

首先进行预分类，分类方法不限。本书采用 H/Alpha-Wishart 算法，分类结果中水体、水泥路、裸露土壤被错误分为同一类。将错分类别单独提取出来，然后分割（图 7.31 中白色为分割背景，分割对象为蓝色：A、B、C）。

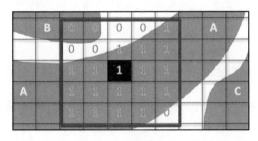

图 7.31　基于分割结果的矩阵估计范围（见彩图）

在预分类中被分为同一类的地物往往可能由散射机理相似的不同地物组成；而即使是同一分割对象也可能由不同地物组成。为了尽可能保证估计窗口中心协方差矩阵 C_3 的同质性，只有属于同类别同对象的像素才参加估计，保证了道路等狭长地物也有较稳定的统计特性。

利用等效视数（Equivalent Number of Looks，ENL）对矩形窗口估计法和预分类法估计的结果进行了比较。ENL 作为噪声水平与统计平稳性的关键指标，在 SAR 影像处理中具有重要作用。通常，较大的 ENL 意味着较高的信噪比，同时也可以描述极化协方差矩阵 C_3 具有较好的统计稳健性。ENL 计算方法与 Anfinsen 等（2009）提到的方法相同。"SPAN"表示极化总功率。

$$\text{ENL} = \frac{E(\text{SPAN})^2}{E(\text{SPAN}^2) - E(\text{SPAN})^2} \tag{7.42}$$

表 7.4 中在不同窗口大小下对 CET38-XSAR 数据中的水泥路、水体、裸土目标进行了 ENL 估计。结果表明，在相同窗口下 OBE 估计的矩阵 C_3 ENL 值均大于 BE 法。这表明基于预分类法估计的矩阵 C_3 统计特性较为稳定，有助于后续精细分类精度的提高。同时，随着估计窗口的增大，BE、OBE 方法的 ENL 值都在减小，这表明：即使是预分类中同类、同分割对象的地物也表现出差异性，这种差异使得后续地物的精细分类变得必要。

表 7.4　BE 与 OBE 方法 ENL 估计结果（单位：视）

	窗口 11×11		窗口 21×21	
	BE	OBE	BE	OBE
水泥路	13.6	17.5	5.1	9.3
水体	24.6	28.0	10.6	14.4
裸土目标	8.5	20.7	2.5	13.6

3. Entropy-PSD 平面精细分类

在机载高分辨率 SAR 系统中，裸露土壤、水体、水泥地容易发生混淆，尤其是当裸土粗糙度较小、水泥路较为平坦、水面较为光滑时。由于三种地物表面光滑，散射过程中镜面散射成分较多，导致目标回波很弱。

常规 H/Alpha-Wishart、Freeman-Durden 分解、SIRV 等算法对极化差异性较大的物体有较好的区分能力，而对弱散射目标区分差。

土壤、水体、水泥地在极化雷达学中都属于单次散射；同时，在极化方位角补偿后，三种物体都呈现很强的反射对称性，其交叉极化（HV）与同极化（HH 或 VV）相关系数近似于 0。但三种地物粗糙度有细微的差别，使得矩阵 C_3 估计的熵值和 HH/VV 相位差的标准差依然具有一定可区分性。

1）Entropy 特征

Entropy 值表征了目标的随机程度，其取值在 0～1。值越接近 1 表示目标的随机性越高，地物至少包含了两种散射机理，并且每种散射成分强度相似；越接近 0 表示目标散射是确定性的，只有一种散射机理占主导。

$$\text{Entropy} = -\sum_{i=1}^{3} p_i \cdot \ln p_i \tag{7.43}$$

式中，$p_i = \lambda_i / (\lambda_1 + \lambda_2 + \lambda_3)$。

满足散射对称假设的矩阵 C_3 特征值 λ_i：

$$\lambda_1 = \frac{1}{2}\left(E\left(|HH|^2\right) + E\left(|VV|^2\right)\right) - \lambda_2 \tag{7.44}$$

$$\lambda_2 = \frac{1}{2} \cdot \frac{E\left(|HH|^2\right) \cdot E\left(|VV|^2\right)}{E\left(|HH|^2\right) + E\left(|VV|^2\right)}(1 - \Delta) \tag{7.45}$$

$$\lambda_3 = E\left(|HV|^2\right) \tag{7.46}$$

$$\Delta = \frac{E(HH \cdot VV^*) \cdot E(VV \cdot HH^*)}{E\left(|HH|^2\right) \cdot E\left(|VV|^2\right)} \tag{7.47}$$

裸土的粗糙度相对其他两种地物是最大的，在波长较长的 SAR 数据中往往表现为低熵，而在 X 波段上常常表现为中熵；水体、水泥路由于各个通道散射强度过低并且很接近，在 X 波段往往表现为高熵。如图 7.32 所示，随机采样的 150 个样点中，土壤相比其他两种地物有很好的区分性。

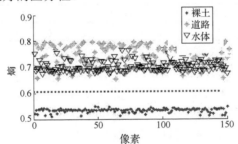

图 7.32　土壤、道路、水体统计熵值

2）PSD（Phase Standard Deviation）特征

由于水体和水泥道路都很光滑，导致熵、Alpha 角、反熵参数都很相似，基于通道强度的极化参数无法奏效。只有利用通道间相关性进行分类；同时，进行方位角补偿后，目标满足散射对称，HH/HV、VV/HV 相关系数几乎为 0，使得可利用的通道相关系数仅为 HH/VV。定义 PSD 为

$$\text{PSD} = \text{SD}(\arg(HH \cdot VV^*)) \tag{7.48}$$

式中，"SD" 表示求标准差；"arg" 表示求相位；"*" 表示共轭操作。Entropy 与 PSD 估计时均采用 7.2 节中提到的方法。

PSD 描述了同极化通道相位差的聚散程度。实际上，PSD 与 HH/VV 通道相关系数的相互关系由 Cramer-Rao 边界条件描述（Seymour and Cumming, 1994）：

$$\mathrm{PSD}=\sqrt{\mathrm{var}_\phi}>\sqrt{\frac{1-|\gamma|^2}{2N|\gamma|^2}} \tag{7.49}$$

$$|\gamma|^2=\frac{E\left(\left|\mathrm{HH}\cdot\mathrm{VV}^*\right|^2\right)}{E\left(\left|\mathrm{HH}\right|^2\right)E\left(\left|\mathrm{VV}\right|^2\right)} \tag{7.50}$$

式（7.53）中"N"为视数。图 7.33 绘制了 PSD 参数与同极化相关系数曲线。相关系数与相位标准差有直接的关系，低相关系数对应的相位标准差总是很大。PSD 与通道相关系数都可以对通道间的相关性进行评价。在低相关性区域（通常小于 0.2），相位对相关系数的变化有更强的敏感性，对水体和水泥道路等光滑地物有很好的区分性。

本次实验在土壤、水泥路、水体中随机选取了 150 个样点进行统计。由于土壤和道路的结构稳定性比水体更高，所以其同极化相干系数更高，相位统计方差更小（图 7.34）。

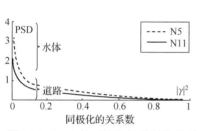

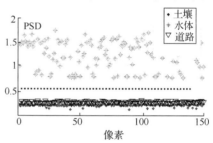

图 7.33　PSD 与同极化相关系数关系　　　　图 7.34　土壤、道路、水体统计 PSD 值

鉴于三种地物对不同参数敏感程度不同，提出了一种区分土壤、水泥路、道路的精细分类算法，流程如图 7.35 所示。首先在预分类的基础上精化矩阵 C_3 的估计，然后在 Entropy-PSD 平面上对三种地物进行精细分类，最后获取精细分类结果。

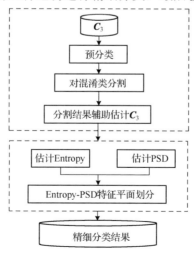

图 7.35　低散射强度面目标分类流程

4. 结果及分析

利用 CET38-XSAR 数据，对改进分类方法进行了实验。CET38-XSAR 是 PolInSAR 机载原型实验系统，由中国电子科技集团第 38 研究所研制。

XSAR 系统为 X 波段（9.6GHz）全极化雷达，可以在全极化模式下进行双天线干涉测量，主辅天线相对位置如图 7.36 所示。载机成像时平均飞行速度为 120m/s，雷达入射角可在 37°～45°调整；距离向、方位向影像分辨率分别为 0.4m、0.1m。系统在 2009～2010 年初在海南省陵水县进行了多次实验飞行，累计飞行时间数百小时，获取了大量验证数据。

本书实验采用 XSAR 系统于 2010 年 1 月获取的飞行数据，在航带 Strip06-0043 中截取了一块 755 像素×1000 像素大小区域，如图 7.37 中 Pauli-RGB 影像。在图 7.37 中，除了植被，后向散射较弱的面状地物主要是：①高速公路；②水塘；③裸露土路；④塑胶运动跑道；⑤建筑物引起的阴影；⑥水泥篮球场。

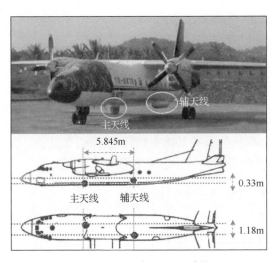

图 7.36　双天线 XSAR 系统

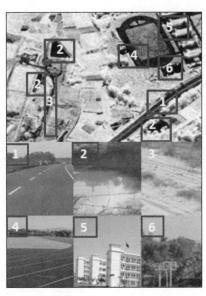

图 7.37　实验区 Pauli-RGB 影像与对应地物调绘图（见彩图）

为了使影像满足较好目视效果，在方位向进行了 4 视处理，同时进行了 Refine-Lee 滤波（窗口大小 5×5）。随后，对实验区进行了 H/Alpha-Wishart 分类，分类结果如图 7.38 所示。

在 H/Alpha-Wishart 分类结果中，6 种表面光滑的目标都被分为了同一类，这对城市地物专题制图是不利的。即使加入反熵参数，H/Alpha/A-Wishart 方法也不能把这 6 类地物区分开。这主要有两个原因：①弱回波信号使得目标信号受噪声影响严重，只有增大矩阵 C_3 的 ENL 才能得到较好的结果；②在 X 波段下，Alpha、反熵等参数对这几种弱回波地物不太敏感。在预分类的基础上，本书将混淆的类别提取出来（图 7.38 中第 7 类），然后进行分割，采用改进算法对这 6 类地物进行矩阵 C_3 估计。

普通 BE 估计和预分类 OBE 估计矩阵 C_3 的 ENL 如图 7.39 所示。OBE 估计的矩阵 C_3 ENL 比 BE 高，在狭长形高速公路上，OBE 方法获得了更好的等效视数；同时，BE 估计矩阵 C_3 时，由于没有考虑地物边缘信息，估计到的边缘甚至被背景模糊掉。

图 7.38　实验区 H/Alpha-Wishart 分类结果

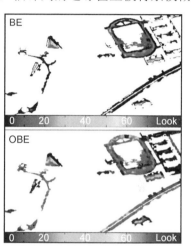

图 7.39　BE 与 OBE 估计混分类 ENL 值（见彩图）

SAR 系统在城区成像常常会受到建筑物的遮挡产生阴影，由于阴影中不包含或较少包含地物信息，在分类中往往不考虑阴影的影响，将其从分类结果中去除。阴影的自动识别和去除可以利用干涉测量获取建筑物高度，然后估算阴影范围，由于不是本书研究重点，对此不进行详述。

估计矩阵 C_3 后，进行 Entropy 参数和 PSD 参数的估计，构建归一化 Entropy-PSD 特征平面。如图 7.40 所示，对实验区中待分类地物的每个像素估计 Entropy、PSD 值，在特征平面上绘制出，颜色表示累计值大小。

图 7.40 中水体、道路、土壤在 Entropy-PSD 平面上有较为明确的分界面，可以设置简单的阈值对或用 Mean Shift 等方法对特征平面直方图进行划分等。同时，不同地物在特征空间中的聚合程度不同，聚合度由高到低分别是：土壤、道路、水体。聚合度大小主要由地物表面粗糙度和物理结构稳定性决定。水面粗糙度受风的影响，虽然是同种物质，但同质性较弱；而土壤粗糙度比道路更高，具有相对较强的回波和极化信息。Entropy-PSD 特征平面对低散射强度的目标有较好的敏感性，可以提高 H-Alpha-Wishart、H/Alpha/A-Wishart 等方法的分类精度。

图 7.41 是本书算法对 H/Alpha-Wishart 错误分类结果的再划分。通过 Entropy-PSD 平面的分类，图 7.38 中错分的第 7 类被重新分为 3 类。对照实地调绘图 7.37，道路、池塘、土壤被很好地区分开。在精细分类结果中，由于水泥篮球场和高速公路材质相

似，两者分为一类；同时，塑胶运动场由于表面较为粗糙，熵参数与裸露土壤很相似，两者也被分为一类。

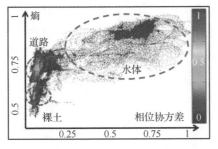

图 7.40　Entropy-PSD 特征平面累计直方图（见彩图）

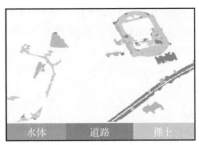

图 7.41　弱散射目标精细分类结果（见彩图）

将水泥篮球场和高速公路视为同类，塑胶运动场与裸露土壤视为一类，本书算法分类精度混淆矩阵如表 7.5 所示。用户精度（User Accuracy，UA）比生产者精度（Procedure Accuracy，PA）略低，分类总体精度接近 83%，Kappa 系数为 0.715。与普通 H/Alpha-Wishart 分类算法相比，本书提出的分类算法在弱散射目标的划分上有很大改进，普通算法无法区分的类别得到了很好的划分。

表 7.5　低散射强度目标分类混淆矩阵

		地物类别			
		水体	裸土	道路	UA/%
地物类别	水体	14052	4789	1451	70.0
	裸土	11	42375	3451	92.4
	道路	532	5383	18993	76.3
	PA/%	96.2	80.6	79.5	82.8

鉴于常规非监督分类算法无法区分城区中水体、水泥路、裸土等弱散射地物，本书提出了一种分类算法流程。首先，进行预分类，再进行分割，利用分类、分割结果对矩阵 C_3 进行较高精度的估计；在估计的结果上统计 Entropy、PSD 参数，在两个参数构成的特征平面上利用阈值或 Mean Shift 进行地物的划分，最后得到分类结果。分类图结果与定量精度评价表明本书提出的算法在弱散射目标的分类上有很大改进。该算法由于是对预分类的精化，无论是矩阵 C_3 的估计还是 Entropy-PSD 特征平面划分都受预分类影响；同时，该算法主要针对弱散射目标，而 PSD 参数对植被、建筑等不敏感。因此，未来的研究工作还需要结合多源数据对算法进行更深入的研究。

7.3.2　极化 SAR 影像倒塌房屋解译

近年来，自然灾害频频发生，严重威胁人民生命安全。破坏性灾害发生后，快速、准确的灾情评估对政府的应急救援至关重要。遥感技术可以不直接接触地物，快速、大范围地进行对地观测，因此越来越多地被应用到灾区调查和灾情评估中（Corbane，

2011；王丽涛等，2010；Yang et al.，2007；王晓青等，2003）。光学传感器受制于雨、云等气象条件且不能全天时成像，使用条件受限，而 SAR 作为主动式微波传感器，可以不受此限制，全天时全天候成像，在灾害应急中显得尤为重要。

在自然灾害（如地震、海啸等）造成的各种破坏中，建筑物的损毁与人员伤亡和经济损失密切相关，并在一定程度上反映了局部区域内灾害的真实破坏程度。随着近几年高分辨率 SAR 的发展，利用 SAR 影像进行建筑物损毁程度的评估与解译越发重要。

1. 倒塌房屋的散射及纹理特征

从极化信息的角度分析，完好建筑物与倒塌建筑物的极化表现如图 7.42 所示。

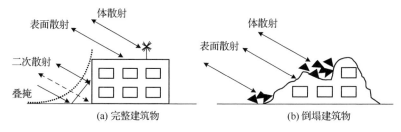

图 7.42　完整建筑物、倒塌建筑物理论散射模型

完整建筑物的散射行为（图 7.42(a)）通常包含了很复杂的后向散射类型（Kajimoto and Susaki，2013；Yamaguchi，2011）。由于雷达的侧视机制，当雷达波束照射建筑物时，建筑物前方的地面、前侧的墙体以及屋顶前侧一部分到达雷达传感器的距离相等，这些回波被同时记录，形成叠掩（layerover）；面向雷达一侧的墙体和墙体前的地面形成的二面角产生二次散射（double-bounce）；以及来自建筑物屋顶强度较弱的表面散射（surface）和体散射（volume）等。这里需要注意的是，当雷达入射角、建筑物高度、屋顶形状变化时，相应的散射情况可能会随之变化，不过大体仍然包括上述几种散射机制。

和完整建筑物相比，倒塌建筑物的散射行为（图 7.42(b)）较简单，随着建筑物的倒塌，原本完整的墙体、屋顶被破坏，未倒塌时墙体、屋顶引起的二次散射、表面散射、叠掩等均消失，取而代之的则是由倒塌房屋的废墟、碎片引起的表面散射和体散射。当然，未完全倒塌的墙体或屋顶仍会带来二次散射等特性，但此时占优的散射机制应是废墟、碎片的表面散射和体散射。

从上述分析可以看出理论上完整建筑物和倒塌建筑物在极化 SAR 影像上表现出的散射特性是不同的，可以用来进行倒塌房屋的解译。但有两点必须加以考虑：第一，当建筑物排列方向与雷达传感器飞行方向不平行时，会产生较强的交叉极化（HV）散射分量，导致在进行 Freeman-Durden 等目标分解时引起建筑物区域体散射的过高估计，这对于区分完整建筑物和倒塌建筑物是不利的。如图 7.43 中均为建筑物区域的 Pauli-RGB 合成图，(a)中建筑物排列方向与飞行方向近似平行，因为 Pauli-RGB 中红

色分量为 $\frac{1}{2}\left\langle\left|S_{HH}-S_{VV}\right|^{2}\right\rangle$，颜色越红意味着二面角成分越多，所以建筑物颜色偏红；

(b)中建筑物不再与飞行方向平行，而是倾斜一定的角度，因为绿色分量为 $2\left\langle\left|S_{HV}\right|^{2}\right\rangle$，

颜色越绿意味着体散射成分越多，所以建筑物颜色偏绿，如果仅根据极化信息进行判断，则此处很容易将(b)中的未倒塌倾斜房屋误判为倒塌房屋。第二，考虑建筑物虽倒塌但仍有未倒塌的墙体面向雷达视线的情况，此时实际建筑物已倒塌或部分倒塌但在极化 SAR 影像上却表现出与完整建筑物相似的散射特性。

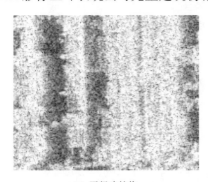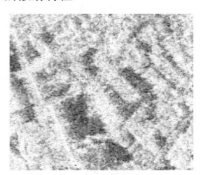

(a) 平行建筑物　　　　　　　　　　　(b) 非平行建筑物

图 7.43　与飞行方向平行建筑物、非平行建筑物 Pauli-RGB 影像（见彩图）

相比于直接使用极化 SAR 的后向散射信息，先进行极化分解，将基本散射成分或其表征从总体后向散射中提取出来，对后续处理更为有利。Cloude 和 Pottier 于 1997 年提出的一种基于特征分解的极化分解方法广泛地用于极化 SAR 领域。利用 Cloude 和 Pottier 提出的方法，可以从极化 SAR 相干矩阵中提取出极化熵和平均 Alpha 角。极化熵定量地描述某像素处混合的各种基本散射机制的随机性，极化熵取值从 0 到 1 代表从纯粹的一种散射机制到各种散射机制完全随机的混杂；Alpha 角则指示了哪种机制占优，取值从 0°～45°再到 90°代表从 Bragg 表面散射过渡到体散射最终变为二面角散射。本书对青海玉树地区 2010 年震后的 P 波段极化 SAR 数据做极化分解处理，得到完好建筑物和倒塌建筑物在二维 H/Alpha 平面的概率分布图（图 7.44），图中颜色从蓝到红代表出现在平面某处的像素数从少到多。可以观察到不论是完好的还是倒塌的建筑物大多分布在熵值偏高、中 Alpha 值的区域，但是两者在 H/Alpha 平面上的分布范围有一定差异。完好建筑物因形状、高度、排列方向等不同引起的散射过程更为复杂，各建筑物间的熵值和 Alpha 值有一定差异，从而形成了更大的 H/Alpha 分布区域，并且完好建筑物的二面角散射远多于倒塌建筑物，可以看到在图 7.44(a)中对应二面角反射的区域（低熵高 Alpha，H/Alpha 平面左上部分）有一定像素出现。总的来说，图 7.44 一方面证明了完好建筑物和倒塌建筑物之间极化散射机制的差别，体现出极化 SAR 在倒塌建筑物解译方面具有一定潜力；另一方面也说明了完好建筑物和倒塌建筑

物间的极化信息是有相似性的，一部分原因可能是单纯使用一种极化分解技术获取的极化参数没有完全提取出潜在的极化信息，另一部分原因可以归结于前面提出的两个问题。

(a) 完好建筑物　　　　　　　　　　　(b) 倒塌建筑物

图 7.44　完好建筑物、倒塌建筑物在二维 H/Alpha 平面的分布图（见彩图）

针对上面探讨的问题，首先可以综合利用多种极化信息提取技术以求更好地获取极化信息，其次还可以考虑加入一些附加信息辅助解译，如纹理信息、干涉信息。

纹理作为揭示影像内在信息的有力工具，过去几十年里涌现了大量的学者对其进行定义和研究（Rao, 2012; Tan and Triggs, 2010; Tuceryan and Jain, 1998; Sklansky, 1978; Richards and Polit, 1974）。直观上，纹理就是影像中同质和异质的一些视觉特征，包括物体结构组织排列的信息以及与周围环境的联系。根据纹理特征提取方法的基础理论和思路，大体可以分为统计方法、模型方法、信号处理方法和基于结构的方法。不同方法得到的纹理特征从各自不同的角度对影像的纹理信息进行描述，常用的方法主要有灰度直方图统计、灰度共生矩阵、局部二值模式、马尔可夫随机场模型、Gabor 滤波器、小波分解等。其中前三者属于统计方法，马尔可夫随机场属于模型方法，最后两种属于信号处理方法。

图 7.45 给出了青海玉树地区完好建筑物和倒塌建筑物的震前与震后 Google 光学影像以及震后的 X 波段 HH 极化 SAR 强度影像。可以看出震后完整建筑物和倒塌建筑物的影像完全不同，无论是光学影像还是 SAR 影像。值得一提的是图 7.45(c)和(f)均为单极化强度影像而非全极化 Pauli 假彩色图，即便如此，仍可通过对影像中纹理形态的识别判断出建筑物是否倒塌，且这种判断是基于局部区域的，也利用了空间上下文信息。显而易见纹理信息是可以辅助极化信息进行倒塌房屋解译的。

从雷达干涉测量的角度讲，我们可以使用 InSAR 数据获取灾区建筑物群的高程信息。直观地，单栋完整建筑物的屋顶不论是平顶还是其他形状，其屋顶高度理论上应该是基本不变的或者是呈某种规律性变化，直到屋顶边缘以外高程会突然有一个剧烈的变化（从屋顶到地面或者是从一栋建筑物到另一栋建筑物的高程变化）。而相应地，倒塌建筑物则表现为屋顶高度不规则的随机波动。所以附加干涉信息辅助极化 SAR 解译倒塌建筑物是可行的。当然，在城区普遍存在的叠掩和雷达阴影会影响一般的干涉测量过程从而导致测得的建筑物高度可靠性较差，但这对于局部区域产生的影响大致相似，而辅助解译倒塌建筑物需要干涉提供的信息仅仅是局部范围内的高程变化情况，所以即使城区干涉测量精度有限，我们仍然认为加入干涉信息有利于解译精度的提高。

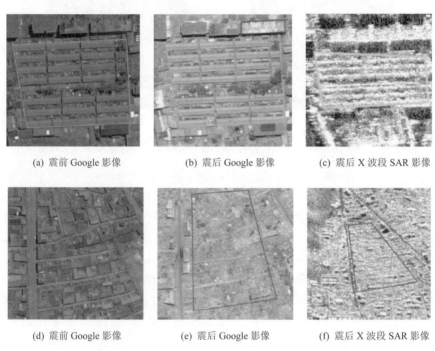

| (a) 震前 Google 影像 | (b) 震后 Google 影像 | (c) 震后 X 波段 SAR 影像 |

| (d) 震前 Google 影像 | (e) 震后 Google 影像 | (f) 震后 X 波段 SAR 影像 |

图 7.45　完好建筑物与倒塌建筑物 Google 影像（震前震后）、SAR 强度影像（震后）

　　以上着重从理论上讨论利用极化 SAR 影像进行倒塌房屋解译的可行性和存在的问题，以及引入额外的附加信息（纹理、干涉）辅助解译。而在实际应用中的解译方法多种多样，从工作方式上可以分为人工目视解译和计算机（半）自动解译，后者从数据源上又可分为 SAR 数据独立解译和结合其他异源数据联合解译，从时相上还可分为多时相解译和单时相解译。

　　目视解译是最原始的信息提取方法，但同时也是实际应急中最有效、使用最广泛的方法，主要是根据灰调、纹理、形状、尺寸、阴影等标志性特征人工目视判断。多时相解译是根据灾害发生前后多个时期获取的影像进行变化检测来识别倒塌房屋。Ohkura 利用震前震后差值影像、震后影像作为色调和明度合成假彩色图识别倒塌区域。Yonezawa 和 Takeuchi 使用 6 幅 ERS-1 影像分析神户震后建筑物倒塌情况，结果显示 SAR 强度相关特征和相干特征可以在一定程度上反映房屋损毁程度。Matsuoka 和 Yamazaki 将震前震后影像后向散射系数差和灰度相关系数线性组合，构成一个新的指数判别房屋倒塌程度。单时相解译仅仅利用震后 SAR 影像进行处理分析，Dell'Acqua 等在此方面做了一系列工作（Dell'Acqua et al., 2009; 2010），提出了街区破坏面积比（Damaged Area Ratio，DAR）的概念，并通过选取合适阈值可以将 DAR 分成三级得到地面调查分类图。此外，Dell'Acqua 还调查了某些灰度共生纹理与建筑物损毁程度的相关性，认为两者相关，但相关系数很小。

Guo（2009）、Li（2012）等均探讨了极化特征在倒塌房屋解译中的应用，分别提出了基于圆极化相干系数、二次散射分量、各向异性和基于圆极化相干系数、极化熵、Alpha 角的解译方法。为提高解译精度，光学影像、LiDAR 影像和一些 GIS（Geographic Information System）数据也被用于辅助 SAR 影像联合解译。Arciniegas 等（2006）在使用相位特征提取结果时用 ASTER 数据去除植被影响，进一步提高精度。Gamba 等（2007）引进辅助 GIS 图层限定兴趣区范围之后，联合 SAR 强度特征和相干特征检测倒塌房屋。受制于震前 SAR 影像获取的困难性，Brunne 等（2010）结合震前光学影像和震后 SAR 影像检测变化区域提取倒塌区。

缘于震前 SAR 影像难以获取，下面仅以 2010 年青海玉树地震后获取的单时相 SAR 影像为例介绍两例倒塌房屋解译方法。传感器是中国测绘科学研究院研发的机载 SAR 测图系统，包括分辨率为 0.5m 的 X 波段 HH 极化双天线干涉 SAR 和分辨率为 1.1m 的 P 波段全极化 SAR，影像获取时间为 2010 年 4 月 17 日，玉树震后第 3 天，中心入射角为 45.9°和 47.5°。

从模式分类的角度，倒塌房屋的解译工作可以概括地分为监督性解译和非监督性解译。对于非监督解译，并没有已知的样本信息提供，想具体地将建筑物倒塌程度分级是很困难的，因此非监督的单时相解译一般仅区分倒塌和未倒塌房屋，然后在街区等级统计倒塌率，以此划分各街区范围内总的倒塌程度。我们可以采用以下流程完成解译（Zhao et al., 2013）。

（1）预处理。P 波段全极化数据预处理，包括定标、多视和滤波处理。

（2）非建筑区剔除。弱后向散射目标（如道路、裸土、水体等）的主要散射类型为奇次散射，表现在二维 H/Alpha 平面中即为 Z6（中等极化熵、低 Alpha 值）和 Z9（低极化熵、低 Alpha 值）区域内。所以可以先对极化相干矩阵进行 H/Alpha-Wishart 非监督分类（Lee et al., 2004），将分类结果中落入 Z6 和 Z9 区域的像素剔除出来不做后续解译，避免对解译结果产生不利影响。

（3）倒塌房屋检测。利用归一化圆极化相关系数（Normalized Circular-pol Correlation Coefficient，NCCC）检测剩余像素中的倒塌部分，NCCC 大于阈值的部分为倒塌房屋，否则为未倒塌房屋。NCCC 是一个反映反射非对称结构的指标（Ainsworth et al., 2008），定义如下：

$$NCCC = \left| \frac{\rho_{RRLL}}{\rho(0)} \right| \tag{7.51}$$

$$P_{\mathrm{RRLL}} = \frac{\left\langle S_{\mathrm{RR}} S_{\mathrm{LL}}^* \right\rangle}{\sqrt{\left\langle S_{\mathrm{RR}} S_{\mathrm{RR}}^* \right\rangle \left\langle S_{\mathrm{LL}} S_{\mathrm{LL}}^* \right\rangle}} \tag{7.52}$$

$$\rho(0) = \frac{\left\langle 4\left|S_{\mathrm{HV}}\right|^2 - \left|S_{\mathrm{HH}} - S_{\mathrm{VV}}\right|^2 \right\rangle}{\left\langle 4\left|S_{\mathrm{HV}}\right|^2 + \left|S_{\mathrm{HH}} - S_{\mathrm{VV}}\right|^2 \right\rangle} \tag{7.53}$$

$$S_{\mathrm{RR}} = iS_{\mathrm{HV}} + \frac{1}{2}(S_{\mathrm{HH}} - S_{\mathrm{VV}}) \tag{7.54}$$

$$S_{\mathrm{LL}} = iS_{\mathrm{HV}} - \frac{1}{2}(S_{\mathrm{HH}} - S_{\mathrm{VV}}) \tag{7.55}$$

（4）初步损毁估计。计算每个街区的建筑物损毁指数（Damage-Level Index，DLI），以此设定阈值将各街区内建筑物的倒塌程度划分为轻度倒塌、中度倒塌和重度倒塌三个等级。DLI 定义如下：

$$\mathrm{DLI}_j = \frac{\sum\limits_i d_{ij} P_{ij}}{A_j - B_j} \tag{7.56}$$

式中，DLI_j 代表第 j 个街区的 DLI 值；d_{ij} 表示第 j 个街区内的第 i 个像元是否属于倒塌建筑物，属于为 1，否则为 0；P_{ij} 表示第 i 个像元是否属于第 j 个街区的建筑区域，属于为 1，否则为 0；A_j 为第 j 个街区的总像元数；B_j 为第 j 个街区的非建筑物像元数。

（5）损毁结果修正。鉴于 NCCC 不能很好地区分倾斜建筑物和严重倒塌建筑物，我们利用在极化 SAR 总功率影像上计算得到的灰度共生矩阵的同质性纹理特征进一步修正第（4）步的结果，一旦某一街区的平均同质性特征值大于给定的阈值，说明该街区建筑物倒塌并不严重，将其重新划分为中度倒塌。同质性特征定义如下：

$$\mathrm{Hom} = \sum_i \sum_j \frac{P(i,j)}{1 + (i-j)^2} \tag{7.57}$$

2. 结果及分析

图 7.46 为中国测绘科学研究院多波段多极化干涉 SAR 测图系统 P 波段全极化 SAR 获取的玉树震后 Pauli-RGB 影像。表 7.6 中列出了以街区级地面真实倒塌情况为参考，应用上述非监督方法得到的解译混淆矩阵，街区级总体精度为 79.7%，Kappa 一致性系数为 0.68。

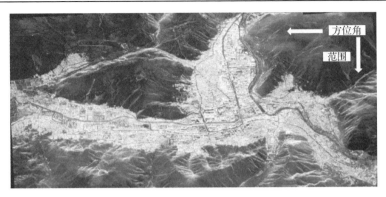

图 7.46　震后玉树 P 波段全极化 SAR 影像（见彩图）

表 7.6　单时相非监督解译结果混淆矩阵

	解译轻度	解译中度	解译重度
真实轻度	10	1	2
真实中度	3	24	5
真实重度	1	2	21

　　对于监督性解译，有样本信息可以提供，因此我们可以训练分类器，使其有效地利用对各类间有较好鉴别性的特征。为缓解之前分析中提到的困境，一方面使用多种极化分解手段提取极化特征，另一方面加入纹理特征和干涉特征辅助解译。所以在监督解译中，我们利用的极化特征有：NCCC、极化协方差矩阵和相干矩阵中的对角线元素、通道间相位差和极化比、Cloude 分解、Freeman-Durden 分解、Krogager 分解和 Parks Colin 特征；纹理特征有：基于灰度直方图的统计特征、灰度共生纹理特征、局部二值模式特征、高斯马尔可夫随机场模型估计参数、Gabor 滤波器特征和二进制小波分解特征参数；干涉特征有：复相干系数模、局部建筑物高度差（局部高度最大值减去最小值）、局部建筑物高度标准差。其中，P 波段全极化数据用于获取极化特征，X 波段 HH 极化强度数据用于获取纹理特征，X 波段 HH 极化双天线干涉数据用于获取干涉特征。

　　将已知样本的上述特征导入分类器进行训练，完成后即可用于倒塌房屋解译，这里我们选择随机森林（Breiman, 2001）作为分类器，并从地面真实倒塌图中对每一倒塌等级随机选择 2%样本训练分类器，最终得到的精度为 85%，Kappa 一致性系数为 0.76。图 7.47(a)为真实倒塌参考图，图 7.47(b)为监督解译结果图，表 7.7 为相应混淆矩阵。需要注意的是非监督解译以街区为单位，混淆矩阵中的数据为对应的街区数，而监督解译直接以像元为单位，混淆矩阵中的数据为对应像元总数。

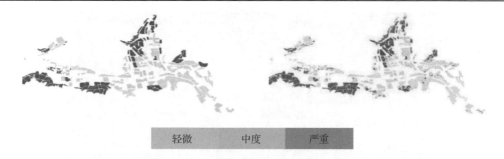

(a) 真实倒塌参考图　　　　　　　　　　　　　　(b) 监督解译结果图

图 7.47　单时相监督性倒塌房屋解译结果（见彩图）

表 7.7　单时相监督解译结果混淆矩阵

	解译轻度	解译中度	解译重度
真实轻度	56118	19948	3131
真实中度	6169	160630	11600
真实重度	553	22306	149411

7.3.3　极化 SAR 影像湿地解译

湿地具有较高的水文动态特征，为生物多样性保护、污染物降解、削弱洪峰和预防干旱等起到了重要的作用。对湿地空间分布和时间变化特征的更好理解是湿地生态系统保护、洪峰迁移、生物多样性保持和土地利用规划等的前提。但湿地的偏远位置、复杂地形和较大的面积往往使实地数据的采集比较困难。同时，耗时耗力的实地调绘对湿地较大尺度上的描述和理解是远远不够的。遥感技术为湿地监测提供了廉价和有效的技术方式。光学数据较早被用来进行湿地的覆盖情况和时间动态淹没情况观测（Zhao et al., 2011; Ordoyne and Friedl, 2008）。但由于光学影像常受云等天气影响，特别是在雨季的情况下，不能很好地获得湿地的时间动态变化特征。而 SAR 不仅能够全天时全天候地获取湿地地区一定重复周期的影像，而且 SAR 数据本身能够为生物物理和地球物理参数提供了更多有价值的信息。目前 SAR 在亚马孙湿地、尼罗河流域、多尼安娜湿地等区域得到了较多的应用（Arnesen et al., 2013; Martinez and Toan, 2007; Frappart et al., 2005）。ERS、ASAR、COSMO-SkyMed 和 PALSAR 等多个传感器数据的适用性已经得到证实（Evans and Costa, 2013; Hong et al., 2010; Henderson and Lewis, 2008）；雷达信号和复杂地物之间的相互作用的理解已主要从波长、入射角、时间动态性、环境影响因素和极化几个方面进行了研究（Grings et al., 2006; Costa and Telmer, 2006; Hess et al., 1990）。但单极化或双极化 SAR 的观测方式在湿地覆盖地物后向散射变化的解译上往往受限，极化 SAR（PolSAR）通过获取多个通道的信息，为深入解译散射机制的变化提供了条件。本节以额尔古纳湿地为例，利用序列全极化数据进行湿地的空间和时间变化特征的解译。

1. 实验区域

额尔古纳湿地位于中国、俄罗斯和蒙古国的交界处，是额尔古纳河和其三个支流（根河、得卜干河和哈尔河）的滩涂地，是全球多种鸟类的栖息地和迁徙鸟类的中转区。额尔古纳湿地具有脆弱的生态系统并面临来自人口增长、旅游业开发、农业开垦等方面的压力。湿地季节性淹没动态变化的空间和时间信息及植被的分布模式信息对生态区的保护具有重要的研究意义。本次研究区域位于根河支流上，地形相对平坦，平均水面坡降为 0.73‰，从 5～10 月份水面具有较大的季节性变化。此区域 1954～2000 年的平均降雨量为 3738mm，最大降雨一般发生在 7 月份和 8 月份。2013 年，我国东北区域发生了 50 年一遇的洪水，此区域的降雨量也远高于平均降雨量，为额尔古纳湿地的季节性变化特征研究提供了很好的条件。此湿地区域复杂的漫流过程形成了多个牛轭湖、柳树丛、草地和莎草泥炭地。在水位较低的季节，湿地地面形态主要包括森林、莎草泥炭地和草地；在雨季，低洼区域的草地、沙洲和部分泥炭地常常被淹没；在秋季，草地会被收割和打捆，泥炭地中的植被在洪水退去后也会逐渐衰老。

从 2012 年 9 月～2013 年 8 月共获得了 6 景 RADARSAT-2 影像，获取影像的参数如表 7.8 所示。方位向和距离向的标称采样大小为 5.1m×4.7m，入射角为 37.4°～38.9°，重复获取周期为 24 天。每景影像获取前 5 天和 24 天的降雨量如表 7.8 所示。首先为降低噪声的影响，使用 7×7 的 Lee 滤波器对所用影像进行滤波处理，然后在 SRTM90m 分辨率 DEM 的辅助下进行几何校正；校正后的影像再进行配准和重采样。利用不同时相合成的伪彩色 RGB 影像如图 7.48 所示，2013 年 7 月 10 日的 $|S_{HH} - S_{VV}|^2$ 通道（红），2013 年 5 月 23 日的 $|S_{HH} - S_{VV}|^2$ 通道（蓝）和 2013 年 8 月 3 日的 $|S_{HV}|^2$ 通道（绿）。

表 7.8 RADARSAT-2 数据获取参数及获取前降雨量

获取日期	模式	入射角/(°)	获取局部时间	24 天降雨量/mm	5 天降雨量/mm
2012 年 9 月 1 日	FQ18	37.4～38.9	6:00 pm	29.2	4.1
2013 年 5 月 23 日	FQ18	37.4～38.9	6:00 pm	34.7	6.9
2013 年 6 月 16 日	FQ18	37.4～38.9	6:00 pm	114.8	34.5
2013 年 7 月 10 日	FQ18	37.4～38.9	6:00 pm	106.8	56.4
2013 年 8 月 3 日	FQ18	37.4～38.9	6:00 pm	197.8	25.0
2013 年 8 月 27 日	FQ18	37.4～38.9	6:00 pm	127.5	4.9

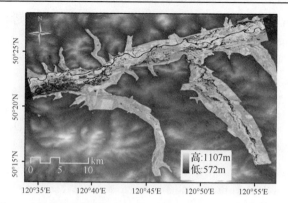

图 7.48　利用不同时相合成的伪彩色 RGB 影像（见彩图）

2. 湿地特征分析

1）不同湿地类别的极化特征描述

本节利用多个极化特征对湿地区域典型的地物类别的散射信息进行描述。使用的极化特征主要有：后向散射系数、总功率、同极化相干系数、同极化相位差（CPD）、Cloude 分解的三参数-熵、Alpha、各向异性（A）和 Yamaguchi 分解（Yamaguchi et al., 2005）的几个散射成分。为反映时间变化特征，使用多时相均值信息和 Quegan 等提出的绝对变化估计器（Quegan et al., 2000）进行分析。

2）湿地分类和淹没状态监测

本节使用随机森林分类器（Breiman, 2001），通过输入系列极化特征，实现单时相和多时相湿地分类。随机森林分类器可以在大数据量、高维数据上进行训练，而不会产生大的过拟合，并且不依赖于数据的分布，有利于对 SAR 数据的处理。另外，随机森林分类器不仅能够用于分类和预测，而且可以对所输入的特征进行变量评价。一般选择频率、Gini 系数和排列重要性进行变量重要性评价。其中排列重要性描述了变量扰动前后的预测精度，不仅考虑了单个变量的影响，也考虑了和其他变量的相互作用，本节选择其进行变量重要性评价。分类结果中水体的变化表明了淹没面积的季节性变化，为了分析淹没的动态性，通过利用单时相分类提取水体，根据淹没的频率分析淹没时间长短。

3）多时相变化轨迹分析

轨迹分析（trajectory analysis）常常被用来监测一个区域上地面类型发生的变化（Main-Knorn et al., 2013; Zhou et al., 2008）。年际内的地面覆盖变化可以根据变化曲线和研究区域的状况进行解译。一般变化轨迹在单个像素水平上，利用多时相分类结果进行构建。但此种方式产生的轨迹会有较多的可能性，特别是当类别数较多的情况下，不利于变化轨迹的解译。为了降低使用多类的复杂性，将每两个相邻时相的分类结果聚成三大类，即无变化类、由物候引起的变化类和由洪涝引起的变化类。然后利用得到的双时相变化图建立整体时相的变化轨迹。本书使用软件 FRAGSTATS 4.2 计算多个类指标进行时空变化分析。本书选择了三个景观指标：景观比例（PLAND）、归一化的景观形态指数（NLSI）和分散和相邻指数（IJI）。PLAND 衡量了每类在这个区域的丰富程度，数据范围从 0～100%。当一个地区只有一个类别时为 100%，比较稀少时接近于 0。NLSI 衡量了一个类的聚集程度，数值范围为 0～1。当一个类别中只有单个方形类时为 0，并随着类别离散度的增加而增大。IJI 衡量一个类与其他类别的分散和相邻的程度，值从 0～100%。当对应类别只和一类相邻时 IJI 为 0，当和区域内所有其他类相邻时为 100%。

3. 结果及分析

这一部分将给出湿地内每种覆盖类型在不同物候阶段和洪涝水平后向散射变化情况，并说明单时相和多时相 C 波段极化 SAR 数据进行湿地覆盖类型分类的可能性。同时利用随机森林分类器产生的分类结果描述不同阶段湿地覆盖类别的可分性和分布模式。另外，利用叠加的水文图更深入地理解此湿地的水文机制。通过利用三个合并类的类指标分析洪涝引起和物候现象引起的空间与时间变化特征。最后利用随机森林分类器得出的重要性测度对所输入的多种特征对湿地分析的重要性进行评价。

1）后向散射分析

在这个部分，使用与强度有关的特征 σ_{HH}^0、σ_{VV}^0、σ_{HV}^0 和 SPAN 与八个常用的极化描述特征 $|\rho_{HHVV}|$、CPD、H、A、α、odd、dbl 和 vol 分析湿地覆盖类型在各阶段的散射机制变化。为了说明洪涝引起的泥炭地和草地的季节性变化，此两类进一步细分为未淹没/间歇性淹没类。各个类的特征随时间变化的曲线如图 7.49 和图 7.50 所示。

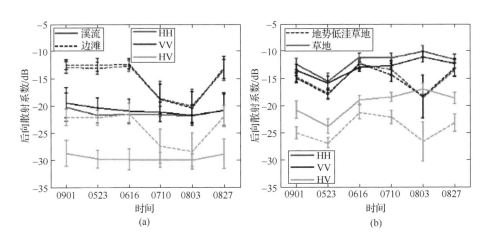

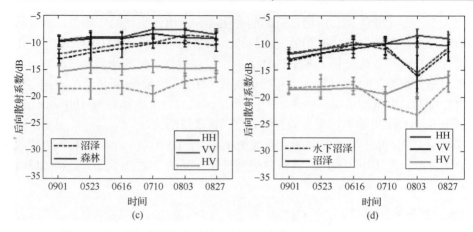

图 7.49　湿地各个覆盖类型的后向散射系数随时间变化图（见彩图）

（1）湿地类别：河流和边滩。在后向散射较低的情况下，容易受噪声的影响，所以对低后向散射区域的后向散射机制的解译需要特别注意。RADARSAT-2 精细模式的噪声等效 sigma-zero（NESZ）为 36.5±3dB。图 7.49(a)表明河流的后向散射虽然很低，但仍然大于 NESZ。边滩每个通道的 sigma 基本上都大于河流 5dB。两者后向散射的差异主要来自于粗糙度的不同。当边滩被淹没后，微波信号大部分被反射，后向散射迅速减小。在低信号水平的情况下，系统噪声将会增加极化响应图的基高和散射信号的随机性。低同极化相干系数（图 7.50(a)）、近似 45°的 Alpha 角（图 7.50(c)）和增加的体散射成分（图 7.50(g)）也反映了在淹没阶段系统噪声的影响。

（2）湿地类别：未被淹没的草地和偶尔会被淹没的草地。处于湿地低洼处的草地常常会处于含水量饱和阶段并在雨季遭受淹没，而在未被淹没的区域，从 5~8 月草地常常会长高至 1m，而在秋天的时候大部分会被收割打捆。基于相同的物候特征，图 7.49(b)表明两类草地类型从 2012 年 9 月~2013 年 6 月具有相似的生长趋势。从 2012 年 9 月 1 日~2013 年 5 月 23 日，由于秋冬季植被的季节衰落，这两个区域的后向散射有明显的下降。从 2013 年 5 月 23 日开始，生物量对后向散射的增加开始有较大贡献。而在 7 月份，低洼区域的草地水分开始饱和并逐渐被淹没，后向散射开始下降。在 2013 年 8 月 3 日时期，由于洪涝的影响，每个通道后向散射下降达到了 5dB。图 7.50 中的合成极化特征为强度信息提供了补充。6 月份后，未被淹没草地的后向散射趋于稳定，而体散射成分随着生物量的增加而增大，如图 7.50(g)所示。接近于 45°的 Alpha 角也从另一方面说明了体散射的主导作用。

（3）湿地类别：森林和泥炭地（包含未被淹没和偶尔被淹没区域）。森林常生长于额尔古纳湿地水分充足的区域(漫流两边或牛轭湖区域)。由于漫滩区域平坦的地形，在强降雨之后森林常处于半淹没状态。图 7.49 表明相对于其他湿地类别，森林在 C 波段具有相对较高且较稳定的后向散射水平，特别是 σ_{VV}^0 和 σ_{HV}^0，两者最稳定。图 7.49(c)

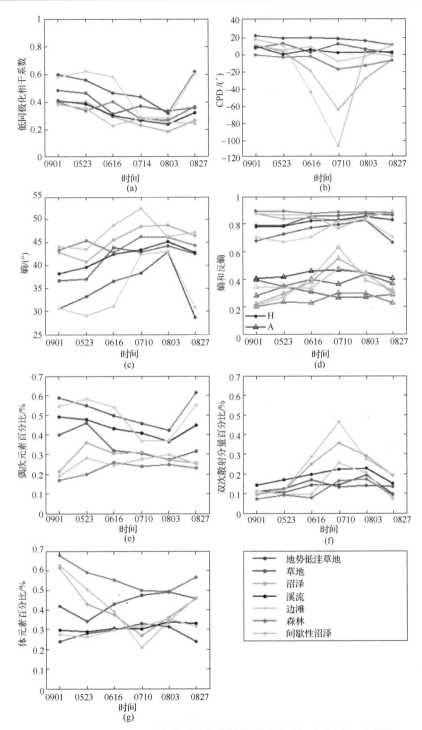

图 7.50 湿地各个地面覆盖类型的合成极化观测随时间变化图（见彩图）

表明在高水位的情况下 σ_{HH}^{0} 增加。这个现象可以用增加的 dbl 成分（图 7.50(f)）进行说明。对森林来说，虽然 C 波段的穿透能力有限，但高水位造成的"树-水面"形成的偶次散射仍可以被观测到。而森林冠层的随机散射造成了低的同极化相干系数，使得同极化相关项的相位噪声较大，平均 CPD 接近于 0（图 7.50(b)）。2012 年 9 月 1 日～2013 年 8 月 3 日时期体散射的明显下降和 2013 年 8 月 27 日时期的增加与洪涝的周期相一致，表明虽然森林的后向散射系数比较稳定，但洪涝造成了内部较大的散射机制变化。

泥炭地常位于 Yazoo 支流区或曲流痕区域，常常生长有芦苇等挺水类的植物，在雨季常常被淹没。同草地一样，间歇淹没的泥炭地从 2013 年 7 月 10 日～2013 年 8 月 3 日期间，也发生了较大的后向散射下降，如图 7.49(d)所示。在 2013 年 7 月 10 日水位较高的时期，当植被的茎秆处于半淹没状态时，大于 45° 的 Alpha 角和偏离 0° 的 CPD 表明了"植被-水面"强偶次散射的发生。在 2013 年 8 月 3 日时期，水位进一步增高，dbl 散射组分和 CPD 下降，如图 7.50(f)和图 7.50(b)所示。因为在高水位的情况下，微波信号和茎秆的相互作用减少，而更多是细枝和叶的作用。

泥炭地和森林是具有相似后向散射变化的两类。图 7.49(c)表明两类在 2012 年 9 月 1 日、2013 年 5 月 23 日和 2013 年 7 月 10 日的分离性大于在 2013 年 6 月 16 日、2013 年 8 月 3 日和 2013 年 8 月 27 日的分离型。随着泥炭地里植被的快速生长，两者的差别越来越小。森林的后向散射受物候现象的影响较少，后向散射相对比较稳定。在 2013 年 7 月 10 日时期，两者都受到了洪涝的较大影响，在 C 波段上，两者在 HH 和 HV 极化通道上的分离性增强。从 2013 年 8 月 3 日开始，可分性再次减弱。和其他合成极化特征相比，sigma0 的波动比较相似。但极化特征和 sigma0 具有不同的波动趋势，例如，在 2012 年 9 月 1 日时期，泥炭地和森林极化特征的差别并不明显。而 $|\rho_{HHVV}|$ 与 odd 组分分别在 2013 年 6 月 16 日和 2013 年 5 月 23 日阶段具有最大的差别。波动上的时间不一致性和实地区域复杂的环境变化有关，使得森林和泥炭地的可分性常常不具有可预测性。

2）额尔古纳湿地区域植被分布模式成图

下面将给出利用额尔古纳湿地单时相和多时相影像，通过随机森林分类器得到不同植被的覆盖情况。随机森林分类在 ROI 区域内随机选择 20%的样本作为训练样本，剩下的 80%作为测试样本。

图 7.51(a)～(f)为单时相分类的结果。分类结果中水体具有最高的动态性，在 8 月份面积达到最大。由于其他地类后向散射之间的相似性，在不同的物候生长阶段也具有较大的变化。森林、泥炭地和草地在不同时期的分离性并不稳定。2013 年 7 月 10 日时期具有最高的分类精度和 Kappa 系数，而 2013 年 8 月 27 日阶段具有最低的精度。对单个湿地覆盖类别，由于水体和其他地物可分性较高，具有最高的分类精度，对所有时相，分类精度都超过 90%。边滩由于受含水量和两边森林植被的影响，具有最低的分类精度。非淹没的泥炭地在 2013 年 8 月 3 日水位最高时期具有最低的精度（UA=61.66%，PA=

79.89%)。这和前面的统计分析一致,即叶-信号之间的相互作用易造成泥炭地和森林之间的混淆。在所有的单时相里,草地和泥炭地之间都具有分类不确定性,在 2013 年 6 月 16 日阶段,植被的结构、生物量和洪涝的影响相似,具有最大的混淆。

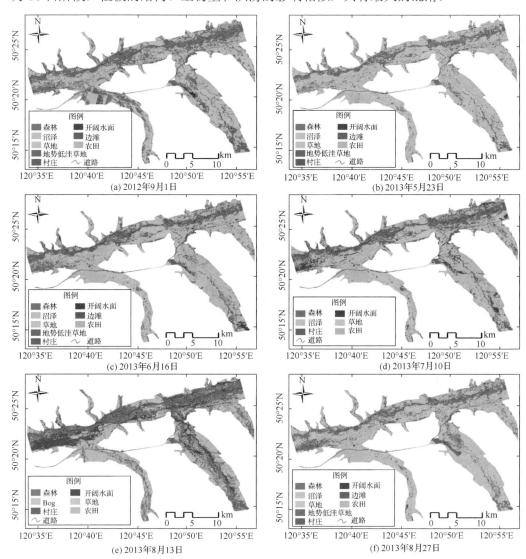

图 7.51 单时相分类结果图(见彩图)

图 7.52 为联合每个极化特征的 ACE 特征、均值特征和六景影像的功率进行的多时相分类结果。单时相功率特征主要用来保持每个阶段湿地覆盖类型的特征,和 Arnesen 等的做法相一致。多时相分类结果具有较少的噪声,获得了高的 OA = 99.31% 和 Kappa = 0.991。每个湿地覆盖类型也达到了很高的精度,UA 和 PA 都超过了 95%。

多时相分类结果为草地、泥炭地和森林提供了高的分离性。同时，间歇淹没的区域也能通过多时相分类很好地呈现出来，表现了多时相分类在湿地覆盖成图上的优势。

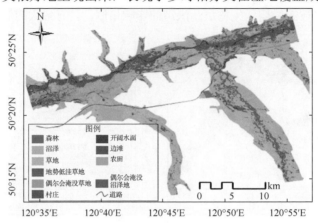

图 7.52　多时相分类结果图（见彩图）

3）合成水文图

利用单时相水体的分类结果得到的水文图能够表明淹没范围的动态变化，如图 7.53(a)所示。红颜色区域代表在雨季易受淹没的区域。漫流区具有最高的淹没概率，河岸、边滩和低洼的草地在雨季容易受到淹没，具有相对较高的淹没概率。但森林下层的淹没并不能用这种方式检测到，需结合具体的散射机制进行分析。通过联合淹没图和湿地类型覆盖图也能够分析不同空间上的植被抗洪涝的能力。森林区域较高和稳定的散射率也表明森林树种的耐涝能力和削弱洪峰的能力。另外，水文图也能够从另一方面辅助理解漫滩的水文过程。例如，通过水文图 7.53(b)，我们能够很容易识别出曲流痕，其对湿地水文机制的保持具有重要的作用。漫流在强降雨时期，常常会改变河道至流动阻力更小的 Yazoo 支流上，图 7.53(c)为 2013 年 6 月 16 日时期，由于 Yazoo 支流洪水流量增加造成的过水路面的实地图片，这也表明对额尔古纳湿地，支流有可能会先于主河道造成更大的淹没，这也能为当地的抗涝部门提供灾情分析和预测。另一方面需要特别注意的是，在少雨年份，额尔古纳湿地内不合理开垦的田地常常会遭到淹没。局部水文机制如曲流痕结构，会遭到破坏，湿地的水文环境也会受到威胁。

4）湿地变化轨迹及其影响因素分析

在这一部分，对额尔古纳湿地上由物候和洪涝引起的空间和时间变化特征进行分析。从单时相分类结果上看，湿地类别在不同的时间点上的可分性具有很大的变化。而归纳集聚方法能够增加变化图的可信性。图 7.54(a)～(e)为得到的三大类：不变类、物候引起和洪涝引起的变化类。变化图表明在研究周期的早期阶段，物候引起的变化占主要地位，随着雨季的来临，洪涝引起的变化占越来越大的比重。物候引起的变化类 PLAND 指数从第一个时间间隔的 49.24%降至第四个间隔的 1.12%。而洪涝引起的变化类的 PLAND 指数从 2.7%增加至 53.61%。大部分的无变化类是森林类,相对其他类别转变较少。在观测的早期阶段,植被的结构、高度和生物量的变化对类别的变化具有重要影响。这也和前面的分析一致,即草地和泥炭地是两类在春天易受物候影响的两类。在后期随着洪涝的增强,由洪涝引起的变化占据越来越多的比例。

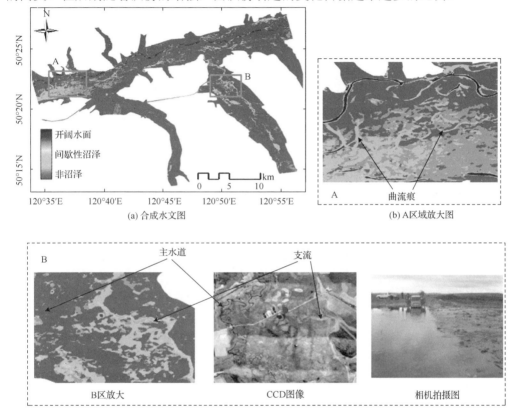

(a) 合成水文图

(b) A区域放大图

(c) B区域放大图及其对应的CCD影像和实地照片

图 7.53　A,B 区域放大图、合成图及其对应的影像和实地照片（见彩图）

　　NLSI 表明了变化图中每类的聚集性。洪涝引起的类别随着时间有大的面积和小的 NLSI 指数,而物候引起的变化相反。在第一个时间段,无变化和物候引起的类含有一个相对小的 NLSI (0.49),表明了类有大的聚集性。森林紧凑的空间分布使得无变化类也具有较小的 NLSI 值。在 2013 年 8 月 27 日时期,森林和泥炭地由于洪涝影响具有大的混淆。这意味着合并的无变化类有小的聚集性和增加的 NLSI。洪涝引起的变化类的 PLAND 和 NLSI 线随时间不断增加,但并没有为其动态性提供额外更多的信息。而波动的 IJI 线（图 7.55(c)）,描述了类别之间的空间相邻性,为 PLAND 和 NLSI 提供了补充。在早期,洪涝引起的变化离散地分布在研究区域内,和其他类相邻程度高,如图 7.54(a)和 7.54(b)所示。在雨季,洪涝淹没了更多的区域,如部分草地和泥炭地,此变化类变得更加紧凑和其他类的相邻性减弱，在退水阶段，无变化类和物候引起的变化类分布比较离散，使得洪涝引起的变化类与其他类有更大的相邻性，如 IJI 曲线所示。从 2013 年 5 月 23 日～2013 年 6 月 16 日是物候与洪涝影响的过渡阶段。这两类大的空间离散性产生了无变化类高的 IJI 值。

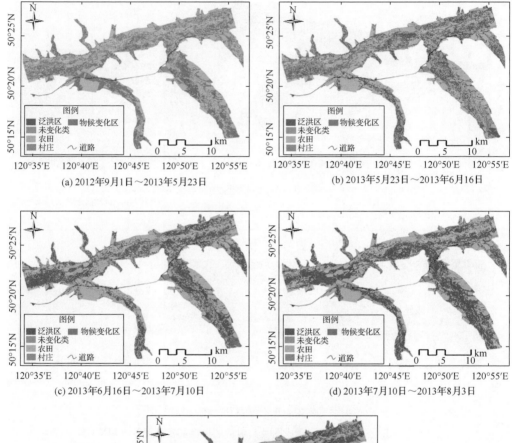

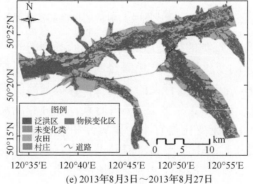

图 7.54　相邻两个时相聚合后的变化图（见彩图）

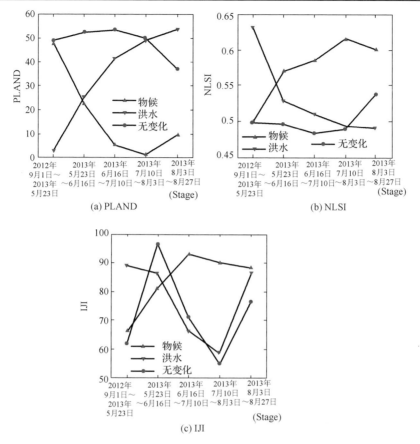

图 7.55　轨迹分析的类指数

4. 结论

本节主要利用序列极化 SAR 数据进行湿地季节性淹没监测的研究。通过在额尔古纳湿地区域获取 6 景全极化 RADARSAT-2 数据进行了实验，结果表明极化特征的时间变化趋势可以反映散射特性的季节性变化。特别是，合成极化特征能够增强不同时相上雷达信号和湿地覆盖地物之间相互作用的解译。由于复杂的环境变化对覆盖类别间的可分性具有较大影响以及单时相分类结果的高变化性，很难找到一个最优的时相进行湿地覆盖分类。推荐使用多时相信息进行可信的湿地解译。另外，从多时相数据得到的植被分布模式和水文图为额尔古纳湿地水文机制的研究提供了可信的技术支持。但所用的极化特征在散射机制解译和湿地覆盖分类上表现并不同。使用轨迹分析对引起后向散射变化的主要因素物候和洪涝进行了分析，结果表明在物候早期阶段，主要的变化可以用植被生长等物候现象进行解释，而在雨季洪涝的影响逐渐占优。

本节的分析和结果为利用全极化数据进行湿地时空特征的理解提供了框架。季节动态性变化结果也可以作为将来长时间淹没、植被分布模式监测的基本信息。

参 考 文 献

邓少平, 张继贤, 李平湘. 2011. 极化 SAR 影像边缘检测综述. 计算机工程与应用, 47(22): 1-5, 16.

黄魁华, 张军. 2011. 局部统计活动轮廓模型的 SAR 图像海岸线检测. 遥感学报, 15(4): 737-749.

黄祥. 2004. 合成孔径雷达图像目标检测技术的研究. 武汉: 武汉大学.

李岚. 2001. 合成孔径雷达图像恒虚警目标检测. 太原: 华北工学院测试技术学报, 10(6): 688-697.

唐亮, 谢维信, 黄建军, 等. 2005. 直线 Snakes 及其在建筑物提取中的应用. 西安电子科技大学学报, 32(1): 60-65.

万朋, 王建国, 赵志钦, 等. 2000. SAR 图像点目标的检测. 电波科学学报, 15(1): 55-59.

王丽涛, 王世新, 周艺. 2010. 青海玉树地震灾情遥感应急监测分析. 遥感学报, 14(5): 1053-1066.

王晓青, 魏成阶, 苗崇刚, 等. 2003. 震害遥感快速提取研究——以 2003 年 2 月 24 日巴楚-伽师 6.8 级地震为例. 地学前缘, 10: 285-291.

杨淑媛, 王敏, 焦李成. 2005. 基于混合遗传算法的 SAR 图像边缘检测. 红外技术, 27(1): 53-56.

杨文, 陈嘉宇, 孙洪, 等. 2004. 基于 SAR 图像的点状目标检测方法研究. 电波科学学报, 19(3): 362-366.

赵凌君, 贾承丽, 匡纲要. 2007. SAR 图像边缘检测方法综述. 中国图象图形学报, 12(12): 2042-2049.

钟雪莲, 王长林, 周平. 2006. 2L-2IHP 目标检测算法及其在 AIRSAR 数据中的应用. 遥感学报, 10(2): 272-278.

种劲松, 朱敏慧. 2003. SAR 图像局部窗口 K-分布目标检测算法. 电子与信息学报, 25(9): 1276-1280.

Ainsworth T L, Schuler D L, Lee J. 2008. Polarimetric SAR characterization of man-made structures in urban areas using normalized circular-pol correlation coefficients. Remote Sensing of Environment, 112(6): 2876-2885.

Anfinsen S N, Doulgeris A P, Eltoft T. 2009. Estimation of the equivalent number of looks in polarimetric synthetic aperture radar imagery. IEEE Transactions on Geoscience on Remote Sensing, 47(11): 3795-3809.

Arciniegas G A, Bijker W, Kerle N. 2006. Coherence-and amplitude-based analysis of seismogenic damage in Bam, Iran, using ENVISAT ASAR data. IEEE Transactions on Geoscience and Remote Sensing, 45(6): 1571-1581.

Arnesen A S, Silva T S, Hess L L, et al. 2013. Monitoring flood extent in the lower amazon river floodplain using ALOS/PALSAR scanSAR images. Remote Sensing of Environment, 130: 51-61.

Beauchemin M, Thomson K P B, Edwards G. 1998. On nonparametric edge detection in multilook SAR images. IEEE Transactions on Geoscience and Remote Sensing, 36(5): 1826-1829.

Borghys D, Lacroix V, Perneel C. 2002. Edge and line detection in polarimetric SAR images// Proceedings of 16th International Conference on Pattern Recognition, Quebec City: 921-924.

Borghys D, Perneel C. 2003. Combining Multi-variate Statistics and Dempster-Shafer Theory for Edge

Detection in Multi-Channel SAR Images, in Pattern Recognition and Image Analysis. Berlin: Springer, 97-107.

Bovik A C. 1988. On detecting edges in speckle imagery. IEEE Transactions on Acoustics, Speech and Signal Processing, 36(10): 1618-1627.

Breiman L. 2001. Random forests. Machine Learning, 45(1): 5-32.

Brunner D, Lemoine G, Bruzzone L. 2010. Earthquake damage assessment of buildings using VHR optical and SAR imagery. IEEE Transactions on Geoscience and Remote Sensing, 48(5): 2403-2420.

Chanussot J, Mauris G, Lambert P. 1999. Fuzzy fusion techniques for linear features detection in multitemporal SAR images. IEEE Transactions on Geoscience and Remote Sensing, 37(3): 1292-1305.

Cloude S R, Pottier E. 1997. An entropy based classification scheme for land applications of polarimetric SAR. IEEE Transactions on Geoscience and Remote Sensing, 35(1): 68-78.

Cohen A C. 1965. Maximum likelihood estimation in the weibull distribution based on complete and on censored samples. Technometrics, 7(4): 579-588.

Corbane C. 2011. A comprehensive analysis of building damage in the 12 January 2010 Mw7 Haiti earthquake using high-resolution satellite and aerial imagery. Photogrammetric Engineering & Remote Sensing, 77(10): 997-1009.

Costa M P, Telmer K H. 2006. Utilizing SAR imagery and aquatic vegetation to map fresh and brackish lakes in the brazilian pantanal wetland. Remote Sensing of Environment, 105(3): 204-213.

Dai M, Peng C, Chan A K, et al. 2004. Bayesian wavelet shrinkage with edge detection for SAR image despeckling. IEEE Transactions on Geoscience and Remote Sensing, 42(8): 1642-1648.

Dell'Acqua F, Lisini G, Gamba P. 2009. Experiences in optical and SAR imagery analysis for damage assessment in the Wenchuan, May 2008 earthquake// Proceedings of Geoscience and Remote Sensing Symposium, Cape Town: 37-40.

Dell'Acqua F, Gamba P, Polli D. 2010. Mapping earthquake damage in VHR radar images of human settlements: Preliminary results on the 6th April 2009// Proceedings of Geoscience and Remote Sensing Symposium, Honolulu: 1347-1350.

Evans T L, Costa M. 2013. Landcover classification of the lower Nhecolândia subregion of the brazilian pantanal wetlands using ALOS/PALSAR, RADARSAT-2 and ENVISAT/ASAR imagery. Remote Sensing of Environment, 128: 118-137.

Fjortoft R, Lopès A, Marthon P, et al. 1997. Different approaches to multiedge detection in SAR images// Proceedings of IEEE International Geoscience and Remote Sensing Symposium, Singapore: 2060-2062.

Fjortoft R, Lopès A, Marthon P, et al. 1998. An optimal multiedge detector for SAR image segmentation. IEEE Transactions on Geoscience and Remote Sensing, 36(3): 793-802.

Formont P. 2010. Statistical classification for heterogeneous polarimetric SAR images. IEEE Journal of Selected Topics in Signal Processing, 5(3): 567-576.

Frappart F, Seyler F, Martinez J M, et al. 2005. Floodplain water storage in the negro river basin estimated from microwave remote sensing of inundation area and water levels. Remote Sensing of Environment, 99(4): 387-399.

Freeman A. 2007. Fitting a two components scattering model to polarimetric SAR data from forests. IEEE Transactions on Geoscience on Remote Sensing, 45(8): 2583-2592.

Gamba P, Dell'Acqua F, Trianni G. 2007. Rapid damage detection in the Bam area using multitemporal SAR and exploiting ancillary data. IEEE Transactions on Geoscience and Remote Sensing, 45(6): 1582-1589.

George S F. 1968. The Detection of Nonfluctuating Targets in Log-normal Clutter. NRL Report 6796.

Germain O, Refregier P. 2000. On the bias of the likelihood ratio edge detector for SAR images. IEEE Transactions on Geoscience and Remote Sensing, 38(3): 1455-1457.

Greco M S, Gini F. 2007. Statistical analysis of high resolution SAR ground clutter data. IEEE Transactions on Geoscience Remote Sensing, 45(3): 566-575.

Grings F M, Ferrazzoli P, Jacobo-Berlles J C, et al. 2006. Monitoring flood condition in marshes using EM models and ENVISAT ASAR observations. IEEE Transactions on Geoscience and Remote Sensing, 44(4): 936-942.

Guo H, Li X, Zhang L. 2009. Study of detecting method with advanced airborne and spaceborne synthetic aperture radar data for collapsed urban buildings from the Wenchuan earthquake. Journal of Applied Remote Sensing, 3(1): 031695-031723.

Haralick R M, Shanmugam K, Dinstein I H. 1973. Textural features for image classification. IEEE Transactions on Systems, Man and Cybernetics, 3(6): 610-621.

Henderson F M, Lewis A J. 2008. Radar detection of wetland ecosystems: A review. International Journal of Remote Sensing, 29(20): 5809-5835.

Hess L L, Melack J M, Simonett D S. 1990. Radar detection of flooding beneath the forest canopy: A review. International Journal of Remote Sensing, 11(7): 1313-1325.

Hill M J, Ticehurst C J, Lee J S, et al. 2005. Integration of optical and radar classification for mapping pasture type in western Australia. IEEE Transactions on Geoscience and Remote Sensing, 43(7): 1665-1680.

Hondt O D, López-Martínez C, Ferro-Famil L, et al. 2007. Spatially non stationary anisotropic texture analysis in SAR images. IEEE Transactions on Geoscience on Remote Sensing, 45(12): 3905-3918.

Hong S H, Wdowinski S, Kim S W, et al. 2010. Multi-temporal monitoring of wetland water levels in the florida everglades using interferometric synthetic aperture radar (InSAR). Remote Sensing of Environment, 114(11): 2436-2447.

Kajimoto, M, Susaki J. 2013. Urban-area extraction from polarimetric SAR images using polarization orientation angle. IEEE Geoscience and Remote Sensing Letters, 10(2): 337-341.

Lee J S, Ainsworth T L, Grunes M R, et al. 2006. Evaluation of multilook effect on entropy alpha anisotropy parameters of polarimetric target decomposition// Proceedings of IGARSS, Denver: 52-55.

Lee J S, Grunes M R, Boerner W M. 1995. Polarimetric property preservation in SAR speckle filtering. SPIE, 3120: 236-242.

Lee J S, Grunes M R, Pottier E. 2001. Quantitative comparison of classification capability: Fully polarimetric versus dual and single polarization SAR. IEEE Transactions on Geoscience and Remote Sensing, 39(11): 2343-2351.

Lee J S, Pottier E. 2009. Polarimetric Radar Imaging: From Basics to Applications. Boca Raton: Wikipedia.

Lee J, Grunes M R, Pottier E, et al. 2004. Unsupervised terrain classification preserving polarimetric scattering characteristics. IEEE Transactions on Geoscience and Remote Sensing, 42(4): 722-731.

Lee, J S, Hoppel K. 1992. Principal components transformation of multifrequency polarimetric SAR Imagery. IEEE Transactions on Geoscience and Remote Sensing, 30(4): 686-696.

Li P X, Shi L, Yang J, et al. 2011. Assessment of polarimetric and interferometric image quality for Chinese domestic X-band airborne SAR system// Proceedings of International Image and Data Fusion, Tengchong: 1-8.

Li X, Guo H, Zhang L. 2012. A new approach to collapsed building extraction using RADARSAT-2 polarimetric SAR imagery. IEEE Geoscience and Remote Sensing Letters, 9(4): 677-681.

Main-Knorn M, Cohen W B, Kennedy R E, et al. 2013. Monitoring coniferous forest biomass change using a landsat trajectory-based approach. Remote Sensing of Environment, 139(4): 277-290.

Martinez J M, Toan T L. 2007. Mapping of flood dynamics and spatial distribution of vegetation in the amazon floodplain using multitemporal SAR data. Remote Sensing of Environment, 108(3): 209-223.

Matsuoka, M, Yamazaki F. 2004. Use of satellite SAR intensity imagery for detecting building areas damaged due to earthquakes. Earthquake Spectra, 20(3): 975-994.

Mette T, Papathanassiou K P, Hajnsek I. 2004. Biomass estimation from polarimetric SAR interferometry over heterogeneous forest terrain. IGARSS, 1: 511-514.

Neumann M, Ferro-Famil L, Reigber A. 2010. Estimation of forest structure, ground, and canopy layer characteristics from multi-baseline polarimetric interferometric SAR data. IEEE Transactions on Geoscience Remote Sersing, 48(3): 1086-1104.

Ohkura H. 1997. Application of SAR data to monitoring of earthquake disaster. Advances in Space Research, 19(9): 1429-1436.

Oliver C J, Blacknell D, White R G. 1996. Optimum edge detection in SAR. IEE Proceedings Radar Sonar and Navigation, 143(1): 31-40.

Ordoyne C, Friedl M A. 2008. Using MODIS data to characterize seasonal inundation patterns in the florida everglades. Remote Sensing of Environment, 112(11): 4107-4119.

Pottier E, Lee J S. 2000. Unsupervised classification scheme of PolSAR images based on the complex Wishart distribution and the entropy alpha anisotropy polarimetric decomposition theorem// Proceedings of EUSAR, New York: 265-268.

Principe J C, Radisavljevic A. 1998. Target prescreening base on a quadratic gamma discriminator. IEEE

Transactions on Aerospace and Electronic Systems, 34(3): 706-715.

Quegan S , Toan T L, Yu J J, et al. 2000. Multitemporal ERS SAR analysis applied to forest mapping. IEEE Transactions on Geoscience and Remote Sensing, 38(2): 741-753.

Rao A R. 2012. A Taxonomy for Texture Description and Identification. New York: Springer.

Richards W, Polit A. 1974. Texture matching. Kybernetik, 16(3): 155-162.

Rohling H. 1983. Radar CFAR thresholding in clutter and multiple target situations. IEEE Transactions on Aerospace and Electronic Systems, 19(4): 608-621.

Saatchi S, Soares J. 1997. Mapping deforestation and land use in amazon rainforest using SIR-C imagery. Remote Sensing of Environment, 59(2): 191-202.

Sarabandi K. 1994. Power lines: Radar measurements and detection algorithm for polarimetric SAR images. IEEE Transactions Aerospace and Electronic Systems, 30(2): 632-643.

Seymour S, Cumming I G. 1994. Maximum likelihood estimation for SAR interferometer// Proceedings of IEEE IGARSS, Pasadena.

Shi L, Li P X, Yang J. 2012. Polarimetric and interferometric SAR imagery registration based on hybrid triangle. Geomatics and Information Science of Wuhan University, 37(3): 330-333.

Sklansky J. 1978. Image segmentation and feature extraction. IEEE Transactions on Systems, Man and Cybernetics, 8(4): 237-247.

Souyris J C, Henry C, Adragna F. 2003. On the use of complex SAR image spectral analysis for target detection: Assessment of polarimetry. IEEE Transactions on Geoscience and Remote Sensing, 41(12): 2725-2734.

Swartz A A, Yueh H A, Kong J A, et al. 1988. Optimal polarizations for achieving maximum contrast in radar images. Journal of Geophysical Research, 93(B12): 252-260.

Tan X, Triggs B. 2010. Enhanced local texture feature sets for face recognition under difficult lighting conditions. IEEE Transactions on Image Processing, 19(6): 1635-1650.

Touzi R, Lopes A, Bousquet P. 1988 Statistical and geometrical edge detector for SAR images. IEEE Transactions on Geoscience and Remote Sensing, 26(6): 764-773.

Touzi R, Lopes A. 1996. Statistics of the stokes parameters and of the complex coherence parameters in one-look and multilook speckle fields. IEEE Transactions on Geoscience and Remote Sensing, 34(2): 519-531.

Tuceryan M, Jain A K. 1998. The Handbook of Pattern Recognition and Computer Vision. New Jersey: World Scientific Publishing Co, Inc: 207-248.

Vasible G, Ovarlez J P. 2010. Coherency matrix estimation of heterogeneous clutter in high resolution polarimetric SAR images. IEEE Transactions on Geoscience on Remote Sensing, 48(4): 1809-1826.

Yamaguchi Y, Moriyama T, Ishido M, et al. 2005. Four-component scattering model for polarimetric SAR image decomposition. IEEE Transactions on Geoscience and Remote Sensing, 43(8): 1699-1706.

Yamaguchi Y. 2011. Four component scattering power decomposition with rotation of coherency matrix.

IEEE Transactions on Geoscience on Remote Sensing, 49(6): 2251-2258.

Yang M D, Su T C, Hsu C H. 2007. Mapping of the 26 december 2004 tsunami disaster by using FORMOSAT-2 images. International Journal of Remote Sensing, 28(13/14): 3071-3091.

Yonezawa C, Takeuchi S. 2001. Decorrelation of SAR data by urban damages caused by the 1995 Hyogoken-nanbu earthquake. International Journal of Remote Sensing, 22(8): 1585-1600.

Zhao L, Yang J, Li P. 2013. Damage assessment in urban areas using post-earthquake airborne PolSAR imagery. International Journal of Remote Sensing, 34(24): 8952-8966.

Zhao X, Stein A, Chen X L. 2011. Monitoring the dynamics of wetland inundation by random sets on multi-temporal images. Remote Sensing of Environment, 115(9): 2390-2401.

Zhou Q, Li B, Kurban A. 2008. Trajectory analysis of land cover change in arid environment of China. International Journal of Remote Sensing, 29(4): 1093-1107.

彩 图

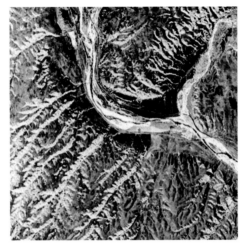

图 1.21　原始全极化 SAR 影像

红色：$\left|S_{HH}-S_{VV}\right|$；绿色：$\left|S_{HV}\right|$；蓝色：$\left|S_{HH}+S_{VV}\right|$

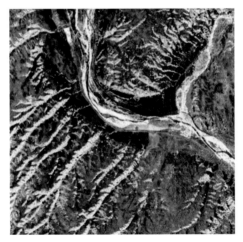

图 1.24　补偿后的全极化 SAR 影像

红色：$\left|S_{HH}-S_{VV}\right|$；绿色：$\left|S_{HV}\right|$；蓝色：$\left|S_{HH}+S_{VV}\right|$

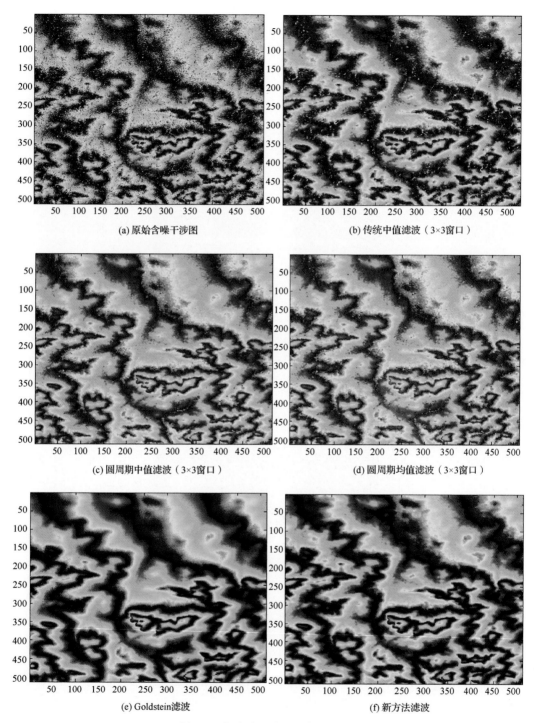

(a) 原始含噪干涉图

(b) 传统中值滤波（3×3窗口）

(c) 圆周期中值滤波（3×3窗口）

(d) 圆周期均值滤波（3×3窗口）

(e) Goldstein滤波

(f) 新方法滤波

图 2.4　各滤波方法对比实验结果

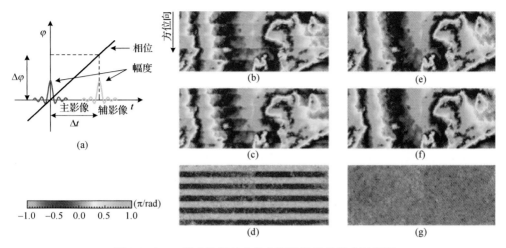

图 2.8　burst 模式数据对方位向配准精度的要求示意图

(a)为主影像和辅影像中的同名点目标，函数形状代表幅度值，图中还画出了主影像的线性相位项。(b)~(g)为对来自
4 视 ScanSAR 系统的 burst 数据进行处理的结果。(b)~(d)为方位向配准误差为的结果，该配准误差约为 0.01 个
ScanSAR 方位向分别单元。(b)、(c)分别为第一和第三视的干涉图，(d)为(b)~(c)的结果。
(e)~(g)为对应的消除方位向配准误差后的结果

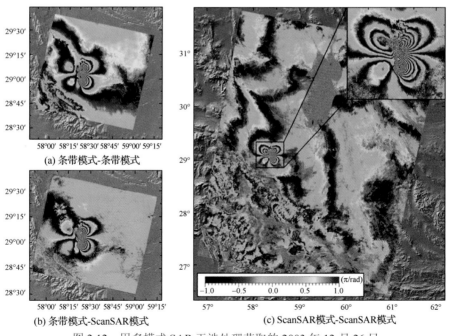

图 2.12　用多模式 SAR 干涉处理获取的 2003 年 12 月 26 日
伊朗 Bam MW 6.6 地震造成的地表形变

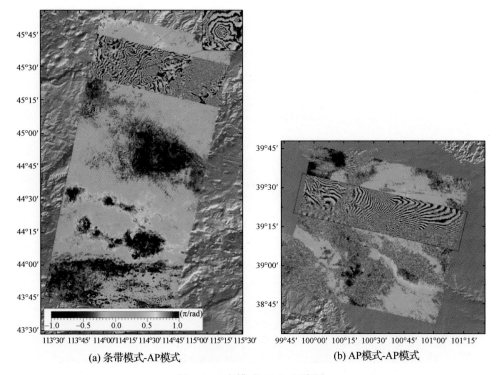

(a) 条带模式-AP模式   (b) AP模式-AP模式

图 2.13 多模式 SAR 干涉图

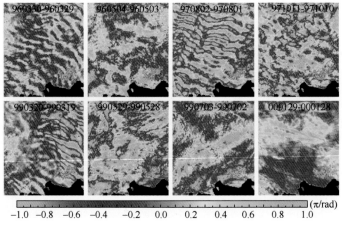

图 2.14 ERS Tandem 差分干涉图

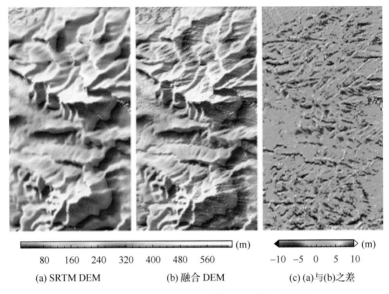

(m)

80 160 240 320 400 480 560

(m)

−10 −5 0 5 10

(a) SRTM DEM   (b) 融合 DEM   (c) (a)与(b)之差

图 2.15　SRTM DEM 和融合 DEM 之间的对比

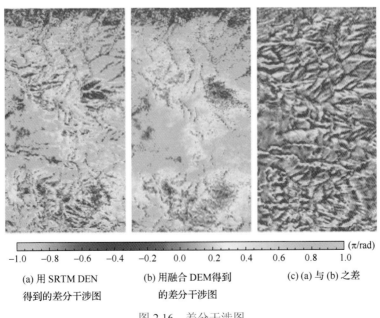

(π/rad)

−1.0 −0.8 −0.6 −0.4 −0.2 0.0 0.2 0.4 0.6 0.8 1.0

(a) 用 SRTM DEN   (b) 用融合 DEM得到   (c) (a)与(b)之差
　　得到的差分干涉图　　　　的差分干涉图

图 2.16　差分干涉图

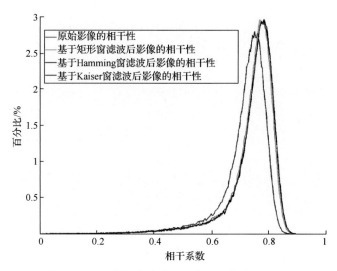

图 2.19　ERS 数据滤波前后影像相干性直方图对比

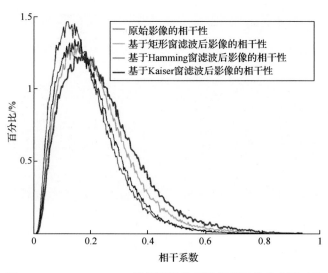

图 2.21　ALOS PALSAR 数据滤波前后影像相干性直方图对比

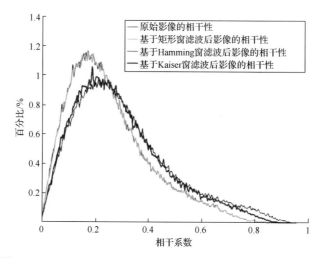

图 2.23　COSMO-SkyMed 数据滤波前后影像相干性直方图对比

(a) SAR 影像平均幅度图

(b)　光学影像图

图 2.24　实验区 SAR 影像平均幅度图及对应光学影像图

(a) $|D_S| < 0.25$

(b) $|D_S| < 0.15$

图 2.25　$|D_S| < 0.25$ 及 $|D_S| < 0.15$ 时选点结果

图 2.26 平均相干系数

(a) 0.75

(b) 0.8

图 2.27 相干系数阈值设为 0.75 及 0.8 时的选点结果

(a) 幅度稳定点

(b) 相位稳定点

图 2.29 幅度稳定点及相位稳定点选取结果

图 2.30　去除噪声点后保留点的分布

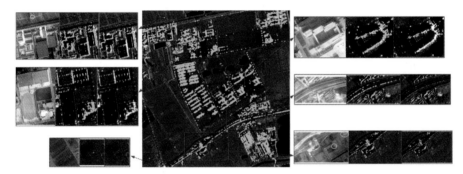

图 2.31　限定后向散射系数阈值后最终保留点的分布

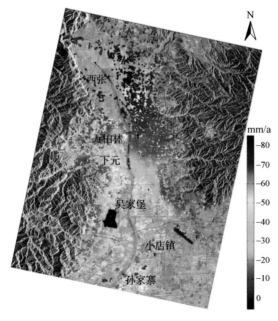

图 2.35　2003～2009 年太原市平均沉降速率分布图

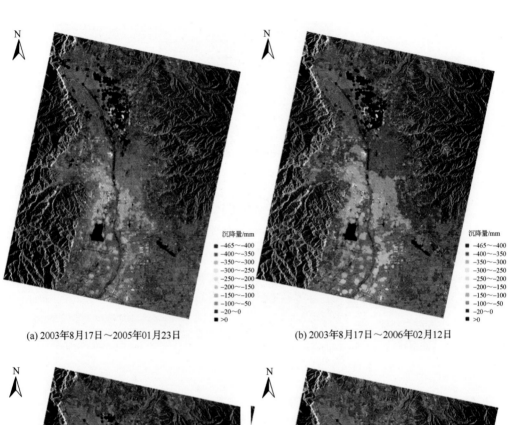

(a) 2003年8月17日～2005年01月23日   (b) 2003年8月17日～2006年02月12日

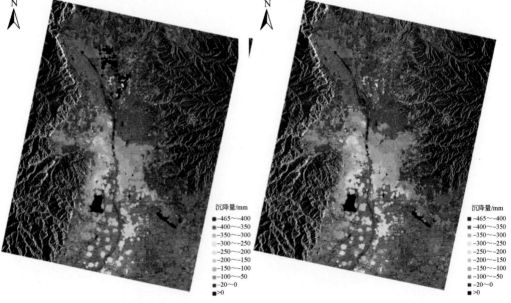

(c) 2003年8月17日～2007年1月28日   (d) 2003年8月17日～2008年1月13日

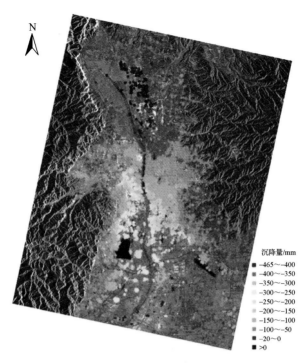

沉降量/mm
- -465～-400
- -400～-350
- -350～-300
- -300～-250
- -250～-200
- -200～-150
- -150～-100
- -100～-50
- -20～0
- >0

(e) 2003年8月17日～2009年2月1日

图 2.37　太原市累计形变量

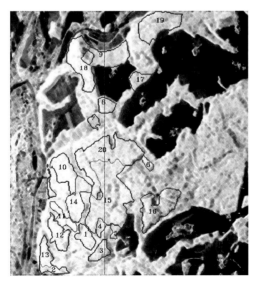

图 2.38　试验区极化数据的 Pauli 分解结果图

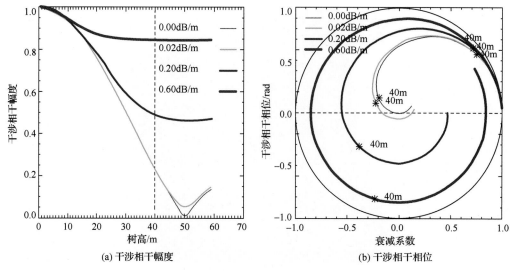

(a) 干涉相干幅度

(b) 干涉相干相位

图 2.42　干涉相干的幅度、相位与树高及衰减系数的关系

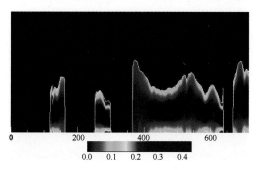

图 2.48　极化干涉相干层析处理得到的相对反射率方程在方位向（沿图 2.38 中竖线）的垂直剖面图

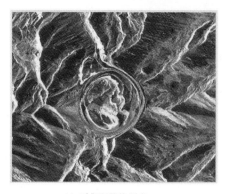

(a) 采集视差特征点

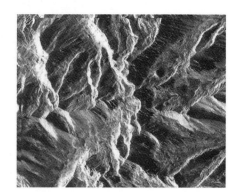

(b) 重新纠正后

图 3.13　视差粗编辑

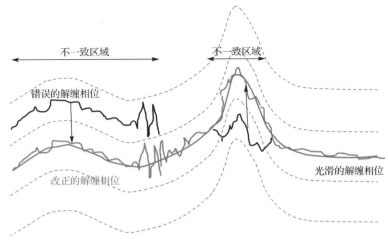

图 3.23　立体摄影测量协同解缠的相位改正方法

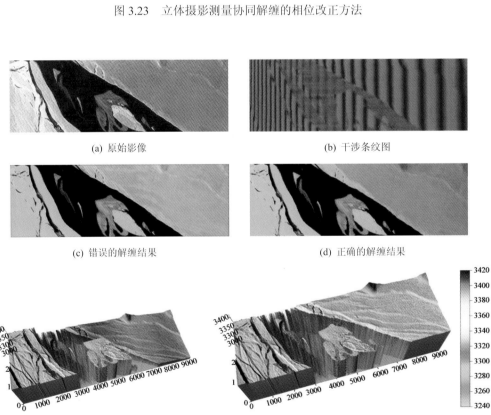

(a) 原始影像

(b) 干涉条纹图

(c) 错误的解缠结果

(d) 正确的解缠结果

(e) 错误的解缠结果反演高程图

(f) 正确的解缠结果反演高程图

图 3.25　立体摄影测量协同解缠的相位改正结果

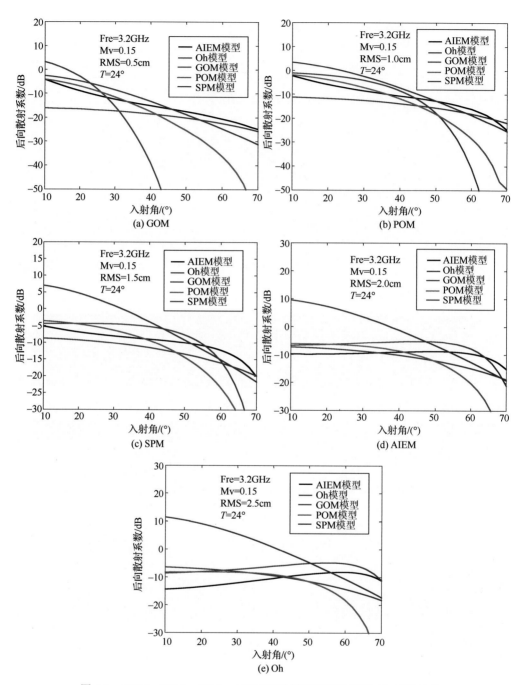

图 4.2　GOM、POM、SPM、AIEM 理论模型和经验模型 Oh 模拟结果

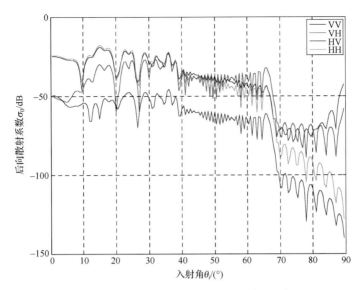

图 4.4　曲型叶片的散射模拟示意图

叶片朝向 $\alpha = 60°$，　$\beta = 18°$，叶片厚度 $\tau = 0.3\text{mm}$，叶宽 $a = 8.4\text{mm}$，叶长 $= 50.64\text{cm}$，曲率半径 $R = 1\text{m}$

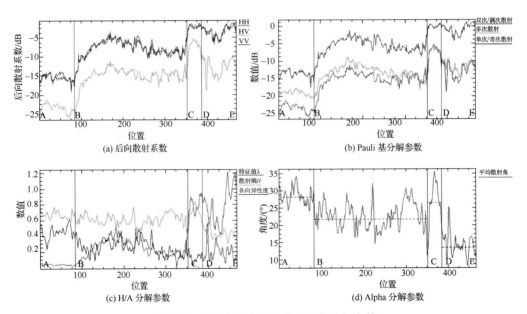

图 4.60　大冬克玛底的主轴线极化分解参数

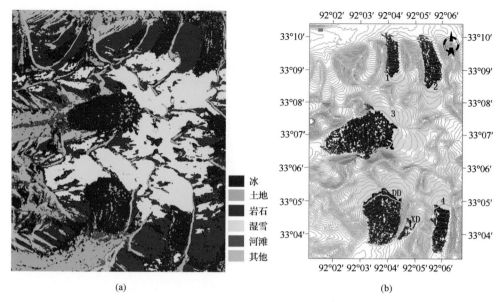

图 4.61　(a) 采用 SVM 方法及 H/A/Alpha 特征的分类结果；(b) 提取基于分类结果雪线位置

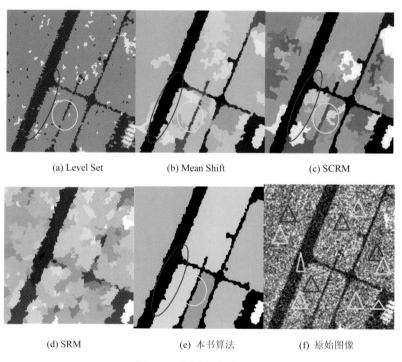

(a) Level Set

(b) Mean Shift

(c) SCRM

(d) SRM

(e) 本书算法

(f) 原始图像

图 5.5　分割实验结果图

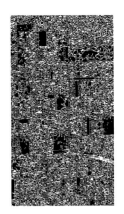

(a) 原始数据　　　　　　　　(b) SPAN 图像　　　　　　　　(c) 分水岭

图 5.15　初始分割结果（5×5 滤波后）

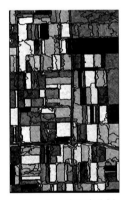

极化 SAR 分割（测度 Tr=3.1）　　　　　　　eCognition 多尺度分割

图 5.16　极化 SAR 分割与 eCognition 分割结果的对比

(a) 4 邻域　　　　　　　　　　　(b) 8 邻域

图 5.17　ESAR L 波段极化 SAR 影像分割结果对比图（其中 Δ 均设为 2）

(a) 原始 SRM 分割结果　　　　　　　　　　(b) 改进的 SRM 分割结果

(c) GSRM 分割结果

图 5.21　AIRSAR 数据分割结果比较

图 5.24　ESAR L 波段数据 GSRM 分割结果

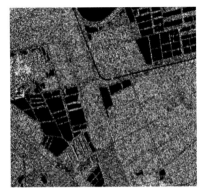 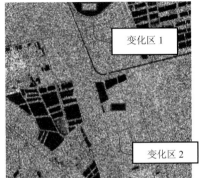

(a) 2005 年 6 月 25 日　　　　　　　(b) 2005 年 9 月 29 日

图 6.4　天津郊区两个时相 SAR 数据 1(512×512)

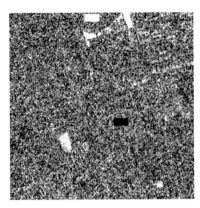 

(a) 对数比值差异图　　　　　　　(b) EM+MRF 变化检测结果

图 6.5　差异图和变化检测结果（G：变强，B：变弱，R：未变）

(a) 对数比值差异图　　　　　　　(b) EM+MRF 变化检测结果

图 6.7　差异图和变化检测结果（G：变强，B：变弱，R：未变）

(a) 对数比值差异图　　　　　　　　　　(b) EM+MRF 变化检测结果

图 6.10　差异图和变化检测结果（G：变强，B：变弱，R：未变）

(a) 2009 年 8 月 31 日　　　　　　　　　　(b) 2010 年 6 月 16 日

(c) 2009 年 5 月 24 日　　　　　　　　　　(d) 2010 年 8 月 7 日

图 6.16　苏州实验图变化区域

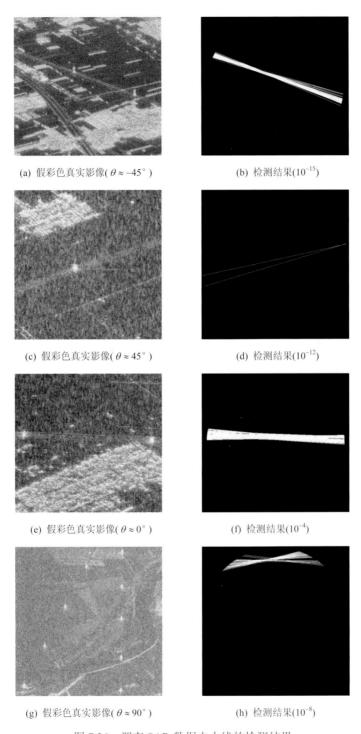

(a) 假彩色真实影像($\theta \approx -45°$)

(b) 检测结果(10^{-15})

(c) 假彩色真实影像($\theta \approx 45°$)

(d) 检测结果(10^{-12})

(e) 假彩色真实影像($\theta \approx 0°$)

(f) 检测结果(10^{-4})

(g) 假彩色真实影像($\theta \approx 90°$)

(h) 检测结果(10^{-8})

图 7.26　渭南 SAR 数据电力线的检测结果

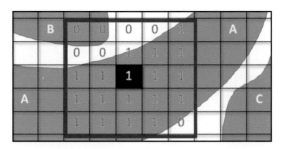

图 7.31　基于分割结果的矩阵估计范围

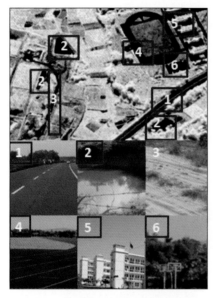

图 7.37　实验区 Pauli-RGB 影像
与对应地物调绘图

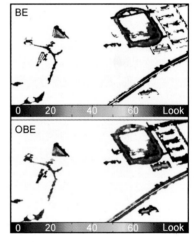

图 7.39　BE 与 OBE 估计混分类 ENL 值

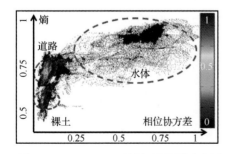

图 7.40　Entropy-PSD 特征平面累计直方图

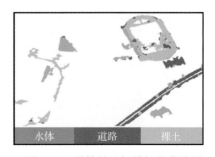

图 7.41　弱散射目标精细分类结果

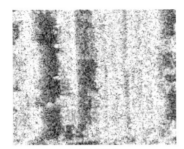
(a) 平行建筑物

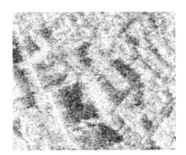
(b) 非平行建筑物

图 7.43　与飞行方向平行建筑物、非平行建筑物 Pauli-RGB 影像

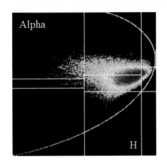
(a) 完好建筑物

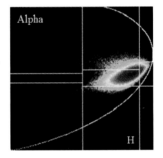
(b) 倒塌建筑物

图 7.44　完好建筑物、倒塌建筑物在二维 H/Alpha 平面的分布图

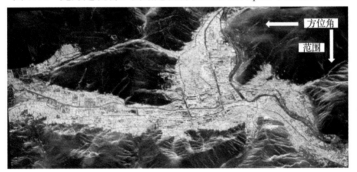
图 7.46　震后玉树 P 波段全极化 SAR 影像

轻微　　中度　　严重

(a) 真实倒塌参考图　　　　　　　　　(b) 监督解译结果图

图 7.47　单时相监督性倒塌房屋解译结果

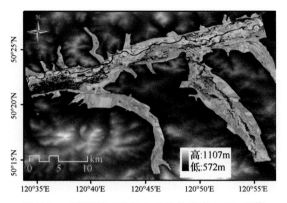

图 7.48　利用不同时相合成的伪彩色 RGB 影像

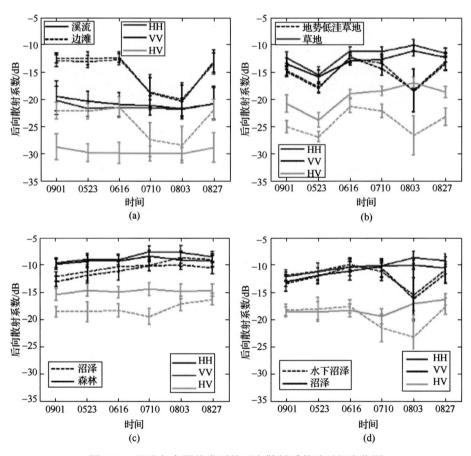

图 7.49　湿地各个覆盖类型的后向散射系数随时间变化图

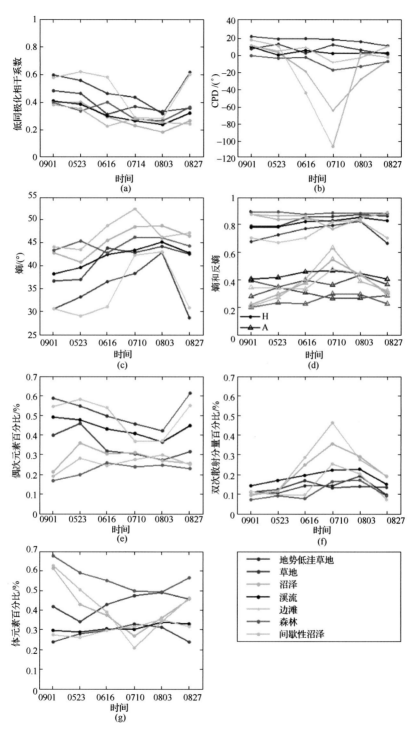

图 7.50　湿地各个地面覆盖类型的合成极化观测随时间变化图

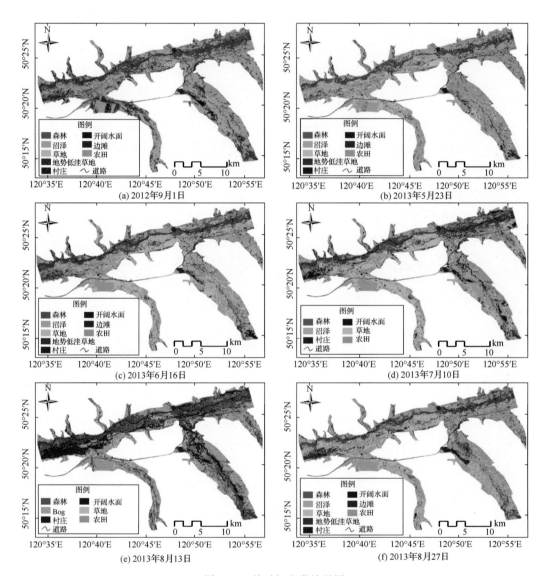

图 7.51　单时相分类结果图

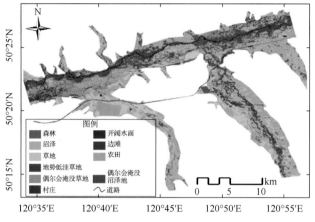

图 7.52　多时相分类结果图

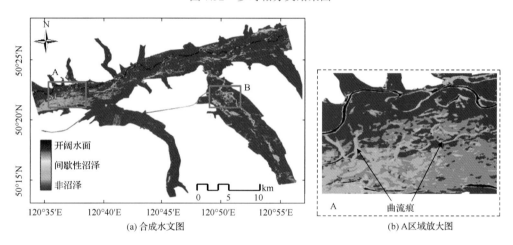

(a) 合成水文图

(b) A区域放大图

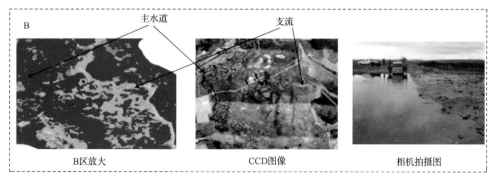

(c) B区域放大图及其对应的CCD影像和实地照片

图 7.53　A,B 区域放大图、合成图及其对应的影像和实地照片

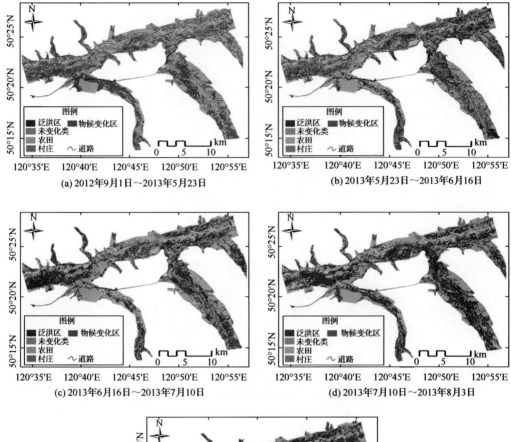

(a) 2012年9月1日～2013年5月23日   (b) 2013年5月23日～2013年6月16日

(c) 2013年6月16日～2013年7月10日   (d) 2013年7月10日～2013年8月3日

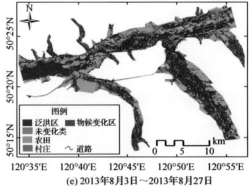

(e) 2013年8月3日～2013年8月27日

图 7.54　相邻两个时相聚合后的变化图